方与圆

李 娜 编著

北京联合出版公司
Beijing United Publishing Co.,Ltd.

图书在版编目（CIP）数据

方与圆 / 李娜编著.—北京：北京联合出版公司，2015.8
（2018.11 重印）
ISBN 978-7-5502-5228-8

Ⅰ.①方… Ⅱ.①李… Ⅲ.①人生哲学—通俗读物
Ⅳ.①B821-49

中国版本图书馆 CIP 数据核字（2015）第 087301 号

方与圆

编　　著：李　娜
责任编辑：肖　桓
封面设计：韩立强
责任校对：郝秀花
图文制作：北京东方视点数据技术有限公司

北京联合出版公司出版
（北京市西城区德外大街 83 号楼 9 层　100088）
北京市松源印刷有限公司印刷　新华书店经销
字数 486 千字　720 毫米×1020 毫米　1/16　28 印张
2018 年 11 月第 2 版　2019 年 10 月第 6 次印刷
ISBN 978-7-5502-5228-8
定价：68.00 元

前 言

方与圆是中国哲学和文化中特有的概念。早有"天圆地方"之说，意指天地的自然形态，后经演变，古代先贤赋予了方与圆更为复杂、更具内涵的哲学意义。在方圆之道中，方是原则，是目标，是做人之本；圆是策略，是手段，是处世之道。千百年来，"方圆有致"被公认为是最适合中国人做人做事的成功心法，成大事者的奥秘正在于方与圆的完美结合：方外有圆，圆中有方，方圆相济，方圆合一。

方圆之道是经典中的经典，是哲学中的哲学，是智慧中的智慧。孟子说："规矩，方圆之至也。"五千年的生存智慧浓缩于方圆之中，似太极般刚柔相济，变幻无穷。方圆智慧以不变应万变，以万变应不变，可以让你进退自如，无往不胜，营造良好的生存环境，成就功名与大业。

方是做人之本，圆是处世之道，方圆之道即是立世之本。"智圆行方"被古人当作境界极高的人生道德和智慧，许多人以此为治家之道。黄炎培曾教育儿子："和若春风，肃若秋霜。取象于钱，外圆内方。"意为做人要像古代的钱币一样，外圆内方，体现了为人之道和处世之道的至高学问和通达智慧。做人要有脊梁、有血性，要有金戈铁马、挥斥方遒的志向和气度，但又不可墨守成规，拘泥于形式，要有圆融处世、适应社会潮流的柔韧。在为人处世的过程中，方圆有度，该方时方，该圆时圆，才能圆润通达，玩转乾坤。可以说，方圆智慧是为人处世的永恒智慧。

方是原则，圆是机变，方圆之道即是成功之道。《菜根谭》有言："建功立业者，多虚圆之士；偾事失机者，必执拗之人。"指能够建大功立大业的人，大多都是能谦虚圆滑灵活应变的人，凡是惹是生非、遇事坐失良机的人，必然是那些性格执拗不肯接受他人意见的人。这样的例子在中外历史上比比皆是。正如孔子所说：有向学之志的人，未必能取得某种成就；取得某种成就的人，未必做每件事都合乎原则；做每件事都合乎原则的人，未必懂得根据实际情况灵活变通。可见，古今中外成大事者，无一不精通方圆之道。

方圆之道也要讲求"度"。为人没有方，则会软弱可欺，做事不懂圆，则会处处树敌。如果太过方正或太过圆滑，则会寸步难行。只有把握好方圆之度，恰当使用方圆之道，才能在社会生活中占有一席之地。

方圆智慧是为人处世的永恒智慧，是玩转乾坤的至高学问。为了让读者既能充分了解方圆哲学，又能游刃有余地使用方圆之道，把握好方圆之度，我们推出了这本《方与圆》。本书是以理论联系实际，全面系统阐释方与圆大智慧的作品；是从浅显到深奥，完整展现方与圆哲学的经典；是同类书图书中迄今为止内容最全面、方法最实用、技巧最丰富的版本。全书共分五篇，分别为"方与圆"、"为人之道"、"处世之道"、"商海之道"、"谋略之道"。在内容上涵盖了社会生活的方方面面，从"方之道"与"圆之法"的方圆哲学讲起，以理论联系实际，讲述了为人之道、处世之道、商海之道以及谋略之道等，并以事例为佐证，说明如何在生活中、职场中、商海中恰当地应用方圆哲学和方圆智慧，教你圆润为人、圆融处世的技巧和学问，正确面对商海谋略中的博弈和竞争，在社会上、职场中管人驭人的绝招和策略等，让你占尽先机，步步为营，早一步窥得成功的秘密。

该方时方，该圆时圆；方中有圆，圆中有方，以不变应万变，以万变应不变；正确使用方圆智慧，左手画方，右手画圆，将让你玩转乾坤，无往不胜。

目 录

·第一篇·
方与圆

1

·第二篇·

为人之道

· 第三篇 ·
处世之道

· 第四篇 ·

商海之道

第一篇
方与圆

第一章

方 之 道

方代表原则性和是非观，是对人生方向的整体性引导。它遵守传统的道德规范，又不失做人的个性。因为有方，方圆智慧成为一种被万人称颂的智慧哲学。

方是信仰，是做人的信念

矩能画方，但矩不是方，它不过是利用了自己的优势给方作了规范性的调整，使之形成自己的形状。同理，方正不是具体的做法，而是一种信念，一种信仰，它不会给人们提供具体的制约规范，而是在思想上影响着人们，让人们去按照自己的信念追求理想，设计生活。

尽管人们可能生活在同一个圈子里，面对同样的环境，但是由于人们受到的影响不同，所形成的信念也是不尽相同的。如果觉得自己的生活是要向着高远处攀爬的，那么你规范你生活的矩形可能就会高一些，而如果你安于现状，没有过高的追求，那么规范你生活的矩形就稍微矮小一些。但是，不管你是以什么态度去面对生活的，你的心态总是会受到方正的精神的影响的。

方正的智慧，就是道德的智慧，就是人们对于品德的信仰以及在这种品德信仰的约束下形成的设计生活的信念。它就像是一支火把，它能最大限度地燃烧一个人的潜能，提引人们飞向梦想的天际。

20 世纪 70 年代中期，当时很多人认为微电脑至多只是一种玩具，但盖茨和艾伦却看到了这种"玩具"所蕴含着的巨大商机，因为它可以给使用者提供极大的方便，同时它也可以给制造商们提供巨额财富。但是，当时的人们难以理解这种超越时代的想法，都认为他们是"疯了"，所以，盖茨和艾伦所面临的阻力很大。

但是，盖茨和艾伦还是迈出了发展的第一步，也是最重要的一步。他们始终坚信他们会成功，不管付出多么大的代价！两个年轻人作出了对世界电脑业的发展具有决定性意义的决定：盖茨和艾伦在亚帕克基市创立微软公司，为各种各样的电脑提供软件。随后，盖茨为了尽快实现自己的人生目标，又作出了一个重要的决定：从哈佛大学退学。

现在我们姑且不说盖茨和艾伦后来的发展，单就他们在这一阶段的经历来说，当他们确定了自己的人生目标后，就开始朝着这个目标去努力，可以说，这个清晰的目标产生了坚定的信念。目标越是清晰，信念就越是坚定。在信念的支持下，盖茨和艾伦全身心地投入他们的事业，付出了他们的所有，包括盖茨从世界著名的哈佛大学退学。他们将人生所有的"赌注"都押上了。

长虹的CEO倪润峰对于信念是这样阐述的：公司如人，一定要有明确目标，在追求目标的过程中一定要有坚定信念，要咬定青山不放松，这样才能做到全身心投入，行动起来才能敏捷、有力度，唯有保证目标正确、信念坚定、行动有力，才能保证长虹一直做正确的事和正确地做事。

目标在信念的不断提升中巩固，唯拥有执着的信念，目标才有实现的可能。许多看起来不可能完成的任务，都在我们不渝的信念中变成现实。未来，因目标而精彩，因信念而真实。目标，需要明确；信念，需要固守。

目标与信念给人以持久的动力，它是人的精神支柱，如果这根支柱垮了，人也就跟着垮掉了。

有一年，一支英国探险队来到了撒哈拉沙漠的某个地区。在茫茫的沙海里负重跋涉，阳光下，漫天飞舞的风沙，扑打在探险队员的脸上。他们口渴似炙，心急如焚——大家的水都没有了。这时，探险队长拿出一只水壶，说："这里还有一壶水。但穿越沙漠前，谁也不能喝。"一壶水，成了生命的寄托。水壶在队员手中传递，那沉甸甸的感觉使队员们濒临绝望的脸上，又显露出坚定的神色。最终，探险队顽强地走出了沙漠，挣脱了死神之手。大家喜极而泣，用颤抖的手拧开那壶支撑他们精神和信念的水——缓缓流出来的，却是满满的一壶沙！

炎炎烈日下，茫茫沙漠里，真正救他们的，又哪里是那一壶沙子呢？他们执着的信念，已经如同种子，在他们心里生根发芽，最终带领他们走出了"绝境"。

事实上，人生从来没有真正的绝境。无论经历多少苦难，只要一个人的心中还有方的信念，还能维持对生活的崇高的信仰，那么总有一天，他会走出困境，让生命重新开花结果。

方是脊梁，是做人的骨气

方正不比圆融，充满了柔和，它是硬的东西，有棱有角；它不懂弯曲，不懂妥协；它不会表现出奴颜媚骨，让人看不起，所以方是强硬的，有骨气的，而它的这种精神，正是中国人历来所崇尚的。

中国人历来把"有骨气"作为为人处世中的基本要求。在与人相处的时候，精神上失去了骨气，就如同身体中抽出了脊梁，根本无法屹立于世，也会被人看不起。

没有骨气的人，只能成为别人精神上的奴隶，尽管做事的时候会不住地迎合别人，但是别人不会把他当作一回事，反而会鄙视他，甚至厌烦他。所以，做人必须要有骨气，有自己的尊严和气魄。

有骨气的人就是刚正的人。他们遵守着自己的行为准则，时刻注意维护自己的尊严，而不让别人看低自己。

相信很多朋友从各种文章和书籍中，都了解到鲁迅先生是一个非常有骨气，敢于向黑暗反动势力挑战的作家、革命家和思想家。通过"横眉冷对千夫指，俯首甘为孺子牛"这句诗，我们就能看出，鲁迅先生是一个敢于跟黑暗势力斗争的钢铁战士。鲁迅先生不但写出了许许多多振聋发聩的著作，通过不断"呐喊"唤起当时"彷徨"的人民起来斗争。"真正的猛士，敢于直面惨淡的人生，敢于正视淋漓的鲜血。"便是鲁迅先生的真实写照。所以无论是在当时的同胞的眼里，还是反动派眼里，鲁迅先生都被视为中国最有骨气，骨头最硬的人。

正是这种骨气，促使鲁迅先生成为当时中国文坛最伟大的作家，最具有革命精神的革命家。鲁迅先生认为，一个人如果没有了骨气，奴颜婢膝，蝇营狗苟地生活将是最大的悲哀。那样的人生简直毫无意义。

关于人活着必须要有骨气，还有这样一个小故事。

年少时的鲁迅先生，立志学医来拯救当时羸弱的民众。1904 年 9 月鲁迅先生东渡日本，进入仙台医学专门学校。当时他希望用新的医学来"促进国人对于维新的信仰"。他学习勤奋，受到教师藤野严九郎的热切关怀和帮助。不久，他在有关日俄战争的幻灯片上，看见一个替俄国军队当侦探的中国人，被日本军队抓住杀头，围观的竟然都是中国人，而且他们竟无动于衷。这使鲁迅痛切感到：医学并非紧要，如果一个人没有了骨气，思想不觉悟，即使体格健壮，也无济于事。于是他认为头等重要的还是改变人的精神，唤起人民的自尊心，使国人成为有骨气的人，而不是毫无骨气可言，奴颜婢膝的奴才。

虽然现在的时代变了，但是"人不能没有骨气"在任何时候都不会改变。当今社会，物欲横流，很多人年纪轻轻便迷失在物质享受中，毫无骨气可言。在大街上，我们经常看见一群学生模样的人，跟着一个所谓的"大哥"横冲直撞，而且左一句"大哥"，右一句"大哥"地喊个不停。在网上我们真实地看到一段视频：两个中学生模样的人，在同是一群中学生模样的人的吆喝和威胁下，叫他们自己打自己就自己打自己，叫他们跪下就跪下，叫他们干什么就干什么。在电视新闻中我们又会经常发现"校园暴力"的报道，当记者采访一些学生对那些具有校园暴力倾向的学生有什么看法时，很多人竟然觉得那是一种潇洒，觉得能跟某某人混是一种荣耀……

这是多么可悲的一件事情啊。这些毫无骨气的青少年，你能想象他未来会有什么出息吗？你能指望他们成为祖国的栋梁吗？一个人不能离开骨气，就好比一个人不能没有空气一般。你没有了骨气，你就是别人的奴才，你就是一具行尸走肉，那么你活着还有什么意义呢？

古往今来，有骨气一直是我们倡导的。从"廉者不食嗟来之食"的古训，到陶渊明不为五斗米折腰，再到李白高吟"安能摧眉折腰事权贵，使我不得开心颜"，朱自清宁可饿死也不吃美国救济粮……他们都是有骨气的中国人，都是真正挺起脊梁的大丈夫。

有骨气、有尊严是一个人做人的根本。无论在什么时候，我们都应当挺起做人的脊梁。在一个论坛里，有一位网友写下了他亲眼所见的这样一个小故事。

一个下着小雨的中午，北京市 387 路公交车车厢里的乘客稀稀拉拉的。到西直门站时，上来一对残疾父子。中年男子是个盲人，而他不到 10 岁的儿子则只剩下一只眼睛略微能看到东西。父亲在小男孩的牵引下，一步一步地摸索着走到车厢中央。当车子继续缓缓往前开时，小男孩开口了："各位先生、女士，你们好，我的名字叫李平，下面我唱几首歌给大家听。"

接着，小男孩边弹电子琴边唱起来，电子琴弹得很一般，但孩子的歌声却有天然童音的甜美。正如人们所预料的那样，唱完了几首歌曲之后，男孩走到车厢前面，开始"行乞"。但他手里既没有托着盘，也没直接把手伸到旅客面前，只是走到你身边，叫一声"先生"或"小姐"，然后默默地站在那儿。乘客们都知道他的意思，但每个人都装出不明白的样子，或干脆扭头看车窗外面……

当小男孩两手空空地走到车厢尾时，旁边的一位中年妇女尖声大嚷起来："真不知道怎么搞的，北京的乞丐怎么这么多，连车上都有！"

这一下，所有的目光都集中到这对残疾父子的身上，没想到，小男孩竟表现出与年龄极不相称的冷峻，他一字一顿地说："女士，你说错了，我不是乞丐，我是在卖唱。"

车厢里所有淡漠的目光刹那间都生动起来。有人带头鼓起了掌，然后是掌声一片。

是的，我们没有理由不给故事中的小孩一分赞许，因为他相对于那些只等着别人的施舍的乞丐来说，最起码他有付出自己的劳动，他有骨气用劳动来证明自己的价值。所以，从这个故事中我们也可以看出，人活着必须要有骨气，活着就该挺起刚直的脊梁，这是做人的根本。骨气好比空气一般，看不见摸不着。但是你一旦没有了它，你将失去称之为人的资格，你的人格将因为"缺氧"而"死亡"。骨气无价，一个人失掉了骨气，做人的价值和乐趣也就无从谈起。所以，当自己的尊严受到侵犯的时候，一定要告诉自己：要挺起自己的脊梁，用行动捍卫自己的尊严。

方是规矩，是做事的准则

俗话说："没有规矩不成方圆。"这里所强调的"规矩"，就是做人和做事的行为准则。它是原则性的东西，所以也更加侧重于方的强硬和坚持，而不是圆的柔和和变通。

我们说，方是做人的根本，是对人生的道德上的指引，它起着一种原则性的束缚的作用。这其实是不无道理的。因为每一件事的运作都有其自身的规则，只有按照原则做事，按照规矩办事，才能使事情正常进行下去的必要保证，才能赢得他人信任。

清代红顶商人胡雪岩每做一桩生意时，都履行应该遵守的商业规则，比如绿营兵军官罗尚德上战场之前在胡雪岩开办的阜康钱庄存了一笔银子，当胡雪岩开出存折时，他坚决不要，因为一来他相信胡雪岩的信誉，二来怕自己上战场后，凶多吉少，要不要存折无所谓。但胡雪岩坚持开出存折，称这道手续不能省略。客户存入款项钱庄必须开出存折，这是照规矩办事。又比如胡雪岩与古应春等人合伙卖蚕丝，一下子卖了 10 万两银子，除去必要的开支外，赚来的银子所剩无几。既然是合伙，胡雪岩仍然坚持分出红利，他说即使自己没有赚到一文钱，红利该分的还是要分。与合作伙伴均分红利，这也是照规矩办事。

正是因为胡雪岩照规矩办事，天下与他打交道的人无不信任他，所以，胡雪岩的生意也越做越大。

按规矩办事的典范当属犹太人了，在他们看来，不按规矩做事的人，是不守信用的，是不值得人信任的。不按规矩办事的人，也常常会因为轻率而上当受骗。

宴会上有一个犹太人和一个日本人。这个犹太人喜欢画画，所以在饭桌上，他无事可做，就拿出一张纸来，朝着日本人的方向伸出大拇指，仔细测量着什么。

众所周知，画画的人如果有这样的行动，就是要把对方当成模特，而在测量比例。果然，很快地，犹太人画出了一幅日本人的画像。他把画递给日本人，让他来做评论。日本人说："画得不错，如果能再注意细节方面就更好了。"犹太人听了，将纸拿回去，翻到了另一面，又伸出大拇指，朝着日本人的方向衡量着。

日本人看到犹太人的举动，赶紧挺直了腰杆，希望能把自己画得好一些。可是，几分钟过去了，犹太人再次将画给日本人看的时候，他惊讶了，原来犹太人并没有画他，而是在画自己的大拇指。

犹太人看着日本人惊讶的表情，微笑着说："第一次做过的事情，第二次不一定会是相同的结果。所以，即使是有生意上的往来，第一次觉得这个人信誉不错，不代表第二次就不用签合同，而是还要像第一次一样，小心谨慎地按照规矩办事。"

日本人这才明白，原来犹太人在为他们以后的合作铺路，而他所想告诉日本人的第一点就是要按照规矩办事，信守合约。

犹太人以极强的做事能力著称于世，在犹太人看来，契约是神圣不可侵犯的，更不可毁坏。在犹太人的心目中，毁约行为是绝对不允许发生的。谁如果毁约，其人格就是卑鄙的，他的事业必然失败。契约一旦签订，就是生效了，不但自己遵守，也要求对方严守契约，对契约绝不允许发生含糊不清的情形，无论发生什么问题，都是不可以更改的。

许多人在与他人打交道、做生意时，由于对对方不了解，不知道对方在做事过程中是否会守约，所以他们开始不太信任对方，尤其是第二次与不守约的人交往时，他们就根本不会相信所签订的契约。因此，在与犹太人交往中，要想博得信任，第一件要办的事便是按规矩办事，无论发生什么突变，以及在什么特殊的环境之下，都要完全地做到这点，否则你便是枉费心机。

良好信誉的建立，与我们能否坚持按规矩办事有着极为密切的关系，只有规规矩矩地按照众所周知也就是大家都遵守的规矩做事，才能使人信服，建立起信誉。不顾章法，不按规矩办事的人，是没有人会相信他的。

可是生活中，有太多的人会因为第一印象而忽略了以后的行为准则。第一次合作很顺利，就以为以后都会不错，所以在以后的发展中，并不急着签合同；第一次觉得这个人借钱了之后很快就还了，就以为以后也会一样的守信用，所以就不再留字据了……很多骗子都是利用人们这样的心理，在第一次的时候给人留下好印象，等人们开始松懈的时候，才开始行骗。所以，不要总是按照自己的思维习惯去做事，而是要遵守规矩，遵守做事的准则。

只有时刻按照规矩做事，我们才能避免很多不必要的麻烦，并且可以保证事情顺利地进行。

正直做人，才能堂堂正正

正直的人，实际上是有信念、有原则的人。正直是一种标准，或者说是标杆、标尺，以这个标准衡量人的行为、品格、为人，差别顿时显现。做一个堂堂正正、受人尊敬的人，才能获取长久的成功。

无论是谁，保持正直的品格并不是一件容易的事，在工作中更是如此。作为优秀员工所必备的卓越品质，如诚实守信、自我控制、公正坦诚，都将被你所从事的职业严格考验。唯其难为，所以可贵，那些经受了考验、没有被玷污并且能保持正直品格的人才会得到大家的信任与尊敬，并将被赋予更重大的责任，而且有机会取得更伟大的成就。

在中国某个著名的城市，一批接受深造即将成为建筑师的年轻人，在一位鬓白如雪的老教授的带领下参观一座刚刚落成又需要拆除的大厦。因为大厦的建筑师接受贿赂后，在他的设计方案中改换了关系工程质量的一连串数据……爆破的炸药正填入水泥未干的墙基。在场的人全被震撼了。老教授颤颤巍巍地走到学生们跟前，想说什么却又哽咽着难以开口，只说了半句："咱们建筑师不能造孽，应该积德……"

在美国马里兰州建筑学院盛大的毕业典礼上，著名建筑师弗兰克·劳埃德·赖特仿佛是接着中国教授的话题大声演说："一座大厦就是一位建筑师的名誉，这名誉不会从天而降，必须来自一块实实在在的砖头，一块地地道道的板材。而这一切全都来自建筑师的品德——实实在在、正直高尚的品德！"

人们为了名誉，可以投入大量的金钱和精力，但就是不愿意使一块砖头成为"一块实实在在的砖头"，让一块板材成为"一块地地道道的板材"，从而丧失了为人的基本品格。

一个人的品格是其人性中最重要的部分，它是一个人的道德规范在其心智中的内化。正直、善良是高贵品质的根本，其他的优良品质则是正直品质的结果。有正直品格的人不仅是社会的良知，而且是社会前进的动力和民族的脊梁。

正直的品德是人生的桂冠和荣耀。它是一个人高贵的资产，它构成了人的地位和身份本身，它是一个人在信誉方面的重要筹码。它比财富更具威力，它使所有的荣誉获得了道德上的保障。

当代著名投资学家索罗斯极为重视一个人正直与否，认为一个人仅仅才华出众是不够的，还要有正直的品德。的确，正直的品德是我们为人的基本要素，是我们立足于世的重要保障，缺少正直品德的人，不可能描绘出多姿多彩的事业轨迹。

杰克大学毕业后到了一家软件开发公司工作，和他一起进入公司的还有他的同学兼好友希尔。他和希尔两个人都被分配到程序编辑组，有机会接触到公司最核心的技术秘密。

他们所面临的社会，是一个充满陷阱和诱惑的社会，加上软件企业当前的争战相当激烈，自从他们进入程序编辑组那天起，就有竞争对手想从他们那里套取技术秘密。

刚开始的时候，杰克和希尔都顶住了诱惑。但是，时间一长，希尔开始动摇了。有一天晚上，两个人还在单身公寓里为此吵了起来。

"我想不明白，对方开出那么高的价钱，顶得上我们两个人一年的工资，为什么不答应？"希尔说。他指的是某竞争企业出资 10 万美元购买他们俩参与的一项软件的数据库。

"那违背了我们的做人原则。"杰克说。

"我知道你很正直，可正直值几个钱呢？"希尔说。

"别说了，反正我不同意！"杰克终于吼起来了。

希尔看到杰克生气了，便表示放弃。但他心中并没有放弃，他决定瞒着杰克。

10万美元很快进入希尔的腰包，谁也没有发现，包括杰克在内。两个月后，竞争对手抢先一步推出相似软件，迅速占领市场，让杰克所在公司为此损失了数百万美元。此时公司终于发现有人出卖技术秘密。经过一番调查，得知泄密者是希尔后，公司立即将其开除，并将他告上了法庭。

希尔的结局告诉我们：在充满诱惑的现代社会，人随时可能为了某种利益而放弃自己的道德准则，而坚守正直的品德又是那么不容易。就这点而言，杰克令我们肃然起敬，可以相信，他的职业生涯也是绚丽多彩的。

品德决定你的一切，如果你拥有正直高尚的品性，能够始终做到刚正不阿、气概如虹，那么成功、荣誉、财富等都会纷至沓来，否则，这一切都将永远离你远去。

恪守原则，才不会方寸大乱

原则，是代表一个人的信用；原则，是代表一个人的人格；原则，是代表一个人的道德。做人要坚持原则，这是非常要紧的。因为很多原则都是早就制定好了的，需要每个人都去遵守，如果有一个人没有遵守，那么就可能会引起别人的效仿。如果大家都不去遵守，那么就会引起混乱。

所以，即使是有再大的困难，也要遵守共同的原则，不能因为自己的情况特殊就随意改变。

美国前总统乔治·布什是个原则性很强的人，他坚持"一就是一，二就是二的原则"。他认为空军1号就是空军1号，空军2号就是空军2号，"只有总统才能在南草坪上着陆"。

1981年春，当时身为副总统的布什正在一次飞往外地的例行公务旅行的飞机"空军2号"上。突然布什接到国务卿黑格从华盛顿打来的电话："出事了，请你尽快返回华盛顿。"几分钟后的一封密电中告知总统里根已中弹，正在华盛顿大学医院的手术室里接受紧急抢救，飞机调头飞向首都华盛顿。

飞机在安德鲁斯着陆前45分钟，布什的空军副官约翰·马西尼中校来到前舱为结束整个行程做准备。飞机缓缓下滑时，马西尼突然想出了个主意，他说："如果按常规在安德鲁斯降落后，再换乘海军陆战队的直升机飞抵副总统住所附近的停机坪，再驾车驶往白宫，要浪费许多宝贵时间。不如直接飞往白宫。"

布什考虑了一下，决定放弃这个紧急到达的计划，仍按常规行事。

"我们到达时，市区交通正处高峰时期，"马西尼提醒道，"街道上的交通很拥挤，坐车到白宫要多花 10～15 分钟的时间。"

"也许是这样，但是我们必须这样做。"

马西尼点点头："是的，先生。"说着走向舱门。

看到马西尼中校显得疑惑不解，布什解释道："约翰中校，只有总统才能在南草坪上着陆。"布什坚持着这条原则：美国只能有一个总统，副总统不是总统。

尽管有特殊的情况，可是因为规定了"只有总统才能在南草坪上着陆"，所以他不得不放弃那个紧急到达的计划，这种做法，是非常值得人们去学习的。

我们在生活中，经常会遇到这样或者那样的事情。学生要按时上课，工人要按时上班……这些原则也一直会成为突发事件的障碍。可是，原则就是原则，如果你因为自己的私事，没有请假就离开了自己的岗位，那么如果大家都像你一样，可能办公室就大乱了；作为学生，你不想去上课，如果其他人也跟你一样想，没有人去上课，那么教学的秩序就会大乱。

所以，一定要恪守原则，才能规避可能造成的混乱。

无论是生活还是工作当中，在关键的时候一个人是否能够坚持，常常是判断他的道德水准的重要依据。只有那些肯于坚持原则的人，才能赢得他人的信任和支持。

我们做事讲究原则，做人也要讲究原则；一个人如果没有原则，所谓见异思迁，经常变来变去，则朋友不愿与你共处，同侪不愿与你共事。尤其居上位的人，如果没有原则，朝令夕改，则百姓无所适从；师长如果没有原则，是非不明，则令学生无所依循；父母如果没有原则，赏罚不分，则令儿女无以学习。因此，我们要怎样坚持原则呢？如何将所坚持的原则发挥到最高的价值呢？有 4 点意见：

1. 不因利害而放弃原则

有一些人，刚开始的时候很讲究原则，不过到了利害当头，他就只顾利益，不顾道义。这种因利害而放弃原则的人，往往无义、无信，别人自然也不会愿意和他交往。

2. 不因得失而放弃原则

有的人，成功有所得时，他就讲究原则，失败有所失，他就放弃原则。人，不能以成败来论英雄，也不是以得失来讲人格。因此无论得失，一定要坚持原则，这样的人才能受人尊重。

3. 不因亲疏而放弃原则

有的人，因为你和我是至亲好友，我就不和你坚持原则，一切都很好说话，都很容易过关。假如你和我的关系疏远，没有交情，我就对你百般刁难，不跟你合作。这种人私心太重，不容易有成就，所以真正成功的人，不因亲疏而改变原则。

4. 不因有无而放弃原则

有的人，身在其位时，这个也讲原则，那个也讲原则；一旦卸任，身份改变了，他便放弃原则，不再坚持原则。其实不在其位，不谋其政，这是自然的道理，但是人生有许多做人做事的原则，这是不变的，所以不应以有无而改变做人的原则，这才是做人应该坚持的最大原则。

修身要正，以品德赢长远

中国古代士人特别强调修身。荀子在 2000 多年前就明确提出："君子博学而日参省乎己，则知明而行无过矣。"到了宋代，更是有人提出"修身、齐家、治国、平天下"，把修身放到了一个基础地位，先有高尚的品行，然后在事业上才能获得最终的成功。

中华民族的道德史中对人的要求是其他任何一个民族都难以相比的。一个人要成大事，就必须讲求方正，即要做到诚挚待人、光明坦荡、宽人严己、严守信义。只有这样，才能赢得他人的信赖和支持，从而为事业的发展打下良好的基础。

人的品行、德行就是"德"，自古"才"与"德"并重，形容一个人最好的词语就是"德才兼备"。

一个品行不端、德行糟糕的人很难结识到真正的朋友，也很难获得长久的事业成功。这样的人令人无法与之长期合作，因为这种人不是搞一锤子买卖，就是过河拆桥；这种人在家庭中，也会做出不道德的事情，极有可能给另一方和孩子带来痛苦和不幸；他们甚至可能因为某种利益的驱动，铤而走险而落入法网……

要走向成功，需要讲求方正，以德立身，这是一个成功者必须确立的内在标准。没有这个内在标准，人生之路就会失去支撑，最终导致失败。

瑞士有一家钟表店门庭冷落，不甚景气。一天，店员贴出了一张广告，上面说："本店有一批手表，走时不太精确，24小时慢24秒，望君看准择表。"

广告一经打出，很多人都迷惑不解，更有店主的好友打电话询问。店主坦率地说："诚实是我开店的原则，我不会为了个人私利而损害大家的利益。"

出人意料的是，广告打出不久，表店的生意开始好转，门庭若市，生意兴隆，很快销完了库存积压的手表。

正是因为店主有着非同一般的品格，他才能作出这样的决定。很多顾客正是被店主诚实的做人态度所感动的。俗话说，做人要美，做事要精，立业先立德，做事先做人。做任何事情，都是从学做人开始的。如果连人都做不好，还谈何事业。

以德立身贯穿于每个人人生的全部过程，是一个人做人最根本的原则。在人生的不同阶段，道德对人的要求虽有着不同的变化，每个人体验和经历的内容也不一样，但是，"以德立身"的人生支柱是不变的，它对每个人的人生大厦起着支撑作用的定律是不变的。

修身本身要求我们做到的，是"严于律己，宽以待人"。

"宽则得众"，假如刘邦没有宽广的胸怀，也许他将一事无成。相反，项羽的本事很大，万人不敌，自称"力拔山兮气盖世"，可说英雄盖世，但他有一谋士范增却不用，气量小，只能"无颜过江东，自刎于乌江"。还有《西游记》里的那位唐僧，除了会念经外什么征战本领也没有，但他的诚心和宽厚却使三位本领高强的徒儿慑服于他，并完成了去西天取经的大业。

富兰克林是美国资产阶级革命时期民主主义者、著名的科学家，一生受到了人们的爱戴和尊敬。但是，富兰克林早年的性格非常乖戾，无法与人合作，做事经常碰壁。富兰克林在失败中总结经验，为自己制定了13条行为规范，并严格地执行，很快为自己铺就了一条通向成功的道路。

（1）节制：食不过饱，饮不过量，不因为饮酒而误事。

（2）缄默：讲话要利人利己，避免浪费时间的琐碎闲谈。

（3）秩序：把所有的日常用品都整理得井井有条，把每天需要做的事排出时间表，办公桌上永远都不零乱。

（4）决断：决心履行你要做的事，必须准确无误地履行你所下定的决心，无论什么情况都不要改变初衷。

（5）节约：除非是对别人或是对自己有什么特殊的好处，否则不要乱花钱，不要养成浪费的习惯。

（6）勤奋：不要荒废时间，永远做有意义的事情，拒绝去做那些没有多大实际意义的事情，对于自己人生目标的追求永不间断。

（7）真诚：不做虚伪欺诈的事情，做事要以诚挚、正义为出发点。如果要发表见解，必须有根有据。

（8）正义：不做任何伤害或者忽略别人利益的事。

（9）中庸：避免极端的态度，克制对别人的怨恨情绪，尤其要克制冲动。

（10）清洁：不能忍受身体、衣服或住宅的不清洁。

（11）镇静：遇事不要慌乱，不管是琐碎小事还是不可避免的突发事件。

（12）贞洁：要清心寡欲，如果不是有益于身体健康或者是为了传宗接代，尽量少行房事。绝不做任何干扰自己或别人安静生活的事，也不要做任何有损于自己和别人名誉的事情。

（13）谦逊：要向耶稣和苏格拉底学习。学习他们抵得住享乐的诱惑，抵得住金钱的勾引，没有非分之想，也不会为别人的行为而动、为别人的言论而动，这样也就不可能有任何诱惑和利益使你去做你明明知道是邪恶的事情。

荀子说过："人，力不若牛，走不若马，而牛马为用，何也？"人的力气不如牛大，跑起来没有马快，但牛和马却被人役使，为什么呢？"人能群，彼不能群也。"能够合作是荀子认为的根本原因。说得理论一些：人的社会是由人和人之间各种关系的组合，孤立的个人是不可能存在的，也做不成任何事。移山填海，上天入地，创造出许多伟大业绩，只是因为人能以"群"居之，聚集群体的力量造成的。而能够在人群中立足，基础就是用方正去修身，做一个有道德的人。

小赢靠智，大赢靠德

《易经》说："地势坤，君子以厚德载物。"说明一个人在做人做事方面应该顺应自然，胸怀博大，宽以待人。一个人的能力是有限的，心胸开阔、宽容待人就能得到别人的尊重和爱戴，别人也就会努力工作，尽心为你效劳。而且有德之人，更能明白别人所追求的利益，并能尽力给予最大的满足。人之生于世，一为名，二为利，三为尊重。综观历史，有大成就的人必然有德行而能令人为其舍命效劳。

俗话说："一分恭敬，一分功德。"凡成就大事者，必有其高尚的道德修养。

德是一种觉悟，是一种理念，是一种境界，只要你具备了一定的修养高度，懂得吃亏是福，懂得童叟无欺，懂得诚信取利的奥妙，你就绝不会为富不仁。用现在的概念说，你要积极从事光彩事业，以义制利，通过高尚的修养，以人人尊敬、人人信赖的仁爱劳动和信义去取得广泛的支持和宏大的业绩，这样的业绩才会江山不倒，基业长青。

开平市励精企业有限公司董事长周杰男的创业之路颇具传奇。他23岁到香港成为一名服装学徒工，40出头就在香港服装界被尊称为"爷"。周杰男的创业之路印证了这句话：小胜靠智，大胜靠德。

1940年，周杰男出生于开平市百合镇的一个华侨家庭，他的祖父辈在香港谋生。1963年，23岁的周杰男前往香港，进入一家毛织厂当学徒工。他天生聪颖，而且虚心学习，别人一个月才掌握的技术，他仅用10多天就能学会，连老板都对他刮目相看，悉心将织毛衣的技术传授给他。很快的，周杰男学会了编织毛衣的一系列技术。

同年年底，周杰男征得老板的同意，用平时节衣缩食积攒下来的500元港币购买了自己的第一台织衣机，在家里替老板加工毛衣；当他又积攒到500元港币时，买了第二台织衣机……5年里，周杰男拥有了30多台织衣机，并搬到一个大场地，有了自己的工厂。1975年，他通过借贷和分期付款的方式，从西德购进了10台先进的电脑织衣机，大大提高了市场竞争能力。此后，周杰男又通过合作和独资等方式，创办了多间大型公司，在加拿大、意大利等地拓展海外业务，并形成多元化发展，将自己的事业导入国际化的发展轨道。

凭着智慧、勤奋和进取心，周杰男的事业像滚雪球一样越积越大，他也由一个初出道的毛织学徒，成长为大企业的负责人。

当谈到自己的处世哲学时，周杰男这样回答：勤恳、忠诚、与人为善。他在生意场上的诚信使他赢得了客人的绝对信任，也为他带来了不少生意。

1983年，美国某大百货公司向周杰男的公司订购了一批价值六七十万美元的毛纺品。产品生产出来后，美国客商经验收非常满意，然而周杰男却检验出那批货还有细微的质量问题，立即停止发货。这一举动令客商非常惊讶，因为他们等着货品出售。周杰男主动向他保证，一个月内重新做出一批品质优良的货，不耽误发货时间。最后，周杰男在他承诺的时限内重新赶制了一批质量过硬的毛纺品，该客商非常满意。从此，该客商每年都跟周杰男做一亿港元以上的生意，直到他退休，两人仍以好朋友的身份每年见面。这件事令周杰男在香港商界的威望大增，尽管当时他才 40 出头，但行内人士都尊称他为"爷"，因为他忠诚守信，光明磊落，说话算话。

德是一种境界，德是一种追求，也是一种力量，是一种震慑邪恶、净化环境、提纯思维、吸引财源的动力，德能使人内功强劲，无往而不胜。所以，大胜靠德，业绩是与德行的修养成正比。我们要想取得事业上更大的成功，就必须注意自己的德行修养，必须把自己的德行修养做扎实。

以方立世，坚守品格

在美国有一个广泛流传的故事：

美国加州的"数码影像有限公司"需要招聘一名技术工程师，有一个叫史密斯的年轻人去面试，他在一间空旷的会议室里忐忑不安地等待着。不一会儿，有一个相貌平平、衣着朴素的老者进来了。史密斯站了起来。那位老者盯着史密斯看了半天，眼睛一眨也不眨。正在史密斯不知所措的时候，这位老人一把抓住史密斯的手："我可找到你了，太感谢你了！上次要不是你，我可能就再也看不到我女儿了。"

"对不起，我不明白您的意思。"史密斯一脸迷惑地问道。

"上次，在中央公园里，就是你，就是你把我失足落水的女儿从湖里救上来的！"

老人肯定地说道。史密斯明白了事情的原委，原来他把自己错当成他女儿的救命恩人了："先生，您肯定认错人了！不是我救了您女儿！"

"是你，就是你，不会错的！"老人又一次肯定地回答。

史密斯面对这个感激不已的老人只能做些无谓的解释："先生，真的不是我！您说的那个公园我至今还没去过呢！"

听了这句话，老人松开了手，失望地望着史密斯："难道我认错人了？"

史密斯安慰老人："先生，别着急，慢慢找，一定可以找到救你女儿的恩人的！"

后来，史密斯接到了录取通知书。有一天，他又遇见了那个老人。史密斯关切地与他打招呼，并询问他："您女儿的恩人找到了吗？""没有，我一直没有找到他！"老人默默地走开了。

史密斯心里很沉重，对旁边的一位司机师傅说起了这件事。不料那司机哈哈大笑："他可怜吗？他是我们公司的总裁，他女儿落水的故事讲了好多遍了，事实上他根本没有女儿！"

"噢？"史密斯大惑不解。那位司机接着说："我们总裁就是通过这件事来选人才的。他说过有德之才才是可塑之才！"

史密斯被录用后，兢兢业业，不久就脱颖而出，成为公司市场开发部总经理，一年为公司赢得了3500万美元的利润。当总裁退休的时候，史密斯继承了总裁位置，成为美国的财富巨人，家喻户晓。后来，他谈到自己的成功经验时说："一个一辈子做有德之人的人，绝对会赢得别人永久的信任！"

世间技巧无穷，唯有德者可用其力！

世间变幻莫测，唯有品格可立一生！

这就是作为一个成功人士或希望成为一个成功人士应该具备的道德品质，"道之以德"，"德者得也"。

《左传》中说："太上有立德，其次有立功，其次有立言，传之久远，此之谓不朽。"最上等的，是确立高尚的品德；次一等的，是建功立业；较次一等的，是著书立说。如果这些都能够长久地流传下去，就是不朽了，这就是告诉我们，要以道德来规范自己的行为，只有具备优秀品质的人，才能得到人生的乐趣、生命的精彩。

人品，是人生的桂冠和荣耀。它是一个人最高贵的财产，它构成了人的地位和身份本身，它是一个人在信誉方面的全部财产。人品，使社会中的每一个职业都成为荣耀，使社会中的每一个岗位都受到鼓舞。它比财富更具威力，它使所有的荣誉都毫无偏见地得到保障。它伴随着时时可以奏效的影响，因为它是一个人被证实了的信誉、正直和言行一致的结果，而一个人的人品比其他任何东西都更显著地影响别人对他的信任和尊敬。

当代著名投资家索罗斯极为重视人品的高下，认为一个人仅仅才华出众是不够的，还要有上等的人品。他喜欢诚实的人，对那些做事自私、不够诚实的人，尽管他们十分聪明，也会请他们走人。正如他的朋友沙卡洛夫说："他是我所见过的最诚实的人，他根本不能忍受说谎。"这是对索罗斯的客观评价。他始终认为，许多投机商，包括一些很成功的投机商，并没有很严肃地对待自己的事业，他们只是在投机，一味地投机。

索罗斯说："对那些才气纵横的赚钱高手，如果我不信任他们，觉得这些人的人品不可靠，我就绝不希望他们当我的合伙人。"一次，垃圾债券大王麦克·

米尔被起诉后，垃圾债券业务出现真空，索罗斯很想进入这一黄金领域。为此他约谈了好多位曾在米尔手下做过事的人，想请他们做合伙人。但是，索罗斯发现这些人有某种忽视道德的态度，最后放弃了这些人。他觉得他的团队有这些人参与他会很不舒服，尽管他们积极进取又聪明能干，也很有投资天分。

索罗斯的团队里曾经有一个人私自在一处债券上投资了100万美元，结果投资虽然赢了利，但索罗斯认为，这个人对自己的行为不负责任。索罗斯后来解雇了这个人品欠佳的合伙人。他认为，投资作风完全不同的人在他的团队里都可发挥用场，但人品一定要可靠。

索罗斯之所以如此看重合伙人的人品，是因为他认为，金融投资需要冒很大的风险，而不道德的人不愿意承担风险。这样的人不适宜从事负责、进取、高风险的投资事业。他说："冒险是很辛苦的事，不是你自己愿意承担风险，就是你设法把风险转嫁到别人身上。任何从事冒险业务却不能面对后果的人，都不是好手。"

品行不佳，不仅害人，也会使人在世界上丧失很多机会。管理学上有一种"中庸"理论，意思是任何一个想要稳步发展的企业，都要划分出三个档次，首先是德才兼备，其次是德高才中，最后才是德才中等，唯一不可用的是有才无德的人，因为这样的人极其危险。正如《三国演义》中的吕布，能征善战，英雄无敌，但品格低下，先认丁原做义父然后杀丁原，后认董卓做义父然后杀董卓，最后被曹操抓起来，再也不敢用他，只得把他杀掉。

人生道路，不管你是用人还是为人做事，都要牢记"唯有品格可立"这句箴言，这有助于你走上成功之道。

第二章

圆 之 法

古语有云："建功立业者，多虚圆之士；偾事失机者，多执拗之人。"因为有圆，人们才懂得灵活，会变通；因为有圆，人们才懂得低调，善自保；因为有圆，人们才懂得通融，善交际……圆融之人总是最受欢迎的，他们做事会有人帮忙，他们会绕开障碍，顺利到达成功的终点。

圆为豁达，与人为善

做人圆融，首先要学会豁达，与人为善。在与人交往的过程中，多一些宽容和忍让，少一些苛责。在与人相处的时候不要用放大镜看人的缺点，如果过分地追求完美，不断指责他人的过错，就会失去朋友和合作伙伴。

历史上，会做事的人多是圆融豁达的人。他们在与人交往的时候，都应该眼光高远，胸襟博大。要做到这一点，就必须克己忍让，宽容待人。如果都像《三国演义》中的周瑜那样心胸狭窄，总是产生"既生瑜，何生亮"的思想，又如何能与人合作呢？

在这方面，被人们称为"三国时代风云人物""乱世英雄"的曹操堪称典范。曹操不仅能够与身边的人很好合作，甚至还能不计前嫌、化敌为友。

公元200年，曹操的死对头袁绍发表了讨伐曹操的檄文。在檄文中，曹操的祖宗三代都被骂得狗血喷头。曹操看了檄文之后问手下人："檄文是谁写的？"手下人以为曹操准得大发雷霆，就战战兢兢地说："听说檄文出自陈琳之手。"曹操于是连声称赞道："陈琳这小子文章写得真不赖，骂得痛快。"官渡之战后，陈琳落入曹操之手。陈琳心想：当初我把曹操的祖宗都骂了，这下子非死不可了。然而，曹操不仅没有杀陈琳，还委任他做了自己的文书。

曹操还与陈琳开玩笑说："你的文笔的确不错，可是，你在檄文中骂我本人就可以了，为什么还要骂我的父亲和祖父呢？"后来，深受感动的陈琳为曹操出了不少好主意，使曹操颇为受益。

曹操与张绣的合作也使后人们钦佩他的宽宏大量。看过《三国演义》的人都知道，张绣是曹操的死敌，两个人有着深仇大恨。曹操的儿子和侄子都死于张绣之手。但是，在官渡之战前，为了打败袁绍，曹操考虑到张绣独特的指挥才能，主动放弃过去的恩恩怨怨，与张绣联合，并封张绣为扬威大将军。他对张绣说："有小过失，勿记于心。"张绣后来在官渡之战和讨伐袁谭的战役中十分卖力。

官渡之战结束后，曹操在清理战利品的时候，发现了大批书信，都是曹营中的人写给袁绍的。有的人在信中吹捧袁绍，有的人表示要投靠袁绍。曹操的亲信们建议曹操把这些当初对他不忠心的人抓来统统杀掉。可曹操却说："当时袁绍那么强大，我自己都不能自保，更何况众人呢？他们的做法是可以理解的。"于是，他下令将这些书信全部烧掉，不再追究。那些曾经暗通袁绍的人被曹操的宽宏大量感动了，对曹操更加忠心。一些有识之士听说了这件事，也纷纷来投靠曹操。

人非圣贤，孰能无过？有道德修养的人不在于不犯错误，而在于有过能改，不再犯错误。《尚书·伊训》中有"与人不求备，检身若不及"的话，是说我们与人相处的时候，不求全责备，检查约束自己的时候，也许还不如别人。要求别人怎么去做的时候，应该首先问一下自己能否做到。推己及人，严于律己，宽以待人，才能团结别人，共同做好工作。一味地苛求，就什么事情也办不好。

齐国的孟尝君是战国四公子之一，以养士和贤达而闻名。他的门客有时多达三千人，只要有一技之长，就可投其门下。他一视同仁，不分贵贱。他因养士而在一定程度上保全了国家。

有一次，孟尝君的一个门客与孟尝君的妾私通。有人看不下去，就把这事告诉了孟尝君："作为您的手下亲信，却背地里与您的妾私通，这太不够义气了，请您把他杀掉。"孟尝君说："看到相貌漂亮的就喜欢，是人之常情。这事先放在一边，不要说了。"

一年之后，孟尝君召见了那个与他的妾私通的人，对他说："你在我这个地方已经很久了，大官没得到，小官你又不想干。卫国的君王和我是好朋友，我给你准备了车马、皮裘和衣帛，希望你带着这些礼物去卫国，与卫国国君交往吧。"结果，这个人到了卫国并受到了重用。

后来齐卫两国因故断交了，卫君很想联合各诸侯一起进攻齐国。那个与孟尝君的妾私通的人对卫君说："孟尝君不知道我是个没有出息的人，竟把我推荐给您。我听说齐、卫国的先王，曾杀马宰羊，进行盟誓说：'齐、卫两国的后代，不要相互攻打，如有相互攻打者，其命运就和牛羊一样。'如今您联合诸侯之兵进攻齐国，这是违背了您先王的盟约。希望您放弃进攻齐国的打算。您如果听从我的劝告就罢了，如果不听我的劝告，像我这样没出息的人，也要用我的热血洒溅您的衣襟。"卫君在他的劝说和威胁下，最终放弃了进攻齐国的打算。齐国人听说了这件事后，说："孟尝君真是善于处事、转祸为福的人啊。"

待人接物，不能对人苛求，对别人苛求，往往使自己跟别人合不来。社会是由各式各样的人组成的，有讲道理的，也有不讲道理的，有懂事多的，也有懂事少的，有修养深的，也有修养浅的，我们总不能要求别人讲话办事都符合自己的标准和要求。真正的豁达大度者，当那些懂事较少、度量较小、修养较浅的人做了得罪自己的事情时，能够宽容他们，谅解他们，不和他们一般见识。从这个意义上说，那些最豁达、最宽容的人，乃是最善于谅解人、最通达世事人情的人。

圆是韬晦，保全自己

圆融为人的目的是保全自己，从中获取更多的利益，在这一点上，与韬光养晦不谋而合。韬，本意是"弓袋子"，有"进去"之意，韬光是隐藏自己的光芒。晦，是黑暗、隐晦之意，养晦是处在一个相对不显眼的位置。韬光养晦和低调的意思基本相同，这是一种优秀的圆融策略。实现韬光养晦的要旨在于：实施对象没有安全感、怕人谋害，就向他表示最大的忠诚和善意；实施对象怕有人威胁到他的地位，就向他表示自己淡泊名利的态度；实施对象害怕失去权威，就向他表达最大的敬畏与尊崇。当你成功地让实施对象相信你的这种意图时，你就是一个成功地掌握韬光养晦这种艺术的人。

使用韬晦之计而显示人生的圆融智慧的突出例证，是《三国演义》中刘备与曹操在"青梅煮酒论英雄"时的表现。那时刘备在吕布与曹操两大势力争夺中无法保持中立，只好依附曹操，共同消灭吕布。

曹操在许田围猎时故意表露出自己的篡位意图，以试探臣下。当时大臣们敢怒不敢言，只有关羽"提刀拍马便出，要斩曹操"，倒是刘备"摇手送目"，拦住关羽，还恭维曹操说："丞相神射，世所罕及！"当董承、王子服等人凭汉献帝血写密诏结盟讨伐曹操时，把刘备也拉入这个政治集团之内。刘备签名入盟后，"为防曹操谋害，就到后园种菜，亲自浇灌，以为韬晦之计"。

不想曹操何等精明，他想刘备这样志向远大的英雄突然种起菜来了，必有所图。于是派人将刘备请往丞相府，"盘置青梅，一樽煮酒，二人对坐，开怀畅饮"，演出一段脍炙人口的历史戏剧。

当时，曹操几乎明知故问，甚至直言相告："今天下英雄，唯使君与操耳！"刘备所担心的是讨曹联盟之事暴露，听到曹操称自己为"英雄"，以为事情已经暴露，手中匙箸也掉在地上。为避免曹操进一步怀疑自己，只好推说是害怕雷声所致。曹操想这样一个连雷声都害怕的人，根本不是什么"英雄"，于是将戒备的疑心放下。这为后来刘备借讨伐袁术为名领兵出发，"撞破铁笼逃虎豹，顿开金锁走蛟龙"奠定了基础。

刘备暂时的"不为"，是为了长远的"有为"；表面的"不为"，是为了实实在在的"为"。可见，韬晦之计就是在自己尚无足够的能力达到自己追求的目标时，为防止别人干扰、阻挠、破坏自己的行动计划，故意采取的假象策略，是弱者在逆境中生存的重要手段。

弱者善用韬晦策略，同样，强者也对它极其钟爱。如果说处于弱势的人为了保护自己，有向强者示弱的必要，强势者又何必韬光养晦呢？这里面也有很多奥妙。一般来说，强势者大权在握，处在比较显眼的位置。他受人关注的程度就必然高，所要应付的事情也必然多。这会让他把许多的精力分散在与人周旋、应对上。一个人如果没有安静思考的时间，长期处在显眼的位置进行指挥、领导、周旋、应对，久而久之，精力、健康、知识、智慧都会受到一定的影响。这就要求处在领导位置的人，要学会避开众人的注目，避开不必要的繁杂事物，回到比较隐蔽的位置。这样的位置有助于人修身养性、恢复精力；有助于人们不断反思、不断调整，拓展自己心灵的空间，强大自己的力量，这样，当再一次投入工作中，就会获得足够的智慧和精力去面对。所以，强势者也常常会运用"韬光养晦"这种策略，只不过强势者和弱势者运作韬光养晦的手段和目的不一样。

韬晦之计，铸就了无数的成功者。究其原因，就是因为韬晦之计有明确的目的性与功利性，具有极强的主观意识；韬晦之计又有极强的进取性，虽然在表面上有许多退却忍让，却更显示人的韧性与忍辱负重的内在力量；韬晦之计又因其具有极大的隐蔽性而具有极强的实效性，它往往以攻其不备而出奇制胜，易取得事半功倍的效果。韬晦之计是精明人假装糊涂的一种策略，而装糊涂也是领导的方法之一。

在一次宴会上，楚庄王命令他所宠爱的美人给群臣和武士们敬酒。傍晚时分，一阵狂风把灯烛吹灭了，大厅里一片漆黑，黑暗中不知是谁用手拽住了美人的衣袖。美人急中生智把那人系帽子的带子扯断，然后来到楚庄王的身边，向他哭诉了被人调戏的经过，并说那个人的帽带被扯断，只要点上灯烛就可以查出此人是谁。

楚庄王安慰了美人几句，便向大家高声说："今天喝酒定要尽兴，谁的冠缨不断，就是没喝足酒。"群臣众将为讨好楚庄王，纷纷扯断冠缨，喝得烂醉如泥。等点灯时，大家的冠缨都断了，就是美人自己想查出调戏她的那个人，也无从下手了。

三年后，楚国与晋国开战，楚军有一位勇士一马当先，总是冲在前头。楚庄王很奇怪，问他为什么如此拼命。勇士回答说："末将该死，三年前我在宴会上酒醉失礼，大王不但不治我的罪，还为我掩盖过失，我只有奋勇杀敌才能报答大王。"

在这事件中，楚庄王听说有人调戏美人，而且他系帽子的带子已被扯断，是可以查出谁犯了错的。但楚庄王在这件事上采取"糊涂"的态度，故意让大家扯断冠缨，给犯错的人留下了一条后路。楚庄王的宽容大度得到了应有的报偿。他的这种"糊涂"其实是一种富有远见的"精明"。

由此可见，正确使用韬晦之计，非但能够保全自我，而且还能从中得益，实在是把握人生潜规则的重要内容之一。所以说，做人应懂得韬光养晦，隐藏锋芒，低调处世，不张扬、不炫耀。恰当的时候装糊涂，也是领导者团结部下，以宽容之心使部下为目标而奋斗的方法。

圆是进退，趋利避害

"进"与"退"都是处世行事的技巧，是圆。方则是恰到好处的中庸之道，把握中庸，便有了进与退的判断标准，是进是退都有章法。该进的时候不进会失去机遇，该退的时候不退会惹来麻烦，甚至是祸害。

在古代，有不少真正的权谋家都懂得"功成身退"的道理，在开创伟业，大展宏图，实现夙愿之后，简单地"一退"，避开了灾祸。

春秋时期，吴越争雄，越国范蠡在越王勾践身为人奴之时，鼎力效忠。在忍耐了漫长的屈辱之后，越王勾践终于得以东山再起，一举灭掉了吴国，重建越国。

而立下赫赫功劳的范蠡在庆功宴上，却悄悄带着西施，乘一叶扁舟离开了。临走前，他曾托人送过一封信给他的好友文种，信上说：狡兔死，走狗烹；敌国灭，谋臣亡。越王这个人能容忍敌人的欺负，可不能容得下有功的大臣。我们只能够同他共患难，却不能同他共安乐。你现在不走，恐怕将来想走也走不了了。可惜，文种没有听其劝告，最后被勾践逼死。临死对天长叹，痛悔自己没有听范蠡的话，而落个被杀的结局。

与文种相反，范蠡带着西施和一些财宝珠玉，弃官经商，改名换姓，跑到齐国去了。几年后，成为百万富翁，后人称其为商圣陶朱公。

范蠡和文种的一退一进，正好说明了"退"的机会含义。范蠡的"退"，为自己创造了更好的机会，而文种的"进"，其结果却是死路一条。

老子说："持而盈之，不如其已；揣而锐之，不可常保；金玉满堂，莫之能守；富贵而骄，自遗其咎。功成名就身退，天之道。"它的意思是：始终保持丰盈的状态，不若停止它；不停地磨砺锋芒，欲使之尖锐，却难保其锋永久锐利；满屋的金银珠宝，很难永恒地守护住它；人富贵了就会产生骄奢淫逸的心理，反而容易犯错误。功成名就则应隐退，此乃天理。它提醒人们功成名就、官显位赫后，人事会停滞，人心会倦怠，业绩也不会进展。应立即辞去高位，退而赋闲。否则，说不定会因芝麻小事而被问罪，遭到晚节不保的厄运。

进退之术，古人多有阐发，像"进一步山穷水尽，退一步海阔天空""以退为进，以进为退"等等。然而，却有许多人不能做到适时进退。一般说来，不外乎有这样两种原因：一种是身处逆境之人虽能识之，但不能做；另一种是身处顺境之人虽能做之，但不能识。

身处逆境，思量最多的就是如何能摆脱眼前的不利局面，力争早日振作起来，因此，他们脑子里萦绕最多的便是"进一步山穷水尽，退一步海阔天空"，但思来想去，总觉得自己背水一战，退无可退，那么只能向前迈进，而结果，依然是落了个"山穷水尽"的下场。

相反，身处顺境的人，思量最多的则是如何抓住眼前"全国山河一片红"的大好局势，进一步扩大自己的势力和影响，"好风须借力，送我上青天"，正处于人生得意的金字塔尖。尽管也时时有"高处不胜寒"的感觉，但是，他们当中又有几人能想到"退"这一字呢？他们有的是退的资本，可是，他们没有人能认识到这进退之术，因此搁浅了。

清代中兴名臣曾国藩最懂参悟保身之道。攻下金陵之后，曾氏兄弟的声望，可说是如日中天，达于极盛，曾国藩被封为一等侯爵，世袭罔替；曾国荃一等伯爵。所有湘军大小将领及有功人员，莫不论功封赏。当时湘军人物官居督抚位子的便有十人，长江流域的水师，全在湘军将领控制之下，曾国藩所保奏的人物，无不如奏所授。

但树大招风，朝廷的猜忌与朝臣的妒忌随之而来。曾国藩说："长江三千里，几无一船不张鄙人之旗帜，外间疑敝处兵权过重，权力过大，盖谓四省厘金，络绎输送，各处兵将，一呼百诺，其相疑者良非无因。"

颇有心计的曾国藩应对从容，马上就采取了一个裁军之计。他在战事尚未结束之际，即计划裁撤湘军。他在两江总督任内，便已拼命筹钱，两年之间，已筹到 550 万两白银。钱筹好了，办法拟好了，战事一结束，便即宣告裁兵。不要朝廷一文，裁兵费早已筹妥了。同治三年六月攻下南京，取得胜利，七月初旬开始裁兵，一月之间，首先裁去 25000 人，随后亦略有裁遣。

世上的一切事物，认真去琢磨，都有其规律可循，月不总圆，花不总红，物极必反。曾国藩深谙此道，所以，当他功成名就之时，他怕树大招风，引起朝廷猜忌，怕人说他拥兵自重，所以，自己先行一步自我裁军。这一计谋，果然奏效，朝廷没有了顾虑，曾氏家族也求得了安定。

荀子说，人生如果到了如《诗经》中所说的"往左，你能应付裕如；往右，你能掌握一切"这样的境界，就不会枉走一生了。大丈夫有起有伏，能屈能伸。起，就直上九霄，伏，就如龙在渊；屈，就不露痕迹，伸，就清澈见底。漫漫人生路，有时退一步是为了踏越千重山，或是为了破万里浪；有时低一低头，更是为了昂扬成擎天柱，也是为了响成惊天动地的雷。如此的低一低头，即便今日成渊谷，即便今秋化作飘摇的落叶，明天也足以抵达珠穆朗玛峰的高度，明春依然会笑意盎然傲视群雄。

圆融变通，削减成功阻力

很多人相信，执着是一种很好的品质，但有的时候并不一定是好事。无论是做人，还是做事，都要学会圆融变通。因为，只有圆融，才能减少成功的阻力，只有变通才会找到方法，才会获得一条捷径。

圆融变通，是去除了自己的棱角，隐藏起自己的个性中不能被人群接纳的部分，是以变化自己为途径，通向成功。哲学家讲："你改变不了过去，但你可以改变现在；你想要改变环境，就必须改变自己。"

种子落在土里长成树苗后最好不要轻易移动，一动就很难成活。而人就不同了，人有脑子，遇到了问题可以灵活地处理，用这个方法不成就换一个方法，总有一个方法是对的。做人做事要学会圆融，不能太死板，要具体问题具体分析，前面已经是悬崖了，难道你还要跳下去吗？不要被经验束缚了头脑，要冲出习惯性思维的樊篱。执着很重要，但盲目的执着是不可取的。

有这样一则故事：

战国时期，秦国有个人叫孙阳，精通相马，无论什么样的马，他一眼就能分出优劣。他常常被人请去识马、选马，人们都称他为伯乐。

有一天，孙阳外出打猎，一匹拖着盐车的老马突然向他走来，在他面前停下后，冲他叫个不停。孙阳摸了摸马背，断定是匹千里马，只是年龄稍大了点。老马专注地看着孙阳，眼神充满了期待和无奈。孙阳觉得太委屈这匹千里马了，它本是可以奔跑于战场的宝马良驹，现在却因为没有遇到伯乐而默默无闻地拖着盐车，慢慢地消耗着它的锐气和体力，实在可惜！孙阳想到这里，难过得落下泪来。

这次事件之后孙阳深有感触，他想，这世间到底还有多少千里马被庸人所埋没呢？为了让更多的人学会相马，孙阳把自己多年积累的相马经验和知识写成了一本书，配上各种马的形态图，书名叫《相马经》。目的是使真正的千里马能够被人发现，尽其所才，也为了自己一身的相马技术能够流传后世。

孙阳的儿子看了父亲写的《相马经》，以为相马很容易。他想，有了这本书，还愁找不到好马吗？于是，就拿着这本书到处找好马。他按照书上所画的图形去找，没有找到。又按书中所写的特征去找，最后在野外发现一只癞蛤蟆，与父亲在书中写的千里马的特征非常像，便兴奋地把癞蛤蟆带回家，对父亲说："我找到一匹千里马，只是马蹄短了些。"父亲一看，气不打一处来，没想到儿子竟如此愚蠢，悲伤地感叹道："所谓按图索骥也。"

这就是成语"按图索骥"的由来。这个故事有两层寓意，一是比喻按照某种线索去寻找事物，二是讽刺那些本本主义的人，机械地照老方法办事，不知圆融变通。

记载商鞅思想言论的《商君书》中有一段名言："聪明的人创造法度，而愚昧的人受法度的制裁；贤人改革礼制，而庸人受礼制的约束。"是的，圣人创造"规矩"，开创未来，常人遵从"规矩"，重复历史。为什么孔子是圣人，而他的三千弟子不是？道理就在于思想是否解放，是否敢于创新，敢于自主地、实事求是地思考分析问题。

许多成功人士一生不败，关键就在于用绝了为人处世的圆融之道，进退之时，俯仰之间，都超人一等，让左右暗自佩服，以之为师。

学会圆融，是做人做事之诀窍。尤其是当你身处困境之时，灵活圆融的能力能为你带来成功的机会。

美国当代著名企业家李·艾柯卡在担任克莱斯勒汽车公司总裁时，为了争取到 10 亿美元的国家贷款来解公司之困，他在正面进攻的同时，采用了迂回包抄的办法。一方面，他向政府提出了一个现实的问题，即如果克莱斯勒公司破产，将有 60 万左右的人失业，第一年政府就要为这些人支出 27 亿美元的失业保险金和社会福利开销，政府到底是愿意支出这 27 亿呢，还是愿意借出 10 亿极有可能收回的贷款？另一方面，对那些可能投反对票的国会议员们，艾柯卡吩咐手下为每个议员开列一份清单，单上列出该议员所在选区所有同克莱斯勒有经济往来的代销商、供应商的名字，并附有一份万一克莱斯勒公司倒闭，将在其选区产生的经济后果的分析报告，以此暗示议员们，若他们投反对票，因克莱斯勒公司倒闭而失业的选民将怨恨他们，由此也将危及他们的议员席位。

这一招果然很灵，一些原先激烈反对向克莱斯勒公司贷款的议员闭了口。最后，国会通过了由政府支持克莱斯勒公司 15 亿美元的提案，比原来要求的多了 5 亿美元。

由此可见，懂得圆融变通的人，总是能够在危难处脱身，给自己消除成功的阻力。圆融的人，懂得变通，能够用更聪明的方法达成自己的目的，所以做起事情来也更加得心应手。

随机转变，化险为夷

"人有失足，马有失蹄。"但有时错失会给人带来杀身之祸。只有及时而巧妙地挽回错失，才能处于安全境地。

据说，司马昭与阮籍有一次同上早朝，忽然有侍者前来报告："有人杀死了母亲！"放荡不羁的阮籍不假思索便说："杀父亲也就罢了，怎么能杀母亲呢？"

此言一出，满朝文武大哗，认为他"有悖孝道"。阮籍也意识到自己言语的失误，忙解释说："我的意思是说，禽兽只知其母而不知其父。杀父就如同禽兽一般，杀死母亲呢？就连禽兽也不如了。"

一席话，竟使众人无可辩驳，阮籍也因此避免了杀身之祸。

困境面前，阮籍因为懂得随机应变而躲过了一场劫难。可是，有时候并不是单靠口舌就能将自己从困境中挽救出来的，而是需要用心、动脑，在面对事情的时候保持机敏和灵活，才能让自己免于危难，郭德成就是这样的人。

郭德成是元末明初人，他性格豁达，十分机敏，特别喜爱喝酒。在元末动乱的年代里，他和哥哥郭兴一起随朱元璋转战沙场，立了不少战功。

朱元璋做了明朝开国皇帝后，原先的将领纷纷加官晋爵，待遇优厚，成为朝中达官贵人。郭德成仅仅做了戏骑舍人这样一个普通的官员。

有一天，朱元璋召见郭德成，说道："德成啊，你的功劳不小，我让你做个大官吧。"郭德成连忙推辞说："感谢皇上对我的厚爱，但是我脑袋瓜不灵，整天不问政事，只知道喝酒，一旦做大官，那不是害了国家又害了自己吗？"

朱元璋见他辞官坚决，内心赞叹，于是将大量好酒和钱财赏给郭德成，还经常邀请郭德成到皇家后花园喝酒。

一次，郭德成兴冲冲赶到皇家后花园陪朱元璋喝酒。眼见花园内景色优美，桌上美酒香味四溢，他忍不住酒性大发，连声说道："好酒，好酒！"随即陪朱元璋喝起酒来。

杯来盏去，渐渐地，郭德成脸色发红，醉眼，但他依然一杯接一杯喝个不停。眼看时间不早，郭德成烂醉如泥，踉踉跄跄地走到朱元璋面前，弯下身子，低头辞谢，结结巴巴地说道："谢谢皇上赏酒！"

朱元璋见他醉态十足，衣冠不整，头发纷乱，笑道："看你头发披散，语无伦次，真是个醉鬼疯汉。"郭德成摸了摸散乱的头发，脱口而出："皇上，我最恨这乱糟糟的头发，要是剃成光头，那才痛快呢。"

朱元璋一听此话，脸涨得通红，心想，这小子怎么敢这样大胆地侮辱自己。他正想发怒，看见郭德成仍然傻乎乎地说着，便沉默下来，转而一想：也许是郭德成酒后失言，不妨冷静观察，以后再整治他不迟。想到这里，朱元璋虽然闷闷不乐，还是高抬贵手，让郭德成回了家。

郭德成酒醉醒来，一想到自己在皇上面前失言，恐惧万分，冷汗直流。原来，朱元璋少时，在皇觉寺做和尚，最忌讳的就是"光""僧"等字眼。郭德成怎么也想不到，今天这样糊涂，这样大胆，竟然戳了皇上的痛处。

郭德成知道朱元璋对这件事不会轻易放过，自己以后难免有杀身之祸。怎么办呢？他深深地思考着：向皇上解释，不行，更会增加皇上的嫉恨；不解释，自己已经铸成大错。难道真的要为这事赔上身家性命不成？郭德成左右为难，苦苦地为保全自身寻找妙计。过了几天，郭德成继续喝酒，狂放不羁，和过去一样，只是进寺庙剃光了头，真的做了和尚，整日身披袈裟，念着佛经。

朱元璋看见郭德成真做了和尚，心中的疑虑、嫉恨全消，还向自己的妃子赞叹说："德成真是个奇男子，原先我以为他讨厌头发是假，想不到真是个醉鬼和尚。"说完，哈哈大笑。后来，朱元璋猜忌有功之臣，原来的许多大将们纷纷被他找借口杀掉了，而郭德成竟保全了性命。这是由于他能够从小的祸事看到以后事态的发展，提前避祸，才不至于招来杀身之祸。

人常言："病从口人，祸从口出。"当口出错语时，应想尽办法及时补救。同样，当行为冒犯了别人，引起对方的疑虑和杀机时，要采取巧妙的方式进行处理，这样才能打消他人的疑虑，免去无意间造成的祸患。由此，我们应利用现时的条件努力培养生存的"急智"。

在危机的时候学会变通，才能化险为夷，渡过险关。可是，我们身边的很多人并不注意圆融变通的修为，而是顽固地坚守着自己的观点，即使是错了，也不知道悔改，即使知道可能因为自己的过失而造成麻烦，也不懂得变通。这样的人，一定会比懂得圆融变通，能够根据时机改变自己的人吃更多的苦头。

直不能达，以曲胜之

在现实生活中，任何事物的发展都不是一条直线。智慧之人能看到直中之曲和曲中之直，并不失时机地把握事物迂回发展的规律，通过迂回应变，达到既定的目标。反之，一个不善于圆融通达的人，"一根筋"只会四处碰壁，被撞得头破血流。

顺治元年，清王朝迁都北京以后，摄政王多尔衮便着手进行武力统一全国的战略部署。当时的军事形势是：农民军李自成部和张献忠部共有兵力 40 余万；刚建立起来的南明弘光政权，汇集江淮以南各镇兵力，也不下 50 万人，并雄踞长江天险；而清军不过 20 万人。如果在辽阔的中原腹地同诸多对手作战，清军兵力明显不足。况且迁都之初，人心不稳，弄不好会造成顾此失彼的局面。

多尔衮审时度势，机智灵活地采取了以迂为直的策略，先怀柔南明政权，集中力量攻击农民军。南明当局果然放松了对清的警惕，不但不再抵抗清兵，反而派使臣携带大量金银财物，到北京与清廷谈判向清求和。这样一来，多尔衮在政治上、军事上都取得了主动地位。顺治元年七月，多尔衮对农民军的战争取得了很大进展，后方亦趋稳固。此时，多尔衮认为最后消灭明朝的时机已经到来，于是，发起了对南明的进攻。当清军因在南方施行高压政策和暴行而受阻时，多尔衮又施以迂为直之术，派明朝降将、汉人大学士洪承畴招抚江南。顺治五年，多尔衮以他的谋略和气魄，基本上完成了清朝的统一大业。

运用以迂为直的策略，十分讲究迂回的手段。特别是在与强劲的对手交锋时，迂回的手段高明、精到与否，往往是能否在较短的时间内由被动转为主动的关键。

生活中很多时候，以硬碰硬往往会造成两败俱伤的结局。此时，如果能灵活一些，讲究一点"曲线"策略，往往就能化解矛盾，握手言和。比如面对他人的不适当言行，如果你针锋相对地进行争执和批驳，对方很难从内心真正接受，还可能使自己"惹祸上身"，而如果能在表达方式上巧妙一些，效果就好多了。

明代嘉庆年间，"给事官"李乐清正廉洁。有一次他发现科考舞弊，立即写奏章给皇帝，皇帝对此事不予理睬。他又面奏，结果把皇帝惹火了。嘉庆以故意揭短罪，传旨在李乐的嘴巴上贴上封条，并规定谁也不准去揭。封了嘴巴，不能进食，就等于给他定了死罪。这时，旁边站出一个官员，走到李乐面前，不分青红皂白，大声责骂："君前多言，罪有应得！"一边大骂，一边打了李乐两记耳光，当即把封条打破了。由于他是帮助皇帝责骂李乐，皇帝当然不好怪罪。其实此人是李乐的学生，在这关键时刻，他"曲"意逢迎，巧妙地救下了自己的老师。如果他不顾情势，犯颜"直"谏，非但救不了老师，自己怕也难脱连累。这个方法的使用真是巧妙至极。李乐不懂得人与人之间"润滑当先"的道理，比自己的学生还差了一大截。

中国传统文化是很讲究绕圈子的，不会"绕圈子"，就很容易成为吃亏的角色。深谙此道的人才可能左右逢源。

不过需要强调的是，这种"绕圈子"应该以"方正"为中心，要有好的动机。很多人为了讨好上司不惜奴颜媚骨，唯唯诺诺，根本不考虑下属和百姓的利益，这种做法是让人鄙视的。而很多流芳百世的清官们，则是为了百姓的利益委婉地与上司"对着干"。

当然，和上司"对着干"要冒一定的风险，因此，一定要注意方式，对于上司过分不合理的要求，也不可硬顶着来，而是要注意婉转，不卑不亢。

甘罗的爷爷是秦国的宰相。有一天，甘罗看见爷爷在后花园走来走去，不停地唉声叹气。"爷爷，您碰到什么难事了？"甘罗问。

"唉，孩子呀，大王不知听了谁的教唆，硬要吃公鸡下的蛋，命令满朝文武想法去找，要是三天内找不到，大家都得受罚。"

"秦王太不讲理了。"甘罗气呼呼地说。他眼睛一眨，想了个主意，说："不过，爷爷您别急，我有办法，明天我替你上朝好了。"

第二天早上，甘罗真的替爷爷上朝了。他不慌不忙地走进宫殿，向秦王施礼。

秦王很不高兴，说："小娃娃到这里捣什么乱！你爷爷呢？"

甘罗说："大王，我爷爷今天来不了啦。他正在家生孩子呢，我替他上朝来了。"

秦王听了哈哈大笑："你这孩子，怎么胡言乱语！男人家哪能生孩子？"

甘罗说："既然大王知道男人不能生孩子，那公鸡怎么能下蛋呢？"

甘罗的爷爷作为秦国的宰相，面对皇帝无理的问题，却又找不到合适的办法拒绝。甘罗作为一个孩童，能如此得体地拒绝秦王，并让秦王不得不放弃自己的无理请求，实在是大出人们的预料。也正因为如此，秦王才有"孺子之智，大于其身"的叹服。以后，秦王又封甘罗为上卿。现在我们俗传甘罗 12 岁为丞相，童年便取高位，不能不说正是甘罗的那次智慧的拒绝，才使秦王越来越看重他的。

当领导提出一件让你难以做到的事时，如果你直言答复做不到时，可能会让领导损失颜面，这时，你不妨说出一件与此类似的事情，让领导自觉问题的难度，而自动放弃这个要求。所以，当我们遇到难题，正面难以解决时，不妨采取迂回的策略，以曲求胜，往往会事半功倍。

有圆在胸，人情百通

有一位先生娶了一个体态婀娜、面貌娟秀的太太，两人恩恩爱爱，是人人称美的神仙美眷。这个太太眉清目秀，性情温和，美中不足的是长了个酒糟鼻子，好像失职的艺术家对于一件原本足以称傲于世间的艺术精品少雕刻了几刀，显得非常的突兀怪异。

这位丈夫对于太太的鼻子终日耿耿于怀。一日出外去经商，行经贩卖奴隶的市场，宽阔的广场上，四周人声沸腾，争相吆喝出价，抢购奴隶。广场中央站了一个身材单薄、瘦小清癯的女孩子，正以一双汪汪的泪眼，怯生生地环顾着这群如狼似虎、决定她一生命运的大男人。

这位丈夫仔细端详女孩子的容貌，突然间，他被深深地吸引住了。好极了！这个女孩子的脸上长着一个端端正正的鼻子，不计一切，买下她！

　　这位丈夫以高价买下了长着端正鼻子的女孩子，兴高采烈，带着女孩子日夜兼程赶回家门，

　　想给心爱的妻子一个惊喜。到了家中，把女孩子安顿好之后，他以刀子割下女孩子漂亮的鼻子，拿着血淋淋而温热的鼻子，大声疾呼："太太！快出来哟！看我给你买回来最宝贵的礼物！"

　　"什么样贵重的礼物，让你如此大呼小叫的？"太太狐疑不解地应声走出来。

　　"你看！我为你买了个端正美丽的鼻子，你戴上看看。"

　　丈夫说完，突然抽出怀中锋锐的利刃，一刀朝太太的酒糟鼻子砍去。霎时太太的鼻梁血流如注，酒糟鼻子掉落在地上，丈夫赶忙用双手把端正的鼻子嵌贴在伤口处。但是无论丈夫如何的努力，那个漂亮的鼻子始终无法粘在妻子的鼻梁上。

　　尽管我们每个人都希望交往的人是完美的，可是毕竟人无完人，每个人身上都可能有这样或者那样的缺点，但是只要我们不苛求，多给予一点包容，那么那些小的缺点和瑕疵，都不算什么了。

　　苛求他人，往往受苦的是自己。因为改变他人就像改变自己一样，是一个艰难的过程。人们固然需要对他人的劣根性进行批判，然而，更需要做的是对他人施以诚挚的厚爱。

　　圆，是一种豁达，是宽厚，是善解人意，是与人为善，是心胸的宽阔，是生活的轻松，是人生经历和智慧的优越感，是对自我的征服，是通往成功的坦荡大道。

　　古语云：取象于钱，外圆内方。这不是老于世故，实际上，圆是为了减少阻力，方是立世之本，是实质，也是为人处世之道。

　　有时候，适时地表现善良，的确能让人赢得更高的评价。千万不要忽略"圆通"的力量，只要运用得当，它不仅能帮助你抬高身价，还能让你获得更多的喝彩。

　　有一家杂志社的编辑，由于他曾在英国待过一段时间，行事有些洋派，在作风保守的杂志社里显得有些格格不入。偏偏他个性散漫，又常做错事，总编辑早就看他不顺眼，只因他是老板朋友的儿子，所以只好对他睁一只眼，闭一只眼。

　　有一天，为了一篇稿件，他和总编发生冲突，众人见战火引燃，纷纷过去围观。他还要力争，众人你一言我一语地加入战场，联合起来打击他，挑他稿件的毛病，批评他偶尔的迟到早退，后来，他辞职了。

可见，在生活里，不是单凭自己的力量就能撑起一片天的。不懂得圆融的人，就不会跟别人相处，也就不能收获友情，在自己需要的时候，也不会有人帮助你。所以，只有为人圆融，才能与人和睦相处，并且能让自己结交到朋友，形成人脉，使自己在需要的时候能够有人为你遮风挡雨。

·第三章·

方与圆的哲学

一个人如果过分方方正正，为人做事不讲究方法，将会碰得头破血流，寸步难行。一个人如果过分圆滑，八面玲珑，事事都想占便宜，必将众叛亲离，成为孤家寡人。人生的巧妙就在于能方能圆，方圆合一，这样才能在社会生活中进退自如，游刃有余，掌握生活主动权，赢得广阔的生存空间。

过分方正是固执，容易四处碰壁

做人，需要"方正"的态度来指引，可是这里所说的方正，是要注意"度"的限制的。因为如果一个人过分讲求"方正"，做事不讲究方法，也不懂得变通，那么不管做什么事情都不会顺利。

从前，有两个贫苦的樵夫靠上山砍柴糊口。有一天在山里发现两大包棉花，两人喜出望外，棉花价格高过柴薪数倍，将这两包棉花卖掉，足可供家人一个月衣食无忧。当下两人各自背了一包棉花，赶路回家。

走着走着，其中一名樵夫眼尖，看到山路上扔着一大捆布，走近细看，竟是上等的细麻布，足足有十几匹之多。他欣喜之余，和同伴商量，一同放下背上的棉花，改背麻布回家。他的同伴却有不同的看法，认为自己背着棉花已走了一大段路，到了这里丢下棉花，岂不枉费自己先前的辛苦，坚持不换麻布。先前发现麻布的樵夫屡劝同伴不听，只得自己竭尽所能地背起麻布，继续前进。

又走了一段路，背麻布的樵夫望见林中闪闪发光，走近一看，地上竟然散落着数坛黄金，心想这下真的发财了，赶忙邀同伴放下肩头的棉花，改用挑柴的扁担挑黄金。

他的同伴仍不愿丢下棉花，还是那"不想枉费辛苦"的论调，并且怀疑那些黄金是不是真的，劝背麻布的樵夫不要白费力气，免得到头来空欢喜一场。

发现黄金的樵夫只好自己挑了两坛黄金，和背棉花的伙伴赶路回家。两人走到山下时，突然下了一场大雨，两人被淋得湿透了。更不幸的是，背棉花的樵夫背上的一大包棉花吸饱了雨水，重得已无法背动。那樵夫不得已，只能丢下一路舍不得放弃的棉花，空着手和挑金子的同伴回家去。那个背棉花的樵夫固然执着，但他太不会变通了。

我们形容顽固不化的人时常说他是"一条路跑到黑""头碰南墙不转弯"。这些人有可能一开始方向就是错误的，他们注定不会成大事。南辕北辙，背道而驰，方向稍有偏差，将会"差之毫厘，谬以千里"。

在没有胜算把握和科学根据的前提下，应该见好就收，知难而退。走不通的路，就立即收住脚步，检查其原因，调整原来的方向，从而突破桎梏，拓展新的思考空间。可是，生活中就是有这样的人，他们不管一条道路是否能够走通，而只是一味地坚持，守着最初的目标和承诺，一直不肯回头。这样的人，一定会因为太过于顽固而遭受到现实的打击。

有一位美国青年无意间发现了一份能将清水变成汽油的广告。

这位美国青年喜欢搞研究，满脑子里都是稀奇古怪的想法，他渴望有一天成为举世瞩目的发明家，让全世界的人都享用他的发明成果。

所以，当他看到水变汽油的广告时，马上买来了资料，把自己关在屋子里，不接待任何客人，电话线掐断，手机关机，总之一切与外界的联系都被他切断了。他需要绝对的安静，需要绝对的专心，直到这项伟大的发明成功。

青年夜以继日地研究，达到了废寝忘食的程度。每次吃饭的时候，都是母亲从门缝里把饭塞进来，他不准母亲进来打扰他。他常常是两顿饭合成一顿吃，很多时候都把黑夜当作黎明。善良的母亲看见自己的儿子越来越瘦，终于忍不住了，趁儿子上厕所的时候，溜进他的卧室，看了他的研究资料。母亲还以为儿子的研究有多伟大，原来是研究水如何变成汽油，这根本是不可能的事情。

母亲不想眼睁睁地看着儿子陷入荒唐的泥淖无法自拔，于是劝儿子说："你要做的事情根本不符合自然规律，别再瞎忙了。"可这位青年压根儿就不听，他头一昂，回答说："只要坚持下去，我相信总会成功的。"

5年过去了，10年过去了，20年过去了……转眼间，那位青年已白发苍苍，父母死了，没有工作，他只能靠政府的救济勉强度日。可是他的内心却非常充实，屡败屡战，屡战屡败。一天，多年不见的好友来看他，无意间看到了他的研究计划，惊愕地说："原来是你！几十年前，我因为无聊贴了一份水变汽油的假广告。后来有一个人向我邮购所谓的资料，原来那个人就是你！"

他听完这一番话，当即疯了，最后住进了精神病院。

从上面的故事中，我们可以看出懂得适时放弃的必要性。尽管"方正"的原则告诉我们做事情要懂得坚持，因为只有坚定目标，并为之努力，才有机会实现自己的理想。但是，并不是所有的事情都是值得我们去坚守的。就好像文中的这个青年一样，明知道那是一件违背自然法则的事情，却偏要坚持研究。这个时候，他的坚持就变成了固执，而他的毅力也变得毫无价值。

所以我们说，"方正"的原则是对于我们的一种引导，可是这种引导也是根据具体的事情而变化的。如果事情的开始就弄错了方向，那么我们完全可以放弃，只有这样我们才能在做错的事情中吸取教训，并找到更好的发展道路。而不是因为过于顽固而惨遭生活的戏弄，被现实撞得头破血流。

过分圆滑是世故，终究众叛亲离

精通圆融的人，会灵活处世，会懂得变通，是值得人们去欣赏和学习的。可是，如果过于圆滑，那就会变得世故了。

老于世故的人，是不诚实的，他们总是防着别人，所以总想用谎言来掩饰自己的本意；老于世故的人，是狡猾，他们对任何事情都有着高明的手段，所以总是能够牺牲他人的利益而成全自己；老于世故的人，会利用一切可利用的因素，向人们展示他的伪善，而事实上他们总是怀有另一种目的和阴谋的。可是，尽管老于世故的人很聪明，但是狐狸的尾巴总有露出来的一天。他们迟早会被人戳穿假面目，不会有任何的好下场。

王莽乃汉元帝皇后王政君之侄。幼年时父亲王曼去世，很快其兄也去世。王莽孝母尊嫂，生活俭朴，饱读诗书，结交贤士，声名远播。

王莽对其身居大司马之位的伯父王凤极为恭顺，因此王凤临死嘱咐王政君照顾王莽。汉成帝时（前22年），王莽初任黄门郎，后升为射声校尉。王莽礼贤下士，清廉俭朴，常把自己的俸禄分给门客和穷人，甚至卖掉马车接济穷人，深受众人爱戴。其叔父王商上书愿把其封地的一部分让给王莽。

永始元年（前16年）封新都侯，骑都尉，光禄大夫侍中。绥和元年（前8年）继他的三位伯、叔之后出任大司马，时年38岁。翌年，汉成帝薨。汉哀帝继位后丁皇后的外戚得势，王莽退位隐居新野。其间他的儿子杀死家奴，王莽逼其儿子自杀，得到世人好评。公元 5 年，王莽毒死汉平帝，立年仅两岁的孺子婴为皇太子，太皇太后命王莽代天子朝政，称"假皇帝"或"摄皇帝"。从居摄二年（6 年）翟义起兵反对王莽开始，不断有人借各种名目对王莽劝进称帝。初始元年（8 年）王莽接受孺子婴禅让后称帝，改国号为新，改长安为常安，开中国历史上通过篡位做皇帝的先河。

后来托古改制，进行改革，但由于贵族、豪强破坏，改制没有缓和社会矛盾，反使阶级矛盾激化。又对边境少数民族政权发动战争，赋役繁重，横征暴敛，法令苛细，终于在公元 17 年爆发了全国性的农民大起义。公元 23 年，新王朝在赤眉、绿林等农民起义军的打击下崩溃，王莽也在绿林军攻入长安时被杀。

唐代诗人白居易的诗说得最是精彩："周公恐惧流言日，王莽谦恭未篡时。向使当初身便死，一生真伪复谁知。"是啊，伪君子就是这样，表面满嘴道德，暗地里却任意妄为。

老于世故的人常常是伪君子，是阴险的道德家，说着言不由衷的谎话，干出欺世盗名的勾当。他们有蜜糖般的谎言，有处心积虑的幌子以及儒雅的外表和夸张的表情。他们有着慢条斯理的言辞、文绉绉的腔调，甚至连举止都是温文尔雅的。可是，他做出来给人们看的一面，跟他内心里想的，实在是有太大的差别。

当然，老于世故的人因为手段高明，所以经常玩弄他人于股掌之中，可是，一旦他们的计谋被揭穿了，露出了真正的面目，就会落到众叛亲离的下场，再也不会有人愿意守在他的身边，伴随他并且相信他了。

提到老于世故的人，我们同时也不能忘记金庸的《笑傲江湖》，其中那表面温、良、恭、俭、让的岳不群，算是谦谦君子的典范，可是一部绝世武功《葵花宝典》，便把他所有的伪装撕破，最后男不男、女不女，与之前的君子形象形成强烈反差，真是绝大的讽刺。

尽管他费尽了心力，善于伪装，可是到了最后，他的亲人都离开了他，他的徒弟也跟他站在了对立面，并且用尽了全力希望除掉这个魔头。自认为聪明一世的人，却到了众叛亲离，人人喊打的下场。

可见，做人不能太圆滑，不能太世故，而应该以方正为准则，遵守道德规范。因为只有在这个前提下的圆融，才是真的聪明处世的手段，才是灵活应世的锦囊。

心有仁念方能远离恶行

孔子说："一个人如果立志去施行仁德，那就不会去做坏事。"《论语·雍也》篇中有孔子这样的一段话："人之生也直，罔之生也幸而免。"一个人能够很好地生存是因为他品行正直，而一个人品行不正直却在这个世界上能够生存，这种情况很少，在孔子看来那也是因为他侥幸躲过了灾难。

"仁者无敌"，这其实并不是一句高调。随着市场经济的发展，很多人错误地认为，所谓的"仁爱、良心"已经没有实际意义了，这其实是一种既狭隘又短浅的观点。从长远的发展看，立志行仁，内心就会有一种向善的自律力量，它会使一个人产生强烈的使命感和责任感，不但拥有推动生活、事业的力量，而且也能够在整个前进的路上，不产生内在的焦虑、彷徨，同时令外界见不得人的干扰、攻击对你敬而远之。

无论在古代还是在当前，时代的变化并不能改变事物自身的规律。用心险恶、手段卑劣，虽有时候能获取蝇头小利和短暂的好处，但毕竟不是正道；只有内心仁德平和，行为光明正大，才是能够成就大事、行之久远的正确的做人做事途径。

15世纪，荷兰的几个水手为了寻找一条通往中国和东印度群岛的航线，组织了一次探险航行。探险队起航前，荷兰的商人把一些准备和中国进行贸易交换的商品装上船。水手们肩负着重任，出发探险了。

水手们抵达北冰洋后，夏季已结束。探险船被冻结在冰水中，全体水手被迫登陆。他们在登陆的岛上修建了木屋，等待着春天的来临。在饥寒交迫的恶劣环境中，有些水手因饥饿而患病，不幸死去。而其他水手，没有一个人动那批货物，那批货物全是舒适的服装、好吃的食物。

由于船长期受冰块挤压，造成了船身破损，冰雪融化后，水手们只得站在齐腰深的冰水中修船。在这从死神手中挣扎逃出的时刻，水手们仍带着商人托付的货物。水手们上岸后，首先就是把货物打开来晾干，因为他们想在好的状况下将货带回荷兰。

在剩下的日子里，水手们饥寒交迫，但是仍没有人去动那些货物。

一年多过去了，历尽艰难的水手终于回到了荷兰。他们早已一无所有，但货物却完好无损。荷兰商人们看到这批货物，都对水手们交口称赞。

这些水手身上所体现的使命感、仁义的光辉，这种道德的约束、良心的承诺，就是仁义的力量。他们把仁义看得比生命还重要，在生命受到威胁的时候，他们仍然不以丧失仁义来挽救生命。

曾国藩曾说自己，宁可被认为无才而为庸人，也不可被认为有才无德而为小人。这反映了他在仁德与才干之间的价值取向。随着社会的不断规范，选拔人才，也是以品质为先的。各行各业，都有自己的职业道德。

一个人能心志于仁，不做坏事，无论何时何地，都不会真的吃大亏、被欺负。而从整个社会的发展规律来看，这种人也是符合道德取向和职业需要的。

品行映照的是我们的灵魂，一个人如果品行不好就会感到灵魂不安，而且容易犯下错误。即使是一次微不足道的错误行为，也会给以后的生活带来挥之不去的阴影。这种不良记录终将受到应有的惩罚。同时，一个人的不良行为也会使整个社会为之付出代价。一个人的名誉、能力要想得到社会公众长久的认同，必须持续地在每一件事上都为自己的态度负责。在我们的工作中，你种下什么种子，将来必定收获什么样的果实，这就是人们常说的因果定律。

曲到好处方为上

尧舜传位，很值得品评，很多人认为尧子丹朱不肖，尧发明围棋来训练其子思维的缜密，结果一无所获，于是遂放弃了传位于子的念头，将自己的位子传给了舜。后来历史学家认为帝尧真是高明，他传位于舜，是政治上最高尚的道德，同时也是保全自己后代子孙的最高办法。所以人们推测如果当时由丹朱即位做了皇帝的话，也许可能是作威作福，反而变成非常坏、非常残暴，那么尧的后代子孙，也可能会"死无噍类"了。他把天下传给了舜，反而保全了他的后代，这便是"曲则全"的道理。实际上我们中国人做事历来比较讲究方法。我们再来看一个例子。

公元前 686 年，公孙无知反叛，杀死齐襄公，自立为君。一个月后，公孙无知被大臣设计刺死。国不可一日无主。于是，齐国的大臣派人迎接流亡鲁国的公子纠回国继位，鲁庄公亲自率兵护送。效忠公子纠的管仲预计：流亡在莒国的公子小白也可能回齐国争位，为了防止公子小白回到齐国继位，管仲亲自率三十乘兵车去拦截公子小白。在过即墨三十余里的地方，管仲所带的一队人马与公子小白相遇。争斗中，管仲弯弓搭箭，向公子小白射箭，只见小白大叫一声，口吐鲜血，扑倒在车上。此时，管仲才拨转马头，带一行人优哉游哉地护送公子纠回齐国即位。殊不知，当他们到达齐国的边界时，公子小白已抢先一步登上了王位，成了齐国国君齐桓公。管仲和公子纠大为惊愕。原来，管仲的那一箭并没有射中小白，而是射到小白的带钩上，小白趁势咬破舌尖，喷血倒下装死，蒙骗了管仲。然后，公子小白抄近道急奔回国，经谋士鲍叔牙说服了齐国众大臣，登上了王位。

小白这种佯装的办法，竟让他成了万圣之尊。相对于这些大事大人物，在小人中把随机应变、机灵办事应用得最活络的要数大太监李莲英了。他的得宠并不是偶然的，也不是没有道理的。

慈禧爱看京戏，常以小恩小惠赏赐艺人一点东西。一次，她看完著名演员杨小楼的戏后，把他召到眼前，指着满桌子的糕点说："这一些赐给你，带回去吧！"

杨小楼叩头谢恩，他不想要糕点，便壮着胆子说："叩谢老佛爷，这些尊贵之物，奴才不敢领，请……另外恩赐点……"

"要什么！"慈禧心情高兴，并未发怒。

杨小楼又叩头说："老佛爷洪福齐天，不知可否赐个字给奴才。"

慈禧听了，一时高兴，便让太监捧来笔墨纸砚。慈禧举笔一挥，就写了一个福字。

站在一旁的小王爷，看了慈禧写的字，悄悄地说："福字是'示'字旁、不是'衣'字旁的呢！"杨小楼一看，这字写错了，若拿回去必遭人议论，岂非有欺君之罪？不拿回去也不好，慈禧一怒就要自己的命。要也不是，不要也不是，他一时急得直冒冷汗。

气氛一下子紧张起来，慈禧太后也觉得挺不好意思，既不想让杨小楼拿去错字，又不好意思再要过来。

旁边的李莲英脑子一动，笑呵呵地说："老佛爷之福，比世上任何人都要多出一'点'呀！"杨小楼一听，脑筋转过弯来，连忙叩首道："老佛爷福多，这万人之上之福，奴才怎么敢领呢！"慈禧正为下不了台而发愁，听这么一说，急忙顺水推舟，笑着说："好吧，隔天再赐你吧！"就这样，李莲英为二人解脱了窘境。

李莲英的机智在于借题应变，将错就错。这种圆场技术不仅需要智慧，也是与脑子机灵、嘴巴活络分不开的。慈禧常夸"小李子"会办事，看来也非虚言。

人活一世，生存环境不断变迁，各种事情接踵而来，墨守成规、只认死理是无论如何都行不通的。讲究"曲"，并不是要我们奴颜屈膝，而是要我们在处理事情的时候，要变通，要想办法保全自己，要在关键时刻能灵机一动，这是一种本事。过于耿直的人有时候人们不能接受，就是因为他忽略了人性。很多时候，人并不是完全理智的。在古代掌握有生杀大权的帝王，更是如此。因此即使是忠言，但是逆耳，大家就是不爱听，皇帝一冲动，人头落地，实在是不值得。因此在这种情况下，讲究策略就很必要了。

变通在职场也特别重要，我们生的时代不同，但是道理是一样的。你的上司，或者你的同事，说不定就是你的皇帝和你的死敌。很多时候剑拔弩张对大家都不利。不如在做事情上讲点技巧，于你于他，都是一件好事。这并不是什么圆滑。如果你个性耿直不愿意变通，那么多少应该讲点技巧，做个简单的换位思考，你就会发现自己所坚持的，其实多么不堪一击。

正义在可与不可之间

"子曰：富而可求也，虽执鞭之士，吾亦为之；如不可求，从吾所好。"从这段话中我们可以看出"可求"和"不可求"两方面的内容。天下的事情有可为，也有不可为的，既有应该做的，也有不应该做的，中间是大有文章，很是不同。要是不可求的东西，就认定他不可以做，而不管到底富不富裕。原因是富贵只是生活的一种形态，不是人生的最终目的，因此说凡夫俗子还是要从己所好，走自己的路。

孔子所指的"可与不可"的问题实际上是道义的问题，是良知的问题。一个正直的人是不做违反良知和道义的事情的。

在美国南北战争的一场战役中，南方奴隶主率领的军队把萨姆特堡包围了。北方军队的一个陆军上校接到命令，让他保护军用的棉花，他接到命令后对他的长官说："我不会让一袋棉花丢失的。"

没过多久，美国北方一家棉纺厂的代表来拜访他，说："如果您手下留情，睁一眼闭一眼，您就将得到 5000 美元的酬劳。"

上校痛骂了那个人，把厂长和他的随从赶出去，说："你们怎么想出这么卑鄙的想法？前方的战士正在为你们拼命，为你们流血，你们却想拿走他们的生活必需品。赶快给我走开，不然我就要开枪了。"那个厂长见势不妙，就灰溜溜地逃走了。

战争为南北两地的交通运输带来了阻碍，许多南方农场主生产的棉花运不到北方，因此，又有一些需要棉花的北方人来拜访他，并且许诺给他1万美元的酬劳。

上校的儿子最近生了重病，已经花掉了家里的大部分积蓄，就在刚才他还收到妻子发来的电报，说家里已经快没钱付医疗费了，请他想想办法。上校知道这1万美元对于他来说就是儿子的生命，有了钱儿子就有救，可他还是像上次一样把贿赂他的人赶走了。因为他已经向上司保证过："不会让一袋棉花丢失。"

又过不久，第三拨人来了，这次给他的酬劳是2万美元。上校这一次没有骂他们，很平静地说："我的儿子正在发烧，烧得耳朵听不见了，我很想收这笔钱。但是我的良心告诉我，我不能收这笔钱，不能为了我的儿子害得十几万士兵在寒冷的冬天没有棉衣穿，没有被子盖。"

那些来贿赂他的人听了，对上校的品格非常敬佩，他们很惭愧地离开了上校的办公室。后来，上校找到他的上司，对上司说："我知道我应该遵守诺言，可是我儿子的病很需要钱，我现在的职位又受到很多诱惑，我怕我有一天把持不住自己，收了别人的钱。所以我请求辞职，请您派一个不急需钱的人来做这项工作。"

他的上司非常赞赏他诚实正直的品性，最终批准了他的辞职申请，并且帮助他筹措了资金来支付医药费。

这个陆军上校，很了不起，能够在那么困难的情况下，坚持道义和良知。这是一般人不能做到的。孔子说的"从吾所好"在他身上完美地体现了出来，从他身上我们看到了正义之光。生活中的人们大多时候，都很贪婪，把本不属于自己的东西归为己有。如果按照佛家的教义通俗地解释的话，你可能捡起了一个元宝，却因此而种下了祸根。你丢掉了良知还丢了上帝怜悯你的机会。

在英国的曼彻斯特城，英格兰超级足球联赛第18轮的一场比赛在埃弗顿队与西汉姆联队之间进行。比赛只剩下最后一分钟时，场上的比分仍然是1∶1。

这时，埃弗顿队的守门员杰拉德在扑球时膝盖扭伤，剧痛使得他将四肢抱成一团在地上滚动，而足球恰好被传给了潜伏在禁区的西汉姆联队球员迪卡尼奥。

球场上原来的一片沸腾顿时肃静下来，所有的人都在等待。迪卡尼奥离球门只有12米左右，无须任何技术，只要一点点力量，就可以把球从容打进对方球门。那样，西汉姆联队就将以 2∶1 获胜，在积分榜上，他们因此可以增加两分。

埃弗顿队之前已经连败两轮，这个球一进，他们就将遭受苦涩的"三连败"。

在几万现场球迷——如果算上电视机前的观众，应该是数百万人——的注视下，西汉姆联队的迪卡尼奥没有用脚踢球，而是将球抱在了怀中。

掌声，全场雷动的掌声，如潮水般滚动的掌声，把赞美之情献给了放弃射门的迪卡尼奥，或者说，是献给迪卡尼奥体现出来的崇高的体育精神——和平、友谊、健康、正义！

对于这场球赛有的人可能会很不理解，迪卡尼奥怎么会放弃这么好的机会呢？实际上他的举动体现了一种理性的正义。这种崇高的正义正是我们所缺少的。就像处于战争中的人们不杀老人与孩子一样，因为对付一个没有武器的毫无还手之力的人，那是军人的耻辱，是对正义的最大亵渎。

孔子说的"可与不可"实际上和孟子讲的浩然之气是一个道理，该做的做，无论人们怎么阻挠也一往无前；不该做的不做，君子只按照自己的道德标准来衡量这一切。

与人争辩，你永远不会真赢

在生活中，我们常常会遇到与别人看法和意见不能达到统一的情况。这个时候，很多人会选择与人争辩，其实这并不是最好的解决问题的办法。因为在你争辩的过程当中，势必会想办法证明自己是对的，别人是错的。

通常情况下，没有人愿意听到别人对于自己的批评和指正，所以即使我们说的是对的，他也未必能够听进去。再者，争论的过程中，每一方都以对方为"敌"，试图以一己的观念强加于别人而根本不把对方的意见放在眼里，最终一定会伤害彼此之间的情感，引发很多不必要的误解。

美国耶鲁大学的两位教授曾经做过一项实验。他们耗费了 7 年的时间，调查了种种争论的实态。例如，店员之间的争执、夫妇间的吵架、售货员与顾客间的斗嘴等，甚至还调查了联合国的讨论会。结果，他们证明了凡是去攻击对方的人，绝对无法在争论方面获胜。

当别人在和你谈话时，他根本没有准备请你说教，若你自作聪明，拿出更高超的见解，对方绝不会乐意接受。所以，你不可随便摆出要教导别人的姿态。你的同事向你提出一个意见时，你若不能赞同，最低限度要表示可以考虑，但不可

马上反驳。要是你的朋友和你谈天，

　　你更要注意，太多的执拗会把一切有趣的生活变得乏味。遇上别人真的错了，又不肯接受批评或劝告时，别急于求成，往后退一步，把时间延长些，隔一天或两个星期再谈吧！否则大家都固执，就不仅没有进展，反而互相伤害感情，造成隔阂了。

　　许多人因为喜欢表示不同意见，而得罪了同事，所以常常有人认为不要轻易表示出不同意见。这种看法是很片面的。只要你的办法是正确的，向别人表示自己的不同意见，不但不会得罪人，而且有时还会大受欢迎，使人有"听君一席话，胜读十年书"之感。

　　那么怎样才能有效避免争论呢？大致可以从以下几方面做起：

1. 欢迎不同的意见

　　当你与别人的意见始终不能统一的时候，这时就要求舍弃其中之一。人的脑力是有限的，有些方面不可能完全想到，因而别人的意见是从另外一个人的角度提出的，总有些可取之处，或者比自己的更好。这时你就应该冷静地思考，或两者互补，或择其善者。如果采取的是别人的意见，就应该衷心感谢对方，因为有可能此意见使你避免了一个重大的错误，甚至奠定了你一生成功的基础。

2. 不要相信直觉

　　每个人都不愿意听到与自己不同的声音。当别人提出与你不同的意见时，你的第一个反应是要自卫，为自己的意见进行辩护并竭力地去找根据，这完全没有必要。这时你要平心静气地、公平、谨慎地对待两种观点（包括你自己的），并时刻提防你的直觉（自卫意识）对你做出正确抉择的影响。值得一提的是，有的人脾气不好，听不得反对意见，一听见就会暴躁起来。这时就应控制自己的脾气，让别人陈述观点，不然，就未免显得气量太窄了。

3. 耐心把话听完

　　每次对方提出一个不同的观点，不能只听一点就开始发作了，要让别人有说话的机会。一是尊重对方，二是让自己更多地了解对方的观点，以判断此观点是否可取，努力建立了解的桥梁，使双方都完全知道对方的意思，不要弄巧成拙。否则的话，只会增加彼此沟通的障碍和困难，加深双方的误解。

4. 仔细考虑反对者的意见

　　在听完对方的话后，首先想的就是去找你同意的意见，看是否有相同之处。如果对方提出的观点是正确的，则应放弃自己的观点，而考虑采取他们的意见。

一味地坚持己见，只会使自己处于尴尬境地。

5. 真诚对待他人

如果对方的观点是正确的，就应该积极地采纳，并主动指出自己观点的不足和错误的地方。这样做，有助于解除反对者的武装，减少他们的防卫，同时也缓和了气氛。

综上所述，很多时候我们在跟别人谈论一个话题的时候，都是存在一定的技巧性的。与人争辩，你永远不会真赢。所以，放弃那些固执的念头，圆融地达到你想要的效果，岂不是更好？

轻松愉快，紧抓要害

任何人际交往都是在一定的气氛下进行的。如果从心理学的角度来看，当人们的谈话处于一种轻松愉快的气氛下时，人们更加愿意听从他人的意见，考虑他人的感受。相反，如果他感到周围环境十分紧张，就会发自本能地树立起自我保护的意识，并进行相应的抵触活动。因此，在和人谈话的时候，要尽量营造一种轻松愉快的氛围，使对方放松警惕，处于一种愉悦的状态之中，这样对谈话的效果大有裨益。

当然，放松并不代表放弃自己的目的。最高的境界是，在看似轻松和愉悦的气氛中，始终牢牢抓住谈话的关键之处、对方的薄弱环节不放，直到对方同意自己为止。这就是举重若轻的谈话术。轻松的氛围和牢牢抓住关键并不矛盾，我们需要在谈话的时候，把这两者有机地联系起来，这样才能够更快、更有效地达到目的。

战国时期，赵孝成王新立，太后掌权，秦国就向赵国发起了攻击。当时，秦国兵强马壮、军队气势如虹，一连攻下赵国三座城池。

赵国岌岌可危，仅凭一国之力无法抗敌，只得向齐国求救。其实，齐国也惧怕秦国，只是赵太后苦苦相求，才决定出兵援救，但是，齐国要求赵太后把小儿子长安君送到齐国做人质，然后才发兵。偏偏赵太后最喜欢、最疼爱的就是长安君。她本人也早已按照自己的思路，帮长安君谋划好了光明远大的前途，但是现在为了赵国，她却必须让他去做人质。经过长久的思想挣扎，最终，作为一个母亲的赵太后战胜了政治家的赵太后，她拒绝了齐国的要求，因为毕竟，作为人质随时有可能要冒死亡的危险。

　　赵国的文武大臣对于赵太后的决定极为不满。秦国大兵压境，赵国快要失去招架之力，整个国家眼看就要朝不保夕，身为一国之主的赵太后却置国家安危于不顾，只念及母爱私情，此举必然是断送了齐国的支援，让赵国面临灭亡。于是，众大臣轮流进谏，慷慨陈词，苦口婆心地向赵太后陈说利害得失关系，都想要说服太后，以求来齐国的救兵。不料他们越是慷慨激昂，赵太后就越是"意志坚定"，无论是谁，她都绝不松口。到了后来，只要谁一提及此事，她马上将他拒之门外；她并且对大臣们声言，如果有强谏此事的人，别怪我老太婆不客气。一时之间，群臣噤口不言，毫无办法。

　　正在众人为难之际，赵国威望甚高的左师官触龙来了。赵太后料想触龙也是为了此事而来，但是触龙毕竟是几朝元老，功勋卓著，拒绝他总不太好，于是赵太后便气冲冲地等着他。触龙来到宫中，慢慢地小跑着，到了太后跟前谢罪道："我脚上有毛病，竟不能快步走。好久都没见您了，我还自己原谅自己哩。我怕您玉体欠安，所以想来见见您。"太后道："我靠车子才能行动。"触龙又问："每日饮食该没减少吧？"太后道："不过吃点稀饭罢了。"触龙说："我近来很不想吃什么，却勉强散散步，每天走三四里，稍稍增加了一些食欲，身体也舒畅了些。"太后说："我做不到啊。"太后的怒色稍稍地消了些。

　　触龙又说："老臣的贱子舒祺年岁最小，不成器得很，而我已经衰老了，心里很怜爱他，希望他能充当一名卫士，来保卫王宫。我特冒死来向您禀告。"太后答道："好吧。他多大了？"触龙道："15岁了。不过，虽然他还小，我却希望在我没死之前把他托付给您。"太后问道："男子汉也爱他的小儿子吗？"触龙答道："比女人还爱得很哩！"太后说道："女人格外疼爱小儿子。"触龙说："我私下认为您对燕后的爱怜超过了对长安君。"太后道："您说错了，我对燕后的爱远远赶不上对长安君啊！"触龙言道："父母疼爱自己的孩子，就必须为他考虑长远的利益。您把燕后嫁出去的时候，拉着她，还为她哭泣，不让她走，想着她远嫁，您十分悲伤，那情景够伤心的了。燕后走了，您不是不想念她。可是祭祀时为她祝福，说：'千万别让她回来。'您这样做难道不是为她考虑长远利益，希望她有子孙能相继为燕王吗？"太后答道："是这样。"

　　左师触龙又说："从现在的赵王上推三代，直到赵氏从大夫封为国君为止，历代赵国国君的子孙受封为侯的人，他们的后嗣继承其封爵的，还有存在的吗？"太后答道："没有。"触龙又问："不只是赵国，诸侯各国有这种情况吗？"太后道："我还没听说过。"触龙说道："这大概就叫作：近一点呢，祸患落到自己身上；远一点呢，灾祸就会累及子孙。难道是这些人君之子一定都不好吗？只是他们地位尊贵，却无功于国；俸禄优厚，却毫无功绩，而他们又持有许多珍宝异物。现在您使长安君地位尊贵，把肥沃的土地封给他，赐给他很多宝物，可是不趁现在使他有功于国，有朝一日您不在了，长安君凭什么在赵国立身呢？我觉得您为长安君考虑得太短浅了，所以认为您对他的爱不及对燕后啊！"太后答道："行了，任凭您把他派到哪儿去。"于是赵国为长安君准备了上百辆车子，到齐国作人质。齐国于是派兵救赵。终于齐赵联合，打退了秦军。

可以想象，众大臣在义正词严地想要说服赵太后的时候，君臣两方剑拔弩张的状态。在这样的气氛之下，赵太后一定会自然而然地产生抵触情绪。恰恰相反的是，触龙的说服艺术最为明显的就是使谈话一直处于愉快的气氛之中，努力寻找和赵太后之间的共同点，解除她的戒备心理。更加重要的是，他的寒暄看似漫不经心，实际上却并没有偏离主题，自始至终，他都紧紧地抓住了这个要害，那就是既然赵太后疼爱长安君，就应该从他的长远利益加以考虑。气氛和谐，说话又入情入理，赵太后自然会被说服。

成功做人，就要方圆相通

任何成功的背后都包含了许多的牺牲。如果说做人做到了内方外圆的话，那也肯定做出了许多的牺牲。比如，说做事要方，做事要有规矩、有原则，那就意味着许多事不能做，许多事又非要做，那无疑也就意味着会得罪许多人，惹恼许多人，意味着要舍弃许多，甚至招来杀身之祸。

圆，狐狸多机巧；方，刺猬仅一招。圆是天，方是地；圆多变，方稳定；圆乐观，方迷惘；圆有自由，方有信仰……

自古以来，有圆就有方，就连钱币，也都是风靡一时的外圆内方。圆中有方，做人要圆，却也不能失了方的刚正。

人的思想变幻无穷，高深莫测，难以令人捉摸，而人的性格却相对简单得多。一个人活在世上，如何处好事做好人，关键在于他把圆与方糅合得是否相互依存却又不冲突。举个例子，清朝雍正时期的田文镜，办事一丝不苟，事无巨细，但他的方式实在有些让人受不了，都是硬的。这样一来，朝中便没有什么人与他交好。可与他同朝为官的李卫就不同。李卫办事同样是一丝不苟，事无巨细，但他懂得方圆兼并，软硬兼施，刚柔并济，其实这才是最好的为官之道。

方，是田文镜的处世为官之道，他只以不变应万变，好比刺猬。而李卫则兼收田文镜之刚硬，再加上他自己好比一只狐狸，这样，李卫的官路就比较顺达。

由此可见，通晓方圆智慧是成功处世的前提。只有善于在左左右右的复杂关系中找到自己的安全点，换言之，即要权衡左右关系，才能找到不败的安全点。

提起刘墉的父亲刘统勋，似乎人们脑海里马上闪现出一个疾恶如仇的清官忠臣形象。其实，这仅仅是从表面上看问题罢了。因为在封建社会皇帝独裁的情况下，一个大臣无论多么能干，即使有通天的本事，如果处处与皇帝对着干，老是逆龙鳞，其下场也好不了，而且官也不可能做长。

在乾隆皇帝的眼里，刘统勋是个才品兼优的清官，也是个不辱皇命，与君一体的能臣，也正因为如此，他才能在众多汉官中脱颖而出，官拜东阁大学士，直至出任领班军机大臣。其最主要的原因，就是刘统勋通晓方圆智慧、精于方正圆滑、明哲保身的糊涂为官之道。

刘统勋的疾恶如仇、对皇帝忠贞无人可比，否则他也不可能被乾隆帝打破汉人不能居军机大臣首席的惯例，并且在死后被称为"真宰相"。据《清史稿》记载："统勋岁出按事"，著名的如广东粮驿道员明福违禁折收钱粮案，云贵总督恒文、巡抚郭一裕借上贡之名勒索属员金钱案，山西将军保德侵吞钱粮案，江苏布政使苏崇阿误论书吏侵蚀库帑案，江西巡抚阿思哈收受贿赠案等。几乎乾隆中期有关地方大吏贪赃枉法大案，无不由刘统勋负责审理，足以证明乾隆帝对刘统勋的信任和寄予的厚望。

当然，刘统勋的疾恶如仇是与对皇帝忠贞紧密相连的，也就是说他的好恶标准，完全是以皇帝的喜好为转移的。这就是"方正圆滑，明哲保身"的糊涂为官之道的精髓。

乾隆二十八年（公元1763年），癸未科新进士褚筼心和董东亭因向刘统勋求情不成，反而受损，就足以说明刘统勋明哲保身的为官之道。

褚筼心和董东亭本为该科一榜中的巨擘，诗文、书法皆冠于一时。但二人唯恐殿试不得前列，于是，董东亭找到了主考大臣刘纶，褚筼心则找到了同为主考的刘统勋。

刘纶，江苏武进人，乾隆元年（公元1736年）以廪生举博学鸿词科，试第一，登入仕途，而后即以才能和品学官阶累迁，卒至文渊阁大学士。刘纶因与刘统勋同为乾隆帝赏识和选拔的得力大臣，又因与刘统勋同样清廉刚正，所以，两人被时人并称为"二刘"。为了加以区分，山东人刘统勋被称为"东刘"，而江南人刘纶则被称为"南刘"。据时人所言，刘纶赋性之洁、为人之正，丝毫不在刘统勋之下。

一次，侍郎王昶充军机章京，因有争奏，具草后，连夜奔赴时任军机大臣的刘纶府第。时值严冬，寒气袭人，刘纶亲自操笔为王昶点定后，即唤家人准备酒菜，然而其厨内空之无食，仅有白枣数枚做下酒菜。

但作为大臣而言，精通明哲保身之道的刘纶，除了清廉之外，尤以谨慎公正得人心，他不止一次地出任科举考试官，曾言："衡文始难在取，继难在去。文佳劣相近，一去取间，干我甚易，独不为士子计乎？"所以，凡是由他审衡的士子文章，总是反复比较，衡鉴甚精，以求不失于公正。

现在，褚、董二人为了殿试顺利过关，找到了这两位精通明哲保身的大佬，实在让他们为难，本来，如果不找的话，两人肯定是列十名之内，但现在既然找到了，如果再将此二人列为榜首，"二刘"均担心于自己的清誉受损。于是，一向标榜唯才是举的"二刘"，采取了方正圆滑、明哲保身的糊涂之道，即二人均不得入前十名，最后的结果褚卷名列第十一，董卷第十二，褚、董二人不但求营未成，反而因之受累。

时势变迁，事物的发展也随之变化，因则对策也要随之改变，这才是方圆高手最明智的保身之道。

做人难，难做人。生活在这纷繁的世界，做人真的很难，要做得人人喜欢更难。纵观世界历史，大凡能成就伟业者，无不是深谙做人之道。知道做人何时应该进，何时应该退，何时应该发脾气，何时应该深藏不露。那些成大事者，多是方圆通达，在危难时刻总能把做人的机智技巧运用得淋漓尽致。其实做人没有什么法则可遵，但做人的戒律却一定不能违背。在为人处世中，有些人不管不顾、自私自利、刻薄尖锐，又多斤斤计较，这种人肯定是一个不受欢迎的人，也是一个做人失败的人。

做人既不要过分，也不要太怀；既要懂得方圆，又要有做人的原则，这才是成功者的处世之道。

做人的制高点是外圆内方

外圆内方的处世哲学是中国传统文化的重要组成部分，也是正确处理各种关系的有效方法。方是对原则的遵循，对道德标准的维护；圆是思路的变通，是手段的灵活。人们处在各种关系之中，方圆之道是其安身立命、杀出重围的重要途径。特别是在与地位较高的人相处时，更要掌握方圆之道。纪晓岚的处世之道就是一例。

其实清朝才子纪晓岚并没有我们想象中的那样风流倜傥，据史书上记载，纪晓岚"貌寝短视"。所谓"寝"，就是相貌丑陋；所谓"短视"，就是近视眼。另外，跟纪晓岚交游数十年的朱有诗描述纪晓岚："河间宗伯姹，口吃善著书。沉浸四库间，提要万卷录。"

看来，纪晓岚还有口吃的毛病。当然，纪晓岚既然能通过各层科举考试，其间有审音官通过对话、目测等检查其形体长相以及说话能力，以免上朝时影响朝仪"形象"，应该不至于丑得没法见人，但无论如何，纪晓岚长相不好看，却是无疑的。长得丑、近视眼、口吃，这些生理特点都成为纪晓岚一辈子与乾隆貌合神离、不得乾隆真正信任的重要原因。

为何如此说，其实这与乾隆的用人标准有关，他对身边近臣的标准不但要求这些人机警敏捷、聪明干练，而且要相貌俊秀、年轻漂亮。例如和珅、王杰、于敏中、董诰、梁国治、福长安等人都是数一数二的"美男子"，故而得到重用。而纪晓岚如此之丑，如何能得有此怪癖的皇帝的真正重用呢？因此，有人说，纪晓岚只不过是乾隆的文学词臣而已。但是这位"词臣"却以自己的处事方式在乾隆嘉庆时期走上高位，并将自己的名字刻在中国的史册上，成为文化巨人。

究其原因，这不仅仅是由于纪晓岚主持编著了《四库全书》，或者多年主持着科举考试，对乾隆朝贡献重大，更因为他懂得方圆处世之道，因此能在乾隆帝那对宠臣的怪癖要求中，自在地做事。有一个故事即可证明纪晓岚的这种处事方法。

有一次，乾隆皇帝想开个玩笑以考验纪晓岚的辩才，便问纪晓岚："纪卿，'忠孝'二字做何解释？"

纪晓岚答道："君要臣死，臣不得不死，是为忠；父要子亡，子不得不亡，是为孝。"

乾隆立刻说："那好，朕要你现在就去死。"

"臣领旨！"

"你打算怎么个死法？"

"跳河。"

"好吧！"

乾隆当然知道纪晓岚不可能去死，于是静观其变。不一会儿，纪晓岚回到乾隆皇帝跟前，乾隆笑道："纪卿何以未死？"

"我碰到屈原了，他不让我死。"纪晓岚回答。

"此话怎讲？"

"我走到河边，正要往下跳时，屈原从水里向我走来，他说：'晓岚，你此举大错矣！想当年楚王昏庸，我才不得不死；可如今皇上如此圣明，你为什么要死呢？你应该回去先问问皇上是不是昏君，如果皇上说他跟当年的楚王一样是个昏君，你再死也不迟啊！'"

乾隆听后，放声大笑，连连称赞道："好一个如簧之舌，真不愧为当今的雄辩之才。"

这就是纪晓岚，这就是纪晓岚的处世智慧，他活到82岁，经雍正、乾隆、嘉庆三朝，60岁以后，五次出掌都察院，三次出任礼部尚书。他逝世以后，筑墓崔尔庄南五里之北村。朝廷特派官员，到北村临穴致祭，嘉庆皇帝还亲自为他写了碑文。我们不能不赞叹其为官之道的高超。

一个人有才不是错，但是也要注意在方圆智慧的引导下保全自己。如果因为恃才傲物而给自己引来祸端，这样的教训就太惨重了。

所以，做人要懂得外圆内方，有自己的原则，但是不过于死板；懂得圆融但不过于世故，就如纪晓岚一样，外圆内方，才能领略做人的道理。

第二篇
为人之道

第一章

讲求方正，乃为人之本

"方正做人，圆满做事"，这是一个成功者的人生轨迹，一个人要想获得成功，首先要学会方正做人。方正做人可以让你在面对诱惑时，保持清醒，方正做人可以让你在面对失意时，保持平静，方正做人可以让你在面对欲望时，保持刚强，所以学会方正做人吧，只有这样，你才能在人生旅途中无往而不胜。

恪守信誉，方能立足

现实生活中，许多人把说谎、欺骗视为获取成功的一种手段，相信说谎、欺骗会给自己带来好处。

一个言行诚实的人，因为自觉有正义公理为之后盾，所以能够无愧做人，无畏缩地面对世界。

与一个欺骗他人、没有信用的人相比，一个诚实而有信用的人其力量要大得多。所以即使从利害上打算，诚实也是一种最好的策略。

中国人历来把守信作为为人处世、齐家治国的基本品质，言必行，行必果。自古以来，讲信用的人受到人们的欢迎和赞颂，不讲信用的人则受到人们的斥责和唾骂。在人与人的交往中，把信用、信义看得非常重要。孔子说："与朋友交而不信乎？"墨子说："志不强者智不达，言不信者行不果。"还有"一诺千金，一言九鼎""一言既出，驷马难追"等都是强调一个"信"字。

生活里，才华出众的人并不少见，甚至时常有天才出现。但是，才华和智慧就是让人拥有信赖的资本吗？真正值得信赖的是人品格中的忠诚和诚实。这种品质会赢得人们的尊重，忠诚是一个人美德中的基础，它会通过人的行动体现出来，即正直、诚实的行为。如果人们把他看作一个可信的人，他一定做到了诚信，言必行，行必果。因此，值得信赖是赢得人类尊重和信任的前提。

曾子的妻子到市场上去，他的儿子哭闹着要跟着去。曾子的妻子说："你先回去，等回来时，宰只小猪给你吃。"妻子从集市上回来后，曾子要捉小猪杀给儿子吃，妻子不让他杀，说："这不过是和孩儿说着玩的。"曾子说："小孩子不可以和他说着玩，他们不懂事，全靠学父母的样子，听父母的言语，现在你欺骗他，不是教他欺骗吗？母亲欺骗儿子，儿子不相信母亲，这不是教养之道。"于是杀了小猪给孩子吃。

又如东汉时，汝南郡的张劭和山阳郡的范式同在京城洛阳读书，学业结束，他们分别的时候，张劭站在路口，望着长空的大雁说："今日一别，不知何年才能见面……"说着，流下泪来。范式拉着张劭的手，劝解道："兄弟，不要伤悲。两年后的秋天，我一定去你家拜望老人，同你聚会。"

两年后的秋天，张劭突然听见长空一声雁叫，牵动了情思，不由自言自语地说："他快来了。"说完赶紧回到屋里，对母亲说："妈妈，刚才我听见长空雁叫，范式快来了，我们准备准备吧！""傻孩子，山阳郡离这里一千多里，范式怎么来呢？"他妈妈不相信，摇头叹息："一千多里路啊！"张劭说："范式为人正直、诚恳、极守信用，不会不来。"老妈妈只好说："好好，他会来，我去打点酒。"

约定的日期到了，范式果然风尘仆仆地赶来了。旧友重逢，亲热异常。老妈妈激动地站在一旁直抹眼泪，感叹地说："天下真有这么讲信用的朋友！"范式重信守诺的故事一直被后人传为佳话。

古希腊哲学家苏格拉底曾与人辩驳过关于诚信的话题。

这一天，苏格拉底底像平常一样，来到的雅典市场。他拉住一个过路人说道："对不起！我有一个问题弄不明白，向您请教。人人都说要做一个有道德的人，但道德究竟是什么？"

那人回答说："忠诚老实，不欺骗别人，才是有道德的。"

苏格拉底又问："但为什么和敌人作战时，我军将领却千方百计地去欺骗敌人呢？"

"欺骗敌人是符合道德的，但欺骗自己人就不道德了。"

苏格拉底反驳道："当我军被敌军包围时，为了鼓舞士气，将领就欺骗士兵说，我们的援军已经到了，大家奋力突围出去。结果突围果然成功了。这种欺骗也不道德吗？"

那人说："那是战争中出于无奈才这样做的，日常生活中这样做是不道德的。"

苏格拉底又追问："假如你的儿子生病了，又不肯吃药，作为父亲，你欺骗他说，这不是药，而是一种很好吃的东西，这也不道德吗?"

那人只好承认："这种欺骗也是符合道德的。"

苏格拉底又问道："不骗人是道德的，骗人也可以说是道德的。那就是说，道德不能用骗不骗人来说明。究竟用什么来说明它呢? 还是请你告诉我吧!"

那人想了想，说："不知道道德就不能做到道德，知道了道德才能做到道德。"

苏格拉底拉着那个人的手说："您真是一个伟大的哲学家! 您告诉了我关于道德的知识，使我弄明白一个长期困惑不解的问题，我衷心地感谢您!"

戴尔·卡耐基曾经说过："任何人的信用，如果要把它断送了都不需要多长时间。就算你是一个极谨慎的人，仅需偶尔忽略，偶尔因循，那么好的名誉，便可立刻毁损。所以养成小心谨慎的习惯，实在重要极了。"

信誉许诺是非常严肃的事情，对不应办的事情或办不到的事，千万不能轻率应允。一旦许诺，就要千方百计去兑现。否则，就会像老子所说的那样："轻诺必寡信，多易必多难。"一个人如果经常失信，一方面会破坏他本人的形象，另一方面还将影响他本人的事业。

明代《郁离子》一书中有如下一则故事：济阳某商人过河船沉，他拼命呼救，渔人划船相救。商人许诺："你如救我，我付你 100 两金子。"渔人把商人救到岸上。商人只给了渔人 80 两金子，渔人斥责商人言而无信，商人反责渔人贪婪。渔人无言走了。后来，这商人又乘船遇险，再次遇上渔人。渔人对旁人说："他就是那个言而无信的人。"众渔人停船不救，商人淹死河中。这就是言而无信的后果。

古人崇尚仁、义、礼、智、信。信是立人之本。凡事应该以信誉为基础，只有具备了信誉这一良好的资本，你才能被人信赖，才能在办事时游刃有余，有更大的发挥空间。

当然诚信是有原则的。诚信要建立在与人为善的基础上。我们在做到诚信的同时，还要警惕，不要让自己的诚信被别人所利用，让自己受到伤害。

做回真正自由的自己

忠于你自己做真正自由的自己，或者说保持本来面貌，其意义并不仅仅是说不要假装或某人。而是指应该完全忠实于自己内在的我——你心目中认为对的那些。

曾经有这样一个故事：

有一个人带了一些鸡蛋在市场上贩卖，他在一张纸上写道："新鲜鸡蛋在此销售"。

有一个人过来对他说："老兄，何必加'新鲜'两个字，难道你卖的鸡蛋不新鲜吗？"他想一想有道理，就把"新鲜"两字涂掉了。

不久，又有一个人对他说："为什么要加'在此'呢？你不在这里卖，还会去哪儿卖？"他也觉得有道理，又把"在此"涂掉了。

一会儿，一个老太太过来对他说："'销售'两个字是多余的，不是卖的，难道会是送的吗？"他又把"销售"擦掉了。

这时来了一个人，对他说："你真是多此一举，大家一看就知道是鸡蛋，何必写上'鸡蛋'两个字呢？"

结果所有的字全都涂掉了，他所卖的鸡蛋也不如以前的多了。

英国戏剧家莎士比亚说："当忠于你自己！"忠于自己，人生才能获得真正的自由。

好莱坞一位名制片人戈德温，他并没有在哈佛或牛津等名牌大学读过书，他所受的正规教育，只是白天在工厂做工，晚上进夜校所念到的那么一点点。虽然他自己并不是一个研究莎士比亚的学者，可是他常常觉得上面引证的那句话，可能是趋向成功的指路牌。

他在好莱坞待了许多年。见过许多想试一试目前大家喜欢的电影风格的男女明星，想抄袭他人风格的导演，想模仿那些成名剧作家的编剧家，以及许多想放弃自己的风格而学人家的人们，他最终给他们的最基本忠告是："尽量表现你自己！"

从心理学角度来说，人的内趋力在心理层面主要是认知力、情感力和意志力。人在这种内趋力和活动中相应产生三种心理需要，即认知需要、情感需要和道德需要。知、意、情是和人外在追求的三种理想境界真、善、美——对应的，所以人的认知需要、道德需要和情感需要主要表现为人对真、善、美的追求。人生可以平凡的度过，也可以不平凡的生活，每个人都不一样，每个人的标准也不一样，你的成功在人家的眼里也许就是一文不值，感觉自己成功了就对了。

其实，只有做好自己就够了，刻意模仿别人，往往适得其反。

大家都知道东施效颦的故事。古时候，越国有两个女子，一个长得很美，叫西施，一个长得很丑，叫东施。东施很羡慕西施的美丽，就时时模仿西施的一举一动。有一天，西施犯了心口疼的病，走在大街上，用手捂住胸口，双眉紧皱。东施一见，以为西施这样就是美，于是也学着她的样子在大街上走来走去，可是街上行人见了她的这个样子，吓得东躲西藏，不敢去看她。其实东施的出发点是好的，她是想学好，想变美，但她忘却了什么是美，什么是丑。但她不明白什么是表面美，什么是内在美，如何发掘自身优势展示自身美，做真正的自己。

无独有偶，《庄子·秋水》中也有类似的一个故事。

燕国寿陵地方有一位少年，这位寿陵少年不愁吃不愁穿，论长相也算得上中等人才，可他就是缺乏自信心，经常无缘无故地感到事事不如人，低人一等——衣服是人家的好，饭菜是人家的香，站相坐相也是人家高雅。他见什么学什么，学一样丢一样，虽然花样翻新，却始终不能做好一件事，不知道自己该是什么模样。家里的人劝他改一改这个毛病，他以为是家里人管得太多。亲戚、邻居们，说他是狗熊掰棒子，他也根本听不进去。日久天长，他竟怀疑自己该不该这样走路，越看越觉得自己走路的姿势太笨，太丑了。有一天，他在路上碰到几个人说说笑笑，只听得有人说邯郸人走路姿势美。他一听，对上了心病，急忙走上前去，想打听个明白。不料想，那几个人看见他，一阵大笑之后扬长而去。邯郸人走路的姿势究竟怎样美呢？他怎么也想象不出来，这成了他的心病。终于有一天，他瞒着家人，跑到遥远的邯郸学走路去了。一到邯郸，他感到处处新鲜，简直令人眼花缭乱。看到小孩走路，他觉得活泼、美，学！看见老人走路，他觉得稳重，学！看到妇女走路，摇摆多姿，学！就这样，不过半月光景，他连走路也不会了，路费也花光了，只好爬着回去了。

成语"邯郸学步"，比喻生搬硬套，机械地模仿别人，不但学不到别人的长处，反而会把自己的优点和本领也丢掉。

其实，大多时候我们只要做自己就好，让自己的心自由，让自己的人生在快乐中度过。

慎独自省

"慎独"二字，顾名思义，"慎"其"独"者也。《礼记·中庸》上说："莫见乎隐，莫显乎微，故君子慎其独者也。"《礼记·大学》中说："小人闲居，为不善，无所不至。"也是说的在独处独居的时候要能够"独行不愧影，独寝不愧衾"。曾子"吾日三省吾身"同样具有慎其独处的含义。

所谓"慎独"，汉代经学大师郑玄的解释是："慎独者，慎其闲居之所为。"也就是在一个人的时候，仍然按照道德原则行事，不做任何有损道德品质的事。

古希腊哲学家德谟克利特也说："要留心，即使当你独自一人时，也不要说坏话或做坏事，而要学得在你自己面前比在别人面前更知耻。"

金无足赤，人无完人。人活在世上，谁都难免有这样或那样的缺点和错误，谁都难免有丑陋的一面。罗曼·罗兰说："在你要战胜外来的敌人之前，先得战胜你自己内在的敌人；你不必害怕沉沦与堕落，只请你能不断地自拔与更新。"

每一种才能都有与之相对应的缺陷，如果不克服这种缺陷，这种才能就不能得到很好的发挥。一般来说，克服这种缺陷有很多方法，最重要的就是多加小心。应该看准究竟是什么样的缺陷，死死地盯住，就像你的对手寻找你的毛病那样。要充分发挥自己的才能，就必须学会"三省吾身"，克服自己主要的缺陷。主要的缺陷被克服了，其他的不足就会很快克服。

卢梭在少年时曾经将自己极不光彩的盗窃行为转嫁在一个女仆的身上，致使这位无辜的少女蒙冤受屈，成功后卢梭为这件事陷入痛苦的回忆中。他说："在我苦恼得睡不着的时候，便看到这个可怜的姑娘前来谴责我的罪行，好像这个罪行是昨天才犯的。"

卢梭在他的名著《忏悔录》中对自己做了严肃而深刻的批判。他敢把这件丑事公诸世人，显示了他彻底反省的坦荡胸怀和不同凡响的伟大人格。

伊索寓言里有这样一则故事：

一个哲学家在海边看见一艘船遇难，船上的人全部淹死了。他便抱怨上帝不公，为了一个罪恶的人偶尔乘这艘船，竟让全船无辜的人都死去。正当他沉思时，他觉得自己被一大群蚂蚁围住了。原来哲学家站在蚂蚁窝旁了。有一只蚂蚁爬到他脚上，咬了他一口。他立刻用脚将这些蚂蚁全踩死了。

这时，赫耳墨斯出来了，他用棍子敲打着哲学家的头说："你自己也和上帝一样，如此对待众多可怜的蚂蚁。你又怎么能做判断天道的人呢？"

有的时候看不见的，并不代表不存在。

君子的高贵品质往往在于其严于律己，尤其是在独处的时候。《咸宁县志》记载了"不畏人知畏己知"的故事。

清雍正年间，有个叫叶存仁的人，先后在淮阳、浙江、安徽、河南等地做官，历时30余载，毫不苟取。一次，在他离任时，僚属们派船送行，然而船只迟迟不启程，直到明月高挂才见划来一叶小舟。原来是僚属为他送来临别馈赠，为避人耳目，特地深夜送来。他们以为叶存仁平时不收受礼物，是怕别人知晓出麻烦，而此刻夜深人静，四周无人，肯定会收下。叶存仁看到这番情景，便叫随从备好文房四宝，即兴书诗一首，诗云：

> 月白清风夜半时，
>
> 扁舟相送故迟迟。
>
> 感君情重还君赠，
>
> 不畏人知畏己知。

接着，将礼物"完璧归赵"了。

孔子说："躬身厚而薄责于人，则远怨矣。"意思是多责备自己，少责备别人，怨恨就不会来了。

《三国演义》第六十二回中，写了庞统辅佐刘备进军西川时出现的一段小插曲——刘备设宴劳军，酒酣之际，刘、庞言语不和，刘备发怒，责问并驱赶庞统："汝言何不合道理？可速退！"夜半酒醒，刘备想起自己所说的话，大悔，次早穿衣升堂，请庞统谢罪曰："昨日酒醉，言语触犯，幸勿挂怀。"庞统谈笑自若。玄德曰："昨日之言，惟吾有失。"庞统曰："君臣俱失，何独主公。"玄德亦大笑，其乐如初。

本来，酒醉失言，虽然不好，但也算不得什么大错。刘备事后却一再自责，这是他自省的结果。

正直的人不会将错误掩盖，也绝不会打肿脸充胖子，他们会时时反省，不断自我完善。

反省是一种心理活动的反刍与回馈。它是把当局者变成一个旁观者，他自己把自己变成一个审视的对象，站在另外一个人的立场、角度来观察自己，评判自己。

《中庸·天命章》里有一段话，大意为：在幽暗的地方，大家不曾见到隐藏着的事端，我的心里已显著地体察到了。当细微的事情，大家不曾察觉的时候，我的心中已显现出来了。所以君子独处的时候更加要谨慎小心，不使不正当的欲望潜滋暗长。

一个人是否具有反省能力对其为人很重要。反省可以改变一个人的命运和机缘。它在任何人身上，都会发生大效用。因为反省所带来的不只是智慧，更是夜以继日的进取态度和前所未有的干劲。当你克服了你的主要缺陷，你就会成为一

61

个更强大的人。

孔子说："见贤思齐焉，见不贤而自省也。"意思是遇到品德高尚的人便要向他看齐；看见不贤的人，便要自省有没有同他类似的行为。孔子的学生曾子说："吾日三省吾身——为人谋而不忠乎？与朋友交而不信乎？传不习乎？"就是说：我每天多次反省自己这一天做过的事，是否尽心竭力了？同朋友交往，是否诚实了？教师教授的知识是否复习了？朱熹说："日省其身，有则改之，无则加勉。"

在社会生活中，人与人之间免不了发生矛盾或产生隔阂。如果与邻居、同事或朋友闹了别扭，只去想对方的短处，会越想越觉得自己有理，越想越觉得委屈，因而越想越生气，关系必然越弄越僵。如果"三省吾身"，找一下自己的缺欠，就不难获得解决问题的钥匙。

一个人有缺点和过失是难免的，只要改正，就会进步。但是，往往有这样的情况：自己对别人的缺点，哪怕很小，也看得很清楚；而对自己的毛病却不易看到，甚至有时把自己的短处误认为是自己的长处。一个人的缺点和过失，不仅有害于自己，也会影响到他人。发现自己的缺点和过失，除了虚心听取别人的忠告、接受别人的批评外，还要三省吾身，也就是经常自省，这是行之有效的好办法。

执着走自己的路

人们都向往自己成为天才或者伟人，但是，伟人只是人类中的极少一部分，他们的伟大是相对于平凡而言的。实际生活中，大多数人只局限在一定的活动范围之内，从人群中脱颖而出，成为伟人的几率是微乎其微的。但是，做一个正直诚实、光明磊落的人，最大限度地发挥自己的能力，体现自身的价值，这是人人平等的。平凡的岗位，也可以体现出人生的意义，真诚、公正、正直和忠厚是不可缺少的。这样，可以使每个人在自己的平凡位置上实现自身的价值。

人们应该知道自己的实际能力与水平，不图虚名脚踏实地地走自己的路，而不应该投机取巧，心存侥幸。自古以来都是三种人的身边常有祸事：包藏祸心，损害别人利益者，会反受其害；过分嫉妒，容不得他人的人，不被他人所容；喜爱虚名，并且不择手段去窃取他人成就的人，早晚会被别人识破揭穿。

第二次世界大战时期著名的美国将领——巴顿，其成功秘诀就是：着眼于目标，矢志不渝。

　　1908 年 6 月，巴顿实现了童年时期就梦寐以求的愿望，成为著名的西点军校的学员。

　　学员时期的巴顿，的确非常引人注目，在他所学习的每个课题中，他都要力争第一；他极其注意军容风纪、外表仪态，他的军服上装有垫肩，不仅完全合体，而且每天洗烫，从不间断；他走起路来，昂首阔步，有军人气概；所有的体育项目以及他下功夫的其他各项活动，他都是输不起的，丝毫不能忍受被击败；在军事技术方面，则更是追求完全成功。

　　第一学年时，他全力以赴于列队操练，苦练基本功，并做到所有动作的完美无缺。当时队列操练在毕业成绩中只记 15 分，而数学却占 200 分，但在巴顿看来，努力争取队列训练的优秀成绩，是成为军人的第一步，所以他把全部时间都花在了队列操练上。到学年结束时，他的队列考试成绩虽名列第二，但数学成绩却位居榜尾，这使他留了级。做一名优秀军人是他儿时的梦，不能顺利通过考试，令他十分伤心。考试失败没有使他退缩，更激起了他强烈的好胜心。在重修一年级时，他没有再将其全部时间用在队列操练上，除了猛攻数学外，还悉心阅读了大量军事史、战略、战术等方面的书籍。他从初期受挫中深知，一个人除品格外，知识尤为重要。信心和果断建立在知识之上，只有对军事专业的博学，才有可能成为优秀将领，否则只能是有勇无谋的一介"武夫"。

　　这一年，巴顿通过不懈努力，终于如愿以偿：他的全部课程合格，队列操练仍是他在班上赖以出人头地的科目。他成为学员中公认的佼佼者。

　　巴顿曾对密友谈起过他想在军校达到的三个目标：在军列训练中夺冠；到第四年级时升为学员副官；在田径运动项目上打破学院纪录而达到 A 级运动员标准。他说到做到：二年级时，他升为上士学员，第三学年升为军士（此二者都是二、三年级学员中最高的军阶），第四学年真的升为学员副官。毕业时，他的队列训练第一；刷新了几项学校田径赛纪录。

　　另一位优秀的将领拿破仑在学校读书时，简直笨得出奇。不论是法语还是别的外语，他都不能正确的书写，成绩一塌糊涂。而且，少年的拿破仑还十分任性、野蛮。不仅如此，拿破仑还袭击比他大的孩子，脸色苍白、体态羸弱的拿破仑却常让他的对手不寒而栗，他家里的人都骂他是蠢材，人们都称他"小恶棍"。在他的自传中，曾这样写道："我是一个固执、鲁莽、不认输、谁也管不了的孩子。我使家里所有的人感到恐惧。受害最大的是我的哥哥，我打他、骂他，在他未清醒过来时，我又像狼一样疯狂地向他扑去。"

可是，在这个遭人白眼的孩子的心中，信念的力量悄悄地滋长着。他朦胧地意识到自己的与众不同，然而他还未真正地认识它。而且，他心中有一种狂妄而任性的想法：凡是自己想要的东西，都要归自己所有。一天天长大的拿破仑开始更理智更成熟地关注自己。他常沉溺于同龄人所无法想象的冥思苦想之中，他又疯狂地迷恋着各种复杂的计算，他已学会了用冷静而彻底计算过的理智很好地控制自己的行动。他惊奇地看到自己表现出来的出色的思考力，第一次真正地认识了自己。他的行动变得果敢而敏捷，富于抗争精神。一种崭新的渴望点燃了他生命的热情，终有一天，他明白无误地告诉自己："是的，我具有最出色的军事家的素质，权力就是我要得到的东西！"清醒的自我意识一旦形成，便发挥出巨大的推动作用。拿破仑在成功之路上连战连捷，势如破竹。35 岁时他登上了法国皇帝的宝座。

无欲则刚

子曰："富与贵，是人之所欲也，不以其道得之，不处也。贫与贱，是人之所恶也，不以其道得之，不去也。不义而富且贵，于我如浮云。"他提出不论是富贵的获得和贫贱的摆脱，都必须严格地遵照一定的道德标准来实现，如果违反道德标准，就是"不义"的行动，应受到人们的鄙视。

楚昭王被伍子胥打垮，仓皇出逃。宰羊店的老板屠羊说也跟着昭王出逃。

昭王回国复任后，奖赏随同逃难的人，鼓励忠诚之士，屠羊说也受到奖赏。

屠羊说觉得不妥当："大王失去国家，我也失去了杀羊的营生。大王回来，我又重操旧业，生意仍旧红火，为什么要奖励我呢？"

昭王知道后，便吩咐手下人，强迫屠羊说接受赏赐。

屠羊说说："天王亡国失位，我没有失职的过错，要罚，罚不到我的头上；大王返国复位，我没有出主意出力气，行赏，也赏不到我的头上。"

昭王听到报告，便下令说："我要见他！"

屠羊据理申辩说："楚国的法制规定，一定是建立有大功勋的人才能被大王接见。可是我智谋不足以考虑国家大事，勇武不能够驱除入境敌寇。伍子胥攻陷郢都时，我害怕兵祸而跟随大王逃难，却并不是想护卫大王。今天，大王要无视法制规定，打破常规接见我，这不是我希望发生的事。"

昭王非常感动，对大臣们说："屠羊说地位很低，但见识深刻，你们可以替我传话，请他出任三公的职位。"

屠羊说依旧反对。他说："我很清楚，做官做到三公也就到顶了，比我整日里守着宰羊店不知高贵到哪里去。那优厚的薪水，比我靠杀几头羊赚几个辛苦钱，也不知丰厚多少，然而君主妄发旨令，我要接受就是贪图荣华富贵，彼此都坏了名声，并且这样后患大得很！我是不能接受三公职位的，还是在我的宰羊店里心安理得！"

据《左传》记载，春秋战国时期，宋国有人得了一块美玉，把它献给子罕，子罕不受，献玉的人说："我曾请有名的玉匠看过，认为这块玉是宝才敢献给你的。"子罕却说："你以玉为宝，我以不贪为宝。要是把玉给了我，那你和我都失去了宝，不如你不送，我不收，使你我都保有自己的宝。"

列子穷困潦倒时也决不接受郑国宰相子阳赠送的粮米。因为，列子知道自己并没有和子阳打过交道，子阳听他手下的人说："列子是大大的贤人，他就在您治理的国家里，他现在连饭都没吃的。这样，您岂不成了不爱贤才的宰相吗？"

子阳是为了自己获得好名声而给列子送吃的东西，并非真正爱惜贤才。

列子谢绝了子阳送的粮米，列子的妻子埋怨说："只听说有道德有才学的人的老婆子女都能过上快乐安逸的日子。可你，把我们一家子都养得只有皮包骨头了。当权的宰相既然已派人来慰问，又送粮米给我们，你为什么偏偏不接受呢？你自己不要紧，未必身家性命也不要？"

列子解释道："宰相并不是真正了解我，只不过听别人讲我，他才叫人给我送粮食。现在救济我是如此，如果一天有人在他面前说我的坏话，他必然依别人的只言片语来加罪于我。这怎么能行呢？这就是我不接受粮食的理由。"子阳为官，为所欲为，不久老百姓起来反抗，杀死了子阳。列子虽然穷困，却依旧平安，道德学问依旧声名远扬。

明《七修类稿》中记载了弘治年间一个吏部尚书写在门上的一副对联："仕于朝者以馈遗及门为耻，仕于外者以苞苴入都为羞。"馈遗、苞苴，都指贿赂。就是说，在朝里做官的接受别人的非法馈赠，在外地做官的向朝里进贡行贿，这都是可耻可羞的。明代一度贿风盛行，而兵部尚书于谦在做巡抚时"每入京，未尝持一物交当路"，他赋诗抒怀："手帕蘑菇及线香，本资民用反为殃；清风两袖朝天去，免得闾阎话短长。"

清林则徐曾说："壁立千仞，无欲则刚。"他把这句话写在自己府衙的一副堂联中，规行矩动，身体力行。他受命钦差大臣前往广州查办鸦片时，离京当天，即传示驿站，沿途"只用家常饭菜，不必备办整桌酒席，尤不得用燕窝烧烤，以节靡费。……言出法随，各宜懔遵毋违。"一路上说到做到，两袖清风；他到达广州次日，即告示百姓：今后"公馆一切食用，均系自行备买，不收地方供应。所买物件概照民间时价发给现钱，不准丝毫抑勒赊欠……有借名影射扰累者，许被扰之人控告，即予严办"。清人张清恪，在任督抚时曾针对送礼行贿的丑行，写过一篇《禁止馈送檄》，檄中说："一丝一粒，我之名节；一厘一毫，民之膏脂。宽一分民受赐不止一分，取一文我为人不值一文。谁云交际之常，廉耻实伤。倘非不义之财，此物何来。"

古代有首《不知足》的打油诗对无穷贪欲做了生动的描绘：

终日奔波只为饥，才方一饱便思衣。

衣食两般皆俱足，又想娇容美貌妻。

娶得美妻生下子，恨无田地少根基。

买得田园多广阔，出入无船少马骑。

槽头结了骡和马，叹无官职被人欺。

县丞主簿还嫌小，又要朝中挂紫衣。

若要世人心里足，除是南柯梦一回。

俗话说"君子爱财，取之有道"，"大丈夫有所为有所不为"。在现实生活中，只有摒弃贪念，意志坚强，才能真正迈向成功。

人贵自制

华兹华斯曾说过，自我克制能够抗拒各种痛苦；严格的自我克制能帮助人们摆脱可怕的阴影；勤奋向上能推动时代的发展；宽宏大量的情感让人充满活力，心情愉悦……这一切至善的品格都会受到人们的欢迎。杰勒米·边沁说："无论如何，如果人的意志力能够控制思想，就能使这些思想走向幸福。要努力看到事情好的一面。人们有时会浪费大部分的时间，白天，开会的时候，时间会在等待中白白地浪费；夜晚，睡觉之前，人们因兴奋会不停地想愉快的事儿；在外步行时，或在家休息时，思维一刻也不会停止，这些思想可能有用，也可能无益，甚于对幸福有害。"

美国南北战争时的名将李将军，那时已经快走完一心为国的悲壮生涯。有一次他参加一个朋友孩子的洗礼，孩子的母亲请他说几句话，以作为孩子漫长人生征途中的准则。

李将军的答案，已经把带领自己历经征战苦难，以至最后荣获美国史上崇高地位的教条，归纳成一句极简短的话："教他懂得如何自制！"

学会控制自己，特别是控制自己突发的冲动。控制冲动同驾驭烈马很相似，你如果能够在狂奔的马上表现出镇静，那么你就能够做到事事聪明。能够预见危险，就会摸索着找到自己的路。激动中的言语对于脱口而出的人也许微不足道，可是对一个善于听话的人却是很有分量的。

美国第一任总统华盛顿在历史上名声极为显赫。他的情感的自我克制能力，在最困难和最危险的时刻，也强大无比，所以对他不大了解的人会觉得，他天生心平气和、镇定自若。其实，华盛顿却是一个急性子。他严格自我控制和严格自律的结果，使他温和、文雅、礼貌以及处处为他人着想。

华盛顿的传记作家这样评价华盛顿："他性格豪爽，充满激情，面对充满诱惑和激动人心的时刻，不懈的坚持，自我控制的努力，让他最终控制了诱惑，克制了激动。"传记作家还说："他的激情无人能比，有时这种强烈的激情猛烈地爆发出来，但是，他在最短的时间内克制这种强烈的激情。自我控制应该是他最优秀的性格特征。"

智者对偶发的事件都具有高度的警惕性。激情爆发会使一个平时谨慎的人失去平衡，而这正是一个人最容易栽跟头的时候。在狂怒或获得满足的一瞬间，谨慎的人也会冲动，可是很可能这一冲动让一个人悔恨终生。

从前，有一匹马独占一片草原。有一天，一只鹿闯入这匹马的领地，想与马分享丰美的水草。马对入侵者十分仇视，心想报复，便请求人帮助惩罚鹿。

人对马说："如果你愿意把笼头套在嘴上，让我骑在你的背上，我就可以拿出最有效的武器为你驱逐鹿。"

马同意了人的要求，戴上人给马准备的笼头，让人骑在背上。人很快就赶走了鹿，可是从此以后，马就成了人的奴隶。

自我克制是一切美德的根源所在。一个人如果被冲动和激情支配，那么，他就失去了他的全部道德自由，他就会人云亦云，淹没在时代的潮流中，成为强烈欲望的奴隶。

要想拥有光荣、平和的人生，就必须能够在小事或大事上自我克制。容忍和克制是人类必需的品格，脾气不能超越理智。

能够自我控制的人才能获得真正的自由和成功。

谦逊的人最高贵

泰戈尔说:"当我们大为谦卑的时候,便是我们近于伟大的时候。"做人要保持谦逊,不能自作聪明,不要总以为自己比别人多一点智慧,巴甫洛夫说:"绝不要骄傲。因为一骄傲,你们就会在应该同意的场合固执起来;因为一骄傲,你们就会拒绝别人的忠告和友谊的帮助;因为一骄傲,你们就会丧失客观方面的准绳。"

庄子说:"天地有大美而不言。"谦虚是一种美德,是一种实事求是的科学态度,也是一个人恰当看待和处理他与外界关系的正确思想方法。心胸宽大,虚怀若谷的人,才能谦虚谨慎。

在第二次世界大战中,丘吉尔因为有卓越功勋,战后在他退位时,英国国会打算通过提案,塑造一尊他的铜像放在公园里供游人景仰。

丘吉尔却拒绝了。他说:"多谢大家的好意,我怕鸟儿在我的铜像上拉粪,那是多么的煞风景啊,所以我看还是免了吧!"

托马斯·杰斐逊是美国第 3 任总统。1785 年他曾担任美国驻法大使。一天,他去法国外长的公寓拜访。

"您代替了富兰克林先生?"法国外长问。

"是接替他,没有人能够代替得了富兰克林先生。"杰斐逊谦逊的回答。

杰斐逊的谦逊给法国外长留下了深刻印象。

小肚鸡肠的人,器小易满,不到半瓶水,也会淌得不亦乐乎。进化论的创始人达尔文是一个十分谦虚的科学家。达尔文与别人谈话时,总是耐心听别人说话,无论对年长的或年轻的科学家,他都表现得很谦虚,就好像别人都是他的教师,而他是个好学的学生。1877 年,当他收到德国和荷兰一些科学家送给他的生日贺词时,他在感谢信中写了一段感人肺腑的话:"我很清楚,要是没有为数众多的可敬的观察家们辛勤搜集到的丰富材料,我的著作便根本不可能完成,即使写成了也不会在人们心中留下任何印象,所以我认为荣誉主要应归于他们。"

东汉颍州父城(现河南叶县东北)人冯异,字公孙,熟读《左传》《孙子兵法》,文武双全。最初在王莽手下为小官,后见王莽为害人民,被人民所怨恨,了解到起义军领袖刘秀有治国安家的才干,便对苗萌说:"现在起义诸将,虽皆英雄,但多独断,不爱人民。只有刘将军不抢掠人民,举止言谈,温和有远见,不是庸人，可以追随。"于是苗萌和冯异投靠了刘秀，又吸引了勇将姚期等人来，刘秀势力大振。他向刘秀建议说："天下人都反对王莽苛政，刘玄部又纪律太坏，失信于民。此时人民疾苦，若稍施恩德，百姓必热烈拥护。"刘秀听了他的话，派冯异、姚期到邯郸安民，果然得到广大人民支持。王郎领兵追赶刘秀，刘秀及部下退到饶阳天蒌亭（河北饶阳东北），正遇天气寒冷，士兵都饥饿疲劳，冯异送来豆粥，解除了困难。在南宫（河北南宫）又遇大风雨，刘秀躲到路旁空屋，冯异抱来柴，邓禹烧火，刘秀方能烤干衣服，冯异又送来饭、菜，终于安全移兵到信都（河北邢台）。刘秀使冯异收集散兵，重整队伍，大破王郎。

冯异对东汉统一建国之功，是巨大的，但他从不居功。对人也特别谦让，每当同其他大将的车仗在路上相遇，他必告诉车夫退让躲道，让别人先过。他领部队交战时，在各营之前；退兵时，在各营之后。当休战时，诸将坐在一起，都宣扬自己的功劳，以便争功多得升赏。当各将争功时，冯异则躲于大树下，一言不发，似为乘凉休息，实为躲避让功，后来军中称他为"大树将军"。不仅刘秀对他格外器重，他的军队，亦多愿在他麾下效力。

做人要谦虚，不可自大。我们每天都可以看见说"我不服这个不服那个"的人。总是看不起在某些方面不如自己的人。其实每个人都有其长处和短处，而恰恰在此时有人只看到他的短处，看不到其长处。谦虚是尊重他人的一种表现，一种美德。只有谦虚的人才能发现别人的优势，知道自己的不足。老子说："江海能成百谷王者，以其善下之。"

社会上真正成功的人，往往懂得谦虚待人，他们真正理解世事艰难、行为处事的重要。凡唯我独尊、目空一切、夸夸其谈、不可一世的人，定是阅历太浅、磨难太少之人。有时我们总会发现一个不起眼的人在不经意间成就了他的不平凡，他不会说我有多么的厉害，只是默默地努力着，等待着时机，而后厚积薄发让人措手不及地看到其成就。

追求卓越，超越自我

刘墉曾说过，最强的对手不一定是别人而可能是我们自己。在超越别人之前先得超越自己！奇迹是人创造的。人的因素是关键的。在生活与工作中，我们应处处严格要求自己。

公元前99年，骑都尉李陵率5000士卒随二师将军李广利，出居延千余里追击匈奴。李广利一遇敌打仗，便大败而输，然后就逃之夭夭，把李陵的几千步兵孤零零地扔给了十几万的敌骑。李陵陷入重围，他不惧不屈，接连奋战九天，宰杀敌骑五六千，终因众寡悬殊，粮尽矢绝而被迫投降。时为汉帝刘彻天汉二年。消息传出，朝野震荡。好大喜功的刘彻勃然大怒，把李陵妻儿老小悉数逮入死牢。

满朝文武，无不附和皇帝，纷纷指责李陵的不是。唯独太史令司马迁出来为李陵辩解，说他之所以不死而降，可能还另有原因。刘彻自然不悦，于是把司马迁也关入大牢，并以"诬上"的罪名，被定了死罪。按照汉旧例，有两种情况可以免去死罪：一是拿钱赎，二是被处宫刑。

于是，司马迁面临三种选择：接受死刑，用钱买命，被处腐刑。花钱买命，当时需要五十万钱，相当于五个"中产之家"的财产，司马迁是一个穷"太史"，根本付不出；受死，司马迁不是没有想到，并想到"人固有一死，或重于泰山，或轻于鸿毛"，但他想到了父亲的遗命，想到了毕生的使命还未完成，他不能就此去死；那么只剩最后一条路——接受宫刑。这可是奇耻大辱，过去说，"刑不上大夫"，更何况是宫刑呢！但为了事业，司马迁忍辱偷生。出狱以后，刘彻还封他为"中书令"，名义上比"太史令"职务要高，可却是宦官担任的啊！为了完成《史记》的创作，司马迁把这一切都忍受了下来。

他在《报任安书》中写道：

我的先人，没有获得丹书、铁券那样的特大功勋，所从事的是起草文书、编写史料、记录天象、制定律历的工作，其职位接近于占卜之官和太祝之间，本来就是皇上所戏弄，当成乐师、优伶一样豢养的人，为流俗所轻视。假使我受到法律制裁被处死刑，就像九头牛身上失去了根毛一样，跟蝼蚁之死有什么不同？而世人又不会将我与能以死守节的人同等看待，只认为我智力穷尽，罪过极大，不能自己解脱，终于去死而已。为什么呢？这是自己平素所从事的职务所处的地位促成的。

人总有一死，有的人死得比泰山还重，有的人死得比鸿毛还要轻，这是由于应用死节的地方不同的缘故。最上一等是不辱没先人，其次是不辱没自己，其次是颜面上不受辱，其次是辞令上不受辱，其次是被囚系受辱，其次是换上囚服受辱，其次是戴上刑具、挨打受辱，其次是剃掉头发、以铁索束颈受辱，其次是毁伤肌肤、断残肢体受辱，最下一等是遭腐刑，到极点了！《礼记》中说："对大夫不能用刑。"这是说士人不可不保持自己的节操。猛虎在深山的时候所有的野兽都常害怕它；待到被关进笼子里或落入陷阱之中，却摇尾向人讨吃的，这是人以威力逐步制服了它的结果。所以，对士人来说，即使是在地上画一座牢狱，那情势也叫人不敢进去；即使是一个木制的狱吏，也不敢跟它对质，必须在遇刑前自杀以免受辱。现在手和脚都被刑具束缚起来，脱掉衣服，接受杖责，关闭在四面墙壁之中。在这个时候，看见狱吏就以头碰地，看到狱卒就胆战心惊。为什么呢？这也是以威力制约逐步发展的结果啊。待到已经到了这一步，还说不受辱，不过是所谓"脸皮厚"罢了，哪里说得上尊贵呢？再说，西伯是一方诸侯之长，却被囚禁在里；李斯是丞相，备受五刑的处置；淮阴侯韩信是王，却在陈地被戴上刑具；彭越、张敖都曾高坐在王位上称孤道寡，后来又都被捕入狱；绛侯周勃诛杀吕氏党羽，权力之大超过了春秋时期的五位霸主，后来被囚禁在特设的监狱"请室"之中；魏其侯窦婴曾任大将，后来也穿上了罪人衣服，手、脚、脖子上都加了刑具；项羽的大将季布，后来剃光了头，以铁圈束颈当了朱家的奴隶；灌夫曾在拘留室里受到侮辱。这些人都身居王侯将相的地位，邻近国家都知道他们的名声，一旦有罪受到法律制裁，而不能自杀。落入微尘一般轻贱的境地，从古至今都是如此，怎能不受侮辱呢？由此说来，勇敢或怯懦，坚强或软弱，都是由形势决定的。明白了这个道理，还有什么值得奇怪的呢？一个人不能早在遇刑前就自杀，因而渐渐志气衰微，待到受杖刑，这才想到要死于名节，离名节不是太远了吗？古人之所以对大夫施刑很慎重，大概是由于这个缘故啊。

就人的本性而言，没有不贪生厌死的，难免要怀念父母和妻子儿女；至于为正义和公理所激奋的人，则不是这样，那是因为有不得已的缘故。现在我不幸，早年失去了父母，又没有亲兄弟，独自一人，至于对妻子儿女怎么样，少卿是看得出来的吧？况且勇士一定死于名节，而怯懦的人仰慕道义，则随时随地都可以勉励自己不受辱。我虽然怯懦，想苟全性命，却很懂得舍生取义的道理，何至于甘心接受绳捆索绑的侮辱呢！再说，奴婢侍妾一类人，尚且能自杀而不受辱，何况我是不得已啊？我之所以含垢忍辱，苟且偷生，情愿被囚禁在粪土一般的牢狱之中，是因为我的心愿尚未完全实现，耻于默默无闻而死，而文采不能显露给后世的人们。

古代拥有财富、尊位而姓名埋没的人，不可胜数，只有卓越超群的人才为后人所称道。文王被拘禁在狱里时推演了《周易》；孔子在困穷的境遇中编写了《春秋》；屈原被流放后创作了《离骚》；左丘明失明后写出了《国语》，孙膑被砍去了膝盖骨，编著了《兵法》；吕不韦被贬放到蜀地，有《吕氏春秋》流传世上；

韩非被囚禁在秦国，写下了《说难》《孤愤》；至于《诗经》三百篇，也大多是圣贤们为抒发郁愤而写出来的。所有这些作者都是心中感到抑郁不舒畅，他们的思想观念不被当时的人们接受，所以叙述所经历的事情，让后世了解自己。例如左丘明眼瞎了，孙膑的腿断了，毕竟不能为世所用，于是回家著书，抒发心中的郁愤，想留下文字来表现自己的思想。

我不自量力，近来将自己的心愿寄托在无用的言辞上，搜集世上遗失的文献，粗略地考证历史人物的所作所为，统观他们由始至终的过程，考查他们成功、失败、兴起、衰败的规律，上起轩辕黄帝，下到如今，写成表十篇，本纪十二篇，书八章，世家二十篇，列传七十篇，共计一百二十篇。也想用来探究天道和人事的规律，弄清从古至今的历史发展过程，成就一家的学说。此书已经起草，尚未完成，就碰上这桩祸事，惋惜它没有写成，因此宁愿接受宫刑而没有怨怒的表情。我确实想完成这本书，把它暂时藏在名山之中，以后再传给跟自己志同道合的人，使它流行于大都会，这样我就补偿了前番下狱受刑所遭到的侮辱，即使一万次遭到杀戮，哪里有悔恨呢！可是，这番话只能说给有见识的人听，对俗人就难说了。

可见，能够成功的人，要学会肯定自己的能力，挖掘自己的才能，琢磨自己，战胜自己，超越自我。

只有尊重自己才能被人尊重

只有尊重自己，才能尊重别人，才可能受到别人的尊重。所以我们应该陶冶自己的情操，养成自尊、自爱、自律的良好品德。

《礼记·檀弓下》记载，一年，齐国大荒，黔敖准备了些食物放在路边等候受灾的人来吃，有一个饥民眯着眼睛来了，黔敖就冲他喊道："嗟，来食！"（嗟是指不客气的招呼声，相当于现在的"喂"）那饥民睁大眼睛瞪着黔敖说："我就是因为不吃嗟来之食才饿到今天这个样子的。"黔敖当即道歉，但那饥民坚决不吃，终于饿死了，后来就用"嗟来之食"表示带侮辱性的施舍。这个故事表现了齐国人自尊自爱、纯洁高尚的人格。

《明史·王溥传》记载：王溥，桂林人。洪武末为广东参政，他的弟弟从家里来看他，恰巧与王溥的下属同舟而行，便赠给他一件布袍。王溥知道后，让他的弟弟把衣服还回去说："一衣虽微，不可不慎，此污行辱身之渐也。"

周处年轻时，为人蛮横强悍，任侠使气，是当地一大祸害。义兴的河中有条蛟龙，山上有只白额虎，一起祸害百姓。义兴的百姓称他们是三大祸害，三害当中周处最为厉害。有人劝说周处去杀死猛虎和蛟龙，实际上是希望三个祸害相互拼杀后只剩下一个。周处立即杀死了老虎，又下河斩杀蛟龙。蛟龙在水里有时浮起有时沉没，漂游了几十里远，周处始终同蛟龙一起搏斗。经过了三天三夜，当地的百姓们都认为周处已经死了，轮流着对此表示庆贺。结果周处杀死了蛟龙从水中出来了。他听说乡里人以为自己已死而对此庆贺的事情，才知道大家实际上也把自己当作一大祸害，因此，有了悔改的心意。于是便到吴郡去找陆机和陆云两位有修养的名人。当时陆机不在，只见到了陆云，他就把全部情况告诉了陆云，并说："自己想要改正错误，可是岁月已经荒废了，怕终于没有什么成就。"陆云说："古人珍视道义，认为'哪怕是早晨明白了道理，晚上就死去也甘心'，况且你的前途还是有希望的。再说人就怕立不下志向，只要能立志，又何必担忧好名声不能传扬呢？"周处听后就改过自新，终于成为一名忠臣。

清朝初年，反清复明势力强大，为了对付抗清力量，朝廷派了在松山战役中投降清朝的洪承畴总督军事，招抚江南。这时候，在松江（今上海市）有一批读书人也在酝酿抗清，领头的是夏允彝和陈子龙。夏允彝有个 15 岁的儿子叫夏完淳，又是陈子龙的学生。夏完淳自小就读了不少书籍，能诗善文，在他的父亲、老师影响下，也参加了抗清斗争。不久，清军围攻松江，夏允彝父子和陈子龙冲出清兵包围，到乡下隐蔽起来。清兵到处搜捕，还想引诱夏允彝前来自首。夏允彝不愿落在清兵手里，投到河塘里自杀。他留下遗嘱，要夏完淳继承他的抗清遗志。夏完淳和陈子龙秘密回到松江，准备再组织起义军。这时候，他们打听到太湖长白荡有一支由吴易领导的抗清义军，正在重整旗鼓。夏完淳把家产全变卖了，捐献给义军做军饷，在吴易手下当了参谋。他还写了一道奏章，派人到绍兴送给鲁王，请鲁王坚持抗清。鲁王听说上书的是个少年，十分赞赏，封给夏完淳一个中书舍人的官衔。吴易的水军在太湖边出没，把清军打得晕头转向。但是后来由于叛徒的出卖，义军失败，吴易也牺牲了。

过了一年，陈子龙又秘密策动清朝的松江提督吴胜兆反清，这次兵变不幸又失败了，吴胜兆被杀害，陈子龙也被清军逮捕。陈子龙不愿受辱，在被押解到南京的船上，挣脱绳索，跳河自杀。夏完淳正在为失去他的老师而悲痛，因为叛徒告密，他自己也被捕了。清军派重兵把他押到南京。夏完淳在监狱里被关押了 80 天。主持审讯的正是招抚江南的洪承畴。洪承畴知道夏完淳是江南出名的"神童"，想用软化的手段使夏完淳屈服。他问夏完淳说："听说你给鲁王写过奏章，有这事吗?"

夏完淳昂着头回答:"正是我的手笔。"

洪承畴装出一副温和的神气说:"我看你小小年纪,未必会起兵造反,想必是受人指使。只要你肯回头归顺大清,我给你官做。"

夏完淳假装不知道上面坐的是洪承畴,厉声说:"我听说我朝有个洪亨九(洪承畴的字)先生,是个豪杰人物,当年松山一战,他以身殉国,震惊中外。我钦佩他的忠烈。我年纪虽然小,但是杀身报国,怎能落在他的后面。"

这番话把洪承畴说得啼笑皆非,满头是汗。旁边的兵士以为夏完淳真的不认识洪承畴,提醒他说:"别胡说,上面坐的就是洪大人。"

夏完淳"呸"了一声说:"洪先生为国牺牲,天下人谁不知道。崇祯帝曾经亲自设祭,满朝官员为他痛哭哀悼。你们这些叛徒,怎敢冒充先烈,污辱忠魂!"

说完,他指着洪承畴骂个不停。洪承畴被骂得灰头土脸。

1647年9月,19岁的夏完淳在南京西市被害。他的朋友把他的尸体运回松江,葬在他父亲的墓旁,受到人们的敬仰,而洪承畴则留了个千古的骂名。

在达兰尔的《你为什么没有钱》中列出了富有的标准:

(1)自爱;

(2)被爱的感觉;

(3)身体健康;

(4)充裕的收入;

(5)个人权力;

(6)工作满意程度;

(7)对他人的满意程度;

(8)自尊;

(9)人际关系。

他把自爱放到了首位。

因为只有懂得自爱的人才会受到尊敬。

不断充实自己

拿破仑·希尔说:"有人因过食而亡,有人因喝多而亡,更有人因无所事事而凋零死去。"

　　采取积极向上的生活方式的人的确是选择了一条艰辛的路，而能通向这条路的只有一个机会：真正培养起学习和成长的乐趣。学得越多、成长越快，我们就越充实。

　　充实自己需要广涉群科、博采众长。宽打基础窄打墙，是读书方法之一。

　　将知识基础打得宽博扎实些，涉足多学科知识，走"通才"之路，正是对现代人才的要求。唯有如此，才有创业的坚实后盾。

　　没有渊博的知识，就不会产生伟大的文化和伟大的人物，这已是当代许多志士能人的共识。一个新型人才，就要有举一反三的能力，具有扩大甚至转换专业的适应性和灵活性，要有分析、综合能力，要尽可能掌握多学科、多专业的知识和方法，做到视野开阔，思维活跃而敏捷，能够在形势和任务多变的情况下善于在群体的协同工作中，对跨学科领域的问题进行综合考察和分析，成为使问题求得最合理解决的优秀人才。

　　在求学阶段，要广涉群科，坚实基础，这是一个十分重要而现实的问题。

　　进入创造阶段，单有某一专业的知识，必然捉襟见肘，而阅读面广，知识量大的人即显出特有的优势。

　　南朝人江淹，自幼勤奋好学，每天从早到晚都在父亲的书房里读书吟诗，只有饭后才和小伙伴玩一会儿。因此，年长后写出了很多精彩的诗文，一时间闻名遐迩；尤其是《恨赋》《别赋》二篇，更为历代所传诵。当时文坛尊称他为"江郎"。

　　江淹后因才学超群而进宫做了官。经常一边饮酒一边挥笔疾书，几盅酒完，几十篇文章拟就，其豪情才气深得上方赏识和喜爱，曾官至"金紫光禄大夫"。但是，随着官位日高，声名日盛，而自满自足，致使青年时期的文思和才华大大减退了。人们惋惜道："江郎才尽。"

　　惋惜之情、警醒之意，也只有借江淹自己的《别赋》里的名句才能表达：

　　"值秋雁兮飞日，当白露兮下时。怨复怨兮远山曲，去复去兮长河循……令人意夺神骇，心折骨惊……黯然销魂者，惟别而已矣。"

　　中国有一句古话，叫"实践出真知"。意思是说只有经过实践的检验，知识才能成为真正的知识，成为你的能力！这方面的例子俯拾皆是。比如战国时代秦赵决战。赵国先由老将廉颇领军，秦将白起不能取胜，遂用反间计，散布"秦军不怕廉颇，只怕赵括"的言语，使赵国君主上当，改由赵括指挥军队。而这赵括熟读兵书，纸上谈兵头头是道，可谓掌握了不少理论知识，然而他的致命的弱点，就是实战经验不足。结果，赵军在他的统率下轻率出战，遭到大败，40万士卒被白起一举坑杀，赵国从此一蹶不振。

同时，学习需要坚持和刻苦，如果只有三分钟热度，贪图安逸，则永远也无法学到真正的本领。在学习过程中，要善于思考，只有不断发现问题和解决问题才能不断进步。

发现地心引力的伟大科学家——牛顿，小时候仿造当时的水车动力推磨机，制作了一个相同的小小模型，在家中自行测试之后，发现他的模型也能够借着流水的动力，顺利地将小麦磨成细粉。

小牛顿心中高兴无比，第二天就将他的水车推磨机带到学校去，向同学们炫耀。水车转动得十分顺畅，引来许多同学艳羡的目光。

正当小牛顿沉醉在自己的成就当中时，突然有一个高年级的学生问他："可不可以请你解释一下，为什么这个水车能够将麦子磨成细粉？它是基于什么样的原理来设计的？"

小牛顿一时之间被问得哑口无言，他只知道制作模型，却从未想过其中的道理。这时，那个高年级的学生不屑地道："说不出它的原理，足以证明，你只不过是一个手指头灵巧的笨蛋罢了！"

从此以后，不管牛顿遇上什么事，都会在心中先问问自己："为什么？"当苹果落在他头上时，牛顿才会思考，它为什么不往上掉，而偏要往地面掉？于是有了"万有引力定律"。

随着科技的发展，人们的生活日新月异，新的知识技能不断地冲击着人们现有的知识水平，只有坚持努力的求知上进，才不会被时代的潮流淹没。

·第二章·

圆融为人乃应世之道

人际关系的好坏直接关系到一个人生活和事业的成败，打造良好的人际关系，需要你做事的圆融，营造和谐的交往环境也需要你做事的圆融，所以，学会圆融做事吧。这样，你才能在与他人的交往中积极主动，游刃有余。

做事方正，做人圆融

1924年，美国哈佛大学教授团在芝加哥某厂做"如何提高生产率"的实验时，首次发现人际关系才是提高工作效率的关键所在，由此提出"人际关系"一词。自此以后，人们普遍认识到个人的事业成功、家庭幸福、生活快乐都与人际关系有着密切联系。而人际关系技巧则能使你在与人交往中如鱼得水，是你在现实世界中拼搏、奋争的有力武器。这就是我们讲的做事要方正，做人要圆融。

先说方，做事要方正，便是说做事要遵循规矩，遵循法则，绝不可乱来，绝不可越雷池一步，这个道理在中国已流传了上千年。

中国人常说的"没有规矩不成方圆""有所不为才可有所为"，就是方这个道理。

每一个行当都有自己绝不可逾越的行规。比如说做官就绝对要奉守清廉的原则，从一开始就要做好承受清贫的思想准备，就像曾国藩家训"八不得"中的一条"为官要清，贪不得"一样。如果做官开始的动机就不纯或慢慢变质，企图以权谋私或权钱演变，那这个官就绝对当不好、当不长了。

为商要奉行的金科玉律是一个"诚"字。真正的大商人必是以诚行天下，以诚求发展，绝不会行狡诈、欺骗之伎俩，为一些蝇头小利或眼前得失而失信于天下。像韩国因商业楼倒塌而产生的震惊世界的惨案，便是因为韩国的建筑承包商在建造大楼时偷工减料；像中国某些生产鳖精厂家的秘密彻底被揭露，是因为他们生产的竟是没有鳖的鳖精，为此他们犯了行商的大忌。

做人要圆融。这个圆融绝不是圆滑世故，更不是平庸无能，这种圆是圆通，是一种宽厚、融通，是大智若愚，是与人为善，是居高临下、明察秋毫之后，心智的高度健全和成熟。不因洞察别人的弱点而咄咄逼人，不因自己比别人高明而盛气凌人，任何时候也不会因坚持自己的个性和主张让人感到压迫和惧怕，任何情况都不会随波逐流，要潜移默化别人而又绝不会让人感到是强加于人……这需要极高的素质，很高的悟性和技巧，这是做人的高尚境界。

圆的压力最小，圆的张力最大，圆的可塑性最强。

这圆好做又不好做。好做是因为如果人真正有大智慧、大胸襟，真正能自强自信，心态平和，心地善良，凡事都往好的一面想，凡事都能站在对方的立场为他人着想，人的弱点皆能原谅，即便是遇见恶魔也坚信自己能道高一丈，如真能那样，人还有什么做不好呢？

当然也不乏有人为了某种利益和目的不惜敛声屏息，不惜八面讨好，不惜左右逢"圆"。但这种圆和那种圆绝对有本质的区别，这种圆的后面是虚伪和丑恶。

任何成功的后面都包含着牺牲。如果说有人能做到内方外圆的话，那也肯定包含了许多的牺牲。比如说做事要方，做事要有规矩、有原则，那就意味着许多事不能做、许多事又非要做，那无疑也就意味着会得罪许多人，惹恼许多人，意味着要舍弃许多利益甚至招来杀身之祸。如中国的民族英雄岳飞，但在"忠"君和"忠"国之间，为了"忠"舍弃了"孝"。为了这种原则，他惨死在风波亭。

做人圆融，也会有牺牲。有时要牺牲小我；有时要忍辱负重，忍气吞声；还有更多的时候要承受屈辱、误解，甚至来自至亲至爱的人的伤害。如明明你在履行一种神圣的职责，他却以为你好大喜功；明明你是深谋远虑，他却认为你是哗众取宠。

小牺牲换来小成功，大牺牲换来大成功。能做到方圆的，同时没有感到那是一种牺牲、痛苦的才是大成功、大境界；能为了方圆去承受牺牲的是小成功、小境界；不愿牺牲也做不到方圆的是不成功。

方圆之道蕴藏了成功之道，掌握了做事为人的方圆之道，成功离我们就很近了。

重视日常应酬

圆融为人才能有良好的人际关系，这就要求我们重视日常应酬。

应酬是一门社交艺术，只有善用心思的人，才能达到联络感情的目的。卡耐基为我们讲了一个浅显易懂的例子：

一位同事生日，有人提议大家去庆贺，你也乐意前行，可是去了以后发现，这么多的人为他贺岁，他们为什么不在你生日的时候也来热闹一番？这就是问题所在，这说明你的应酬还不到家、你的人际关系还欠佳。要扭转这种内心的失落，你不妨积极主动一些，多找一些借口，在应酬中学会应酬。

比如，你新领到一笔奖金，又适逢生日，你可以采取积极的策略，向你所在部门的同事说："今天是我的生日，想请大家吃顿晚饭。敬请光临，记住了，别带礼物。"在这种情形下，不管同事们过去和你的关系如何，这一次都会乐意去捧场的，你也一定会给他们留下一个比较好的印象。

重视应酬，一定要入乡随俗。如果你所在的公司中，升职者有爱请同事的习惯，你一定不要破例，你不请，就会落下一个"小气"的名声。如果人家都没有请过，而你却独开先例，同事们会以为你太招摇。所以，要按约定俗成的规定来办。

重视应酬，还有一个别人邀请，你去与不去的问题。人家发出了邀请，不答应是不妥的，可是答应以后，一定要三思而后行。

对于深交的同事，有求必应，关系密切，无论何种场面，都能应酬自如。

浅交之人，去也只是应酬，礼尚往来，最好反过来再请别人，从而把关系推向深入。

能去的尽量去，不能去的就千万不能勉强。比如，同事间的送旧迎新，由于工作的调动，要分离了，可以去送行；来新人了可以去欢迎。欢送老同事，数年来工作中建立了一定的感情，去一下合情合理；欢迎新同事就大可不必去凑这个热闹，来日方长，还愁没有见面的机会吗？

重视应酬，不能不送礼，同事之间的礼尚往来，是建立感情、加深关系的物质纽带。

应酬需把握一些必要的技巧：

（1）对于话题的内容应有专门的知识。当你和对方谈到某一件事时，你必须对此确有所认识，否则说起来便缺乏吸引力，不能让对方感兴趣。

（2）充分明了人与人之间的关系的真理。有许多事即使做法不同，但道理是永不能改变的，这种"永不能改变"的道理，自己要常常放在心里。

（3）要培养忍耐力。切忌凡事小气。经验证明，小气常使自己吃亏。

（4）能够利用语气来表达你自己的愿望。不要使人捉摸不定，有些人以为态度模棱两可是一种技巧，其实是相当拙劣的。真正懂得运用应酬技术的人，都会让本身的立场迅速公开。

（5）常常保持中立，保持客观。按照经验，一个态度中立的人，常常可以争取更多的朋友。甚至对于你的"死党"，你也不必口口声声去对他表明，只要事实上是"死党"就行。

（6）对事物要有衡量种种价值的尺度，不要死硬地坚持某一个看法。

（7）对事情要守密。一个人不能守住秘密，会在任何事件上发现很多过失。

（8）不要说得太多，想办法让别人多说。

（9）对人亲切、关心，竭力去了解别人的背景和动机。

没有经过准备而进行一项应酬，常常不只不成功，而且会遭受无可挽救的失败。

如电话应酬，预先准备好别人说"是"或"否"时你应如何应对，就可以避免太多不必要的烦恼。

只有重视日常生活中的应酬，巧妙应酬，我们才能给自己拉出一个良好的人际交际的网络。

悄悄为他人做点好事

许多人经常为他人做好事、行方便的时候，总会顺便告诉对方自己对别的人也很好，心里悄悄地企盼着对方对自己有所肯定，其实这是完全没有必要的。

我们要求自己健全人格，希望自己成为某种有思想的人，所以我们加强自身修养。经常做些好事，对别人施以恩惠。

实际上，你做好事的同时，你善良的本性已经使你感觉愉快——你仁爱的意义即在于此。

既然要付出，就单纯地付出，不要图回报，这就是为什么要提倡"悄悄地为他人做点好事"的初衷。别人的感激与表扬并不是你最需要的，你真正得到的有意义的回报是你无私奉献的热情——只要你有了这种热情，你的生活就更加美好、更加惬意起来。所以，下次你为别人做好事的时候，不要声张——你的心情坦然了，你就能体会到奉献的乐趣。这是一种跟你的生活密切相关的处事方式，它不仅会带给你快乐，而且做起来也是轻而易举。

然而在日常的生活中，无论我们是有意或是无意的，我们总是想从别人那里得到点什么，尤其是当我们为别人做了点什么的时候。比方说常常出现这样的情况，住在同一间寝室的人常说："既然我打扫了洗手间，那么她就应该将厨房清理一下。"或是邻居之间："我上周帮他们家照顾了一下午孩子，这次总该他们帮我了吧。"而每当出现这种情况的时候，我们都认为我们所付出的已远远超过所得到的回报。

实际上，一个真正有智慧、内心充满平和宁静的人，是不会刻意去期待他人的回报的。你所做的这些爱心行动也可以使你在情感上得到同等程度的愉悦，你感觉上的回报就是你意识到你做了这些"小小的"好事。

如果你感到替别人做了什么而得不到任何回报，那么导致你心理不平衡的根本原因是隐藏在你内心的互惠主义，它干扰你内心的平静，它使你老是在想：我想要什么，我需要什么，我应当去索取什么。如果行善事而有所图，也许好事会变成坏事。有一位美国青年，曾从深井中救出一个小女孩，得到女孩父母的深深感激和众人的钦佩。不幸的是，从此以后，他无论走到哪里都希望人们知道他的这一善行。随着岁月流逝，人们渐渐淡忘了，他却念念不忘，越来越无法忍受人们如此对待他这样一个救人英雄，最后不得不选择了自杀。维吾尔族传说中最聪明的人阿凡提曾经说过：人家对你做的好事，你要永远记住；你对人家做的好事，你要立即忘记。或许，这位美国青年要能领会到阿凡提的名言，这个悲剧就能避免。

多在你的生活中试着真心真意地去帮助别人，别让你自己有意无意就想着"我将得到什么样的回报"，你最好渐渐地摒弃这种想法。当这一切完全发自你的意愿时，你一定可以体会到帮助他人而不在乎报答的快乐，只是真心实意地去做你所能做到的，将是件快乐的事情。

而事实上，你在悄悄为别人做点好事的同时，你的"善行"也被他人看在眼里，无形当中你为自己立下了很好的口碑，小小好事只有这样才能让你决胜人际，如果你刻意去期待他人的回报，那么在他人看来，你的"小小好事"反之只是你换取"人情"的筹码，就显得不够真诚，反而无法实现你打造良好人际关系网的初衷。

送对人情有讲究

圆融为人难免送人情。送得恰到好处是人情，送得不当是尴尬。不管是无意中送的人情，还是有意送的人情，都有一个让对方如何感受、如何认识的问题。

而送人情最重要的不在于你送的情分是否轻，而在于对方感受是否重。所谓"千里送鹅毛，礼轻情义重"说的就是这个道理。通常世人最重视的人情则是雪中送炭，口渴喂水。

别小看这"一炭之热""滴水之恩"，这样的人情可得倾林相送，涌泉相报。

我们在社会上，内心都有一些需求，有的急有的缓，有的重要有的不重要。而我们在急需的时候遇到别人的帮助，则内心感激不尽，甚至终生不忘。濒临饿死时送一只萝卜和富贵时送一座金山，就内心感受来说，完全不一样。有某种爱好的人遇到兴趣相同的人则兴奋不已，以为人生一大快乐。两个人脾气相投，就能交上朋友。所以要送人情，便应洞察此中三昧。

三国争霸之前，周瑜并不得意。他曾在军阀袁术部下为官，被袁术任命过一回小小的居巢长，一个小县的县令罢了。

这时候地方上发生了饥荒，兵乱使粮食问题日渐严峻起来。居巢的百姓没有粮食吃，就吃树皮、草根，活活饿死了不少人，军队也饿得失去了战斗力。周瑜作为父母官，看到这悲惨情形急得心慌意乱，不知如何是好。

有人献计，说附近有个乐善好施的财主鲁肃，他家素来富裕，想必囤积了不少粮食，不如去向他借。

周瑜带上人马登门拜访鲁肃，刚刚寒暄完，周瑜就直接说："不瞒老兄，小弟此次造访，是想借点粮食。"

鲁肃一看周瑜丰神俊朗，显而易见是个才子，日后必成大器，他根本不在乎周瑜现在只是个小小的居巢长，哈哈大笑说："此乃区区小事，我答应就是。"

鲁肃亲自带周瑜去查看粮仓，这时鲁家存有两仓粮食，各三千斛，鲁肃痛快地说："也别提什么借不借的，我把其中一仓送与你好了。"周瑜及其手下见他如此慷慨大方，都愣住了，要知道，在饥馑之年，粮食就是生命啊！周瑜被鲁肃的言行深深感动了，两人当下就交上了朋友。

后来周瑜发达了，当上了将军，他牢记鲁肃恩德，将他推荐给孙权，鲁肃终于得到了干事业的机会。

以下几点，在送人情时，可供大家借鉴：

（1）不可过分给予。因为饮足井水者，往往离井而去，所以你应该适度地控制，让他总是有点渴，以便使其对你产生依赖感。一旦对你失去依赖心，或许就不再对你毕恭毕敬了。

（2）如果你是位领导，你手下有一些属员，他们都希望能通过你得到一些好处，你应该怎样赐予他们人情呢？一是要经常地赐给他们一点好处，但不可一下子全部满足他们的欲望，否则，对你倾囊施与的恩惠，他们便不以为贵了。

（3）不要对别人的恩情过重，这会使人感到自卑乃至厌倦你，因为他一方面感到自己无法偿还这份人情，二来觉得自己无能。

（4）不妨对别人施以小恩小惠，不要让对方以为你在故意讨好他们。这样一来，你施与的"人情"也就不值钱了。

（5）对方不需要时，不要"自作多情"，因为这时你送人情会让对方感到多余，对方可能不领你的情。

（6）送人情不能临时抱佛脚。对方知道你有较重要较麻烦的事要托到他，你临时抱佛脚而施予人情也是不值钱的，至多能把你所托之事办下来，下次有事再托，还要重新送上情分。倘若对方办不了此事，或者你送的人情太小气，抵不住对方所要付出的代价，对方也不会轻易领你这份情。甚至干脆回绝你这份情，让你讨个没趣或尴尬。

巧获热情与好感

善于圆融为人者应以礼待人，礼尚往来，这是出于他们内在的本性而致。荀子说："人无礼则不生，事无礼则不成，国家无礼则不宁。"又有圣人说："礼，就是天地的秩序。"礼是德行的外露，是人们作为范式的法则。大的方面就是天地的秩序，小的方面就是人伦的纲纪，以及事物的分别。简单说来，就是人们应事、待人、接物、处世的各种规矩、次序。善于做人者访友，可以通过下述技巧获得热情和好感，就能形成良好人缘。

1. 不做不速之客

访友做客应事先联系，待对方同意后按时赴约。不速之客冒昧登门会使对方不快，应予避免。到达主人家，要先按门铃或轻轻敲门。主人询问时，应通报自己的姓名，待主人同意后方可进入。

2. 带点小礼品

如应邀到朋友家吃饭，一般不要空手前往，可带一瓶酒、一包巧克力、一束花或给小孩带一个小玩具等礼品。但要注意的是，一般不要带比较贵重的礼品，以免主人怀疑你别有用心。

3. 在小孩身上动点脑筋

小孩是父母生命的延续，母亲对孩子怀有特别的爱，也希望别人能喜欢她的孩子。关心和喜欢主人家的小孩，实际上就是对其父母的尊重。因此，为了赢得主妇的热情，可在小孩身上动点脑筋。从交际艺术上说，这叫作感情的曲线投入。

要尽量发掘小孩或在品貌上、智力上、习惯上、爱好上的优点和特色，并给予热情赞扬。任何一个小孩总是有自己的优点和特色，而这又总是和父母亲的培育和教养连在一起的，称赞孩子，母亲当然高兴。总之，要把小孩当作一个角色，不要以为无关紧要。

4. 保持必要的客气

进房门后，要将帽子、大衣或随身带来的雨具等放在门边或挂在衣架上。

如果有人引你到客厅请你稍候主人时，要站着等候，待主人出来说"请坐"后再坐下。坐时要注意姿势，不要跷腿或晃腿，也不能双手抱膝。即使是十分熟悉的朋友，也不要太随便。尤其要注意，不能随意翻动主人的东西。如果要在主人家打电话，则须征得主人的同意。

5. 肯定主人的居室布置

家庭内部布置和陈设，往往是主妇们心血倾注之所在。正像人的相貌各不相同一样；家庭内部的布置和陈设也总是千差万别的，有的主妇喜欢读书，可能有精制的书柜，有的主妇爱好音乐，可能有昂贵的钢琴等，利用主人家内部的布置和陈设的特色给以赞赏，是赢得主妇热情的又一个方法，因为这实际上是对其个性的赞赏。

清洁卫生，是家庭主妇都很关心的一项内容。一般说来，家庭陈设的简陋是男人的无能，而家庭卫生不好，原因恐怕主要在于主妇。因而，真诚地称赞居室的布置和陈设，主妇当然会喜滋滋的。即使主人家的住房狭小，如能做恰到好处的赞扬，也会赢得主妇的好感。

6. 在主妇的手艺、衣着上打点主意

一般家庭主妇或多或少有点手艺和特长，或在烹饪上，或在编织上，或在裁剪上。手艺和特长通常是心灵手巧的一种反映，是智慧和勤奋的结晶。聪明的人会的很多，笨拙的人往往什么也不精。如发现主妇有某种手艺和特长，不失时机地给予赞扬，有助于赢得热情和好感。用餐时，发现某一道菜味道特别好，就详细询问做法，表示意欲回家仿做，这将大大刺激主妇的积极性。

在穿着上，女人是非常敏感的。称赞男子衣着得体，他们一般不会太在意，而称赞女子衣着得体，她们则往往会高兴一阵子，倘称赞之后，又能说出具体理由，使人觉得是内行人的赞词，那主妇内心的喜悦就可能非同寻常。主妇自己衣着随便，甚至不修边幅，而她的丈夫或小孩穿着比较入时和得体，则可在他们的衣着入手，称赞主妇把爱心倾注在丈夫和孩子身上，并且会打扮，懂穿着，有艺术眼光。

7. 主动帮着干点活

一道同去的客人较多，或者都要用餐或留宿，那么，主妇就会很忙，倒茶、洗水果、买菜、洗菜、整理房间等事情很多，有时会忙不过来。倘小孩还小或正处于似懂非懂的年龄，也有可能趁来客之机添乱。在这种情况下，客人不妨主动帮上一把，做些辅助性的事，如倒茶、洗菜、剥笋之类，不要摆出大老爷的架子，坐着不动。自是衣冠楚楚，不便劳动，可退至一旁，以免影响主妇劳作，必要时，可中止与男主人的谈话，劝男主人一道帮助妻子做点事。就餐时，可邀请主妇一道入席，并对她的辛勤操劳表示谢意。

8. 适时告辞

访友时要掌握时间，不要待得太久。当主人面露倦色或谈话高潮已过时，就应当主动告辞。

脸上先有微笑

每个国家和民族都有自己特别的风俗习惯和文化，都有自己的禁忌和避讳。比如在希腊和尼日利亚，摆手是一种极大的侮辱，尤其是当你的手接近对方脸部时；"再见"式挥手在欧洲可以意味着"不"，但在秘鲁却意味着"请过来"；在巴西，将你的拇指和食指相接——一个美国人的"OK"标志——意味着"见鬼去吧"；当与马来西亚或印度客户一起吃饭时，不要用左手进餐等等。然而却有一种交流方式是全球通用的，这便是微笑。微笑是我们这个星球上的通用语言，因此，不论走到哪里，都要带着微笑。

俗话说得好："眼前一笑皆知己，举座全无碍目人。"

的确，没有人能轻易拒绝一个笑脸。笑是人类的本能，要人类将笑容从脸上抹去是件很困难的事情。由于人类具有这样的本能，因此微笑就成了两个人之间最短的距离，具有神奇的魔力。真诚的微笑是交友的无价之宝，是社交的最高艺术，是人们交际的一盏永不熄灭的绿灯。

美国的希尔顿饭店名贯五洲，是世界上最负盛名和财富的酒店之一。董事长唐纳·希尔顿认为：是微笑给希尔顿带来了繁荣。为什么希尔顿这么重视微笑呢？许多年前，一位老妇人在希尔顿心情不好的时候去拜访他，希尔顿不耐烦地抬起头，他看见的是一张微笑的脸。这张笑脸的力量是那么不可抗拒，希尔顿立即请她坐下，两人开始了愉快的交谈。交谈中他发现这妇人真的是那么慈祥，她脸上真诚的微笑完全感染了他。从此，他把微笑服务作为饭店的宗旨。每当他在世界各地的希尔顿饭店视察时，总会问员工："今天，你对顾客微笑了吗？"如果你去任何一家希尔顿饭店，你就会亲身感受到——希尔顿的微笑。唐纳·希尔顿总结说：微笑是最简单、最省钱、最可行、也最容易做到的服务，更重要的是，微笑是成本最低、收益最高的投资。因此，他要求员工不管多么辛苦，多么委屈，都要记住任何时候对任何顾客，用心真诚地微笑。即使是在 20 世纪 30 年代的大萧条中——各行各业，每个人的脸上都挂着愁云惨雾的时代，希尔顿的员工仍然用自己的笑容给每位顾客带去阳光。大萧条过后，希尔顿率先进入了繁荣期。也许是希尔顿人的微笑赢得了"上帝"，从此，它迈入了黄金时期。

纽约一家大商店的负责人说：一个没有毕业然而带有甜蜜微笑的姑娘能很快被雇用，而一个愁眉苦脸的哲学博士却困难得多。

下面是艾尔伯特·哈巴德的一段建议，可以把它作为行动的指南。

您上街时要昂首挺胸，微笑着向朋友问好，高兴地回应别人的握手。不要怕别人不理解，也不要想自己的敌人。努力确定您想干什么，然后尽力去实现自己的目的，努力想您想要完成的伟大光辉的事业。随着时间的推移，不用怀疑，您一定能找到实现您愿望的机会，就像珊瑚那样，从水中吸取它需要的东西。在您的心目中要装上您所向往的、干练的、真正朝气蓬勃的那个人的形象，您的头脑中经常出现这个形象，时间长了，就可帮您成为他这样的人。思想比什么都重要。您要保持必要的心理素质：勇敢、直率和乐观、正确的思想——这就意味着行动。

因此，您若想使人羡慕，应遵循的准则是"微笑"。

任何人，包括善于做人者在求人给自己办事时，应给被求者留下一个好的印象，而微笑则是一种办事前铺垫准备最佳途径。笑容堆满脸，不仅让人觉得自己的真诚，而且会形成一种和谐的气氛。

如果您心里不想笑，那怎么办？首先必须迫使自己笑。如果就您一个人，那就先开始吹吹口哨或哼哼歌曲。用这种方法控制自己，仿佛您很幸福，于是您就真觉得自己是幸福的人了。已故的哈佛大学詹姆斯教授说过："似乎行动随感情而生，其实行动和感情是互相联系的。在很大程度上控制行动的是意志而不是感情，我们可以间接地调节非意志决定的感情。那么，为使人感到精神振作，您必须表现出精神振作的样子。"

微笑就像一抹宜人的春风，微笑拉近人与人之间的距离，让人与人之间的交流更加亲切自然，要圆融为人不要忘了微笑。

让对方做主角

卡耐基认为，人与人交往时，只有尊敬对方，交际活动才能顺利进行。如果总是压制对方、强迫对方服从自己，对方不久就会对你产生敌对情绪，从而失去对你的信赖。因此，交际中应努力让对方感到交际的主角是他。

试着留意对方的反应，尽力使对方心情舒畅。在人际交往中，要让对方扮演主角就得准备多个"剧本"。因为不知交往会在何处受挫，所以就必须把能观测到的对方谈话内容写进"剧本"，然后自己根据"剧本"演好配角。要做到使对方成为主角，调查收集与此相关的信息就显得非常重要。如：对方有什么爱好？对方最喜欢什么？憎恶什么？对方讲话有什么特点？对方有什么个人习惯？对方的弱点有哪些？要基于这样的信息，拟写一份能使对方成为主角并能打动对方的"剧本"。

如果能够做到这一步，对方就会感到与你交往心情舒畅，因而对你产生好感。

在交际过程中，如果遇到某个人你原先准备采用"中等水平"的交际方式，但当你发觉这种方式实在无法进行下去，这时就需要修改"剧本"重新预演一下。不过在事先应该假设出交际过程中有可能会出现的各种各样的问题，并针对这些问题设想一下自己应做出怎样的调整。

另外，卡耐基还建议我们必须考虑到：对方也有针对于自己的"剧本"，如果对方提出自己预料之外的问题，那么失败的可能是自己，所以必须反复斟酌，不断改善，这样才能使对方成为主角。在工作中，只有干好了配角你才能得到上司的提拔，而处处与上司争功，不配合上司工作则只能是受排挤。

让对方做主角，还要让他感受到自己的重要性，因为每个人都有成为重要人物的欲望，圆融为人就要看到这种普通的个人欲望，让他知道你尊重他，在意他。

卡耐基在纽约的一家邮局寄信，发现那位管挂号信的职员对自己的工作很不耐烦。于是他暗暗地对自己说："卡耐基，你要使这位仁兄高兴起来，要他马上喜欢你。"同时，他又提醒自己：要他马上喜欢我，必须说些关于他的好听的话，而他有什么值得我欣赏的呢？非常幸运，他很快就找到了。

在他称卡耐基的信件时，卡耐基看着他，很诚恳地对他说："你的头发太漂亮了。"

他抬起头来，有点惊讶，脸上露出了无法掩饰的微笑。他谦虚地说："哪里，不如从前了。"卡耐基对他说："这是真的，简直像是年轻人的头发一样！"他高兴极了。于是，他们愉快地谈了起来。当卡耐基离开时，他对卡耐基说的最后一句话是："许多人都问我究竟用了什么秘方，其实它是天生的。"卡耐基想：这位朋友当天走起路来一定是飘飘欲仙的。晚上他一定会跟太太详细地叙说这件事，同时还会对着镜子仔细端详一番。

当他把这件事说给一位朋友听，朋友问他："你为什么要这样做？你想从他那里得到什么呢？"

是的，他想要得到什么？

什么也不要。如果我们只图从别人那里获得什么，那我们就无法给人一些真诚的赞美，那也就无法真诚地给别人一些快乐了。你每一天都可以赞赏别人，并获得应有的效果。

如何做？何时做？何处做？回答是，随时随地都可做。

譬如，你在饭店点的是法式炸洋芋，可是女侍者端来的却是洋芋泥，你就说："太麻烦您了，我比较喜欢法式炸洋芋。"她一定会这么回答："不，不麻烦。"而且会愉快地把你点的菜端来。因为你已经表现出了对她的尊敬和重视。

一些客气的话实际上就是对别人的重视。"谢谢你""请问""麻烦你"诸如此类的细微礼貌，可以润滑每日生活的单调齿轮。有时候，真诚地重视别人往往还会产生意想不到的效果。

詹姆斯·亚当森是纽约超级座椅公司的董事长，当他得知著名的乔治·伊斯曼为了纪念母亲，要建造伊斯曼音乐学校和尔伯恩剧院时，他很想得到这两座建筑物座椅的订单。然而，伊斯曼只答应和他会晤五分钟。

"我从未见过这样漂亮的办公室。如果我有一间这样的办公室，我也一定会埋头工作的。"亚当森是这样开始谈话的。他又用手摸摸一块镶板，说道："这不是英国橡木吗？条纹跟意大利的稍有不同。"

"是的，"伊斯曼回答，"这是一位对木材特别有研究的朋友替我选的。"

接着，伊斯曼就带他参观整个办公室，兴致勃勃地介绍那些比例、色彩和手艺。

一小时过去了，两小时过去了，他们愉快的谈话还在继续。最后，亚当森终于从伊斯曼那里得到了满足。这是自然的，因为亚当森给了伊斯曼满足。

求大同存小异

心理学家高伯特普曾经说过："人们只在无关痛痒的旧事情上才'无伤大雅'地认错。"这句话虽然不胜幽默，但却是事实。由此，也可以证明：愿意承认错误的人是少的——这就是人的本性。

留心我们的周围，争辩几乎无处不在。一场电影、一部小说能引起争辩，一个特殊事件、某个社会问题能引起争辩，甚至，某人的发式与装饰也能引起争辩。而且往往争辩留给我们的印象是不愉快的，因为他的目标指向很明白：每一方都以对方为"敌"，试图以一己的观念强加于别人。

人与人之间相互交往，难免有意见相互时候，如果事无巨细都要求有个对全者的结果，这样就很难圆融待人，所以在这种情境下我们可以把握求大同存小异的原则。

即使是作为朋友，每一个人都应该明白这点，自己永远生活在社会之中，同事之中，朋友之中，只有"同舟共济"才能共同生存，也只有尊重和帮助别人，才能赢得别人的尊重和帮助。

明白了这一点，我们在与朋友交往过程中，在办事过程中，也就必须以求大同存小异为原则。

因为在现实生活中，朋友之间所处的环境不同，在经历、教育程度、道德修养、性格等方面虽然是"同声相应、同气相求"，但也不尽相同，必然存在着一定的差距。这种差距，不应该成为友谊的障碍。友谊的长久维持应该是正确对待这类差距的结果。应该承认自己和朋友在对待事物方面的差距，适应这种差距，双方可以有争论，有辩解，但不可偏激，应在争论中寻找两个契合点，求大同，存小异。而事实上，有许多友情之所以中断，就缘起于对一些小异的偏激争执上。

所以当双方都各执己见、观点无法统一的时候，自己应该会把握自己，把不同的看法先搁下来，等到双方较冷静的状态时再辨明真伪。也许，等到你们平静的时候，说不定会相顾大笑双方各自的失态呢。

而在当你胜利的时候，你也应该表现出自己的大将风度，不应该计较刚才对方对你的态度。应该顾及对方的面子，可以给对方一支烟或是一杯茶，抑或是向他求索一点小帮忙，这样往往可以令他重返愉快的心理。这样才可使朋友之间长期相知相交。

很多时候，很多人忽略了朋友的感觉，以为自己用某个理论或事实证明自己观点的正确就一定让对方心服口服。而事实上不是这样。

这样看来，你虽然得到了口边的胜利，但和那位朋友的友情，却从此疏远了，甚至一刀两断。比较之下，你会不会觉得，当初真是有欠考虑，仅仅为了口边的胜利，而得罪了一个朋友——如果那位朋友较小气，说不定他正在伺机报复呢！

有些人在和朋友翻脸之后，明知大错已铸成，也故作不后悔状，还经常这样认为："这样的朋友不要也罢。"其实这样对你又有什么好处？而坏处却很快可以看到，因为和别人结上怨仇，你就少了一位倾吐心事的人。

这种现象我们应该尽一切可能去避免。圆融为人就要求我们能允许不同意见的存在。不仅在一些思想观念上我们要求同存异，就是在具体的办事过程中我们也要根据求同存异的原则，这样才能有更多的思路把事情办好，同时加深彼此之间的感情，以便日后进一步合作共事。

假糊涂结真人缘

在处世交往的问题上，有时并没有绝对的是与非，能否结下朋友，其实就看我们如何圆融对待朋友。仔细观察就会发现，那种是非特别分明，一毫一厘分得很清楚的人往往没有好人缘，而那些傻乎乎、乐呵呵的人，人们都愿意和他交往。

有时候你可能有过这样的感觉，就是某某人在单位内很受欢迎，领导也喜欢他，同事也喜欢他，换句话说就是群众基础好，很有人缘。而有些人则是很少有人喜欢他，而且他也不喜欢别人，他的朋友也不多，即人缘很差，像个社会嫌弃儿一样。其实这就是我们所常说的"人缘儿"和"嫌弃儿"。这些都是心理学中的术语，用以表明一个社会成员被其他成员接受的程度，我们把它们用来作为人际关系学的术语，也很能说明问题。

一般而言，大家都比较喜欢"人缘儿"。而"人缘儿"受到大家普遍喜爱的原因则是千差万别的：或者是因为他诚实可信，值得信赖；或者是因为他沉稳老练，办事踏实；或者是因为他谦虚谨慎，待人和气；或者是因为他知识丰富；或者因为他机警灵活，善处人际关系；甚至是因为他善于办事等等。总之，他有某一方面或者许多方面被大多数人认可或接受。

在你选择朋友，建立自己的业务关系网络时，最好能选择"人缘儿"，而且能使"人缘儿"与你之间的关系越密切越好。这是为什么呢？"近朱者赤，近墨者黑"，这个道理已经成了老生常谈，姑且不提，只谈谈他将给你带来的具体的好处。

"人缘儿"既然能被大多数人所喜欢，那么他的朋友肯定也不少，他自己必然也有一个完整系统的业务关系网络。如果某个"人缘儿"成为你的业务关系网络中的重要（或关键）人物，他与你的关系比较密切或者非常密切，那么他的朋友很自然地也会成为你的朋友，他的业务关系网络也会融入你的业务关系网络，成为你的网络中的一部分。这对于你迅速地建立或者扩大你的业务关系网络具有巨大的作用，这是其一。

其二，"人缘儿"朋友众多，群众基础好，那么他个人的能量是非常巨大的，因为他拥有那么多的人来支持他。一个人的朋友越多，群众基础越好，他的能量就越大，这是毋庸置疑的。有时你也会感觉到，找"人缘儿"帮忙办一件事，要比找其他人或者"嫌弃儿"办事要容易得多、迅速得多。

因此，能够把"人缘儿"吸收进你的关系网络，使之成为你要好的朋友，无形中就大大增加了你的关系网络的能量。要是你的关系网络全部都由"人缘儿"组成，那么你的这个关系网络的能量将是无比巨大的。此外，结交"人缘儿"还会使你受到启发，学到许多关于如何结交朋友、赢得众人青睐的方法。

当然，除此之外，我们也要讲究交往的方法，要像朋友表达自己的真心，做人一定要讲"人情味"。我们知道，老一辈无产阶级革命家周恩来同志在人际交往中就很有"人情味"。

长征途中，当时任民运部部长兼政委的杨立三，坚持亲自给重病的周恩来抬担架，他和同志们在饥冻交加中，抬着周恩来走出布满沼泽和泥潭的草地后就累病了。19年后，杨立三去世，身为政务院总理的周恩来，无论如何要亲自给他抬棺送葬。

1937 年 6 月，周恩来在崂山遇险，护卫他的十多名警卫战士光荣牺牲。事后，周恩来和另外三个虎口脱险的同志合影留念，周恩来在照片背后写上"崂山遇险，仅余四人"。这张照片一直珍藏在他贴身的衬衣口袋里，直至病逝才被人发现。

周恩来患绝症要动手术时，听说云南一个旧锡矿的矿工得了肺病，十分难过，他在手术室指示北京医院赶快派医疗队去为矿工诊治。北京医院李冰院长被感动得痛哭流涕。"滴水之恩，当涌泉相报。"这就是周恩来的人格魅力。难怪在举行遗体告别仪式时，围绕安卧在鲜花丛中的周恩来的遗体，群众的泪水把地毯洒湿了一米多宽的一圈。难怪会出现十里长街送总理，长夜无言，天地同悲的动人一幕。

所以要圆融为人，善结人缘就要适时假糊涂，而主要有"人情味"的时候就应当讲人情味。

给人好处莫张扬

生活中经常有这样的人，帮了别人的忙，就觉得有恩于人，尽怀一种优越感，高高在上，不可一世。这种态度是很危险的，就不是圆融为人之道，常常会引发反面的后果，也就是：帮了别人的忙，却没有增加自己人情账户的收入，正是因为这种骄傲的态度，把这笔账抵消了。

人都是爱面子的，你给他面子就是给他一份厚礼。有朝一日你求他办事，他自然要"给回面子"，即使他感到为难或感到不是很愿意。这便是操作人情账户的全部精义所在。人们总是尽其全力来保持颜面，为了面子问题，可以做出常理之外的事。有句歌词非常流行，"若是某些记忆使你痛苦，何不轻易地去遗忘它。"但是谈何容易！在知道人们是如何注重面子之后，还必须尽量避免在公众的场合内使你的对手难堪，必须时时刻刻提醒自己不要做出任何有损他人颜面的事。只要你有心，只要你处处留意给人面子，你将会获得天大的面子。

古代有位大侠郭解。有一次，洛阳某人因与他人结怨而心烦，多次央求地方上的有名望的人士出来调停，对方就是不给面子。后来他找到郭解门下，请他来化解这段恩怨。

郭解接受了这个请求，亲自上门拜访委托人的对手，做了大量的说服工作，好不容易使这人同意了和解。照常理，郭解此时不负人托，完成这一化解恩怨的任务，可以走人了。可郭解还有高人一招的棋，有更技巧的处理方法。

一切讲清楚后，他对那人说："这个事，听说过去有许多当地有名望的人调解过，但因不能得到双方的共同认可而没能达成协议。这次我很幸运，你也很给我面子，我了结了这件事。我在感谢你的同时，也为自己担心，我毕竟是外乡人，在本地人出面不能解决问题的情况下，由我这个外地人来完成和解，未免使本地那些有名望的人感到丢面子。"他进一步说："这件事这么办，请你再帮我一次，从表面上要做到让人以为我出面也解决不了问题。等我明天离开此地，本地几位绅士、侠客还会上门，你把面子给他们，算作他们完成此美举吧，拜托了。"

郭解这样在帮助别人的同时还能顾及其他士绅的面子，这样想必又拉拢了一批人心，为他在当地更好地立足，拓宽人脉创造了有利条件，可见其为人的圆融已达到一定境界。

所以，帮忙时应该注意下列事项：第一，不要使对方觉得接受你的帮助是一种负担；第二，要做得自然，也就是说在当时对方或许无法强烈地感受到，但是日子越久越体会出你对他的关心，能够做到这一步是最理想的；第三，帮忙时要高高兴兴，不可以心不甘、情不愿的。如果你在帮忙的时候，觉得很勉强，意识里存在着"这是为对方而做"的观念，假如对方对你的帮助毫无反应，你一定大为生气，认为"我这样辛苦地帮你忙，你还不知感激，太不识好歹了！"如此的态度甚至想法都不要表现。

如果对方也是一个能为别人考虑的人，你为他帮忙的种种好处，绝不会像打出去的子弹似的一去不回，他一定会用别的方式来回报你。对于这种知恩图报的人，应该经常给他些帮助。

总之，人际往来，帮忙是互相的，且不可像做生意一样赤裸裸地，一口一个"有事吗""你帮了我的忙，下次我一定帮你"。忽视了感情的交流，会让人兴味索然，彼此的交情也维持不了多长时间。要讲究自自然然，不故意"打埋伏"，以免被别人想："和他做朋友，如果没用处，肯定会被一脚踢开！"

另外，帮助别人原本是"施恩"，莫把"施恩"当"施舍"，这样的帮助会伤人面子。

在一个大雪天，一个贫穷的村民去向村里的首富借钱。恰好那天首富兴致很高，便爽快地答应借与他两块大洋，末了还大方地说："拿去开销吧，不用还了！"穷人接过钱，小心翼翼地包好，就匆匆往等着急用的家里赶。首富冲他的背影又喊了一遍："不用还了！"

第二天大清早，首富打开院门，发现自家院内的积雪已被人扫过，连屋瓦也扫得干干净净。他让人在村里打听后，得知这事是那个村民干的。这使首富明白了：给别人一份施舍，只能将别人变成乞丐。于是他前去让那个村民写了一份借契，村民因而流出了感激的泪水。

村民用扫雪的行动来维护自己的尊严，而首富向他讨债极大地成全了他的尊严。在首富眼里，世上无乞丐；在村民心中，自己何曾是乞丐？把"施恩"变成了"施舍"，一字之差，高低立见，效果大大不同。

善于"储存"人情

很多人都有一本或数本的银行存折，如果你年初存五千元，到了年底，你会发现，存折上不只是五千元，还有利息！人际关系也是如此。

有一位批发商，他平时即很注重人际关系的建立，不论是大人物或小人物，他都不吝花费地和他们建立关系。据说有一位与他并未谋面的零售商因为急需去向他借钱，他二话不说就掏出两万元。他广结人际关系的结果是，到处都有人帮助他，他也因而得到很多好机会。后来他在危急时，有很多人帮他渡过难关。

他就是用在银行存钱的方式来存情，以此建立他的人际关系。

这些人际关系，必成为你这一生中最珍贵的资产，在必要的时候，会对你产生莫大的效用。就像银行存款一样，少量在存，有急需时便可派上用场。而别人对你的回报，有时是附带"利息"的，就好比银行存款生利息那般。

圆融为人的人，是在自己能力范围之内尽量"给予"的。而受到此种看似不求回报好意的人，只要稍微有心，绝不会毫无回礼的，也会在能力所及的情形下与你合作。透过此种交流，彼此关系就能愈来愈亲密，终至成为对你很有用的人。

在日常生活中遇到意想不到的人或好意，往往带给人意外之喜。这种情形下，心中常常只有感动二字。所以，为了要让对方脑海中为自己留下深刻的印象，一些意想不到的行动是很具效果的。

例如，突然想到找一位相识的朋友，可能只是顺道拜访，但足以让人开心。因为他会觉得你是关心他的，否则不会想起来拜访他，此时自然会对你另眼相看。

人是高级的感情动物，注定要在群体中生活，而组成群体的人又处在各种不同的阶层，适当时进行感情投资，有利于在社会上建立一个好人缘，只有人缘好，才能有一个好的形象，你的人际交往才能如鱼得水，没人缘的人自然会常常陷入进退两难的境地。

钱钟书先生一生日子过得比较平和，但困居上海写《围城》的时候，也窘迫过一阵。辞退保姆后，由夫人杨绛操持家务，所谓"卷袖围裙为口忙"。那时他的学术文稿没人买，于是他写小说的动机里就多少掺进了挣钱养家的成分。一天500字的精工细作，却又绝对不是商业性的写作速度。恰巧这时黄佐临导演排演了杨绛的四幕喜剧《称心如意》和五幕喜剧《弄假成真》，并及时支付了酬金，才使钱家渡过了难关。时隔多年，黄佐临导演之女黄蜀芹之所以独得钱钟书亲允，开拍电视连续剧《围城》，实因她怀揣老爸一封亲笔信的缘故。钱钟书是个别人为他做了事他一辈子都记着的人，黄佐临40多年前的义助，钱钟书多年后还报。

俗话说："在家靠父母，出门靠朋友。"多一个朋友多一条路。要想人爱己，己须先爱人。诸位当时刻存有乐善好施、成人之美的心思，才能为自己多储存些人情的债权。这就如同一个人为防不测，须养成"储蓄"的习惯，这甚至会让各位的子孙后代得到好处，正所谓前世修来的福分。黄佐临导演在当时不会想得那么远、那么功利。但后世之事却给了他作为好施之人一个不小的回报。

究竟怎样去结得人情，并无一定之规。

对于一个身陷困境的穷人，一枚铜板的帮助可能会使他握着这枚铜板忍一下极度的饥饿和困苦，或许还能干番事业，闯出自己富有的天下。

对于一个执迷不悟的浪子，一次促膝交心的帮助可能会使他建立做人的尊严和自信，或许在悬崖前勒马之后奔驰于希望的原野，成为一名勇士。

就是在平和的日子里，对一个正直的举动送去一缕可信的眼神，这一眼神无形中可能就是正义强大的动力。对一种新颖的见解报以一阵赞同的掌声，这一掌声无意中可能就是对革新思想的巨大支持。

就是对一个陌生人很随意的一次帮助，可能也会使那个陌生人突然悟到善良的难得和真情的可贵。说不定他看到有人遇到难处时，他会很快从自己曾经被人帮助的回忆中汲取勇气和仁慈。

法国有一本名叫《小政治家必备》的书。书中教导那些有心在仕途上有所作为的人，必须起码搜集20个将来最有可能做总理的人的资料，并把它背得烂熟，然后有规律地按时去拜访这些人，和他们保持较好的关系，这样，当这些人之中的任何一个当起总理来，自然就容易记起你来，大有可能请你担任一个部长的职位了。

这种手法虽然看起来不大高明，但却是非常合乎现实的，要和别人有交情，别人才能往上拉你、推荐你，不然的话，任你有登天本事，别人也不知道呢！

现代人生活忙忙碌碌，没有时间进行过多的应酬，日子一长，许多原本牢靠的关系就会变得松懈，朋友之间逐渐互相淡漠，这是很可惜的。希望有大发展的人，一定要珍惜人与人之间宝贵的缘分，即使再忙，也别忘了沟通感情。

可见"储存人情"应该是经常性的，不可似有似无，从生意场到日常交往，都应该处处留心，善待每一个关系伙伴，从小处细处着眼，时时落在实处。这才是圆融为人之道。

背后说人好，莫谈他人非

我们有许多人都有背后议论人是非的习惯，其中大多是"非"——说别人的坏话。这种攻击通常是在与自己的利益无关的前提下说的，于是说人者觉得自己不背负道德意义上的责任，也就放任自己，再加上旁人也有喜欢听的习惯，所以就对自己的这一"恶行"就不加以反思和制止。有个词语叫作"流言"，就是说这话像流水一样会流动，从这张嘴巴流到那只的耳朵里，再从那张嘴巴流到另一个人的耳中。你所议论人家的是非早晚会传到被议论者的耳朵。到那时候，得罪了人，就会给自己带来不断的麻烦。

为人处世最为重要的一点是不要讲人家的坏话，要学会运用赞美的技巧。在背后批评他人，说人坏话，这样的效果有时比当面批评当事人还更差，因为他会据此认为你对他的确很有意见，什么时候都在跟他过不去。最好的做法是，即使是在别人背后，也要从正面来评价他，尽可能地赞美他，这么做，有时候还会起到比当面赞美他更好的效果。

贺若弼是隋朝数一数二的名将，他和大将韩擒虎在灭陈战争中功劳最大。灭陈以后，贺若弼更加贵盛，威望隆重，家有珍玩不可胜数，婢妾曳绮罗者数百，生活奢侈。但他仍不满足，常常为自己的官位比他人低而怨声不断。他经常肆无忌惮地在人前背后表达自己的不满，私下里经常说大臣们的坏话。后来，他官居隋朝右领大将军，但还骄傲自满，自以为功名在群臣之上，常以宰相自许。既而杨素为右仆射，他却仍然是将军，也更加不平，意见和坏话更多。皇帝忍无可忍，终于在开皇十二年（592年）将他罢官。没想到贺若弼不仅未加收敛，反而怨气愈甚，批评皇帝和大臣的意见越来越多，就被皇帝逮捕下狱了。不过念在他对国有功，不多久也就放了。

后来，隋文帝听闻他还在大放厥词，就把他召来，并面责他说："我用高颎、杨素为宰相，你多次在众人面前放肆地说'这俩人只会吃饭，什么也不会干'，这是什么意思？言外之意是我这个皇帝也是废物不成？"这时，贺若弼因言语不慎，已经得罪了不少人，朝中一些公卿大臣都揭发他过去那些对朝廷不敬的话，并声称他罪当处死。贺若弼为自己极力辩解。隋文帝又愤怒地说："你当初出征陈国时，曾经对高颎说：'陈叔宝被削平，问题是我们这些功臣会不会飞鸟尽，良弓藏？'高颎对你说：'我向你保证，皇上绝不会这样。'这是事实吧？等到你消灭了陈叔宝，你就要求当内史，当仆射。这一切的功劳过去我都已经格外开赏了，你又何必再提呢？"不过，到底是考虑到他劳苦功高，只是把他的官职给撤销了。

隋文帝杨广做太子的时候，曾经问贺若弼说："杨素、韩擒虎、史万岁三人，都号称良将，你觉得他们谁优谁劣？"贺若弼说："杨素是猛将，但不擅谋略；韩擒虎是斗将，但不擅带兵；史万岁是骑将，但还称不上是大将。"杨广又说："那么你认为谁堪称大将？"贺若弼回答说："殿下所选择的才是。"言下之意，只有他贺若弼一人才真正优秀，杨广对他这种评价很为不满，他也更加得罪了他所臧否的这些人物。仁寿四年（604年），杨广即位，贺若弼就更加被疏远了。

《红楼梦》有这样的片段：史湘云、薛宝钗等姐妹都劝贾宝玉做官为宦，不要长期沉湎于温柔之乡，让贾宝玉大为反感，于是他对着史湘云和袭人说："林姑娘从来没有说过这些混账话！要是她说这些混账话，我早和她生分了。"凑巧这时黛玉正来到窗外，无意中听见贾宝玉说自己的好话，"不觉又惊又喜，又悲又是叹"，结果宝黛两人互诉肺腑，感情大增。

两种不同的处世技巧的优劣，在现实生活中也随处都反映了出来。刘刚和杜宇都毕业于国内一所重点大学，同年分配到同一个单位。工作3年之后，单位要从两人中提拔一个科长。刘刚和杜宇各有所长，比较而言，刘刚的专业能力更强，但为人却清高自傲，不擅与人交往；杜宇的专业能力虽然不如刘刚，但却知道如何与人打交道，并且特别注意在各种适当的场合宣传处长的能干和成绩，故意让人把这话传到处长的耳朵里，久而久之，处长自然也都有所听闻。所以，当提拔的名额下来时，杜宇最终得到提拔。对于这样的结果，刘刚心里很不平衡，因为他对杜宇十分了解，在上大学时，自己品学兼优，而杜宇却因多门考试不及格差点让学校勒令退学回家。他万万没有想到，如今无能的杜宇却要骑在自己头上指手画脚。刘刚想不通，就到局长那里告状。不过，他哪里知道官场上的"凶险"，局长不但没有改变处长的决定，还将这件事告诉了处长。而处长自然是怀恨在心，此后便处处给刘刚穿小鞋。

在人背后说坏话的原因有很多，有因为习惯问题的，也有嫉妒或高傲的原因的。贺若弼的就是觉得自己高人一等，没有达到自己期望的职位，而在背后说其他人的坏话的。要命的是，在皇权至上的封建社会，他对自己的处境有所抱怨，说皇帝任命的大臣的坏话，甚至还把目标扩大到皇帝身上，这样自然就会受到皇帝的惩罚和疏远。不过，话说回来，他也并不是不知道他所说的话会得罪被他所褒贬的人——包括皇帝在内，因此只是在别人背后、在私底下说说而已，不料，"天下没有不透风的墙"，官场是不会有真正的秘密的。在权力斗争的官场，要想明哲保身，升官晋级，就应该在这方面加以注意。

《红楼梦》的例子则说明在背后说人好话，是拉近和别人之间的关系的最有效方法。因为在林黛玉看来，宝玉当着众人的面，在自己背后赞美自己，这种好话就不但是难得的，还是无意的。如果宝玉当着黛玉的面说这番话，好猜疑、小性子的林黛玉怕还会说宝玉打趣她或想讨好她呢。刘刚和杜宇的例子也正好从两方面说明了背后"说人好"和"说人非"的巨大差别。

·第三章·

方圆通融，做人要变通

其实人与人之间的相处并不是想象中的那么难，只要你学会用变通的眼光去看待你周围的人和事，综合运用方圆之术灵活地处理与人的关系和与事的境遇，那么你将在人际交往中如鱼得水，你终将享受到惬意的生活和成功的人生。

个性灵活

现代社会是一个激烈竞争的社会，竞争各方为了跻身竞争前列，无不使出浑身解数，不断推出新思想、新办法、新技术、新产品。激烈的角逐和竞争，使社会变化迅速异常。现代社会变化的速度，是历史上任何一个时代都无法比拟的。生活于这样一个变化多端的社会，需要人们具有最灵活、最敏捷的应变能力，审时度势，纵观全局，于千头万绪之中找出关键所在，权衡利弊，及时做出可行、有效的决断。从某种意义上可以这样说，在现代社会中，这种素质已经成为一种新的生存能力。谁能最及时地正确洞察社会变化，并能最迅速地做出反应，谁就将走在前头。而头脑封闭、反应迟钝、因循守旧、故步自封的人，会一再地坐失良机。不能深察明辨、盲目轻率地追随潮流的人，也会"差之毫厘，谬以千里"，造成决策的失误。这就要求我们学会变通为人，做到方圆通融。

20世纪80年代中期，有一部题为《让这个世界停下来吧——我要离它而去》的音乐喜剧片轰动了伦敦和纽约，反映了一部分西方社会的人对节奏加快的生活的反感。托夫勒说，他们是"情愿和这个世界脱离，也要按自己惯有的速度闲混下去"。在变化面前无法入门的人，自己也难以享受新生活带来的乐趣。老年人害怕变化，希望按照自己熟悉的生活方式安度晚年，这没有什么奇怪。害怕变化，这是心理衰老的一种标志。但是，青年人却应当欢迎变化，不应当对变化采取漠视甚至固执的态度，因为那将有使自己的心理发生衰老的危险。

个性的灵活主要表现在为人处世的适应与变通上。大致可以归为三个不苛求。

1. 不苛求环境

现代社会的发展为社会成员的自由流动提供了日益充分的物质条件，人们对环境的选择要求日益强烈。然而，即使是高度现代化的社会，人对环境的选择却总是有一定限度的。在我们这个正在从事现代化建设的国家，由于历史的原因，更由于生产力水平的限制，在一个不短的时期内，环境与人的交互作用的主导面，恐怕还是通过人对环境的适应来改变环境，而不是通过新的选择来调换环境。

善于适应环境表现了人的个性灵活，它具有多方面好处：

（1）能协调自己与环境的关系；

（2）能优化自己的心境与情绪；

（3）能调动自己内在的积极性；

（4）能为进一步发展准备条件。

所以，适应有积极与消极、主动与被动之分。我们提倡积极的、主动的适应环境，而不是消极的、被动的顺应环境。因此，适应环境与改造环境又是一个事物不可分割的两个方面。

2. 不苛求他人

与适应环境同步存在的问题是人也不应苛求他人。就是要承认别人能同自己一样选择、保护、发展他们的个性、习惯、兴趣和观念等。这是不苛求他人的第一个要求，也是灵活性格的重要表现。

现代心理学认为男性的女性性格化、女性的男性性格化，具有适应环境、适应他人的更大灵活性，因而在现代社会中也就能获得更大的生活自由度。

在人际交往中，和谐融洽是人人希望的，但是矛盾、隔阂常要光顾我们的生活，于是，对不苛求他人的灵活性格，又提出了宽容待人的要求。尊重别人的个性、习惯等，是一种宽容；当别人对自己表现出进攻的姿态时，能做到合理的谅解、忍让，则是更大的宽容。当然，宽容并不是不讲原则，更不是寄人篱下，而是以退为进，能宽容别人，在人际交往中保持性格的灵活性，是有益的交往态度。

3. 不苛求自己

不苛求自己，首先要做到情感上的超脱。生活中有快乐、幸福，也有痛苦和不幸，生活是痛并快乐着的。当面对挫折和失败的时候，不要被低落的自责情绪左右，要理性地去分析使自己陷入困境的各种原因并积极寻找走出困境的方法，相信失败是成就事业必不可少的磨炼，乐观圆融地去看待人生的苦与痛，这样才能超脱一味的情感折磨，理性地去筹划你的生活，克服挫折，迈向人生的新境界。

其次，不苛求自己还要做到在不同的环境之下善于调整自己的人生目标，给自己一个适合的人生定位，不做自己难以企及的事，脚踏实地，从客观情况出发，制定人生奋斗目标。切记，只有适合自己的目标才能激发你去不断奋斗。

在现代社会，如果单单向前人讨教怎样生活、怎样做人已经远远不够了，更需要自己在社会生活中去探索、去体会、去总结。对于生活和做人的道理，前人确实探索过、研究过，留下了极其丰富的著述，充满了哲理和心得。但是倘若你以为凭了前人的经验之谈，就可以顺顺当当地走完自己的人生之路，那就可能要大吃苦头。在多变的社会里，真正的危险不在于生活经验的缺乏，而在于认识不到做人要保持灵活的个性，去积极适应环境，变通为人，这样才能在生活节奏日益加快的现代生活中与生活共舞，越舞越精彩。

机智的能量

有人曾经说过："每一条鱼都有它的钓饵。"正如任何鱼都有它的钓饵一样，只要我们具备足够的机智，就可以在任何人身上找到突破的地方，从而接近他们，不管他们是如何怪癖乖戾，如何难以靠近。所以，圆融变通是人离不开发挥机智的力量。

谁能够精确地估算出由于缺乏机智而导致的损失呢？——那些人生旅途上的跌跌撞撞、磕磕碰碰，那些生活中的弯路和陷阱，那些跌倒后的辛酸、苦涩与困惑，那些由于人们不知道怎样在合适的时间做合适的事情而导致的致命错误！你经常可以看到蓬勃横溢的才华被无谓地浪费，或者是得不到有效利用，因为这些才华的拥有者缺乏这种被我们称之为"机智"的微妙品质。

他们仅仅因为不能主动寻找制胜的契机而备受挫折，遭受友谊、客户和金钱方面的巨大损失，他们所付出的代价是极其惨重的。由于缺乏机智，商人因此流失了自己的顾客；律师因此而失去了富有的客户；医生则因此病人骤减、门庭冷落；牧师则丧失了他在讲道坛上的说服力和在公众心目中的崇高形象；教师在学生中的地位为此一落千丈；政治家也为此失去民众的支持和信任。

机智在商业活动中是一笔巨大的财富，对一个商人来说那就更是如此。在现代的大都市里，有无数的诱惑在吸引着顾客的注意力，因而机智所起的作用就更为重要。

一位著名的商界人士把机智列为促使其成功的首要因素，另外的三大因素是：远大的抱负、专门的商业知识和得体的穿着打扮。

如果一个人想要在自己的业务活动或职业中获得成功的话，那他就必须拥有这种能赢得同事信任并帮助他结交可靠朋友的才能。一个真诚的友人会利用一切机会赞扬我们所写的书，会不遗余力地向他人仔细描述我们在最近一次开庭中的精彩辩护，或者是我们在治疗某个病人时的神妙医术；他们会在我们的名誉受到恶意的诽谤时挺身而出、仗义执言，并反驳和痛斥那些卑劣的小人。然而，如果缺乏机智，我们是不可能交到这样肝胆相照、莫逆于心的知己好友的。

某位先生尽管极具才干，并过着刻苦努力的生活，然而，由于个性中缺乏机智这种卓越的品质，他的努力几乎完全付诸东流。他好像永远都无法与他人和平共处。尽管除了机智之外，他似乎具备成为一个杰出人物、成为一个领导者的全部品质，然而正是这一不足构成了他的致命缺陷，使得他的生活波折重重、坎坷颇多。他总是做那些不该做的事，说那些不该说的话，并在无意之中伤害他人的感情，所有的这一切都抵消了他的刻苦努力所取得的结果，使得其他的努力变得毫无意义，因为在他的头脑里压根就没有"机智"这样一个概念。他一直都在不断地得罪和冒犯他人。

关于这个问题，还有下面的论述：

"一个机智灵活的人不仅能够最大限度地利用他所知道的一切事物，而且能够巧妙地利用许多他所不了解的事物，通过熟练圆滑的技巧，他可以机敏地掩饰自己的无知，并比一个企图展示自己博学的老学究更能赢得人们的尊敬。"

在历史上，借助于机智成就大事者不胜枚举。以林肯为例，机智使他得以从内战期间无数不利的困境中解脱出来。事实上，如果缺乏这一重要因素的话，美国内战的结果很可能会完全改变。

"在运用机智和谋略的过程中，幽默始终在发生着作用，幽默还会滋养我们的心灵。很多时候，我们在想到那些灵巧高明的技法时，情不自禁地想笑，这些技法在日后总是被证明为恰当的。在机智地运用谋略时，并不需要任何欺骗，我们所需做的就是展示一种正确的诱导，从而最有效地吸引和说服那些尚在徘徊观望的人。应该说，这种在恰当的时间内把应当完成的事情处理好的技巧是一种艺术。"

　　或许你接受过高等教育，或许你在自己的专业领域受到过最尖端的训练，或许你在自己所从事的行业是一个真正的天才，然而，你仍然可能在这个世界上郁郁不得志或是难展宏图。但是，一旦你能够在原有才干的基础上增加机智这种品质，并与才干结合起来，你将惊奇地发现前途是多么的坦荡光明，而你在发展自己的事业时又是多么的得心应手。

　　所以无论在生活中还是在事业拼搏的过程中，请不要忽视机智的力量，只有发挥了你的机智，你才能少走弯路，轻松处事为人，并获得人生的成功。

舍小利为大谋

　　古时有一老翁，姓塞。由于不小心丢了一匹马，邻居们认为是件坏事，替他惋惜。塞翁却说："你们怎么知道这不是件好事呢？"众人听了之后大笑；认为塞翁丢马后急疯了。几天以后，塞翁丢的马又自己跑了回来，而且还带来一群马。邻居们看了，都十分羡慕，纷纷前来祝贺这件从天而降的大好事。塞翁却板着脸说："你们怎么知道这不是件坏事呢？"大伙听了，哈哈大笑，都认为老翁是被好事乐疯了，连好事坏事都分不出来。果然不出所料，过了几天，塞翁的儿子骑新来的马玩，一不小心把腿摔断了。众人都劝塞翁不要太难过，塞翁却笑着说："你们怎么知道这不是件好事呢？"邻居们都糊涂了，不知塞翁是什么意思。事过不久，发生战争，所有身体好的年轻人都被拉去当了兵，派到最危险的第一线去打仗。而塞翁的儿子因为腿摔断了未被征用，他在家乡大后方安全幸福地生活。

　　这就是老子的《道德经》所宣扬的一种辩证思想。基于这种辩证关系，我们可以明白，即使是看起来很坏的事情，也会带来意想不到的好处。生活中此类事常见，为人变通的人一定要懂得该忍就忍，有时看似失利的事反而是获得更大利益的前提和资本。

　　美国亨利食品加工工业公司总经理亨利·霍金士先生突然从化验室的报告单上发现，他们生产食品的配方中，起保险作用的添加剂有毒，虽然毒性不大，但长期服用对身体有害。如果不用添加剂，则又会影响食品的保鲜度。

　　亨利·霍金士考虑了一下，他认为应以诚对待顾客，毅然把这一有损销量的事情告诉每位顾客，于是他当即向社会宣布，防腐剂有毒，对身体有害。

　　这一下，霍金士面对了很大的压力，食品销路锐减不说，所有从事食品加工的老板都联合了起来，用一切手段向他反扑，指责他别有用心，打击别人，抬高自己，他们一起抵制亨利公司的产品。亨利公司一下子跌到了濒临倒闭的边缘。

苦苦挣扎了 4 年之后，亨利·霍金士已经倾家荡产，但他的名声却家喻户晓。这时候，政府站出来支持霍金士了。亨利公司的产品又成了人们放心满意的热门货。

亨利公司在很短时间里便恢复了元气，规模扩大了两倍。亨利·霍金士一举登上了美国食品加工业的头把椅子。

生活中变通思考的人，善于从丧失小利益当中学到智慧。舍小利为大谋也是一种哲学的思路。

人非圣贤，谁都无法抛开七情六欲，但是，要成就大业，就得分清轻重缓急，该舍的就得忍痛割爱，该忍的就得从长计议。我国历史上刘邦与项羽在称雄争霸、建立功业上，就表现出了不同的态度，最终也得到了不同的结果。苏东坡在评判楚汉之争时就说，项羽之所以会败，就因为他不能忍，不愿意舍弃小利益白白浪费自己百战百胜的勇猛；汉高祖刘邦之所以能胜就在于他能忍，懂得舍小利为大谋的道理，养精蓄锐，等待时机，直攻项羽弊端，最后夺取胜利。

在生活中我们只有经常去舍弃一些小利益，一切从长计议，才能不被一些小利益迷惑，灵活变通地处理人和事，最终达成我们的目标。

以退为进

从处理事物的步骤来看，退却是进攻的第一步。现实中常会见到这样的事，双方争斗，各不相让。最后小事变为大事，大事转为祸事，这样往往导致问题不能解决，反而落得个两败俱伤的结果。其实，如果采取较为温和的处理方法。先退一步，使自己处于比较有利有理的地位。待时机成熟，便可以退为进，成功达到自己的目的了。

何为退呢？即当形势对我军不利时，如果全力攻击，也可能不奏效时，就应采取退却的方法。军事家指出学会退却的统帅是最优秀的统帅，战而不利，不如早退，退是为了更好的胜利。

李渊任太原留守时，突厥兵时常来犯，突厥兵能征惯战，李渊与之交战，败多胜少，于是视突厥为不共戴天之敌。

部属都以为李渊这次会与突厥决一死战，可李渊却是另有打算，他早就欲起兵反隋，可太原虽是军事重镇，却不足为号令天下之地，而又不能离了这个根据地。那如果离太原西进，则不免将一个孤城留给突厥。经过这番思考，李渊竟派刘文静为使臣，向突厥称臣，书中写道："欲大举义兵，远迎圣上，复与贵国和亲，如文帝时故例。大汗肯发兵相应，助我南行，幸而侵暴百姓，若但俗和亲，坐受金帛，亦惟大汗是命。"

唯利是图的始毕可汗不仅接受了李渊的妥协，还为李渊送去了不少马匹及士兵，增强了李渊的战斗力。而李渊只留下了第三子李元吉固守太原，由于没有受到突厥的侵袭，李渊得以不断从太原得到给养。终于战胜了隋炀帝杨广，建立了大唐王朝。而唐朝兴盛之后，突厥不得不向唐朝乞和称臣。

唐高祖李渊以退为进，为自己雄心大志赢得了时间。如果不能忍那一时，李渊外不能敌突厥之犯，内不能脱失守行宫之责，其境险矣，忍一时而成了大谋。

从军事进攻的谋略来看，退却可避免失败。三国时期曹爽带兵攻战兴久而不下，而急忙回兵，避免了蜀兵的伏击。

从人生的态度来看，退却有时也是一种进攻的策略。现代社会中，以退为进表现自我也不失为一种良好的方法。

有一位计算机博士，毕业后找工作，结果好多家公司都不录用他，于是他不用学位证明去求职。很快他就被一家公司录用为程序输入员。不久，老板发现他能看出程序中的错误，非一般的程序输入员可比，这时，他亮出了学士证。过一段时间，老板发现他远比一般的大学生要高明，这时，他亮出了硕士证。再过了一段时间，老板觉得他还是与别人不一样，就对他"质问"，此时他才拿出了博士证。于是老板毫不犹豫地重用了他。

可见，以退为进，由低到高，这是一种稳妥的进攻之术。

石桥正二郎是日本著名的大企业家，在他所写的《随想集》中，记述了这样一件事。二次大战后，位于京桥的石桥总公司的废墟中，有十多家违章建筑。因此律师顾问提出，若不及早下令禁止的话，后果将不堪设想。但在当时的情景下，如果硬性要求那些违章户立即搬走，必招致他们坚决的拒绝。石桥公司没有出此下策，石桥夫人还来到现场和那些违章户谈话。对他们说："你们的遭遇实在值得同情，那么，你们就暂住在这里，先多赚点钱，等公司要改建大厦时，再搬到别的地方去吧。"她这样专程地去拜访那些违章户，并且赠送慰劳品，如此体贴别人的难处，使那些居住在石桥总公司内的人，心里十分感动。因此，当石桥大厦真的开工时，这些人不仅不抱怨，而且还心怀感激地迁到别的地方去住了。

以退为进收到的效果有时候能获得极佳的效果。1812 年 6 月，拿破仑亲自率领 60 万步兵、骑兵和炮兵组成的合成部队，向俄国发动进攻。俄国用于前线作战的部队仅 21 万，处于明显劣势。俄军元帅库图佐夫根据敌强己弱的局势，采取后发制人的策略，实行战略退却，避免过早地与敌军决战。在俄军东撤的过程中，库图佐夫指挥部队采取坚壁清野、袭击骚扰等种种方法，打击迟滞法军，削弱法军的进攻气势。9 月 5 日，俄军利用博罗季诺地区的有利地形，给予敌军大量杀伤。接着，又将莫斯科的军民撤出，让一座空城给法军。10 月中旬，法军在莫斯科受到严寒和饥饿的巨大威胁，不得不撤退。此时，库图佐夫抓住战机，予以反击，将法军打得大败。几十万法军，幸存者只有 3 万人。

有时候表面的退让只是一种应世的策略，为了追求更高的目标作出一些退让是作为善于变通之人的成熟表现。

做事要分轻重缓急

不会变通的人在处理日常生活的方方面面时，分不清哪个更重要，哪个更紧急。他们以为每个任务都是一样的，只要时间被忙忙碌碌地打发掉，他们就从心眼里高兴。

会变通的人是根据事情的紧迫感，而不是事情的优先程度来安排先后顺序的。

而把一天的时间安排好，这对于一个想克服做事不会变通的人是很关键的。

在紧急但不重要的事情和重要但不紧急的事情之间，你首先去办哪一个？面对这个问题你或许会很为难。

实际上，懂得美丽生活的人都是明白轻重缓急的道理的，他们在处理一年或一个月、一天的事情之前，总是按分清主次的办法来安排自己的时间。

1. 把重要事情摆在第一位

商业及电脑巨子罗斯·佩罗说："凡是优秀的、值得称道的东西，每时每刻都处在刀刃上，要不断努力才能保持刀刃的锋利。"罗斯认识到，人们确定了事情的重要性之后，不等于事情会自动办得好。你或许要花大力气才能把这些重要的事情做好。而始终要把它们摆在第一位，你肯定要费很大的劲。下面是有助于你做到这一点的三步计划：

（1）估价。首先，你要用上面所提到的目标、需要、回报和满足感四原则对将要做的事情作一个估价。

（2）去除。第二步是去除你不必要做的事，把要做但不一定要你做的事委托别人去做。

（3）估计。记下你为达到目标必须做的事，包括完成任务需要多长时间，谁可以帮助你完成任务等资料。

2. 精心确定主次

在确定每一年或每一天该做什么之前，你必须对自己应该如何利用时间有更全面的看法。要做到这一点，你要问自己几个问题：

（1）我从哪里来，要到哪里去

我们每一个人来到这个世界上，都是上帝的安排。我们每个人都肩负着一个沉重的责任，按上帝指定的目标前进。可能再过 20 年，我们每个人都有可能成为公司的领导、大企业家、大科学家。所以，我们要解决的第一个问题就是，我们要明白自己将来要干什么。只有这样，我们才能持之以恒地朝这个目标不断努力，把一切和自己无关的事情统统抛弃。

（2）我需要做什么

要分清缓急，还应弄清自己需要做什么。总会有些任务是你非做不可的。重要的是你必须分清某个任务是否一定要做，或是否一定要由你去做。这两种情况是不同的。非做不可，但并非一定要你亲自做的事情，你可以委派别人去做，自己只负责监督其完成。

（3）什么能给我最高回报

人们应该把时间和精力集中在能给自己最高回报的事情上，即他们会比别人干得出色的事情上。在这方面，让我们用帕雷托定律（80/20）来引导自己：人们应该用 80％的时间做能带来最高回报的事情，而用 20％的时间做其他事情，这样使用时间是最具有战略眼光的。

有些人认为能带来最高回报的事情就一定能给自己最大的满足感。但并非任何一种情况都是这样。无论你地位如何，你总需要把部分时间用于做能带给你满足感和快乐的事情上。这样你会始终保持生活热情，因为你的生活是有趣的。

在确定了应该做哪几件事之后，你必须按它们的轻重缓急开始行动。大部分人是根据事情的紧迫感，而不是事情的优先程度来安排先后顺序的。这些人的做法是被动的而不是主动的。懂得生活的人不能这样，而是按优先程度开展工作。

以下是两个建议：

1. 每天开始都有一张优先表

美国成功学大师卡耐基在教授别人期间，有一位公司的老板去拜访他，看到卡耐基干净整洁的办公桌感到很惊讶。他问卡耐基说："卡耐基先生，你没处理的信件放在哪儿呢？"

卡耐基说："我所有的信件都处理完了。"

"那你今天没干的事情又推给谁了呢？"老板紧追着问。

"我所有的事情都处理完了。"卡耐基微笑着回答。

看到这位老板困惑的神态，卡耐基解释说："原因很简单，我知道我所需要处理的事情很多，但我的精力有限，一次只能处理一件事，于是我就按照所要处理的事情的重要性，列一个优先表，然后就一件一件地处理。结果，完了。"说到这，卡耐基双手一摊，耸了耸肩。

"哦，我明白了，谢谢你，卡耐基先生。"几周以后，这位公司的老板请卡耐基参观其宽敞的办公室，对卡耐基说："谢谢你教给了我处理事务的方法。过去，在我这宽大的办公室里，我要处理的文件，信件等等，都是堆积得和小山一样，一张桌子都不够，就用三张桌子。自从同你说的法子以后，再也没有处理不完的事情了。"

这位公司老板找到了做事的好办法，几年以后成了美国社会成功人士的佼佼者，如果你对大量事务感到手足无措，那么不妨列一个优先表。

2. 把事情按先后顺序写下来，定个进度表

把一天的时间安排好，这对于你成就大事是很关键的。这样你可以每时每刻集中精力处理要做的事。但把一周、一个月、一年的时间安排好，也是同样重要的。这样做给你一个整体方向，使你看到自己的宏图，从而有助于达成你的目标。做人要变通，一定要分清事情的轻重缓急才能把事情处理好，才能让自己的生活变得更加有条理。

善于趋福避祸

善于断然退避，是一个人心怀博大、大智若愚的谋略的具体体现。一个人，尤其是一个领导者、管理者，在客观条件不允许继续前进，或再前进时就危及自身的情况下，应当自觉地、主动地断然退避。

这是保存自己的一个很重要的谋略思想。而要做到这一点，就必须具备较高的修养，善于克制、约束自己；而缺乏一定修养的人，是不可能做到这一点的。历史和现实都一再表明，善于退与善于进，具有同等的谋略价值，只善于进而不善于退的人，绝非高明之人，而只有把两者有机地结合在一起并加以机动灵活运用的人，才称得上高明。

隐避不是消极地避凶就吉，而是暂时收敛锋芒，隐匿踪迹，养精蓄锐，待机而动。就是说退是迫不得已的，即使退也要做到主动、自觉不露声色地壮大实力，以便时机成熟时，奋起继进。可见，这种退不是逃跑，而是进的一个环节，是下一步进的准备和前奏。只有这样的退，才称得上谋略。懂得变通为人的人善于趋福避祸。

明朝年间，在江苏常州地方，有一位姓尤的老翁开了个当铺，有好多年了，生意一直不错，某年年关将近，有一天尤翁忽然听见铺堂上人声嘈杂，走出来一看，原来是站柜台的伙计同一个邻居吵了起来。伙计连忙上前对尤翁说："这人前些时典当了些东西，今天空手来取典当之物，不给就破口大骂，一点道理都不讲。"那人见了尤翁，仍然骂骂咧咧，不认情面。尤翁却笑脸相迎，好言好语地对他说："我晓得你的意思，不过是为了过年关。街坊邻居，区区小事，还用得着争吵吗？"于是叫伙计找出他典当的东西，共有四五件。尤翁指着棉袄说："这是过冬不可少的衣服。"又指着长袍说："这件给你拜年用。其他东西现在不急用，不如暂放这里，棉袄、长袍先拿回去穿吧！"

邻居拿了两件衣服，一声不响地走了。当天夜里，他竟突然死在另一人家里。为此，死者的亲属同这个人打了一年多官司，害得别人花了不少冤枉钱。

这个邻人欠了人家很多债，无法偿还，走投无路，事先已经服毒，知道尤家殷实，想用死来敲诈一笔钱财，结果只得了两件衣服。他只好到另一家去扯皮，那家人不肯相让，结果就死在那里了。

后来有人问尤翁说："你怎么能有先见之明，向这种人低头呢？"尤翁回答说："凡是蛮横无理来挑衅的人，他一定是有所恃而来的。如果在小事上争强斗胜，那么灾祸就可能接踵而至。"人们听了这一席话，无不佩服尤翁的聪明。

这就是善于趋福避祸之利。有时为了趋福避祸做适当的忍让是必要的。

当然，讲究趋福避祸之道并不是说一看前方有危险，便急忙后退，一退再退，以致放弃原来的目标、路线，改变方向、道路（而这个方向、道路与原来坚持的方向、道路已有本质的区别），那就是知难而退了，就不具有什么谋略价值，而是逃跑主义了。所以，在趋福避祸的问题上也要分清勇敢与怯懦、高明和愚笨。

让一步，收获更大

你知道吗？你所有的思想及言行，造就全部的你。为他人提供良好的服务，善意地对待他人，对自己一定会有帮助；斤斤计较，吹毛求疵，处心积虑地伤害别人，自己也得不到内心的宁静。

在狭窄的路上行走，要留一点余地给别人走；羊肠小道两个人互相通过时，如果争先恐后，两人都有坠入深谷的危险，在这种情况下先停住脚步让对方过去，才是有礼貌、最安全。

遇到美味可口的饭菜时，要留出三分让给别人吃，这样才是一种美德。路留一步，味留三分，是提倡一种谨慎的利世济人的方式。在生活中，除了原则问题须坚持外，对小事、个人利益互相谦让就会带来个人的身心愉快。

一天，一户人家来了远方造访的客人，父亲让儿子上街去购买酒菜，准备请客，没想到儿子出门许久都没回来，父亲等得不耐烦了，于是自己上街去看个究竟。

父亲快到街上的便桥时，发现儿子在桥头和另一个人正面对面地僵持站在那儿，父亲上前询问："你怎么买了酒菜不马上回家呢？"

儿子回答说："老爸你来得正好，我从桥这边过去，这个人坚持不让我过去，我现在也不让他过来，所以我们两个人就对上了。看看究竟谁让谁？"

父亲听了儿子的一席话，就上前声援道："孩子，好样的，你先把酒菜拿回去给客人享用，这儿让爸爸来跟他对一对，看看究竟谁让谁？"

在社会上，无论说话也好，做事也好，好多人不肯给别人一点余地，不愿给别人一点空间的，到处有这对父子的影子，往往只为了"争一口气"，本来没有什么大不了的琐事，非要大费周章，坚持己见互不让步，结果小事变大事，甚至搞得两败俱伤，真是何苦？

人在世间若是不能忍受一点闲气，不肯给人方便，让人一步，往往使自己到处碰壁，到处遭逢阻碍，不肯给人方便，结果自己到处不方便。

如果一个人平常为人在语言上让人一句，在事情上留有余地，肯让人一步，也许收获就能更大。

让人，多发生于竞争情境，由于让人行为出现而使矛盾化解，争斗平息，对手变手足，仇人变兄弟，因此，让人是避免争斗的极好方法，对个体也具有一定价值。它具体表现在：

（1）得理不让人，让对方走投无路，有可能激起对方的"求生"意志，而既然是"求生"，就有可能是"不择手段"，这对你自己将造成伤害，好比把老鼠关在房间内，不让其逃出，老鼠为了求生，会咬坏你家中的器物。放它一条生路，它"逃命"要紧，便不会对你的利益造成破坏。

（2）对方"无理"，自知理亏，你在"理"字已明之下，放他一条生路，他会心存感激，来日自当图报。就算不会如此，也不太可能再度与你为敌。这就是人性。

（3）得理不让人，伤了对方，有时也连带伤了他的家人，甚至毁了对方，这有失厚道。得理让人，也是一种积蓄。

（4）人海茫茫，却常"后会有期"。你今天得理不让人，哪知他日你们二人不会狭路相逢？若届时他势旺你势弱，你就有可能吃亏！"得理让人"，这也是为自己以后做人留条后路。

人情翻覆似波澜。今天的朋友，也许将成为明天的对手；而今天的对手，也可能成为明天的朋友。世事如崎岖道路，困难重重，因此走不过的地方不妨退一步，让对方先过，就是宽阔的道路也要给别人三分便利。这样做，既是为他人着想，又能为自己留出回旋余地，多一个朋友多一条路。

做人圆融会变通就要学会"让"的艺术，让人一步有时能获得让你意想不到的好效果。

小帮助大改变

做人要变通就不要忽视给他人带去小小的帮助，小小的帮助可能给你或他带来巨大的改变，让你我的生活充满惊喜，所以变通为人，记得带去你对他人的小帮助。

例如，有一天，一个美国儿童俱乐部的代表要一个人以很少的赠予帮助美国儿童俱乐部，他拒绝了。这个俱乐部的唯一目的就是对孩子们进行品德教育。

"滚出去！"他说，"我病了，讨厌人们向我要钱！"

这位代表扭头就走，刚刚走到门口，他又停住脚步，转过身来，亲切地望着书桌后的那个人说道:"你不想同这些贫困的人分担疾苦,但是我愿意同你分享我所有的一部分东西——一句祷文:愿上帝祝福你。"说罢他就迅速地转身出去了。

过了几天,发生了一件有趣的事。说过"滚出去"的那个人敲着儿童俱乐部办公室的门,问道:"我可以进来吗?"他随身带着一张 50 万美元的支票。

就像那位儿童俱乐部的代表一样,你可能没有钱,但是你能同别人分享你所拥有的一部分东西,你也能像他一样成就伟大事业的一部分,哪怕分享的只是微不足道充满情感的话语。

1995 年的圣诞节前夕,16 岁的比利一直忙着扮演帮圣诞老人跟小朋友合照的一个小精灵,以便凑足自己的学费。随着圣诞节的来临,圣诞节的工作益发繁重,但经理玛丽总在适当的时候给他一个足以鼓舞士气的微笑,使他取得了最好的业绩。为了感谢经理玛丽,比利决定在圣诞夜送一份礼物给她。但下班的时候就 6 点了,当他冲出去时,却发觉周围几乎所有的店都关门了。但比利实在想买个小礼物送给玛丽,虽然他没有多少钱。

回去的路上,比利竟然看到史脱姆百货公司还开着门,于是他以最快的速度冲了进去,来到礼品区。等冲进去后,比利才发现自己跟这里格格不入,因为这个店是有钱人光顾的地方,其他顾客都穿得很漂亮,又有钱,在这个店里,比利怎么指望会有价钱低于 15 元的东西呢?

这时,一位女店员向比利走过来,亲切地询问能否帮他。此时,周围的人都转过头来看他。比利尽可能低声说:"谢谢,不用了,你去帮别人吧!"女店员看着他,笑了笑,坚持道:"我就是想帮你。"于是,比利只好告诉她他想买东西给谁,以及为什么买给她,最后羞怯地承认自己只有 15 元。而女店员呢,似乎很开心,思考了一会儿,就开始动手帮他选。然而百货公司的礼物也所剩无几了,她仔细地挑着,很快就摆成了一个礼物篮,一共花了 14 元 9 分。当一切完成后,商店就要关门,灯已经熄了。

当时,比利站在那里迟疑了一会儿,想回家怎么能包装得更漂亮点。女店员似乎猜到了比利在想什么,问他:"需要包装好吗?""是。"比利回答。此时,店门已经关了,一个声音在询问是否还有顾客在店里。女店员没有丝毫的犹豫,就走近后场,过一会儿她回来了,带着一个用金色缎带包裹得非常精美的篮子。比利简直不敢相信自己的眼睛,当他向女店员道谢时,她笑着说:"你们小精灵在购物中心为人们散播快乐,我只是想给你一点小小的快乐而已。"

"圣诞快乐!"当他把礼物送到玛丽的面前时,她竟欢喜地哭了,比利感到很开心!

一个假期,比利脑海中不断浮现出那个女店员微笑的面容,一想到她的善良以及带给自己和玛丽的快乐,比利总想为她做点什么。能做什么呢?比利唯一能做的就是给百货公司写了一封感谢信。

比利觉得这件事就这么过去了,但一个月后,突然接到芬尼,也就是那个女店员的电话,请他吃顿午餐。当碰面时,芬尼给了比利一个拥抱,一份礼物,还讲了一个故事。

原来,因为这封信,芬尼成了史脱姆百货的服务之星。当宣布芬尼得奖时,芬尼很兴奋,也很迷惑,直到她上台领奖,经理朗读了比利的信时,她才恍然大悟,每个人都报以一阵热烈的掌声。

芬尼的照片被放在大厅,而且还得到一个14K金的别针和100元奖金。然而更棒的是,当她把这个好消息告诉父亲时,父亲定定地看着她说:"芬尼,我实在为你骄傲。"芬尼激动地握着比利的手,说:"你知道吗?我长这么大,父亲从来没对我说过这句话!"

那个时刻,比利一辈子都记得。它让比利了解到一个微不足道的帮助将会给他人带来最大的改变。芬尼漂亮的篮子,玛丽的快乐,比利的信,史脱姆百货的奖励,芬尼父亲的骄傲,整件事至少改变了三个生命。

圆融变通的人知道小帮助带给别人和自己的影响可能会是巨大的,生活中记得经常给他人一些小帮助,你给别人的,别人一定会对你有回报。

以和为贵

孟子说:君子之所以异于常人,便是在于其能时时自我反省。即使受到他人不合理的对待,也必定先反省自己本身,自己是否做到仁的境界?是否欠缺礼?否则别人为何如此对待我呢?等到自我反省的结果合乎仁也合乎礼了,而对方强横的态度仍然未改,那么,君子又必须反问自己:我一定还有不够真诚的地方。再反省的结果是自己没有不够真诚的地方,而对方强横的态度依然故我,君子这时才感慨地说:他不过是个荒诞的人罢了。这种人和禽兽又有何差别呢?对于禽兽根本不需要斤斤计较。

每个人都生活在人群中,有人的地方自然会有矛盾。有了分歧,不知怎么办，很多人就喜欢争吵，非论个是非曲直不可。其实这种做法很不明智，吵架伤和气又伤感情，不值。不如大事化小小事化了，俗话说，家和万事兴，推而广之，人和也万事兴。人际交往中切不可太认死理，装装糊涂于己于人都有利，善于变通的人会选择"以和为贵"的方式来待人处事。

事实上，按照常情，任何人都不会把过去的记忆抛掉，就某些方面来讲，人们有时会有执念很深的事件，甚至会终生不忘。当然，这仍然属于正常之举。谁都知道，怨恨会随时随地有所回报。所以，为了避免招致别人的怨愤或者少得罪人，一个人行事需小心。《老子》中据此提出了"报怨以德"的思想，孔子也曾提出类似的话来教育弟子："以德报怨，以德报德。"其含义均是叫人处事时心胸要豁达，以君子般的坦然姿态应付一切。

《庄子》中对如何不与别人发生冲突也作了阐述。有一次，有一个人去拜访老子。到了老子家中，看到室内凌乱不堪，心中感到很吃惊，于是，他大声咒骂了一通扬长而去。翌日，又回来向老子道歉。老子淡然地说："你好像很在意智者的概念，其实对我来讲，这是毫无意义的。所以，如果昨天你说我是马的话我也会承认的。因为别人既然这么认为，一定有他的根据，假如我顶撞回去，他一定会骂得更厉害。这就是我从来不去反驳别人的缘故。"

从这则故事中可以得到如下启示：在现实生活中，当双方发生矛盾或冲突时，对于别人的批评，除了虚心接受之外，还要养成毫不在意的功夫。人与人之间发生矛盾的时候太多了，因此，一定要心胸豁达，有涵养，不要为了不值得的小事去得罪别人。而且生活中常有一些人喜欢论人短长，在背后说三道四，如果听到有人这样谈论自己，完全不必理睬这种人。只要自己能自由自在按自己的方式生活，又何必在意别人说些什么呢？

从前，有一对圣人兄弟名叫伯夷、叔齐，二人互相推让王位退隐到山林里，最后饿死了。还有一位商朝的宰相伊尹，也很著名。孟子把孔子、伯夷和伊尹三人的人生观加以比较后，他说："不同道。非莫君不事，非其民不使；治则进，乱则退：伯夷也。何使非君？何使非民？治亦进，乱亦进：伊尹也。可以仕则仕，可以止则止，可以速则速：孔子也。皆古圣人也。吾未能有行焉。及所愿，则学孔子也。"

孔子、伯夷、伊尹三人，各有不同的人生观，但都能坚守仁、义，所以孟子认为他们都是圣人。换言之，只要能够忠实地坚守原则，那么采取什么手段、方法都无关紧要。

这种处世态度对生活中的人们很有借鉴意义。人们往往因为别人的生活方式以及应对态度与己不同，因而排斥对方，认为唯有自己才正确。其实，只要能够遵守做人的原则，那么采取什么生活方式都无所谓。我们不可能要求别人在生活方面处处和自己一样，或是事事如己愿，这是极不现实的，如果能认清这个道理，人的心胸就会豁然开朗。圆融变通为人，就会允许人与人之间的差异存在，这样的人才是受欢迎的人。

吃小亏占大便宜

美国第九届总统威廉·哈里逊，小时候家里很贫穷，他沉默寡言，人们甚至认为他是个傻孩子。他家乡的人常常拿他开玩笑。

比如拿一枚五分的硬币和一枚一角的银币放在他面前，然后告诉他只准拿其中的一枚。每次，哈里逊都是拿那枚五分的，而不拿一角的。

一次，一位妇女看他这样可怜，就问他："孩子，你难道真的不知道哪个更值钱吗？"

哈里逊回答说："当然知道，夫人，可要是我拿了一枚一角的银币，他们就再不会把硬币摆在我面前，那么，我就连五分也拿不到了。"

当你只拿五分钱的硬币时，你得到的可能是以后许多个"五分钱"。"傻"孩子的智谋绝不是小聪明的表现，里面蕴含着上等的智慧。

这就是会变通为人处世的表现，吃一些小亏反而能捡很大的便宜。

斯未尔诺夫伏特加酒厂的经理休布兰是一位踌躇满志的企业家。他在20世纪60年代遭到了沃尔夫·施密特酿酒厂全力以赴的进攻。这种进攻，以价格来决定胜负。沃尔夫·施密特酒每瓶价格比斯未尔诺夫伏特加便宜一美元。很明显，市场霸主在受到挑战时处于相当不利的地位：如果降价，就会损失大量的利润；如果不降价，那么它原有的销售额就会被降价的对手逐渐夺去，结果也是利润下降。

怎么办？休布兰对沃尔夫·施密特酿酒厂的进攻佯装不知，反而把斯未尔诺夫酒的价格提高了一美元，使它每瓶比沃尔夫·施密特酒贵二美元，以"显示"出他卖的酒确实是一种"更好的"伏特加，让对手任意降价抛售。然后，休布兰又出两种新牌子酒：一种伏特加的价格和沃尔夫·施密特一样，另一种则比它便宜一美元。

　　这样，很快，扭转了局势，继续控制了市场而且销路增加很快，1982 年出售 733 万箱。而沃尔夫·施密特呢？仅卖出 126 万箱，仅为前者的 1/6。

　　变通之人善于从吃亏中明哲保身。

　　从前，有位商人狄利斯和他长大成人的儿子一起出海旅行。他们随身带上了满满一箱子珠宝，准备在旅途中卖掉，但是没有向任何人透露这一秘密。一天，狄利斯偶然听到了水手们在交头接耳。原来，他们已经发现了他的珠宝，并且正在策划着谋害他们父子俩，以掠夺这些珠宝。

　　狄利斯听了之后吓得要命，他在自己的小屋内踱来踱去，试图想出个摆脱困境的办法。儿子问他出了什么事情，狄利斯于是把听到的全告诉了他。"同他们拼了！"年轻人断然道。

　　"不，"狄利斯回答说，"他们会制服我们的！""那把珠宝交给他们？""也不行，他们还会杀人灭口的。"过了一会儿，狄利斯怒气冲冲地冲上了甲板，"你这个笨蛋儿子！"他叫喊道，"你从来不听我的忠告！""老头子！"儿子叫喊着回答，"你说不出一句值得我听进去的话！"当父子俩开始互相谩骂的时候，水手们好奇地聚集到周围。狄利斯突然冲向他的小屋，拖出了他的珠宝箱。"忘恩负义的儿子！"狄利斯尖叫道，"我宁肯死于贫困也不会让你继承我的财富！"说完这些话，他打开了珠宝箱，水手们看到这么多的珠宝时都倒吸了一口凉气。狄利斯又冲向了栏杆，在别人阻止他之前将他的宝物全都丢入了大海。

　　过了一会儿，狄利斯父子俩都目不转睛地注视着那只空箱子，然后两人躺倒在一起，为他们所干的事而哭泣不止。后来，当他们单独一起待在小屋时，狄利斯说："我们只能这样做，孩子，再也没有其他的办法可以救我们的命！"

　　"是的，"儿子答道，"您这个法子是最好的了。"

　　轮船驶进了码头后，狄利斯同他的儿子匆匆忙忙地赶到了城市的地方法官那里。他们指控了水手们的海盗行为和犯了企图谋杀罪，法官逮捕了那些水手。法官问水手们是否看到狄利斯把他的珠宝投入大海，水手们都一致说看到过。法官于是判决他们都有罪。法官问道："什么人会弃掉他一生的积蓄而不顾呢，只有当他面临生命的危险时才会这样去做吧？"水手们只得赔偿了狄利斯的珠宝，法官因此饶了他们的性命。

　　不善变通的人，不愿意吃亏，往往招致的是不愉快的后果。

　　芦苇与橡树争论不休，都认为自己有耐力，很冷静，力气大，谁也不肯认输。

橡树说："你没有力量，无论哪个方向的风都能轻易地把你刮得东倒西歪。"

芦苇没有回答。

过了一会儿，一阵猛烈的强风吹了过来，芦苇弯下腰，顺风仰倒，幸免于连根拔起。而橡树却硬迎着风，尽力抵抗，结果被连根拔掉了。

因此我们在生活中要有不怕吃小亏的精神，吃小亏之后往往能占大便宜。

变通为人，善自责

人非圣贤，孰能无过？人们在工作和生活中出现了过错、失误，是痛痛快快地承认与自责，还是讳莫如深、遮遮掩掩呢？

聪明人往往选择前者。因为，发自内心的自责，能有效地减少失误造成的危害，消除由此带来的人际隔阂、怨恨。

在事业受到挫折，群众情绪低落时，负有一定领导责任的人引咎自责，能产生振奋人心、鼓舞士气的作用。

1946 年 8 月，华东人民解放军某部进攻四县失利，伤亡较大，士气低沉。陈毅对大家说："三个月来未打胜仗，不是部队不好，不是团不行，不是野战参谋处不行，主要是我这个统帅的责任，现在向指战员认个错。"全军上下被陈毅这种博大的气度深深感动，心中怨气一扫而光，后来连打了几个胜仗。

除了那些只宜于小范围内私下进行的以外，自责时要敢于亮丑，不要怕失面子，尽可能在较大范围内公开进行。

某省省长曾应邀参加一个高教工作座谈会，迟到了半个时，省长对此作了这样的讲话："我今天迟到了半个小时，不管什么原因都不能自我原谅（主办单位未将地址通知他）。我向大家做检查。不坚决改掉这种拖拉作风，还搞什么改革开放？"

不言而喻，一点失误，且由客观原因造成，当事人却立即进行公开的自我批评，这自然会得到群众的称赞。

变通为人的人在善于自责的同时也不轻易去指责别人。

指责是对别人自尊心的一种伤害，它只能促使对方起来维护他的荣誉，为自己辩解，甚至会记下你这一箭之仇，日后寻机报复。

人的本性就是这样，无论他多么不对，他都宁愿自责而不希望别人去指责他们。我们都是这样，在你想要指责别人的时候，你得记住，指责就像放出的信鸽一样，它总要飞回来的。指责不仅会使你得罪了对方，而且他也必然要在一定的时候来指责你。指责是徒劳无益的。如果你只是想要发泄自己的不满，那么这种不满是不会为对方所接受的，哪怕他明知自己错了。如果你是为了纠正对方的错误，那最好的方法是诚恳地帮助他分析原因。

面对可以指责的事情，你完全可以这样说："发生这种情况真遗憾，不过你肯定不是故意这么做的，是吗？为了防止今后再有此类事情发生，我们可以分析一下原因……"这种真心诚意的帮助，远比指责有效。

只有多从自身反省，不轻易去指责人，才能减少人与人之间的摩擦。

一位留法中国学生介绍说，法国人爱认错。有一次，他没有租用电话，账单上却出现了19法郎的租用电话费用，他便前往电话局交涉。接待人员虽称知道详情，却坦然承认可能是电话局的错，并估计是往电脑里输入数字的工作人员疏忽了，打错了房间的号码。后来，问题查清，果然是电话局搞错了。负责处理此事的营业员特地写信代电话局向中国留学生道歉，承认营业员的工作有需要改进的地方，并减少中国留学生的部分电话费，以作为他无故跑一趟电话局的补偿。

这位留学生还发现，法国人不但爱认错，而且很少抱怨和批评别人。他在法国很少听到诸如学生因考试迟到而抱怨天气或堵车，也没有见过谁不小心踩上了狗屎而责怪邻居为什么在这儿遛狗。他分析，这可能是法国人认为碰上了不愉快的事，再去强调客观已于事无补，而这时扪心自问有没有错则可避免下次再犯同样的错误。旅法几年，他很少见过法国人在公共场合吵架。他认为，法国这个民族长期奉行的自我认错习惯，真不啻为润滑剂，它最大限度地减少了人际交往中的摩擦。

多反省、少责人是变通为人不可少的策略。多认错，如果错误真的是在自己这方，那就争取到了主动；如果不是，有错的一方也会向你表示谢意或敬意。更为常见的现象，往往是双方都有一定的责任。在这种情况下，先认错的一方往往也是比较主动一些。死不认错，横行霸道，再强大也会招祸上身。因此，中国古人说得好："完名美节不宜独任，分些与人，可以远害全身；辱行污名不宜全推，引些归己，可以韬光养德。""执拗者福轻……而宽厚之士其年必长。"

借机成就非凡

"年轻人的机遇不复存在了！"一位学法律的学生对丹尼尔·韦伯斯特抱怨说。"你说错了，"这位伟大的政治家和法学家答道，"最顶层总有空缺。"

没有机遇？没有机会？在这世界上，成千上万的孩子最终发财致富，卖报纸的少年被选入国会，出身卑微的人士获得高位。在这世界上，难道没有机会？对于善于利用机会的人，世界到处都是门路，到处都有机会。我们未能依靠自己的能力尽享美好人生，虽然这种能力既给了强者，也给了弱者。我们一味依赖外界的帮助。即使本来就在眼前的东西，我们也要盯着高处寻找。

许多人认为自己贫穷，实际上他们有许多机会，只是需要他们在周围和种种潜力中，在比钻石更珍贵的能力中发掘机会。据统计，在美国东部的大城市中，至少94%的人第一次挣大钱是在家中，或在离家不远处，而且是为了满足日常、普通的需求。对于那些看不到身边机会、一心以为只有远走他乡才能发迹的人，不啻是当头一棒。

一伙巴西牧羊人前往美国加州淘金，随身带了一把半透明的石子用来在路上玩西洋跳棋。到了旧金山，石子大都被扔掉了，他们才发现这些石子是钻石。他们急忙赶回巴西，而出产石子的地方已被其他人占有并出售给了政府。

内华达州最高产的金银矿被矿主以42美元的价格售出，以便筹钱前往其他矿区去圆自己的发财梦。哈佛的阿加西兹教授曾讲过一个农夫的故事。这个农夫有一处几百英亩的农庄，里面尽是些石头和不值钱的树，他决定把农庄卖掉去从事更赚钱的煤油买卖。他开始关注煤层和煤油油藏，并进行了长时间的研究。他把农庄以200美元的价格卖掉，然后跑到200英里外的地方开展新业务。不久，买下农庄的人在农庄里发现了大量煤油，而以前那个农夫不知道其价值却千方百计想把它卖掉。

因此，善于变通之人懂得抓住身边的机会来成就非凡。

保罗·迪克刚刚从祖父手中继承了美丽的"森林庄园"，就被一场雷电引发的山火化为灰烬。面对焦黑的树桩，保罗欲哭无泪，年轻的他不甘心百年基业毁于一旦，决心倾其所有也要修复庄园，于是他向银行提交了贷款申请，但银行却无情地拒绝了他。接下来，他四处求亲告友，依然是一无所获……

所有可能的办法全都试过了，保罗始终找不到一条出路，他的心在无尽的黑暗中挣扎。他知道，自己以后再也看不到那郁郁葱葱的树林了。为此，他闭门不出，茶饭不思，眼睛熬出了血丝。

一个多月过去了，年已古稀的外祖母获悉此事，意味深长地对保罗说："小伙子，庄园成了废墟并不可怕，可怕的是你的眼睛失去了光泽，一天天地老去。一双老去的眼睛，怎么可能看得见希望呢？"

保罗在外祖母的劝说下，一个人走出了庄园，走上了深秋的街道。他漫无目的地闲逛着，在一条街道的拐角处，他看见一家店铺的门前人头攒动，他下意识地走了过去。原来，是一些家庭妇女正在排队购买木炭。那一块块躺在纸箱里的木炭忽然让保罗眼睛一亮，他看到了一线希望。

在接下来的两个多星期里，保罗雇了几名烧炭工，将庄园里烧焦的树加工成优质的木炭，分装成箱，送到集市上的木炭经销店。结果，木炭被一抢而空，他因此得到了一笔不菲的收入。

不久，他用这笔收入购买了一大批新树苗，一个新的庄园又初具规模了。几年以后，"森林庄园"再度绿意盎然。

机会在我们周围到处都有。自然界的力量为人类服务千百年来，闪电一直想引起人类对电的注意，电可以替我们完成那些枯燥乏味的工作，从而使我们抽出身来开发上帝赋予的能力。

你准备好迎接自己的机会了吗？

把一块固体浸入装满水的容器，人人都会注意到水溢了出来，但从未有人想到身体在水盆中的体积等同于同体积水这一道理，只有阿基米德注意到这一现象，并发现了一种计算不规则物体体积的简易方法。

在欧洲，没有一位水手不曾对大西洋彼岸充满遐想，但只有当哥伦布大胆地驶入茫茫大海，才发现了新大陆。

从树上落下的苹果不计其数，经常砸到人们头上，仿佛促其思考，但牛顿是第一个领会到苹果落地与行星依轨道运行是受同一规律支配的人。

有人到一位雕塑家家中参观，看到众神之中有一位脸被头发遮住，脚上长着翅膀的雕像，便问："她叫什么名字？"

雕塑家答道："机会之神。"

"为什么她的脸不露出来？"

"因为当她到来时，人们很少认识她。"

"为什么她的脚上长着翅膀？"

"因为她很快就会离去，而一旦离去，就不会被追上。"

"机会女神的头发长在前面，"一位拉丁诗人也说过，"后面却是光秃秃的。如果抓前面的头发，你就可以抓住她；但如果让她逃脱，那么即使主神也抓不到她。"

不要坐等机会，要创造机会，就像拿破仑那样多少次使自己绝处逢生，或者像牧羊童费格森那样用一串玻璃计算星星之间的距离。对于懒惰者来说，再好的机会也一文不值；对于勤奋者来说，再普通的机会也仿佛千载难逢。

　　机会总是隐藏在周围琐碎小事里，抱怨是没有用的，从最基本的小事做起，把握住每一个可能的机会，再平凡的你也能做出不平凡的事来。

　　因此做人要善变通，你利用的机会越多，创造的新机会也越多，成就非凡的可能性也会大很多。

·第四章·

乐观圆融面对生活

学握方圆之道可以让你在人生路上趋吉避祸，但人生的意义还需要在经历磨砺以后才能有所感悟。人生苦短，要学会善待自己，开阔心胸，在困难面前也要笑对一切，勇于进取，寻求成功的契机。

简单快乐，爱自己

一个人要尽力远离烦恼和忧愁，这不仅是很明智的，也是很有好处的。不用说，办事小心谨慎能够免除很多不必要的烦恼，给人带来幸运和宽心。如果他人出现了什么不好的消息，你最好不告诉他，自己更不要去探听有关自己的任何坏消息。

亚伯拉罕·林肯说："只要心里想快乐，绝大部分人都能如愿以偿。"

心理学家 M. N. 加贝尔博士说："快乐纯粹是内在的，它不是由于客体，而是由于观念、思想和态度而产生的。不论环境如何，个人的生活能够发展和指导这些观念、思想和态度。"

你不一定要回报他人而不拿自己的快乐当一回事。如果你给别人快乐就意味着你一定不快乐，那么与其让你自己事后忍受无可救助的痛苦，不如让别人现在就受一点痛苦。人们应该学会爱自己，让自己过得简单快乐。

忧愁是生活中常见的一种最消极，而且没有一点好处的情绪。你心中忧愁，只能让你精神萎靡，身体健康受损。

当你忧愁时，你会利用现在宝贵的时间，去担心自己的事，去担心别人的事。但担心归担心，于问题解决没有一点的帮助。

烦恼会光顾那些烦躁不安、焦虑不已、总不满足的人们，这样，他们当然与所有的幸福无缘，心态也难以乐观豁达。有些人身上就好像长满了刺，谁愿意接近这样的人呢！他们不能很好地控制自己的脾气，为一点小事而耿耿于怀，寸土不让，甚至最终引发暴力冲突。对他们来说，生活当然会充满矛盾，幸福和快乐会被担忧和恐怖代替。

理查德·夏普说："虽然只是些不值得一提的小问题，但这无形的烦恼却会带来很大的痛苦，就好比细细的一根头发就能破坏一部大型机器的正常运转一样，如果你想快乐，就不要让一些琐碎之事来影响自己的心情。要试着学会愉快地处理日常生活中的一些小麻烦，有意识地主动去寻找生活中的乐趣，时间久了，自然会拥有好心情。"

有一次，很多兔子聚集在一起为自己的胆小无能而难过，悲叹自己的生活中充满着的危险和恐惧——常常被人、狗、鹰等屠杀。

兔子们觉得，与其这样一生胆战心惊，还不如一死了之。于是兔子们决定一齐奔向池塘，投水自尽。当时，许多青蛙正围在池塘边蹲着，听到了那急促的跑步声后，纷纷跳下池塘。

有一只较聪明的兔子，见到青蛙都跳到水中，似乎明白了什么，忙说："朋友们，快停下，我们没有必要吓得去寻死了！你们看，这里还有些比我们更胆小的动物呢！"

人们对于快乐的追求是永远没有止境的，但快乐就像一碗盐水，你越喝得多你就越饥渴，所以聪明的人会懂得适可而止的道理。

田鼠与家鼠是好朋友，家鼠应田鼠之约，去乡下赴宴。

家鼠一边吃着大麦、谷子，一边对田鼠说："朋友，你过的是蚂蚁般的生活，我那里有很多好东西，去与我一起享受吧！"

田鼠跟随家鼠来到城里，家鼠给田鼠看豆子、谷子、红枣、干酪、蜂蜜、果子。田鼠看得目瞪口呆，大为惊讶，称赞不已，并开始悲叹自己的命运。

它们正要开始吃，有人打开门，胆小的家鼠一听声响，赶紧钻进了鼠洞。当家鼠再想拿干酪时，有人又进屋里拿东西，家鼠立刻又钻回了洞里。

这时，田鼠战战兢兢地对家鼠说："朋友，再见吧！你自己尽情地去吃吧！我不愿意担惊受怕地享受这些大麦、谷子，还是平平安安地去过你看不起的普通生活好。"

拿破仑·希尔还是一个小孩子的时候，有一天，他和几个朋友一起在密苏里州西北部一间荒废的老屋的阁楼上玩。当他从阁楼爬下来的时候，先在窗栏上站了一会，然后往下跳。他左手的食指上带着一个戒指。当他跳下去的时候，那个戒指挂住了一根钉子，把他整个手指拉脱了下来。希尔尖声地叫着，吓坏了，还以为自己死定了，可是在他的手好了之后，他就再也没有为这个烦恼过。再烦恼又有什么用呢？他接受了这个现实。

有一年，拿破仑·希尔碰到一个在纽约市中心一家办公大楼里开电梯的人。希尔注意到他的左手齐腕断了。希尔问他少了那只手会不会觉得难过，那个司机说："噢，不会，我根本就不去想它。只有在要穿针的时候，才会想起这件事情来。"

形体上有残疾的人，开始总为自己不健全的形体而痛苦。如果获得正常的生活，这痛苦就会渐渐淡忘，如果他还有了明彻的思想，看透世界与人生，他就会把别人向他投来的异样的眼光不放在心上。

不让自己背上不应有的精神包袱，同时精神健全，虽然身体残缺，但他却有完全的生命力。

人的情感就是这样，总是希望有所得，以为拥有的东西越多，自己就会越快乐。所以，这人之常情就迫使我们沿着追寻获得的路走下去。可是，有一天，我们忽然惊觉，我们的忧郁、无聊、困惑、无奈及一切不快乐，都和我们的图谋有关，我们之所以不快乐，是我们渴望拥有的东西太多了。

懂得放弃才有快乐，背着包袱走路总是很辛苦。中国历史上，"魏晋风度"常受到称颂，他们于佛、老子、孔子，哪一家也说不上，但是哪一家都有一点，在入世的生活里，又有一分出世的心情。说到底，是一种不把心思凝结在利益上的心态。

我们在生活中，时刻都在取与舍中选择，我们又总是渴望着取，渴望着占有，常常忽略了舍，忽略了占有的反面——放弃。懂得了放弃的真意，也就理解了"失之东隅，收之桑榆"的妙谛。多一点中和的思想，静观万物，体会与世一样博大的诗意，适当地有所放弃，这正是我们获得内心平衡，获得快乐的好方法。

大度能防天下人

"大度能忍，方为智者本色。"在人际交往当中，如果没有海纳百川的容人肚量，是很难容忍别人的缺点及对自己某些利益的损伤的。若是对于这些问题处理不当，就会对自己造成许多损失，轻则失去朋友，重则成众矢之的，将自己陷入孤立无援的境地之中。

为人处世应遵循的一条基本原则就是要与人为善，只有习惯与人为善的人，方能不为小节而气愤，方能"容天下难容之事。"

宽容是人类最高美德之一。宽容待人，表现在能容纳不同的生活方式，不同的价值观，不同的意见，不强把自己的意见加给别人；待人不斤斤计较；与人发生矛盾时，不结怨，得饶人处且饶人，和善待人。宽容待人，才能在复杂的社会中建立良好的人际关系，使自己生活在一个和睦的环境之中，这样一方面使与自己结怨的小人减少，另一方面也不给小人以可乘之机。

能够容忍别人的过失，以宽容为怀，是一个人非常优秀的品质。很多成功者就是凭借着对他人的宽容走上了成功之路的。宽容能帮助人们减少仇恨、暴力和偏见。

相传春秋时代秦穆公巡游时一匹马走失了，穆公追到岐山之南，发现一些人杀了这匹马煮着吃了。穆公见状后就说："吃肉不喝酒，我担心伤害你们的身体。"于是拿来酒一一为之劝饮，尽欢而去。一年后，晋秦交兵，穆公被围，眼看就要被俘时，有三百多人过来死战晋军，保住穆公，并生擒了晋惠公，原来，这些人正是当年吃马肉者。

所谓"大人不计小人过"，宽容地对待曾经冒犯你的人，是智者的行为。

刘项争锋，天下已定，进行封赏。

有一天，刘邦在洛阳南宫边散心，放眼望去，只见一群人在宫内不远的水池边，有的坐着，有的站着，一个个看上去都是武将打扮，在交头接耳，好像发生了什么事，在议论着什么。刘邦心生疑惑，便把张良找了过来，问道："那群人在干什么？"

张良答道："他们准备聚众谋反呢！"

刘邦一惊，问："为什么呢？"

张良回答："皇上从一个市家百姓开始，与各位将士一道夺取了天下。但现在所封的都是您以前的老朋友及自家的家族，杀的都是您最恨的人，这怎么不使大家害怕呢？今天没有所封，以后肯定难逃一死。这么一想，他们当然头脑发热，要聚众闹事了。"

刘邦赶忙征求张良意见："怎么才能平息呢？"

张良问刘邦："皇上平时对谁最厌恶、憎恨呢？"

刘邦说："我最恨的是雍齿。在我起事时，他无缘无故投降了魏，后来又从魏投向赵，再从赵投降张耳。当张耳投降我时，我才收容了他。现在因为刚灭楚不久，我不方便无缘无故杀他。想起他来我就恨得牙齿'咯咯'作响。"

张良一听，说："好！请您立即把他封为侯，这样，就可化解眼下的人心浮动。"

刘邦对张良很信任，他相信张良的话很有道理。

过了不久，刘邦在南宫设酒招待群臣。在宴席快要结束时，他宣布："封雍齿任郉那侯。"将士们见刘邦能宽容地对待他最讨厌的人，知道不用再担心自己的性命，便都忠心地拥护刘邦。

宋代著名大文学家苏东坡在评论楚汉之争时就曾说：汉高祖刘邦所以能胜，楚霸王项羽所以失败，关键在于能忍不能忍。项羽不能忍，白白浪费自己百战百胜的勇猛；刘邦能忍，养精蓄锐，等待时机，直攻项羽弊端，最后夺取胜利。刘项之争，从多方面说明了这一点。刘邦可以成大业是他懂得忍下人之言，忍一时失败，忍个人意气；而项羽气大，什么都难忍难容，不懂得"小不忍则乱大谋"的道理，大业未成身先死，可悲可叹！

许多时候，对对手宽容，也可以获得他们的忠诚。

公元255年的春天，刘备刚死不久，居于南方地区的少数民族首领孟获便与朱褒等人发动了叛乱，诸葛亮兵分三路平定叛乱。

行前，诸葛亮与马谡达成了共识：对在南方地区各部族人中颇有声望的孟获，只能将他争取过来，这样才会使蜀国有一个安定的大后方。因此下令不准杀害孟获，只可活捉。

首次交锋，诸葛亮故意让部队显得军容不整，士气涣散，以此来麻痹孟获，使之生出轻敌之心，轻松地活捉了孟获。

可是这次没能让孟获心服口服，诸葛亮便笑着放回了孟获。第二次交锋时，孟获派出了上次被俘后放回来的两员战将，结果又大败而回。孟获疑心二位战将诈败欲杀他们，可反被两员战将捉住送到了诸葛亮的面前。

这一次孟获仍不服输，认为是被自己手下人抓住的，要求放了他重新交战。

第三次孟获又以自已用人不当为由，拒不服输，于是诸葛亮又放他回去了。

孟获又接连三次被蜀军活捉，但他都未心服，诸葛亮亦耐着性子一次又一次地放回。最后，当诸葛亮要第七次放孟获回去的时候，孟获终于心悦诚服表示永不反叛，誓死效忠蜀国了。

诸葛亮正是因为要达到长治久安的目的，方才有了七擒孟获的美传。

中国古人在品德的修行上十分注意"容忍"的修炼。

唐朝人娄师德性格稳重，很有度量。他弟弟当上代州刺史，临行向他告别，并征询他的建议。娄师德对弟弟说："我现在辅助丞相，你现在又承皇上厚爱，得以任州官，我们真是受皇上的宠幸太多了。而这正是别人所嫉妒的，你如何对待这些嫉妒以求自免家祸呢？"娄师德弟弟说："自今以后，若有人朝我脸上吐唾沫，我自己擦去唾沫，绝不叫你为我担忧。"娄师德说："这正是我所担忧的地方。别人向你吐唾沫，是对你恼怒，如果你将唾沫擦去，那岂不是违反了吐唾沫人的意愿吗？别人会因此而增加他的愤怒。不要擦去唾沫，让它自己干了，应当笑着去接受它。"

在当今社会的人际关系中，宽容可以让你一路顺畅。

美国林肯总统指出：为了建立良好的人际关系，必须学会忍让。他打比方说："在狭窄的路上碰到一只狗，若为了强调自己的权利与狗争道，一定会遭狗咬。与其如此，不如让狗先过去，既无伤大雅也不伤身体，这是较聪明的办法。若被它咬了，再恨恨地想杀掉它，也无济于事，伤口仍要长时间的治疗才会痊愈呀！"

一个人当然要表现得大度，可是对嫉妒与恶意表现出无所谓的样子也是没有好处的。能够称赞挖苦过你的人，你就更令人敬佩；能够用智慧、品行战胜狭隘的嫉妒，你就更令人起敬。你的每一次成功都会折磨一次与你为敌的恶人；你的每一次辉煌都打击一次与你竞争的对手。每当其竞争对手成功一次，充满嫉妒的人就会死去一次。如果被嫉妒的人永远成功，嫉妒的人就被永远惩罚。成功的号角一方面公告了成功者的辉煌，另一方面也宣告了嫉妒者的痛苦和煎熬。

人的一生之中，避免不了生老病死，荣辱毁誉，忧乐安危，穷达进退等种种遭遇，面对纷繁复杂的社会，一个人应该怎样做才能安身立命，而后成就一番事业呢？这实际上反映的是人生观、价值观的问题。《薛子庸语》一书中说："君子明于死生之分，达于利害之变，则富贵、贫贱、夷狄、患难、寿夭，一以视之矣。"也就是说人对于生死、得失、荣辱、富贵、贫贱等等不要看得过重，要克制、忍耐人性中的缺点，豁达地对待这些问题。

学会忍耐、忍让固然重要，但更要分清可忍与不可忍之事。不问缘由地一忍了之，无原则地一忍再忍，不是智者之举，只能表现出你的懦弱与愚蠢，有时更会害人害己。

在人际交往中，我们提倡持己以严，待人以宽。但是，律己宽人也是有原则、有条件的，那种不顾原则、不讲条件的盲目的律己宽人，有时往往会降低你在别人心目中的威望，减损你的人气，这种做法是不可取的。

律己宽人不仅要有一个度，而且还要看环境、看对象。《韩非子·外储说左上》记载了一个宋襄公打败仗的故事。宋军先到一步，已经排成战列，剑拔弩张；而楚军兵马还在乱糟糟地渡河。右司马对宋襄公说："楚军人多而宋军人少，趁楚军正在渡河，立足未稳，赶快出击，定能获胜。"宋襄公回答说："我听说君子不杀受了重伤的人，不乘人之危，不击鼓成列不能对阵。现在楚军还未准备好，我们若攻击它，不合乎义，请让楚军排好阵势，然后再击鼓进攻。"等到楚军列阵完毕后，宋襄公才命令宋军出击，结果弱小的宋军被楚军打得大败，宋襄公大腿上也中了一箭，三天后，就一命呜呼了。

律己宽人，虽然可以有助于赢得友谊，甚至有时也能将敌人改造为朋友，但是，它不是在任何条件下、对任何人都灵验。

容忍不仅仅是为了要统驭，或是倾向于某一方面，而是凭着智慧与善意，去发掘真理，使我们免于专横、盲目，最重要的是免于心胸狭窄。

宽宏大量，与人为善，宽容待人，能主动为他人着想，肯关心和帮助别人的人，则讨人喜欢，被人接纳，受人尊重，具有魅力，因而能更多地体验成功的喜悦。

坚守信念，不在意他人的评说

"聋"就是耳聋；笑骂由他笑骂，好坏我自为之。但"聋"字中包含有瞎的意义。

如果一个人能不理睬他人的风言冷语，善于保护自己，那么他完全可以塑造出正面的自我形象来。那些脸皮薄、心肠软的人，在试图实现任何理想的过程中，总是对这个过程中第三方的评价心存疑虑，因此做事难免缚手缚脚、顾三顾四。这样行动起来，本来可以直接达到目标的路径，却因有所顾忌而放弃，因此就平添了许多麻烦，反而不易实现自己的理想。

有成功潜质的人，能够把别人的评价放在一旁，拒绝接受任何人试图强加于他头上的道德限制。更加重要的是，他们不会因为其他的扰乱因素而改变自己的行动计划，也从不怀疑自己的能力和价值。对待别人的讥讽、嘲笑、辱骂，以及任何其他涉及自己尊严和脸面方面的问题皆不在意，一心一意地朝着自己心里想的去做，所以他们往往更容易步入成功人士的行列。

晏子是春秋后期一位重要的政治家，他以有政治远见和外交才能，作风朴素闻名诸侯。他爱国忧民，敢于直谏，博闻强识，善于辞令，主张以礼治国，在诸侯和百姓中享有极高的声誉。还在未做国相时，齐景公曾命晏子去治理东阿。晏子满怀热情地准备去那里大展宏图。然而，3年之后，向朝廷告状的人越来越多，景公非常恼怒，他将晏子召了回来，要罢免他的官职。

晏子知道自己饱受争议，但为了自己能够继续施展才能，于是非常谦卑地对齐景公说："臣已知错，但请大王再给臣3年的时间，那时，人们必定会说好话了。"景公见他十分诚恳，好像的确很有把握，便答应了他的请求，仍旧让他治理东阿。这样，3年很快又过去了，景公果然很少再听到对晏子不满的声音，都是一些盛赞他的话。景公十分高兴，于是召晏子入朝，打算予以嘉赏。不料晏子却诚惶诚恐地表示不敢接受。

齐景公感到很奇怪，就问晏子究竟是什么原因。晏子回答说："第一次我去东阿的时候，让人修筑道路，还施行有利于百姓的各种措施，坏人便责备我；我主张节俭勤劳，尊老爱幼，惩治偷盗无赖，无赖便怨恨我；权贵犯法，我也严加惩治，毫不宽恕，权贵们嫉恨我；我身边的人如果有触犯法度的行为，我也惩罚他们，周围的人责骂我。这些对我的恶语中伤四处传扬，甚至有人还在背后告我的黑状。这样，您认为我的确做错了。第二次，我就改变了做法。我不让人们修路，拖延实施利民措施，坏人就高兴了；我并不再提倡节俭勤劳、尊老爱幼，还释放那些鸡鸣狗盗之徒，无赖们也开心起来；权贵们犯法，我并不依法惩治而予以偏袒，权贵们开始奉迎我了；周围的人无论有什么要求，即便是违背法度的事情，我也有求必应，因此，周围的人也满意了。于是，这些人又到处颂扬我，您也就信以为真了。3年前，您要处罚我，其实我应该受赏；现在，您要封赏我，但其实我该受罚。"

齐景公听后，恍然大悟，知道晏子是一位有德有才的良臣，于是立刻拜他为相，并把治理全国的重任都交给他。自此以后，凡是有对晏子不利的言论，齐景公一概不予理会。后来，在晏子的治理下，齐国终于实力大增，成为争霸天下的强国之一。

同样是在春秋时期，当时南方小国——越国国王的勾践，在春秋末期崛起，成为春秋五霸之一，是那一时期伟大的绝唱。越王勾践在政治上的成功，可谓得来不易。在以王为尊的古代，一个国家的命运往往系于国王一人的素质，而勾践就正好具有这样的素质。

周敬王二十三年（前 497 年）勾践即位，时值楚国联越制吴，吴、越冲突初起，而越国实力很弱。周敬王二十六年（前 494 年），勾践闻吴王夫差日夜练兵欲攻越，于是采取主动先伐吴国。吴王夫差亲率精兵击越，两军大战，越国惨败于吴，勾践不得已，纳大臣范蠡委曲求全、以退为进之谋，卑辞厚礼以求和，并向夫差请求称臣纳贡。夫差同意罢兵赦越，但要勾践夫妇到吴国为他服役。

勾践将国内事情托付给文种等大臣，只带着夫人和范蠡去吴。勾践五年（前 492 年）五月，勾践一行抵达吴都。吴王夫差有意羞辱他，要他住在夫差之父阖闾坟前的一个小石屋里守坟喂马，有时骑马出门时，还故意要他牵马在国人面前走过。勾践丝毫不曾反抗，却只忍辱负重，自称贱臣，对吴王执礼极恭，吃粗粮、睡马房、服苦役，任劳任怨。服役 3 年，无论受到什么样的羞辱，他也从来不生气，也从不表现出憎恨吴王。他始终小心伺候夫差，做到百依百顺，其忠心之程度，甚至胜过夫差手下的仆役。夫差生病的时候，勾践前去问候，甚至还掀开马桶盖观察夫差刚拉的大便，以此关心夫差的病情。3 年漫长的时间终于过去，由于尽心服侍，勾践博得夫差的欢心，再加上夫差大臣接受文种派人所送之礼而在夫差前为勾践说好话，使得夫差认为勾践已真心臣服，于是决定放勾践夫妇和范蠡回国。勾践七年（前 490 年），勾践归国后，"卧薪尝胆"，苦心焦思，发愤图强，富民兴国。在范蠡、文种辅佐下，励精图治，经"十年生聚，十年教训"，发展实力，最后终于灭掉吴国，一雪前耻，并最终成为霸主。

一般人以自己的尊严和荣誉为最大的利益，宁折不屈是他们的做人准则。但晏子的高明之处是，他并不急于替自己辩解，笑骂由人，而是用行动来告诉齐景公，不管是执政还是用人，都要挡得住那一些风言冷语，也要能够分辨是非真假。在这方面，齐景公也是聪明人，一点就通，这样才能真心诚意地任用晏子为相，使齐国强大起来。勾践身为一国之君，其尊严不可谓不高，但是却要放下身段去服侍吴王，想尽一切办法取悦他，不用说国君的尊严，就连作为一个普通人的尊严也已经丧失殆尽。然而，尽管在长达 3 年的时间内，受尽了各种屈辱，勾践却仍然能够把尊严放一边，厚着脸皮忍辱负重，终于得到吴王的信任，最后得以完成自己的夙愿。如果他没有足够强大的信念的话，恐怕在复国之前就早已身亡灭国，更遑论成为霸主之一了。

学会减压

中国自古以来以"和"为贵。和，是天下人通行的准则。

汉初，年幼的皇帝不懂事，被吕氏家族挟持，整个刘家天下受到了威胁。左丞相陈平为此很是忧愁，他尽管谋略万千，但找不出一个合适的方法来挽救刘家天下。

一天，正当他在沉思时，陆贾前来拜见，见他面带忧色，神情专注，就问他什么事，陈平告诉他说担心吕氏家族及幼主，但找不出什么办法。

陆贾对他说，在天下安定的时候，丞相发挥重要作用，在天下危难的时候，将军发生重要的作用。如果将军与丞相能合作团结起来，那么就会获得民心。此时，即使天下发生什么大变动，权力也不会分散。如果你能与太尉周勃关系搞好，合作起来，还有什么不能办成的呢？

陈平听了，心头一亮，觉得这是一条不错的路子，于是就采纳了他的意见。在周勃生日时，他送了五百两黄金作为礼物，并且准备了各种菜肴。周勃见了，自然很是高兴。待陈平生日时，也予以同样地回报。一来一往，两人建立了较深的友谊，关系亲密起来。

吕氏死后，陈平和周勃会同刘氏宗室，齐心协力杀除吕氏家族，树立代王刘恒为帝。汉文帝即位后，陈平又与周勃合作，一为左丞相，一为右丞相，为汉朝江山的稳定立下了汗马功劳。

俗话说："退一步海阔天空。"你敬别人一尺，人家就会敬你一丈。

清朝初年，安徽桐城出了许多人才。有历任康熙、雍正、乾隆三朝的张廷玉大学士，还有他的父亲康熙时的文华殿大学士张英。张家非常和睦，从不争吵，人丁兴旺，备受朝廷器重。

张家对邻里也非常友善，在当地有一个的故事，说的就是他和邻居家和善相处的事。张英家的邻居姓叶，也是一位较大的官员。这一年叶家要翻造新房，在重新打院墙桩基时，把他们家的墙基向张家这边移了三尺。

张英的夫人听家人说邻家强占她家地基，便去实地察看，邻家果真是向自己家移进了三尺，张夫人很生气，就写了一封信，派人到北京，向在朝中任大学士（相当宰相）的丈夫张英报告此事，要丈夫出面解决。张英见家里来人，一问是与邻居争界的事。就写了一封回信，让家人带回交给夫人。夫人拆开信，只见是一首诗："千里修书只为墙，让他三尺又何妨；长城万里今犹在，不见当年秦始皇。"

张夫人看完大失所望。回信不但不想办法争回三尺墙基地，反而要让。心里难免生气，但后来一想，丈夫有道理。自己丈夫的官比邻居大，如果要这三尺地，难免被人家认为以势压人。再说，自家的院子也很大，少了三尺也无大碍。更重要的是邻里之间要和睦，常言道：远亲不如近邻。就同意了丈夫的劝导不再提这件事，把墙基后退三尺。

俗话说："和气致祥。"在一个家是如此，在一个单位和一个社会更是如此。如何保持和气呢？古人指出"长傲""多言"是破坏和气的两大因素，更是历代战争和残杀的原因，而要做成熟的人就应该谦虚而少语。

"和气"是团结的基础，也是生财的基础，现代人更讲究一团和气。

当你和上司、同事或其他人有了冲突的时候，最好进行面对面交谈。面对面交谈应该心平气和地进行，要与对方保持一种和睦的关系。

在与别人谈话时，要考虑别人的意见，但不要立即表示赞同。给自己充足的时间去想，好像你是被老板或同事提出的建议说服的。这样使你看起来更谨慎，而且考虑得更周到。如果可能的话，表明你的忧虑。即使你表明了你的不同意见，你也要给同僚和上司以进一步说明他们的想法的机会。另外，要事前弄清楚别人的观点。

当你意识到自己与他人的冲突已经严重到了非解决不可的地步时，应该假设有这样一种情况，即所有的人都在看着你所要作出的决定，你一定要慎重而准确地处理好这件事。这样的话你就不会轻易犯下错误。

正是你好我好大家好，无论在古代还是现代社会中，"和"都是成功不可缺少的。

智者守愚

清代著名的扬州八怪之一郑板桥的一生中，皓首穷经，没有从圣贤书中学到多少人生真谛，却从世态炎凉和官场丑恶中总结出了一句至理名言——难得糊涂。

中国古代的道家和儒家都主张"大智若愚"，而且要"守愚"。孔子的弟子颜回会"守愚"，深得其师的喜爱。他表面上唯唯诺诺，迷迷糊糊，其实他在用功，所以课后他总能把先生的教导清楚而有条理地讲出来，可见若愚并非真愚。大智若愚的人给人的印象是：虚怀若谷，宽厚敦和，不露锋芒，甚至有点木讷。其实在"若愚"的背后，隐含的是真正的大智慧、大聪明。

孔子年轻气盛之时，曾受教于老子。老子对孔子说："良贾深藏若虚，君子盛德容貌若愚。"即善于做生意的商人，总是隐藏其宝货，不叫人轻易看见；君子之人，品德高尚，容貌却显得愚笨拙劣。

因此，老子警告世人："不自见，故明；不自是；故彰；不自伐，故有功；不自矜，故长。""企者不立，跨者不行。自见者不明。自是者不彰，自代者无功，自夸者不长。"

老子是第一个推崇"愚"的含义的人——宽容、简朴、知足的最高理想。

这种处世态度包括了愚者的智慧、隐者的利益、柔弱者的力量和真正熟知世故者的简朴。这种境界的达到，往往是一个高尚的智者在人生的迷恋中幡然悔悟后得来的。

在儒家思想中，没有任何东西比炫耀、有意显示更遭批评的了。

金熙宗时期，石琚任邢台县令时，官场腐败贪污成风，独石琚洁身自好，还常告诫别人不要见利忘义。

石琚曾经面对邢台守吏规劝说：

"一个人到了见利不见害的地步，他就要大祸临头了。你敛财无度，不计利害，你自以为计，在我看来却是愚蠢至极。回头是岸，我实不忍见到你东窗事发的那一天。"

邢台守吏拒不认错，私下竟反咬一口，向朝廷上书诬陷他贪赃枉法。结果，邢台守吏终因贪污受到严惩，其他违法官吏也一一治罪，石琚因清廉无私，虽多受诬陷却平安无事。

石琚官职屡屡升迁，有人便私下向他讨教升官的秘诀，石琚总是一笑说：

"我不想升迁，凡事凭良心无私，这个人人都能做到，只是他们不屑做罢了。人们过分相信智慧之说，却轻视不用智慧的功效，这就是所谓的偏见吧。"

金世宗时，世宗任命石琚为参知政事，万不想石琚却百般推辞，金世宗十分惊异，私下对他说："如此高位，人人朝思暮想，你却不思谢恩，这是何故？"

石琚以才德不堪作答，金世宗仍不改初衷。石琚的亲朋好友力劝石琚道：

"这是天下的喜事，只有傻瓜才会避之再三。你一生聪明过人，怎会这样愚钝呢？万一惹恼了皇上，我们家族都要受到牵连，天下人更会笑你不识好歹。"

石琚长叹说："俗话说，身不由己，看来我是不能坚持己见了。"

石琚无奈接受了朝廷的任命，私下却对妻子忧虑地说：

"树大招风，位高多难，我是担心无妄之灾啊。"

他的妻子不以为然，说道：

"你不贪不占，正义无私，皇上又宠信于你，你还怕什么呢？"

石琚苦笑道：

"身处高位，便是众矢之的，无端被害者比比皆是，岂是有罪与无罪那么简单？再说皇上的宠信也是多变的，看不透这一点，就是不智啊。"

石琚在任太子少师之时，他曾奏请皇上让太子熟习政事，嫉恨他的人便就此事攻击他别有用心，想借此赢取太子的恩宠。金世宗听来十分生气，后细心观察，才认定石琚不是这样的人。

金世宗把别人诬陷他的话对石琚说了，石琚所受的震撼十分强烈，他趁此坚辞太子少师之位，再不敢轻易进言。

大定十八年，石琚升任右丞相，位极人臣，前来贺喜的人络绎不绝。石琚表面上虚与委蛇，私下却决心辞官归居。他开导不解的家人故旧说：

"我一生勤勉，所幸得此高位，这都是皇上的恩典，心愿已足。人生在世，祸在当止不止。"

他一次又一次地上书辞官，金世宗见挽留不住，只好答应了他的请求。世人对此事议论纷纷，金世宗却感叹说："石琚大智若愚，这样的大才天下再无二人了，凡夫俗子怎知他的心意呢？"

装"糊涂"有时候也是一种无奈之举，特别是当弱者面对强大的敌人时，装糊涂就成为一种重要的智慧了。

1864 年，在日本的德川幕府时代。西方列强奴役了中国之后，又对日本虎视眈眈，他们用武力要挟日本签订割让日本彦岛的条约。日本方面派高杉普作为谈判代表。高杉普作曾到过中国，亲眼见到中国国土被列强割据的惨状。为了国家的安危，他尽自己的能力与列强在谈判桌上周旋。在签字仪式上，他滔滔不绝地说："我日本国，自从天照大神以来，就……"把日本的历史一一述说出来。历史文字一般高深难懂，假若再译成其他语言，则更要费时费力。因为高杉普作的这一做法，使翻译大为头痛，很多地方不知如何用英语表达。而西方列强代表听得更是云山雾罩。谈判最终无法分出谁胜谁负，据说签字之事也就不了了之了，日本国土得以保全。

一个人应该有远大的志向，你看伟人从来都是志向远大而豪爽的。与他人交谈，尤其谈论的主题令人不快时，你最好不要过于注重一些不重要的细节，即使是需要注意的一些事情也应该随意一点，因为把谈话变成琐碎的询问总是不好的。在与人交往的时候，需要的是彬彬有礼而高贵的宽宏大量，因为这是一种高雅的风度。善于支配他人的一大要诀就在于对事情表现出漠不关心。学会忽视发生在好友、熟人、特别是对手中的大多数事情，因为过分的谨小慎微是令人不快的。

每个人都有缺陷，对于别人的缺点，我们有时候需要"糊涂"一点。这种对人们缺点的"糊涂"，是一种难得的糊涂。有时候"糊涂"是日常生活中不可缺少的一个音符，"糊涂"是为人处世时刻都用得上的。

这里所说的"糊涂"，是指在待人接物时，装装糊涂，讲点艺术。

苏轼在《贺欧阳少师致任启》中说："力辞于未及之年，退托以不能而止，大勇若怯，大智若愚。"对于那些不情愿去做的事，可以以智回避。有大勇，却装出怯懦的样子，聪敏，装出很愚拙的样子，如此可以保全自己的人格，同时也可不做随波逐流之事。真正的大智大勇者未必要大肆张扬，徒有其表，而要看其实力。李贽也有类似的观点："盖众川合流，务欲以成其大；土石并砌，务以实其坚。是故大智若愚焉耳。"百川合流，而成其大；土石并砌，以实其坚，这才是大智若愚。

人们在追求成功的过程中，并不是笔直平坦的，它是由许多曲折和迂回铸成的。聪明的人在不能直达成功彼岸的时候，就会采取迂回前进的办法，不断克服困难，最终走向成功。当我们面临困难，面对无奈和尴尬时，不妨学糊涂一些，只有这样，成功才会属于你。

梦想铸就成功

记得有一位著名哲人说过："梦想是一个人心中的太阳，它可以照亮生活中的每一步。"

我们心灵能够到达之处，直接与我们个人梦想的大小相关，它也与我们对是否能够实现梦想的信念强弱有关。所以，你要有远大的梦想，帮助你自我成长，也帮助你周围的人成长；要有远大的梦想，来启发及改善你自己与其他人的生活；要有远大的梦想来证明，这种启发及自由民主的梦想方式，一定可以改变世界的纷争。

一个具有崇高生活目的和思想目标的人，比一个根本没有目标的人更有作为。苏格兰有句谚语说："扯住穿金制长袍的人，或许可以得到一只金袖子。"那些志存高远的人，所取得的成就必定远远高于起点。即使你的目标没有完全实现，你为之付出的努力本身也会让你受益终生。

梦想是衡量个性和能力的最佳标尺。就算一个人只停留在梦想表层，根本不去努力实现它，也比没有梦想的家伙强上百倍。

梦想越高，人生就越丰富，达成的成就越卓绝。梦想越低，人生的可塑性越差。也就是惯常说的："期望值越高，达成期望的可能性越大。"

一开始心中就怀有最终目标，意味着一开始就清楚地知道自己的目的地。它意味着你知道自己要去哪里，这样你就比较清楚你现在在哪里，你迈出的每一步总是朝着正确的方向前行。

不要阻止你的梦想，信仰并且鼓励你的憧憬，发扬你的梦想，努力去实现，这种使我们向上面展望，向高处攀登的能力，是与生俱有的。它是指示我们走上至善之路的指南针。

一个人愈能实现他的梦想，那么，他的能力也会不断提高，并变得越来越有效能。一个人的梦想的实现，往往可以感应起一串新的梦想的努力。就在人类化梦想为事实的能力中，寻见了世界的种种希望。

李斯二十六岁时，是楚国上蔡郡府里的一个看守粮仓的小文书。他的工作是负责仓内存粮进出的登记，将一笔笔斗进升出的粮食进出情况记录清楚。日子就这么一天天过着，李斯不能说完全浑浑噩噩，但也没觉得这有什么不对。直到有一天，李斯到粮仓外的一个厕所解手，这样一件平常的小事竟改变了李斯的人生态度。

李斯进了厕所，尚未解手，却惊动了厕所内的一群老鼠。这群老鼠瘦小枯干、探头缩爪，且毛色灰暗，身上又脏又臭，让人恶心至极。李斯看见这些老鼠，忽然想起了自己管理的粮仓中的老鼠。那些家伙，一个个吃得脑满肠肥，皮毛油亮，整日在粮仓中大快朵颐，逍遥自在。人生如鼠，不在仓就在厕，位置不同，命运也就不同。自己在上蔡城里这个小小的仓库中做了八年小文书，从未出去看过外面的世界，不就如同这些厕所中的小老鼠一样吗？整日在这里挣扎，却全然不知有粮仓这样的天堂。

李斯决定换一种活法，第二天他就离开了这个小城，去投奔一代儒学大师荀况，开始了寻找"粮仓"之路。二十多年后，他把家安在了秦都咸阳的丞相府中。

马可尼发明无线电，是梦想的实现。这个惊人梦想的实现，使得航行在惊涛骇浪中的船只一旦遭受到灾祸，便可利用无线电，发出求救信号，由此拯救人的生命。电报在没有被发明之前，也被认为是人类的梦想，但莫尔斯竟使这梦想得以实现了。斯蒂芬孙原先是一个贫穷的矿工，但他制造火车机车的梦想也变成了现实，使人类的交通工具大为改观，人类的运输能力也得以空前地提高。横跨大西洋的无线电报是费尔特梦想的实现，这使得美欧大陆能够密切联络。

梦想一旦提升起来，个性就会随之拔高，对自我的意识就变得强烈。确定了目标，缩短与目标之间的距离就有迹可循，就可以一步步地趋近梦想了。

人只有具有这些梦想，才可能有远大的希望，才会激发人们内在的智能，增强人们的努力，以求得光明的前途。

对世界最有贡献、最有价值的人，就是那些目光远大，且有先见之明的梦想者。他们能运用智力和知识，来为人类造福，把那些目光短浅、深受束缚和陷于迷信的人解救出来。有先见之明的梦想者，把常人看来做不到的事情，一一变为现实。凡是成功者都做过梦想者。不论工业界的巨头、商业的领袖，都是具有伟大的梦想、并持以坚定的信心、付出努力奋斗的人。如果你想成功，首先请画好自己的梦想花园。

没有什么比自信更重要

美国哲学家罗尔斯曾说过：所谓信心，就是我们能从自己的内心找到一种支持的力量，足以面对生或死所给我们的种种打击，而且还能善加控制。凡是能找到这种力量，因而无论是生或死都能制胜的人，必是非常快乐的！

成功人士与失败者之间的差别是：成功人士始终用最积极的思考，最乐观的精神和最辉煌的经验支配和控制自己的人生。一般人都认为不可能的事，你却肯向它挑战，这就是成功之路了。信念和想象力的强弱是阻止人们内心无限发展的唯一限定。相信你是天生的赢家。

有一次，一个士兵骑马给拿破仑送信，由于马跑得速度太快，在到达目的地之前猛跌了一跤，那马就此一命呜呼。拿破仑接到了信后，立刻写封回信，交给那个士兵，吩咐士兵骑自己的马，快速把回信送去。

那个士兵看到那匹强壮的骏马，身上装饰无比华丽，便对拿破仑说："不，将军，我这一个平庸的士兵，实在不配骑这匹华美强壮的骏马。"

拿破仑回答道："世上没有一样东西，是法兰西士兵所不配享有的。"

日常生活中，一个人只要有自信，那么他就能成为他希望成为的人。

心理学家做过这样的实验。他们从一班大学生中挑出一个最愚笨、最不招人喜爱的姑娘，要求她的同学改变已往对她的看法，大家也真的打心眼里认定她是位漂亮聪慧的姑娘。不到一年，这位姑娘便奇迹般地出落得漂亮起来，气质也同以前的她判若两人。她对人们说，她获得了新生。确实，她并没有变成另外一个人，然而在她身上却展现出每一个人都蕴藏的美，这种美只有建立在强烈的自信心上，才会展现出来。

自信是一种天赋，天下没有一种力量可以和它相提并论。一个小小的信心可以移动巨大的山峰。所以有信心的人，没有所谓不可能的。他会遭遇挫折危难，但他不会灰心丧胆。

几乎每个人都曾一度丧失信心，但如果他有智慧，便能找回信心。童年时凭着信心，驾一叶扁舟航行大海，常会被人生的大风浪弄翻船只。所以传统的信心还是不够。假使我们有勇气继续前进，对于我们看不到的地方就只有凭信任了。我们进可以攻，退可以守，还可以找到一个更坚定、更崇高的信心。

自信的态度决定人生的高度。

希尔认为一个人是否成功，就看他的态度了。

有些人总喜欢说，他们现在的境况是别人造成的。环境决定了他们的人生位置。但是，我们的境况不是周围环境造成的。说到底，如何看待人生，由我们自己决定。纳粹德国集中营的一位幸存者维克托·弗兰克尔说过："在任何特定的环境中，人们还有一种最后的自由，就是选择自己的态度。"

一般人都认为不可能的事，你却肯向它挑战，这就是成功之路了。然而这是需要信心的，信心并非一朝一夕就可以产生的。因此，想要成功的人，就应该不断地去努力培养信心。

没有自信，人们便失去成功的可能。自信是人生价值的自我实现，是对自我能力的坚定信赖。失去自信，是心灵的自杀，它像一根潮湿的火柴，永远也不能点燃成功的火焰。许多人的失败不是在于他们不能成功，而是因为他们不敢争取，或不敢不断争取。而自信则是成功的基石，它能使人强大。

自信的态度在很大程度上决定了我们的人生，我们怎样对待生活，生活就怎样对待我们；我们怎样对待别人，别人就怎样对待我们；我们在一项任务刚开始时的态度决定了最后有多大的成功，这比任何其他因素都重要；人们在任何重要组织中地位越高，就越能达到最佳的态度。

人的地位有多高，成就有多大，取决于支配他的思想。消极思维的结果，最容易形成被消极环境束缚的人。成功之路是信念与行动之路。

信心就存在于你的体内，是与生俱来的。只是现在我们陷于一种复杂混乱的状态，把运用信心认为是一种冒险，所以不敢尝试而已。

我们需要生活的动力来征服心头的纷扰、折磨、缺陷。我们本来很软弱，所以需要力量来支持。信心更能使我们坚强。

自信能最大程度地影响我们的生活、事业以及一切，并能让你成大事。脱颖而出者，是一个才华横溢、能力超群之士，那么你肯定会尽情发挥你自以为长的天赋，最终，你必将成为一名成大事者。

坚强的自信，便是伟大成功的源泉。不论才干大小，天资高低，成功都取决于坚定的自信心。相信能做成的事，一定能够成功。反之，不相信能做成的事，那就决不会成功。

笑能给人增添信心，这是多数人所经常体验到的。放声地笑，表明了"我有信心，我是一定能行的"。但要记住，培养起自己对事业的必胜信念，并非意味着成功便唾手可得。自信不是空洞的信念，它是以学识、修养、勤奋为基础的，缺乏自信则是以无知为前提的。前者令人肃敬，后者受人嘲讽。

俄国大文豪托尔斯泰，有一次对另一位文学家高尔基说：人不能拒绝最基本的信心，对之加以重视。因为信心会影响自己的心灵，刺激积极的冲动，使自己最崇高的天性不遭受可悲的伤害。那些喜欢疑虑嘲讽的人，他们的心灵一定有毛病。

自信与骄傲仅仅一步之遥，骄傲是盲目的，自信是清醒的；骄傲更多的是留恋于已有的，自信则主要关注未来。

皮鲁克斯曾说过："早有满怀自信的人，才能在任何地方都把自信沉浸在生活中，并实现自己的意志。"

许多人本来可以做大事、立大业，但实际上竟做着小事，过着平庸的生活，原因就在于他们自暴自弃，他们不怀有远大的希望，不具有坚定的自信。

与金钱、势力、出身、亲友相比，自信是更有力量的东西，是人们从事任何事业的可靠的资本。自信能排除各种障碍、克服种种困难，能使事业获得完满的成功。

有的人最初对自己有一个恰当的估计，自信能够处处胜利，但是一经挫折，他们却半途而废，而是因为自信心不坚定的缘故。所以，光有自信心还不够，更须使自信心变得坚定，那么即使遇着挫折，也能不屈不挠，向前进取，绝不会因为一遇困难就退缩。

假使我们能把握住自己认为最崇高的信心，而且追随那深沉的信心，那么即使我们寄身于丑恶的环境中，信心仍能支持我们。

生在现在

专注就是把意识集中在某个特定的欲望上的行为，并要一直坚持到已经找出实现这个欲望的方法，而且成功地将之付诸实际行动为止。你可能还意识不到专注的力量，但它的力量却是无穷的。

大部分的人都没有活在"今天"，不是活在"从前"，就是活在"以后"。人生有许多宝贵的时刻都溜走了，因为我们的心都被过去和未来占满了。

你如果想要成功，切记，现在，而且只有现在——你拥有的只是现在。

活在现在非常重要，因为只有此时才是你真正拥有的。除了此时此刻，你别无选择。活在现在，就是要承认你尝不到过去或未来的时刻。

曾经有位多愁善感的女孩给一位老师写过这样一封信："我白天要上班，晚上要上夜大自考班，整天好像是紧张充实，又像是浑浑噩噩，我没有时间去看清晨的日出和彩霞、晚上与星星谈心，驻足于草坪花丛听花、草儿生长的声音，我幻想着有一天我能放下这一切的俗务，到海南到西双版纳到夏威夷去度假，那时我该有多快乐……"

在给女孩回信时，那位老师这样说道："你的幻想是很美丽的，足以让世上的大多数人动心，但也许它实现的机会很小。其实要享受生活、要快乐并不需要那么多的附加条件，你现在完全可以做得到。你虽然很忙碌，但完全有时间有条件满足你与太阳、星星、花草的约会，不要把这些享受留待明天。只要你今天有享受的心情，你就完全能做到，明天会有明天的不如意和制约条件，是靠不住的，甚至你还会懊恼今天没有好好享受年轻的心情与生活呢。快乐、放松与享受生活不需要太多的条件与借口，最需要的只是一种平静看待今天的心态，给自己今天的快乐，另外一个时间会有另外一种快乐，错过了今天，你也就错过了今天的快乐。而且不只是休闲娱乐中有快乐，工作、学习中也有快乐，它随处躲藏，需要你用心灵去体会。"

大部分的人很少关注眼前的时刻，他们错失了生活的许多机会。我们每一个人都做得到，并且可以从中得到好处。不论工作或休闲，创意过程中非常重要的一环就是活在现在，专注于手里的差事。

要掌握此刻，你首先必须学会一次只做一件事，而不要同时做两件事或三件事。手里做着一件事，心里又想着另外一件事，这是矛盾不通的。你如果想着别的事情，就不能放手做你所选择的事。我们在成功之途遇到的问题之一，就是选定某一件事，然后一直撑到该撒手的时候为止。任何事情只要值得去做，我们就应该全心全意去做。

回避现实几乎成为一种流行疾病。社会环境总是要求人们为将来牺牲现在。根据逻辑推理，采取这种态度就意味着不仅要避免目前的享受，而且要永远回避幸福——将来的那一刻一旦到来，也就成为现在，而我们到那时又必须利用那一现实为将来做准备：成功遥遥无期。

因此，想要成为一个人就要抓住机会，把握好现在，不要陷入昨天的回忆，也不能流于对明天的幻想，人们应该记住，今天、现在才是你需要专注的目标，因为你的成功不能缺少现在。

一个学禅的弟子问他的老师："师父，什么是禅?"师父回答道："禅是扫地的时候扫地，吃饭的时候吃饭，睡觉的时候睡觉。"弟子说："师父，这太简单了。""没错，"师父说，"可是很少有人做得到。"因为很少有人做到，所以如果你做到了，你将获得成功。

只要使一部分人满意就够了

多少年以前，有一位诗人自问："世界上有哪一个人的作为，能满足世人的所有需要和欲望?"他想了一整夜，后来他自己回答："没有一个人做得到。"

齐国宰相管仲重病在床，齐桓公没一个可信赖、可商量的人，他心里觉得鲍叔牙挺有才干。问管仲的意见："仲父，要是到了您病危不治，那时，齐国我将托付给谁呢?"

管仲："您想托付给谁呢?"

桓公说："鲍叔牙。"

管仲说："鲍叔牙不合适，他为人很好，也很廉洁。但他对那些不如自己的人，便不愿去接近、交往。他一旦知道谁有过错，便牢记心上，总也不能原谅人家。如果让他治国，他一定是个忠诚正直之臣，但同时，在是非曲直之时，他也一定会同君主对着干的，绝不会婉转周旋。对下级也必定会看得很清楚、很透彻；同时，要求也会很苛刻琐碎。这样，他向上会很容易得罪君主，在下级心中也没有好印象。如果您把事物委托给他，他这方面毛病您会很快就发现的。"

"那可以托付给谁呢？"

管仲答："隰朋还可以。他这个人为人，在上不想和君主闹翻，对待下级，也能容纳不同于自己、比自己差的人的言行。君主如果赶不上前代圣明帝王，他能认为这是自己没有辅佐好，别人不及他，他也能理解和体谅。"

管仲之所以认为鲍叔牙不适合，就是因为鲍叔牙做事无论是对自己还是别人都要去尽善尽美。

如果一个人他不是工作做不好，而是希望做得好上加好，不是工作不认真，而是工作太认真，丁是丁，卯是卯，并且也要求人家也像他一样，他绝不华而不实，并且他也要他的手下人也像他一样有能力，讲实效，他对事情的成果不是适可而止，而是要像他自己做事的态度要求做得好上加好，那么他终会被自己的这种想法所累，离成功也将会越来越远。

坦然面对得失成败

英国政治家兼诗人李顿写道：

"在青年人的辞典中，根本没有'失败'这个词！"

成就大业不是那么轻而易举的事，要付出心血和代价，所以做事要谨慎小心，不可疏忽大意，一旦失败，要能够经受住失败的考验，控制住危险和复杂的局面，尽力去维持现状，不能惊慌失措。失败者往往有这样的心理，一者由于已经处于败势，不敢拼死一搏，害怕再度失败，那就会束缚住自己的手脚，失去反败为胜的机会。再者是失败了，不服输，不冷静地分析失败的原因，急于反败为胜，结果贸然行动，反而招来更大的失败。这都是不能忍败的表现。失败本身并不可怕，可怕的是失败之后丧失了继续奋斗下去的决心和勇气。面对失败，不能气馁，要总结经验，再图胜利。

对人生美好的东西心存感激容易理解，而对失败心存感激，却是只有大智大勇的人才能够做到的。

爱迪生有句名言："失败也是我需要的，它和成功一样对我有价值。"爱迪生在发明蓄电池时，就曾失败了几万次。但他每失败一次便总结出几种物质不能做蓄电池。就这样一次次失败、一次次总结、一次次排除，使他向成功的目标一步步迈进。就在他失败4万多次时，一位朋友来看他，为他的多次失败而惋惜。他却认为这是一种成功，因为他已总结出"好几千种物质是不能去做蓄电池的"。

瓦伦达是美国一个著名的高空钢索表演者，在一次重大的表演中，不幸失足身亡。

他在事故发生前曾对他的妻子说，这次太重要了，不能失败，绝不能失败。

而以前每次表演时，他只想着走钢索这件事本身，而不去管这件事可能带来的一切。

如果我们太重视所有权，那么我们对所享受的福利便会顾虑太多，就不能安然享受了；如果我们觉得青春消逝便不能生存，那么在没有过好日子以前便衰老了。如果我们认为没有健康便不能过活，那么小小的痛苦便会忧惧不已。只有懂得人家不向我欢呼，我仍能快活，才真正能体味到掌声雷动的快乐。当我们害怕之时，失败往往已经离我们不远了。

把失败看成一次成功的实践，从失败中有所收获，这是一种成大事者所具有的最佳心态，他们最懂得"失败乃成功之母"，往往会在失败的教训中获益，然后从失败中走向成功，实现最辉煌的转折。

你要在这次失败中吸取教训，下次不再犯同样的错误。只有愚蠢到不可救药的人才会在同一个地方被同一块石头绊倒两次，这样的人也不会从失败中把握未来，实现命运的转折。如果你失败了，应该立即警醒，找出失败的根本原因，避免重蹈覆辙。

学会坦然面对失败，有重新站起来的勇气，成功终会属于你。

马登年轻的时候，曾经在芝加哥创办一份教导人们成功的杂志，当时他没有足够的资本创办这份杂志，所以他就和印刷厂建立了合伙关系。后来事实证明这是一本成功的杂志。

然而，他却没有注意到他的成功，以及对其他出版商造成的威胁。在他不知道的情况下，一家出版商买走了他合伙人的股份，并接收了这份杂志。他离开芝加哥前往纽约，吸取了前次失败的教训后，在这里他又创办了一份杂志。

为了要达到完全控制业务的目的，他必须激励其他只出资、但没有实权的合伙人共同努力。他同样必须谨慎地拟订他的营业计划，因为现在他只能依赖他自己的资源了。

就在不到一年的时间里，这份杂志的发行量，就比以往那份杂志多了两倍多。其中一项获利来源，是他所想出来的一系列函授课程，而这一系列的函授课程，就成了个人成功学的第一笔编纂资料。

人人都想成功，但人人都有可能遭遇失败。人在创业失败后，最重要的是做个输得起的人。

怨天尤人并不会带来好运，相反，它会让人觉得你是个输不起的人，即使你下一次创业的好运来临，他们也不伸出援助之手。因此，失败后仍要保持风度，卧薪尝胆，以图再次创业的成功。

成功和失败是可以相互转换的。取得了胜利，要善于保持，要忍受住由于胜利带来的喜悦，不能失去冷静，否则恃成而骄，失败也会接踵而至。

凡是胜利者，必定是经过千辛万苦才最终成功。取得成功不容易，保持它就更难。这是因为成功之后的喜悦常使人陷于骄傲自满的境地，失去冷静的头脑，不能正确地看待自己，也不能正确地看待对手。不能控制自己获得成功的喜悦，不忍成功，失败也会跟着来了。

有时候我们碰到的失败看起来是不可挽回的。其实，我们如果把目的弄明确，就会看到通向目的地的路不止一条。我们就可以换一条路试试，往往可以出奇制胜，殊途同归。

失败是对一个人人格的试验，在一个人除了自己的生命以外，一切都已丧失的情况下，内在的力量到底还有多少？没有勇气继续奋斗的人，自认失败的人，那么他所有的能力，便会全部消失。而只有毫无畏惧、勇往直前永不放弃人生责任的人，才会在自己的生命里有伟大的进展。

美国著名成功学家温特·菲力说："失败，是走上更高地位的开始。"许多人所以获得最后的胜利，只是受恩于他们的屡败屡战。对于没有遇见过大失败的人，有时反而让他不知道什么是大胜利。通常来说，失败会给勇敢者以果断和决心。

如果经过一番艰辛的拼搏，事业仍然成功无望，此时当事人便应进行深刻的分析，看看是主观原因的影响还是客观条件的制约，并采取相应的对策摆脱困境。

有些事本来是可以成功的，但当事人或是办事方法选择不妥，有如缘木求鱼终不可得；或是有利条件利用不够，有如顺风行船只用双桨不扯帆；或是主观努力尚有欠缺，有如推车上坡进二退三，以致事业或开局不利；或半途受阻，或功败垂成。此时，当事人必须找出主观原因的症结，然后对症下药，以求力挽败局。

爱默生说："伟大高贵人物最明显的标识，就是他坚定的意志，不管环境变化到何种地步，他的初衷与希望，仍然不会有丝毫的改变，而终至克服障碍，以达到所企望的目的。"

要测验一个人的品格，最好是看他遇到逆境以后怎样行动。失败以后，能否激发他的更多的计谋与新的智慧？能否激发他潜在的力量？是增加了他的决断力，还是使他心灰意冷呢？

超前思考，变不利为有利。大凡人们办事，一般都会碰到一些有利条件，也会遇见一些不利因素。此时，当事人便应超前思考，力争将不利因素转化为有利条件，使事业增添胜算。例如，成功的人往往把损失看得淡如云烟。他相信相对于整体而言，损失的不过是小小的局部。他们心胸开阔襟怀坦荡，遇到烦恼不会不能释怀，不会老是对自己怨艾和指责，知道谁都有犯错的时候，他们勇于承认错误，并宽恕自己和他人，他只是采取行动来挽回损失。满心喜悦地做着自己能力范围内的事。

生命中，失败、内疚和悲哀有时会把我们引向绝望。但不必退缩，我们可以爬起来，重新开始。

许多人要是没有遇到逆境，就不会发现自己真正的强项。他们若不遇到极大的挫折，不遇到对他们生命巨大的打击，就不知道怎样焕发自己内部贮藏的力量。坦然地面对失败，才能向成功迈进。

学会等待

想干一番事业，或者想办成一件事，如果时机不到，就要等待。需要有坚定的毅力，而毅力的关键在于要有一个"耐"字来把握自己的心境，耐心就是克服浮躁，使内心归结到平静这种境界的法宝。

吐蕃赞普达摩于公元842年逝世。因他无子，宠妃琳氏立自己3岁的内侄为赞普，而没有立赞普达摩的宗族。首相不服，被她杀了。洛川门（今甘肃武山县东）节度使论恐热早有篡国之心，闻得此事，自封国相，和青海节度使勾结，举兵造反。论恐热很快就杀败官军，占了渭州。

论恐热很担心尚婢婢袭击他的后方。尚婢婢是鄯州（今青海乐都县一带）节度使，文武双全，为人宽厚，治军有方。论恐热决定先灭尚婢婢，以绝心腹之患。

公元843年，论恐热率大军攻鄯州，行军途中，遇到了少有的坏天气，行到镇西（今甘肃省东乡族自治县以西）时，突然间，一个霹雷，草原上烈火熊熊，被雷劈死被火烧死十几名裨将、一百头牲口。论恐热以为是上天发怒，不敢前行。

尚婢婢闻得此事，马上命人送去大批物品，去犒赏论恐热的将士。尚婢婢的部将十分生气："论恐热来打我们，我们却去给他送礼，这不太胆怯了吗？"尚婢婢说："我哪里是真给他送礼啊，我是假装臣服，助长他的骄气。论恐热率大军前来，把我们看得不堪一击，现在遇上天灾，正犹豫不决，我们此时去送礼，他肯定信以为真，不再防备我们，而我们正好养精蓄锐，等待良机。"部将听了，非常佩服。

曾国藩年轻时，说话办事快言快语，不计后果。当他年龄稍长之后，便对这个坏习惯深恶痛绝，屡屡在日记中自我批判，强调这是没有耐性的行为，是缺乏修养的表现。

随着年龄的增长，曾国藩终于把自己修炼成了"眼作三角形，常如欲睡，而绝有光"地读书看人。读书时，一本不读完，绝不换另一本来翻看，即使没有什么兴趣，也不在半途放弃；看人时，两眼紧盯，若有所思，但嘴上绝不说话，一定要等观察结束时，想好了应对之词，才慢慢开口，这时的曾国藩显然已经有了足够的耐心。

他在日记中说：缺乏耐心的人总是不能全神贯注地做一件事情。而不能全神贯注做一件事情的根源在乎实践的不多，社会经验少；同时也是因为自己的志向没有树立，决心不够坚定，缺乏毅力。

古时人们常说，时机不成熟就隐没自己，但隐没不是把自己藏起来，根本不出现，封住自己的口，把思想与言论烂在肚子里，也不是把自己的智慧隐藏起来不发挥，而是说，时候不好，暂时退一步。这是保全自身的办法。

如果你耐心等待，成功的机会就一定会出现在你面前。

李白有铁杵磨成针的恒心终成一代文豪，曹雪芹一部《红楼梦》写了整整20年，他的耐心最令人佩服。没有一种成功不需要等待。在梦想中养精蓄锐，在静寂中整装待发，等待是一种坚韧自信。在等待中，可以不断让自己成长，养精蓄锐，可以检讨自己往日的得失，为未来打好基础。

明末农民战争风起云涌，在几路起义军和较大的诸侯割据势力中，很多的领袖皆已称王、称帝。最早的徐寿辉，在彭莹玉等人的拥立下，于元至正十一年（公元1351年）称帝。张士诚于元至正十三年（公元1353年）自称诚王。刘福通因韩山童被害，韩林儿下落不明之故，起兵数年未立"天子"，至元至正二十年（1360年）徐寿辉被部下陈友谅所杀，陈友谅自立为帝。四川明玉珍闻讯，也自立为陇蜀王，一时间，九州大地，"王""帝"俯拾皆是。

此时只有朱元璋依然十分冷静，他明白要想最终夺得天下，目前掩藏锋芒，暂时沉潜是最好的选择。所以，他采纳了"缓称王"的建议。朱元璋成为一路起义军的领袖，始终不为"王""帝"所动，直到元至正二十四年（公元1364年）朱元璋才称为吴王。至于称帝，那已是元至正二十八年（1368年）的事情了。此时，天下局势已明朗，也就是说，朱元璋即便不称帝，也已经是事实上的"帝"了。

成功必须包含等待，没有学会等待的追求难以成功。所以，耐心对于一个人很重要，机会会在你耐心等待的时候出现在你面前。

让脸皮保持弹性

上天，给我们一张脸，而厚即在其中，有时候，脸皮厚也是优秀的心理素质的代名词，要求我们正确认识挫折和失败，有不折不挠的勇气。当代厚脸皮人才所创造的不凡业绩，是厚脸皮人才以其特有的本领创造了巨大的商机和价值，由此推动了世界经济的发展和辉煌。可以说，没有厚脸皮人才的参与，就等于没有经济商战中的重武器，商战的竞争也就不会如此激烈残酷扣人心弦，精彩夺目！没有厚脸皮人才，就没有有力的竞争；没有厚脸皮人才，就缺乏打遍天下无敌手的先锋气概。脸皮薄的人，因为羞涩和畏怯，错过很多机会、很多事、很多人。

脸皮厚的人则相反，他们不会对过去的失败或不快耿耿于怀；他们在前行的路上因较少顾虑而轻轻松松；他们不会扭捏作态地把自己那可怜的自尊紧抱着不放，而是想着如何尽快地融入人群娱人娱己，快快乐乐；他们敢于表达自己的看法，及时展示自己的才华，主动尝试各种方法解决难题；他们在情感、职场、生活中，与这个世界的沟通更加畅通。

秦国大军攻打赵都邯郸，赵国虽然竭力抵抗，但因为在长平遭到惨败后，力量不足。赵孝成王要平原君赵胜想办法向楚国求救。平原君是赵国的相国，又是赵王的叔叔。他决心亲自上楚国去跟楚王谈判联合抗秦的事。

平原君打算带 20 名文武全才的人跟他一起去楚国。他手下有三千个门客，可是真要找文武双全的人才，却并不容易。挑来挑去，只挑中 19 个人。

他正在着急的时候，有个坐在末位的门客站了起来，自我推荐说："我能不能来凑个数呢？"

平原君有点惊异，说："您叫什么名字？到我门下来有多少日子了？"

那个门客说："我叫毛遂，到这儿已经三年了。"

平原君摇摇头，说："有才能的人活在世上，就像一把锥子放在口袋里，它的尖儿很快就冒出来了。可是您来到这儿三年，我没有听说您有什么才能啊。"

毛遂说："这是因为我到今天才叫您看到这把锥子。要是您早点把它放在袋里，它早就戳出来了，难道光露出个尖儿就算了吗？"

旁边 19 个门客认为毛遂在说大话，都带着轻蔑的眼光笑他。可平原君倒赏识毛遂的胆量和口才，就决定让毛遂凑上 20 人的数，当天辞别赵王，上楚国去了。

平原君跟楚王在朝堂上谈判合纵抗秦的事。毛遂和其他 19 个门客都在台阶下等着。从早晨谈起，一直谈到中午，平原君为了说服楚王，把嘴唇皮都说干了，可是楚王说什么也不同意出兵抗秦。

台阶下的门客等得实在不耐烦，可是谁也不知道该怎么办。有人想起毛遂在赵国说的一番豪言壮语，就悄悄地对他说："看你的啦！"

毛遂不慌不忙，拿着宝剑，上了台阶，高声嚷着说："合纵不合纵，三言两语就可以解决了。怎么从早晨说到现在，太阳都直了，还没说停当呢？"

楚王很不高兴，问平原君："这是什么人？"

平原君说："是我的门客毛遂。"

楚王一听是个门客，更加生气，骂毛遂说："我跟你主人商量国家大事，轮到你来多嘴？还不赶快下去！"

毛遂按着宝剑跨前一步，说："你用不到仗势欺人。我主人在这里，你破口骂人算什么？"

楚王看他身边带着剑，又听他说话那股狠劲儿，有点害怕起来，就换了和气的脸色对他说："那您有什么高见，请说吧。"

毛遂说："楚国有五千多里土地，一百万兵士，原来是个称霸的大国。没有想到秦国一兴起，楚国连连打败仗，甚至堂堂的国君也当了秦国的俘虏，死在秦国。这是楚国最大的耻辱。秦国的白起，不过是个没有什么了不起的小子，带了几万人，一战就把楚国的国都——郢都夺了去，逼得大王只好迁都。这种耻辱，就连我们赵国人也替你们害羞。想不到大王倒不想雪耻呢。老实说，今天我们主人跟大王来商量合纵抗秦，主要是为了楚国，也不是单为我们赵国啊。"

毛遂这一番话，真像一把锥子一样，一句句戳痛楚王的心。他不由得脸红了，接连说："说的是，说的是。"

毛遂紧紧盯了一句："那么合纵的事决定了吗？"

楚王说："决定了。"

毛遂回过头，叫楚王的侍从马上拿鸡、狗、马的血来。他捧着铜盘子跪在楚王的跟前说："大王是合纵的纵约长，请您先歃血。"

楚王歃血后，平原君和毛遂也当场歃了血。楚、赵结盟以后，楚考烈王就派春申君黄歇为大将，率领八万大军，奔赴赵国。如果毛遂的脸皮不够厚，不敢把自己的能力展示出来，大概就不会有用武之地。

在现实生活中，生存的竞争越来越激烈，想要成功，那就快乐地去学做一个厚脸皮的人，让脸皮保持弹性，因为厚脸皮的人，机会永远最多！

·第五章·

方圆为人，善于辨人读心

画人画虎，知人知面。人生万难，识人最难。具有识人的本领，与不同的人打交道的时候用不同的策略，这也是一种方圆之道。看透人心，你可以在交际中掌握主动权，观其言行而知其本质，做出最佳的应对之举。

认人有方

一个人应该有敏锐的观察力与良好的判断力才能穿透对方的表面现象，发现对方隐藏在肚子里的实情。测度他人需要很强的判断力和观察力，而观察人的品性、气质比了解草药的特性重要得多，也复杂很多。

对方的身份、地位不同，你说话的语气、方式以及办事的方法也应有所区别。如果不明白这一点，对什么人都是一视同仁则可能会被对方视为没大没小，无尊无贱。尤其当对方是身份地位比你高的人，会认为你没有教养，不懂规矩，因而他不喜欢听你的话，不愿帮你的忙，甚至有意为难你，这样就可能阻碍了自己办事的路子，使所办之事遇到障碍。

其实最糟糕的事情莫过于认错人。被货物的质量不好所欺骗，或被货物价格不当所欺骗。预防欺骗需要审慎、明察。会辨货与会识人是有区别的。洞察人的气质，分辨人的性情，不是三言两语能够说清楚的，这也是人生非常微妙的事情。俗话说："听话听音，锣鼓听声。"一个人的言辞能够透露一个人的品格，一个人的行为能够透露的东西更多希望在某个方面有所收获，特别需要小心谨慎，要具备极强的观察力和鉴别力。

南宋时期，岳飞奉朝廷之命到洞庭湖围剿起义的杨么，军队驻扎在洞庭湖畔。第二天来了两员将领，声称是杨么手下部将，因慑服于岳家军的声威，特来投降的，并带给岳飞许多有关杨么的军事情报。

岳飞安置好了二人，便一心一意训练部队。训练中两名降将表现得十分出色，岳飞便把二人都提为总兵之职，让他们带领军队。同时把作战计划告诉二人，声明中秋节全军休整，中秋节后即发兵攻打杨么的水寨。

中秋节之夜，岳飞命人带着另外一支军队突袭杨的水寨，寨中军队毫无防备，岳军长驱直入，杨么被打得大败。

原来，岳飞第一次就看出二位降将是诈降，借机来刺探自己军事情报的，便将计就计，把虚假的情报告诉二人，让他们把假情报送回去，麻痹对方，然后趁机突然袭击。以最少的力量牵制对方军队，使其按自己部署行动，这种巧用谎言诈术的手段也成为借力打人的奇效的典范。

将计就计最关键的两个环节首先是识破对方的谎言，然后让对方相信自己已被他的谎言骗住了，这样，才可能行使计谋。如果不能识破对方的谎言，就会被对方欺骗；如果不能使对方确信自己已经受骗，对方就会起防备之心，再使计谋就达不到效果了。

识破对方的谎言固然需要智慧、需要机敏，但稍微具备防骗意识和警惕性的人几乎都可以做到。困难在于如何装出一副已受骗的模样来，这是将计就计的关键，那种大智若愚、装傻弄痴的样子可不是人人都能做得天衣无缝的，它需要更加周密的思考、精心的策划、巧妙地掩饰与装扮。因此，它对一个人的心智提出更高的要求。伊索寓言中有这样一则故事，说明了识人不清的危害：

山鹰与狐狸结为好友，为了更加巩固友谊，它们决定住在一起。于是鹰飞到一棵高树上面，筑起巢孵育后代，狐狸则走进树下的灌木丛中间，挖个洞生儿育女。这样过了很长一段时间。

一天，狐狸外出觅食，鹰也正好断了炊。山鹰就飞入灌木丛中把幼小的狐狸抢走，与雏鹰一起饱餐一顿。狐狸回来后，发现山鹰偷吃了它的儿女，极为悲痛。可是它无法报仇，因为它是走兽，只能在地上跑，不能去追逐会飞的山鹰。

观察一个人，除了他的外貌以外，还包括印象和名气。有的人名气很大却华而不实，徒有虚名，对这种人就要善于识破他。在生活中，小人无时不在，只是小人们的表现有所不同：古代社会中，小人们见利忘义，好造事端，而现代社会中，小人们追逐名利，欺世盗名，这就要求我们要仔细去识别他们。

从一个人的言谈中可以洞察人的内心世界，一般说来，如果对某人心怀不满，或者持有敌意态度的时候，许多人的说话速度变得十分迟缓。相反的，如果有愧于心，或者有意要撒谎，说话速度自然会变快起来。

说话的速度忽然比平常缓慢，那就是表示对方怀有不满或敌意。说话速度是一种特征，是一个人与生俱来的气质，是在平日与人交往中锻炼形成的，但是异常的说话速度常常与内心的思想有很深的联系。比如，平时能说善辩的人，突然变得口吃下来；或者相反，平时说话不得要领的人，突然说得头头是道，这就要注意，是否发生了什么事情影响他们，以致他们心里面发生了重大变化。

一般人对自己不满或怀有敌意的人，因为不愿交往，说话速度会不自觉地放慢，甚至让人感到好像不大会说话。相反，当有人心怀鬼胎或想要说谎，说话的速度往往会快得吓人，特别是想取得对方谅解时，不仅速度加快，还会找些话题以图亲近。

此外，我们也应该注意不能简单地以貌取人。《史记·仲尼弟子列传》中记载了一个小故事：孔子的弟子中有叫澹台灭明的人，字子羽。此人本来"欲事孔子"，但由于"状貌甚恶"孔子就以为他"材薄"，不大喜欢他。于是子羽只好退学了。没想到，这位其貌不扬的人却是一个德才兼备、品学兼优的好学生。他离开孔子以后，"南游至江"，竟然"名施乎诸侯"，"从弟子三百人"。对这件事，孔夫子很后悔，并且总结教训说："以貌取人，失之子羽！"

于细微处观人

看来微不足道的事情，其中都蕴藏着巨大的发现。而天才与凡人的最大区别正是体现在这些微不足道的小事上。世界上最难懂的一个道理就是：最伟大的生命往往是由最细小的事物点点滴滴汇集而成的。绝大多数人很少能有机会遇到那种重大的转折，很少有机会能够开创宏伟的事业。而生活的溪流往往是由这些琐屑的事情、无足轻重的事件以及那些过后不留一丝痕迹的细微经验渐渐汇集成的，也正是它们才构成了生命的全部内涵。

英国曼彻斯特市有位医生想在他的学生中找一名具有敏感观察力的人当助手。一次在临床带学生时，当众用指头蘸一下糖尿病人的尿液，然后用舌头舔其"甜"味，接着要求所有的学生跟着做。大多数学生都愁眉苦脸地用同样的方法舔尿液，只有一个女学生发现自己的老师用来蘸尿的是一个指头，舔的却是另一个指头，她也如此仿效。这位医生认为这个女学生具有敏感的观察力，就让他当了自己的助手。

1948 年的一天，瑞士发明家乔治·德·曼斯塔尔带着他的狗去郊外打猎。乔治·德·曼斯塔尔一直想发明一种能轻易地扣住、又能方便地脱开的尼龙扣，但是一直没有结果。当他和狗都从牛蒡草丛边擦过，狗毛和曼斯塔尔的毛料裤上都粘了许多刺果，这引起了乔治·德·曼斯塔尔的极大兴趣。

回到家里，曼斯塔尔立即用显微镜仔细观察粘在皮毛上的刺果。他发现刺果上有千百个细小的钩刺勾住了毛呢和狗毛。

这使他顿然发现：如果用刺果作扣件，真是再好不过了。受此启发，他发明了以一丛细小的钩子啮合另一丛细小圈环的新型扣件——凡尔克罗，这是一种能轻易地扣住的尼龙扣，又能方便地脱开，不锈，轻便，可以水洗。它的用途很广，包括服装、窗帘、椅套、医疗器材、飞机汽车制造业。宇航员们依靠它在失重状态下，可将食品袋扣在舱壁上；在靴底上装上凡尔克罗，使他们的靴子附在飞船舱里的地板上。

刺果勾附动物身体本来是牛蒡草生存和繁衍的因为刺果的这种特性可以使牛蒡草的种子随动物的活动播撒得更远，但是，许多人对大自然赋予牛蒡草的这种特性视而不见，但却被认真仔细的曼斯塔尔发现了，并利用来造福人类。

伊索寓言里记载了这样一个故事：

有一头狮子，年纪已经大了，凭借武力抢夺食物力不从心，于是心生一计，希望使用智谋来获取更多的食物……

狮子钻进一个山洞里，躺在地上装病，放出风去，说动物国王生病了，动物们都要来探视。等其他动物来探视的时候，它就可以得到食物了。就这样，不少的动物都成了狮子的战利品。

狐狸来了，远远地站在洞外问："大王，你的身体现在好些了吗？"

狮子回答说："很不好！你怎么不进洞里来让我看看呢？"

狐狸说道："我本来是要进洞去看看大王的，可是我发现只有进去的脚印，没有一个出来有脚印，所以我就只好远远地问候大王了！"

日本著名企业家永守重信利用人们进餐的细小动作鉴别人才，准确率可达 95％以上。他认为人吃饭的时候，最能反映一个人的性格："再高贵的人，在吃饭时，也会显露出他的人品来。"如他用吃饭的机会分辨聚会的经理是第一代经理还是第二代经理。作为一般的区分方法，是因为创业性经理都经历了相当的劳苦，上的菜多是一点不剩都吃光了，而且吃得也快。总的说，吃饭时会刀叉乱碰，喝汤时会吱吱作响，不太讲究宴席上的礼节。可是一到了第二代经理，就爱挑剔，剩菜也多，总是先挑爱吃的动手。

有的时候，细小的地方可以带来严重的后果。

一家书店的记账员因为书店的账目不清，就连续三个星期夜以继日地查账，但最后还是没有发现错在哪里。账面上明明有 900 元的亏空，却怎么也查不出来。他一遍又一遍地核对每一笔交易的收入和支出情况，一遍又一遍地把账目核对后再加起来，直到最后快要把他逼疯了，但还是查不出到底错在哪里。

最后，书店的经理单独把他叫去的时候，他此时已经是心力交瘁、几近崩溃了。经理和他两个人重新翻开了账本，从头到尾又核对了一遍，但是 900 元账目的亏空还是查不出所以然来。

于是，他们就把当班的书店营业负责人叫了进来，然后大家再次核对这 900元的账目。这一次，没费多大的工夫，他们就查出问题所在来了。

"看，是这儿，这里应该是 1000 元！"那个营业人员说，"但是，怎么就把它记成了 1900 元呢？"经过仔细地检查才发现，账本上粘住了苍蝇的一条腿，正好在 1000 元数额上第一个零的右下角，于是 1000 就变成 1900 了。

从细节处识人，可以了解一个人的胸怀和志向。

进什么庙烧什么香

说话必须要讲究场合，不注意这点，说一些不适宜场合气氛情境的话，结果往往与初衷适得其反。有这样一个故事：

从前，有一个从不说谎的人，什么事情他都实话实说，但奇怪得很，他不管到哪儿，却总是不受人欢迎。他一贫如洗，简直无处栖身。最后，他来到一座修道院。修道院长向他问明原因以后，把他留在修道院里安顿下来。

修道院里有几头已经不能干活的牲口，修道院院长想把它们卖掉，可是他不敢派手下的人到集市去，怕他们把卖牲口的钱私藏腰包。于是，他就叫这个诚实人把两头驴和一头骡子牵到集市上去卖。诚实人在买主面前只讲实话："尾巴断了的这头驴很懒，喜欢躺在稀泥里，有一次想把它从泥里拽起来，一用劲，拽断了尾巴；这头秃驴特别倔，一步路也不想走，他们就抽它；因为抽得太多，毛都秃了；这头骡子呢，是又老又瘸。""如果干得了活儿，修道院干吗要把它们卖掉啊？"结果，买主们听了这些话就都走了。这些话在集市上一传开，谁也不来买这些牲口了。于是，诚实人到晚上又把它们赶回了修道院。听完诚实的人讲述完集市上发生的事，修道院院长对他说："朋友，那些把你赶走的人是对的。不应该留你这样的人！我虽然喜欢实话，可是，我却不喜欢那些跟我的腰包作对的实话！所以，你滚开吧！你爱上哪儿就上哪儿去吧！"

就这样，诚实人又从修道院里被赶走了。

古时的唐伯虎能诗善画，也能作对联。有一次，一个官商请唐伯虎为其写一副对联。唐伯虎知道这个官商是个胸无点墨、见钱眼开的人，就提笔为他写了一副：

生意如春风，
财源似流水。

商人一看，面有不悦之色，认为"春风""流水"没有把发财的意思表达出来，要求唐伯虎另写一张，并提出要求，要有财源广进的意思，文字差一点倒不要紧。唐伯虎稍加思索，于是提笔重写一副：

门前生意，好似夏夜蚊虫，输进输出；
柜里铜钱，好像冬天虱子，越捉越多。

这回商人满意了，眉开眼笑，叩谢而去。

商人只是附庸风雅，所以他在乎的只是"利"。因此，后一副对联虽有捉弄的嫌疑，但却让商人满意。

秦朝末年陈胜在山东地区起义。使者将叛乱之事报告朝廷，秦二世召集博士儒生们问道："从楚地征调的守边士兵攻打蕲县进入陈地，你们对这件事有什么看法？"三十多位博士儒生上前说："这是臣民图谋叛乱，叛乱就是对皇帝的反叛，反叛之罪不可赦免。希望陛下马上出兵攻打他们。"秦二世听了这话，气得变了脸色。叔孙通快步上前说："皇上，诸生说的都错了。现在天下一统，毁掉了郡县的城堡，销毁了兵器，天下不再有战争。况且上有英明的君王，下有完备的法令，人人奉公守职，四面八方都来归附，哪还有敢反叛的人呢？陈胜这批人，只不过是偷鸡摸狗的盗贼罢了，何足挂齿？郡守、郡尉正在捉拿归案，哪里值得忧虑！"秦二世听了高兴地说："好！好！"他让儒生们都发表意见。儒生们有的说是反叛，有的说是盗贼。讨论结束，秦二世命令御史按察儒生，凡是说反叛的儒生一律交官府治罪，由于这不是他们该说的话。凡是说盗贼的都不予追究。因为叔孙通说话符合皇上的心意，就赐给他丝绸二十匹、衣服一套，并任命他为博士。

汉高祖二年，叔孙通归附了汉朝。

当叔孙通投降汉王的时候，随从他的儒生、弟子有一百多人，但叔孙通没有向朝廷推荐过任何人，却专门推荐从前群盗中的壮士。弟子们私下都埋怨他说："我们服侍先生几年，有幸随他投奔了汉王，如今他不推荐我们，反倒全力推荐巨猾之徒，这是为什么呢？"叔孙通对弟子们说："汉王正冒着箭林石雨争夺天下，各位儒生能够带兵打仗吗？所以，我现在只推荐能斩将拔旗的勇士。各位暂且耐心等待时机，我决不会忘记你们的。"汉王任命叔孙通为博士，号称稷嗣君。

汉王五年，诸侯们在定陶共同尊奉汉王为皇帝。汉高祖废除秦朝苛细的礼仪和法规，一切力求简易。

他手下的大臣大多数没有读过多少书，不少的人还是他小时候的朋友，都不大讲究礼貌仪规。而且，这些人都有战功，认为天下是他们打出来的，居功自傲，放纵言行。汉高祖逐渐意识到，应该制定一套朝廷礼仪来规范文臣武将，以便树立起皇帝的权威，治理好天下。叔孙通对儒家礼仪制度非常熟悉。起先，他知道刘邦不好儒学，不敢进谏。这时，他观察出皇上有建立礼制的想法，便向皇上说："那些读书人，打天下时难以有用武之地，治理天下是少不了他们的。陛下想制定朝制礼仪来约束臣民的言行，真是高明之举。鲁地是礼仪之邦，我请求到那里征招一批熟悉礼仪的儒生，和我的弟子们共同起草朝廷礼仪，使文武百官有章可循。"汉高祖说："制定礼仪好是好，只怕难以推行。"

于是，叔孙通奉命到鲁国征召儒生三十多人。晋国有两位儒生不肯应召，说："您服侍君主将近十位了，都是靠当面阿谀奉承而得到亲近和富贵。现在天下刚刚平定，死人还没有埋葬，伤员还没有康复，您又要制定礼乐。礼乐的产生，积德百年然后才能兴起。我们不愿意做您所做的事，您所做的事不合古道，我们不去，您走吧，不要玷污了我们的名声！"叔孙通笑着说："你们真是鄙陋迂腐的书呆子，不知道依照时势的变化办事。"

由此可见，在不同场合，不同的局势下，要顺应时势才能功成名就。

透过心灵门户识心意

人们常说，眼睛是心灵的窗户。要读一个人，首先就要读他的眼睛。因为眼睛是最不会说谎的器官。

爱默生说："人的眼睛和舌头所说的话一样多，不需要字典，却能从眼睛的语言中了解整个世界。"所以，通过观察一个人丰富的眼睛语言，在某种程度上也可以对他有一个大致的了解和认识。

孟子在《离娄上篇》中有一段用眼睛判断人心善恶的论述："存乎人者，莫良于眸子。眸子不能掩其恶：胸中正，则眸子瞭；胸中不正，则眸子眊焉。"

汉朝末年，王莽在朝为官，在他未篡位之前，一直给人的印象是勤劳肯干，节俭自律。但是新升任司空的彭宣看到王莽之后，悄悄对大儿子说："王莽神清而朗，气很足，但是眼神中带有邪狭的味道，专权后可能要坏事。我又不肯附庸他，这官不做也罢。"于是上书，称自己"昏乱遗忘，乞骸骨归乡里"。

后来，王莽果然篡权，建立"大新"，成为乱臣贼子。

一般来说，心虚的人，往往不敢直视别人的眼睛，本能地躲闪他人的注视。

三国时，有一次曹操派刺客去见刘备，刺客见到刘备之后，并没有当时下手，并且与刘备讨论削弱魏国的策略，他的分析，极合刘备的意思。

不久之后，诸葛亮进来，刺客很心虚，便托词上厕所。

刘备对诸葛亮说："刚才得到一位奇士，可以帮助我们攻打曹操的势力。"

诸葛亮却慢慢地叹道："此人见我一到，神情良惧，视线低而时时露出忤逆之意，奸邪之形完全泄漏出来，他一定是个刺客。"

于是，刘备连忙派人追出去，刺客已经跳墙逃去了。

在心理学家珍·登布列在《推销员如何了解顾客的心理》一文中说道：

"假如一个顾客眼睛向下看，而脸转向旁边，表示你被拒绝了；如果他的嘴是放松的，没有机械式的笑容，下颚向前，他可能会考虑你的提议；假如他注视你的眼睛几秒钟，嘴角乃至鼻子的部位带着浅浅的笑意，笑意轻松，而且看起来很热心，这个买卖大概就有戏了。"

一个人视线可以通过不同的角度来了解。

首先，对方是否在看着自己，这是一个关键。

其次，对方的视线如何活动，或者是视线刚接触立刻就挪开，他的心理状态是有所不同的。

第三，视线的方向，即对方是正视还是斜视观察自己的。

第四，视线的集中程度，即是否是专心致志地看自己。

第五，视线的位置，通过对方视线的方位移动，来考察他的内心动向。

有识之士是知人有所思、知人有所为的，他们知道处世的最难之处，莫过于知人；而且为人处世中的识人，自古就是为难之事。人是不容易被人所了解与认识的，当人们去了解和认识一个人时，就更是一件很不容易的事情。了解一个人，就必须了解他的表面与实质，而这些又不是轻而易举就可以解决的问题。从辨别一个人的言行真伪起，到一个人的思想境界是否高尚，中间无不渗透着人的精力与智慧。而轻浮地对待人际关系，就不能真正做到认识人。

人际关系作为个人成功的要素之一，要求人们之间需要沟通与理解，而在自己与别人之间，又不可避免地存在着心理隔阂这堵墙，要拆除心墙，就必须了解对方，否则，沟通与理解都是枉费心机。

有时，眼睛似乎也会说话，一个人的内心活动，经常会反映到他的眼睛里，心之所想，透过眼睛就能看出其中的大概，这是每个人都很难隐瞒的事实。

隋朝末年，战事频繁，魏征隐居于梁、宋之间。李密早年投身行伍，后因战败，只身逃到了雁门，换名换姓，扮成一教书先生，与魏先生认识且常来往。一次，魏先生半开玩笑地同他说："我观察先生面色沮丧，目光涣散，心神不定，言语支吾，现在朝廷正在抓捕山东的叛乱分子，难道先生就是其中的要人吗？"李密惊慌起身，抓住魏先生的手说："您既已知道我的底细，还望先生救我。"魏先生说："我看先生没有帝王气象，也不具将帅的谋略，又一乱世英雄而已。"接着魏先生详细地向他分析了历代帝王将帅及乱世英雄成败得失的原因，最后魏先生说："我夜观天象，汾河晋地一带有帝王将出，如您能前去辅佐，则前途不可限量。"话音未落，李密拂袖而起，傲慢地说："腐儒之辈，不屑与图大事。"不久，李密又借故西逃，沿途招兵买马，驻营作战，最后还是一败涂地，投降了唐王朝。后又闹叛乱，终被全部消灭。

李密涣散的目光已经泄露他的底气不足，败局已定，所以魏先生通过对他的观察看出他气数已尽。

通过眼睛，可以很容易看出对方的内心世界，在现实生活中，与人交往也是如此，学会看懂对方眼神中传递出的信息可以让你准确地判断出对方的心理及他是怎样的人。

在谈话的时候，如果有一方眼光不断地转移到别处，这说明他对所谈的话题并不感兴趣，另一方意识到这种情况以后，应该想办法改善这种局面。

当一个人看另一个人时，用眼光从上到下或是从下到上不住地打量时，表示了他对对方的轻蔑和审视。而且这个人有自我优越感，有些清高自傲，喜欢支配差遣人。

当一个人对另一个人产生了好感，他没有用语言表达出来的时候，多会用一种带有幸福、欣慰、欣赏等感情交织在一起的眼光不住地打量对方。

关键时刻见人心

正所谓"疾风知劲草"，人往往在关键时刻才能知道谁是真正对自己好的人。

赵喜是东汉南阳郡宛（今河南南阳）人。更始失败，赵喜被赤眉军围困，十分危急。他爬上屋顶逃走，与好朋友韩仲伯等数十人，带领着一帮小孩及年老体弱者，爬山越险，一直逃出武关（在今陕西商县东）。韩仲伯的妻子年轻貌美，韩仲伯怕有人强暴妻子而连累自己，就想将妻子遗弃在途中。赵喜极力劝诫他不要这样做，可是，韩仲伯还是丢下妻子，自己逃命去了。赵喜就用泥土涂抹在韩仲伯妻子的脸上，遮盖她的美貌，并让她坐在小车上，自己推着她走。路上每次遇到强盗，或者有人想强暴她，赵喜就谎称这女人得了重病，因此幸免于难。赵喜带着众妇女弱小到了丹水县后，见更始帝的亲属都赤身露体，满身污垢，饥饿困顿得不能再前进了。赵喜悲感交集，就把所带的衣帛资粮全部给了她们，并把她们送归乡里。

建武二十六年（50年），光武帝召集内戚宴会，夫人们纷纷称赞赵喜笃义多恩。她们告诉皇上："当年遭赤眉之祸逃离长安，全靠赵喜救助才得以活下来。"光武帝十分赞许赵喜讲义气。后来，光武帝征召赵喜入京为太仆。光武帝夸奖赵喜说："你不但为英雄所保荐，连妇女也怀念你的恩德呢。"对赵喜厚加赏赐。

具有救之于危难之间的品质的人，会受到别人的甚至是敌人的尊重。

晋代有一个人叫荀巨伯，有一次去探望朋友，正逢朋友卧病在床，这时恰好敌军攻破城池，烧杀掳掠，百姓纷纷携妻挈子，四散逃难。朋友劝荀巨伯："我病得很重，走不动，活不了几天了，你自己赶快逃命去吧！"

荀巨伯却不肯走，他说："你把我看成什么人了，我远道赶来，就是为了来看你。现在，敌军进城，你又病着，我怎么能扔下朋友不管呢？"说着便转身给朋友熬药去了。朋友百般苦求，叫他快走，荀巨伯却端药倒水安慰说："你就安心养病吧，不要管我，天塌下来我替你顶着！"

这时"砰"的一声，门被踢开了，几个凶神恶煞般的士兵冲进来，冲着他喝道："你是什么人？如此大胆，全城人都跑光了，你为什么不跑？"

荀巨伯指着躺在床上的朋友说："我的朋友病得很重，我不能丢下他独自逃命。"并正气凛然地说:"请你们别惊吓了我的朋友,有事找我好了。即使要我替朋友而死,我也绝不皱眉头!"敌军一听愣了,听着荀巨伯的慷慨言语,看看荀巨伯的无畏态度,很是感动,说:"想不到这里的人如此高尚,怎么好意思侵害他们呢?走吧!"说着,敌兵撤走了。

患难见真情,荀巨伯在危难的时候没有弃友人而去,他的诚心让敌人感动,救了友人和自己的性命。

骆统,三国时期吴国会稽(治所在今江苏苏州)乌伤人,他的父亲为袁术所害,母亲改嫁做了华歆的小老婆。骆统八岁那年,跟随着一位亲戚从母亲那里回老家会稽,母亲为他送行。骆统拜辞了母亲,头也不回地走了。母亲哭得很伤心。车夫对骆统说:"老夫人还在那里伤心落泪呢,你回去劝慰一下吧。"骆统说:"我就是为了不增加母亲的痛苦和思念才不回头劝慰的。"骆统对母亲很孝顺,性格慈悲,乐善好施。有一年闹饥荒,粮食歉收,乡邻及远方的亲友们缺吃少穿,生活非常困难。骆统很想救济他们,但是家中又没有那么多的粮食,因此终日悲伤,不思饮食。他的姐姐仁爱有德行,因为丈夫刚去世,暂时回娘家居住。她见弟弟天天满脸戚色,饭量日减,便问他有什么为难之事。骆统说:"乡邻亲友们都没有粮食吃,我哪里忍心独自吃饭呢!"姐姐说:"原来是因为这件事,你为什么不早告诉我,把自己折磨到这等地步呢?"她就把自己家中的粮食拿出来送给骆统,又把这事告诉了母亲,母亲很是称赞姐弟俩的义行。骆统把粮米全部分送给乡邻,帮助他们度荒自救。乡邻们很是感激,骆统也因此美名传布乡里。

人的一生不可能一帆风顺,难免会碰到失利受挫或面临困境的情况,这时候最需要的就是别人的帮助,这种雪中送炭般的帮助会让原本无助的人记忆一生。

人们总是可以敏感地觉察到自己的苦处,却对别人的痛处缺乏了解。他们不了解别人的需要,更不会花工夫去了解;有的甚至知道了也佯装不知,大概是没有切身之苦、切肤之痛吧。

虽然很少有人能做到"人饥己饥,人溺己溺"的境界,但我们至少可以随时体察一下别人的需要,时刻关心朋友,帮助他们脱离困境,当朋友身患重病时,你应该多去探望,多谈谈朋友关心的感兴趣的话题;当朋友遭到挫折而沮丧时,你应该给予鼓励:"这次失败了没关系,下次再来。"当朋友愁眉苦脸,郁郁寡欢时,你应该亲切地询问他们。这些适时的安慰会像阳光一样温暖受伤者的心田,给他们希望。

识人难，识小人更难

知人难，因为人都是有伪装的，《六韬·选将》举了这样的 15 种例子：

有的外似贤而不肖；

有的外似善良，而实是强盗；

有的外貌恭敬，而内实傲慢；

有的外似谦谨，而内不至诚；

有的外似精明，而内无才能；

有的外似忠厚，而内不老实；

有的外好计谋，而内乏果断；

有的外似果敢，而内实是蠢才；

有的外似实恳，而内不可信；

有的外似懵懂，而为人忠诚；

有的言行过激，而做事有功效；

有的外似勇敢，而内实胆怯；

有的外表严肃，而平易近人；

有的外貌严厉，而内实温和；

有的外似软弱、其貌不扬，而内实能干、没有完不成的事。

人就是这样往往表里不一。因此观察一个人，不能只看其表面，要透过其表面现象透视其内心世界，这就是说要从表到里，看其是否表里如一，才能知其人面，亦知其内心。

而识别小人更为重要，有时，可能会因为得罪了小人而丧命。

战国时期，齐国大夫夷射，在接受国王的宴饮后，酒醉饭饱而出。此时担任王宫守门的小吏则跪请求说："给我一点酒喝吧。"夷射斥责则跪说："一个下贱的守门人也想饮用国王的美酒吗？滚开。"夷射走远后，则跪在门前，将碗里的水泼在廊门的接水槽中，类似小便的样子。

天明以后，齐王出来对则跪斥责说："昨天晚上，是谁在此处小便呀！"则跪回答说："夷射，在这地方站立过。"齐王大怒，因此诛杀了夷射。

当然，如果你能识破别人害你的计谋，则会安然无恙。

客观判断真伪，识别小人，对于领导者来说，尤为重要。

　　唐高祖因为皇甫无逸是隋朝旧臣，十分尊重和礼待他，任命他为刑部尚书，封为滑国公，历任陕东道行台民部尚书。第二年，升迁为御史大夫。当时，益州地界刚归附，刑法不够健全，官吏不法横行，贪赃枉法现象比较普遍。朝廷派皇甫无逸持节巡察，对官吏按规定该罢免的罢免，该升迁的升迁。皇甫无逸宣扬朝廷的法规恩惠，法令严肃，蜀地民众很是信赖他。有个叫皇甫希仁的官吏，见皇甫无逸专制一地，名声日高，很是嫉妒，就上书谗毁他，说："我的父亲在洛阳。无逸因为他母亲的缘故，曾暗地里派我与王世充交往。"唐高祖认识到这是谗言，斥责皇甫希仁说："无逸被王世充所逼迫，离开他的母亲归附于我。现在我对他的委任高于众人；他在益州为官清廉，名声又很好。这就引起一些小人心中不平衡，想诋毁他。实际上，这是离间君臣关系，惑乱我的视听。"于是，斩皇甫希仁于顺天门，派遣给事中李公昌前往益州慰问安抚皇甫无逸。不多日子，又有人告发皇甫无逸暗中与萧铣交往。皇甫无逸当时与益州行台仆射窦璡不和。于是，皇甫无逸上奏表自我辩解，并列举窦璡的罪状。唐高祖看了奏表后说："无逸当官执法无所回避，这必是邪恶之徒嫉妒正直官吏，勾结起来诬陷他。"因此，命令刘世龙、温彦博前往调查处理此事。经调查，并无证据。因此，诬告者被诛杀，窦璡被罢黜。皇甫无逸在益州完成巡察使命返回朝廷，唐高祖安慰他说："爱卿在益州立身方正，为官清廉，我很了解。有人多次诬告你，这都是因为你方正清廉引起邪恶之徒的嫉妒所致啊！"

　　在日常生活中，谁都不愿意和小人打交道，可是不管你愿意或不愿意，又总不可避免地要与小人打交道。与这样的人打交道时，务必多留几个心眼。但即使你比他强大，也最好不要与其发生正面冲突。仇视小人和与小人做正面斗争，足以显示出你的正义，但这不是保身之道。在实际生活中，小人无处不在，所以在与人交往中要能慧眼识小人，不要让小人阻碍了自己的前程。

如何辨别酒后之言

　　人们常说："以酒盖脸，无话不谈。"或者："酒后吐真言。"这种情况当然存在，但是不可否认的是在更多情况下，由于酒精的作用，使得不少人酒后出狂言，酒后出狂言，酒后出胡言。所以，对于酒后之言，不可一概不信，更不可一概全信，而要认真分析，根据不同情况，加以取舍，或者凭自己的判断，去其虚伪，取其精实，这才是正确的办法。

东晋温峤，是太原祁县（今属山西）人，聪明有见识，为人处世有器量，博览群书，擅长写作。自幼孝敬父母，爱护弟妹，在家乡的名声很好。17岁进入官场。晋明帝即位以后，拜任侍中，朝廷的机密大谋他都参加研究。温峤有栋梁之材，很得晋明帝的宠信，因而受到权臣王敦的忌恨。王敦延聘他为左司马，温峤深知王敦不是真正地信用他，而是要将他置于手下加以控制。王敦经常找借口不上朝奏事，常对皇上表现出不尊重的言行。温峤多次劝谏他不要这样做，王敦始终不采纳。温峤深知王敦的谋反之心不会打消，跟着他不会有好果子吃，暗下决心脱离王府。他表面上假装顺从王敦，以取得信任；暗中深交王敦的心腹钱凤，常在别人面前故意夸赞钱凤"精神满腹"，钱凤听后由衷地高兴，也与温峤相友好。机会终于来到了，丹阳（今江苏南京）尹空缺，温峤对王敦说："京都是要害之地，应该选用文武兼备的人来担任丹阳尹。将军应亲自物色和决定人选。"王敦问他："你看谁最合适呢？"温峤就推荐钱凤，而钱凤也极力推举温峤。这正是温峤心中希望的。他知道，王敦对钱凤言听计从，只要钱凤极力推荐，自己就有可能担任丹阳尹，跳出王府。果然，王敦听从钱凤的建议，表请朝廷任温峤为丹阳尹。

王敦设宴为温峤饯行，温峤担心钱凤从中作梗，在王敦面前说自己的坏话，就在宴席上假装醉酒，以手板将钱凤的巾帻击落在地，接着故意耍酒疯大喊大叫："钱凤是什么人，我温峤敬酒他竟敢不喝！"王敦以为温峤真喝醉了，也不责怪他。温峤担心王敦中途变卦。他在向王敦辞行时，涕泗横流，恋恋不舍，走出王敦府邸又转身回来。这样，三出三进，然后才急驰而去。温峤走后，钱凤对王敦说："温峤与朝廷关系很密切，与庾亮又是深交，这个人任丹阳尹，不一定能与将军一心一意。"王敦不以为然地说："温峤昨天酒醉失礼，得罪了你，是不是因此而来说他的坏话？"钱凤的阴谋由此不能得逞。温峤到任后，立即向朝廷告发了王敦的谋反之心，请求朝廷早做准备，以备不测。太宁二年（324年），晋明帝下令征讨王敦。王敦终因阴谋败露，忧心成疾，死于军中。

上面的例子是讲借酒装疯保全自己，而从另一方面讲，对方则是因为轻信了其酒后之言才会上当。当然，还有一种情况就是对方真的喝醉了，那么你就要根据当时的情况来分辩他语言的可信度了。

生意场上有不少人必须借着酒精的刺激来促进彼此的往来，在我们周围也不乏原来滴酒不沾的人，在工作了数十年之后变成了杯中高手。

既然喝醉酒不能避免，如何守住自己的本分是喝酒的人感到棘手的。在商业往来中，希望以酒精来洗去彼此沉闷心情的不只有自己一人。大家都希望能够去除对方的心理武装，深入了解对方内心的真正想法。在这种情况之下，我们既要能够包容对方的失态，更要避免自己失态。

对于微醉的人，由于其理智依然十分清楚，所以其言谈并未受到酒精的影响，思路也清楚，所不同者，有酒助兴，神经略显亢奋而已。此时，谈话者一般表现为神采奕奕，谈锋颇健，而且思路清楚，逻辑性严密，对于一些平时少言寡语、城府较深的人来说，这时可能大异于平时。所以，可以认为这是听话、交谈的大好时机。但是，也要记住，此时说话人醉酒极轻，思想活跃，完全能够控制自己，所以不该把他所说的全都认为是"真言"，要知道，说不定由于他们此时的思想活跃，反而在语言中运用了更多的技巧和隐语。因此，必要的"去粗取精，去伪存真，由表及里"的功夫仍不可少。

防人之心不可无

俗话说："害人之心不可有，防人之心不可无。"在为人处事中，尤其要有防人之心。

人与人相处，最忌交浅言深。这种情形如果发生在办公室，所造成的负面影响不容忽视。人际交往是一门艺术，并且它可能比其他一些技术还要复杂。它要求精心策划、具体实施及随时评价才会保持有效。当你刚加入一个新的团体，或当你刚进入一家公司，无论这是你的第一份工作，或者是由别家公司跳槽而来的，初始你很可能是他人探索甚或怀疑的对象，甚至可能是原来觊觎此一职位的人憎恨的对象。但你要牢记，时间能够治疗与证明一切。

最常见的情况，是你刚来到一个新的工作环境，同事对你表示友善而欢迎的态度，大家一起外出午膳，有说有笑，无所不谈。但其中一名同事可能跟你最谈得来，乐意把公司的种种问题，及每一位同事的性格都说给你听。你本来对公司的人事一无所知，自然也很珍惜这样一位"知无不言，言无不尽"的同事，彼此显得相当投契，你开始视对方为知己，并将平时看到什么不顺眼、不服气的事情，也与这位同事倾吐，甚至批评其他同事不是之处，借以发泄心中的闷气。

彼此关系浅薄，你对他深谈，显出你没修养。如果话题是关于对方的，你不是他挚友，你就让人觉得"热心过分"，显出你的冒昧。

如果你的话是涉及他人的，对方的立场如何，你并不明白，对方的主张如何，你也不明白，你偏直言不讳，则往往招致不好的结果。所以逢人只说三分话，不是不可说，而是那些不必要说的话不要说。善于处世的人，说话恰到好处，这就是别人爱听的缘故，绝不是他不诚实，更不是狡猾。

生活中往往有两面三刀者，就是采取各种欺骗方法，迷惑对方，使其落入陷阱，达到自己的企图。唐玄宗时的宰相李林甫，他陷害人时并不是一脸凶相，咄咄逼人，而是吹捧。李林甫"口有蜜，腹有剑"。在当代，也不乏口蜜腹剑的阴谋家。他们就在我们的周围，有时，他们看到你直上青云就会逢迎拍马专拣好听的话讲；有时，他们看到你事事顺心、进展神速而在背后造谣生事向上层人物进谗言，陷你于不利；有时欺骗、谎言、圈套从他们头脑中酝酿成"捆精绳"套在你身上，使你翻身落马；有时，他们看到你堕入困境则幸灾乐祸趁火打劫，所有的这一切，我们岂能不防呢？

因此，我们在人际交往中，要心存警觉，对于尤其是相交不深的人要有所提防。对于有利害关系的人，事先防范可以使自己避免陷于危难之中。

西汉孝成皇帝的班婕妤，在汉成帝刚即位时就被选入后宫。开始是少使，不久受到宠爱，升为婕妤，住在增成舍。在这里，她生了儿子，但几个月后就夭折了。有一次，汉成帝在后宫的庭园内游玩，想和班婕妤同乘一辆车。班婕妤推辞说："我曾观看古代的图画，看到贤明的君王身边都有名臣，三代末的君王身边才有宠妾。今天，陛下想与我同车，岂不是与末代君王的情形有些相似吗？"汉成帝对班婕妤的见解很是赞赏，便也不再勉强了。皇太后听说这件事，高兴地说："古代有贤惠的樊姬，今天有贤惠的班婕妤。"班婕妤爱读《诗》《窈窕》《德象》和《女师》这些告诫人们修身养性的书，每次朝见或上书言事，都谨遵古代流传下来的礼节。

汉成帝鸿嘉三年（前18年），赵飞燕诬告许皇后、班婕妤狐媚邀宠，向鬼神祝祷，诅咒后宫、辱骂皇上。许皇后因此被废黜。朝廷审问班婕妤，她回答说："我听说'死生有命，富贵在天'。我修身持正，还没能得到上天赐福，如果做妖术诅咒的邪事，就更不用想有好结果了，如果鬼神有灵应，不会听从我大逆不道的诅咒；如果鬼神没有灵应，诅咒又有什么用处呢？所以，我不曾诅咒。"汉成帝认为班婕妤回答得有道理，就赦免了她，并赐给她黄金百斤。

赵飞燕姐妹骄横妒忌，班婕妤恐怕时间长了会再次被陷害，便请求去长信宫侍奉皇太后，汉成帝准许了她的要求。

说到未雨绸缪，就不得不提到三国的诸葛亮，他的未卜先知，让刘备几次都遇难呈祥。

周瑜是东吴的一员大将，在曹操百万雄兵步步进逼之前，力排众议，稳住军心，坚守东吴于一隅。

这天，他听说刘备的甘夫人死了，十分高兴，便决计要一次阴谋手段，要孙权把妹妹嫁与刘备，等刘备来人娶，便将他囚禁起来，再以刘备为交换条件，派人去讨荆州，等到了荆州，就不愁对付不了刘备了。于是派吕范为媒，往荆州说合。谁知诸葛亮棋高一着，一听到消息便知是周瑜在耍阴谋，便将计就计，让刘备答应周瑜的美意，并派赵子龙保刘备去东吴招亲，临行时授予三个锦囊妙计。

刘备到东吴，孙权之母见刘备一表人才，倒真的应允将女儿许配给他，使周瑜和孙权弄假成真，再也不好公开囚禁刘备了。刘备遂劝通娘子乘去江边祭祖之机，逃离东吴。周瑜闻知，立即派兵追赶，却被娘子挡住。正当周瑜准备孤注一掷时，却见诸葛亮早在岸边的船上等候，且刘备已登上了船，船立即离岸往荆州而去，周瑜命令乱箭齐射，却为时已晚，船早已远去。

诸葛亮因对周瑜有所防范才让其"赔了夫人又折兵"。

三国时，武威姑臧（今甘肃武威）人贾诩，少年时就颇有智谋，有人称赞他有张良、陈平的智谋和才干。成年后，举孝廉做了郎官。

那时，将军段煨屯兵华阴。贾诩曾做李催的宣义将军，因为与段煨是同乡，就离开李催投奔了段煨。贾诩投奔段煨不长时间，在段煨军中名声大振。段煨担心这样下去，贾诩会取他而代之。因而，产生了嫉妒和疑忌之心。但表面上，段煨对贾诩仍然是礼遇不减。贾诩知道段煨的心思后，心中越来越不安，只好暗中另找出路，想早日离开这个是非之地。魏国扬武将军张绣驻军南阳，贾诩暗中与张绣取得联系。有一天，张绣派人来迎接贾诩。启程时有人对贾诩说："段将军这样厚待先生，先生为什么要离他而去呢？"贾诩回答说："您只知其一，不知其二。段将军对人猜忌多疑，对我已经产生了疑忌之心。他对我虽好，却是靠不住的，时间长了，我必然要被他谋害。现在我离开，他一定很高兴。而且，他也希望我能为他结交新的盟友。我离去以后，段将军一定会善待我的妻子儿女。张绣身边正缺少出谋划策的人，也盼望我到他那里效力。这样，我的性命和家庭就都可以保全了，两全其美，何乐而不为之呢？"

贾诩来到南阳后，张绣待他如子孙，段煨也善待他的家人。

虽然我们强调待人要真诚，不要猜忌别人，要信任朋友，但同时人际交往中不可缺少防备之心，这样在突发变故的时候才能有所准备，应付自如。

第三篇

处世之道

·第一章·

方圆处世，讲究刚柔并济

真正领悟方圆的人，其处世之道必是刚柔相济，恩威兼施。刚柔平衡，外柔则要内刚，遇事能进退，能屈能伸的人，则定有一番功名和事业可以成就。

该刚则刚，当柔则柔

刚柔相济是一种交友处世的管理方法，它可使激烈的争论停下来，也可以改善气氛，增进感情。

东汉初年，冯异治理关中甚见成就，有人向刘秀打他的小报告说："异威权至重，百姓归心，号为咸阳王。"刘秀虽然并不相信这一套，但他也没有就此罢休，而是将这份报告转给了冯异。冯大为惊恐，连忙上书申辩，刘秀便抚慰他说："将军之于国家，义为君臣，恩犹父子，何嫌何疑，而有惧意！"这种效果显然比单独施恩或施威要好得多。

下面这个例子是日本著名企业家松下幸之助的故事：

有一次，部下后藤犯下一个大错。松下怒火冲天，一面用挑火棒敲着地板，一面严厉责骂后藤。骂完之后，松下注视着挑火棒说："你看，我骂得多么激动，居然把挑火棒都扭弯了，你能不能帮我把它弄直？"

这是一句多么绝妙的请求！后藤自然是遵命，三下五去二就把它弄直了，挑火棒恢复了原状。松下说："咦？你的手可真巧呵！"随之，松下脸上立刻绽开了亲切可人的微笑，高高兴兴地赞美着后藤。至此，后藤一肚子的不满情绪，立刻烟消云散了。更令后藤吃惊的是，他一回到家，竟然看到了太太准备了丰盛的酒菜等他。"这是怎么回事？"后藤问。"哦，松下先生刚来过电话说：'你家老公今天回家的时候，心情一定非常恶劣，你最好准备些好吃的让他解解闷吧。'"此后，后藤自然是干劲十足地工作了。

前秦时苻坚 357 年即位后，任用汉人王猛治理朝政，富国强兵，在近二十年的时间内，先后攻灭前燕、仇池、代、前凉等割据政权，占领了东晋的梁、益两州，把整个黄河流域和长江、汉水上游都纳入了前秦的控制。为了争取支持者，他对各族上层人物极力优容和笼络，如鲜卑族的慕容垂、羌话的姚苌，都毫不见疑地委以重任。对苻坚这一做法，谋臣王猛曾多次劝说苻坚对那些异族重臣有所制约，甚至还不止一次利用机会，设法除掉这些人。但苻坚迷信自己对他们的恩义，阻止他这么做。

在鲜卑贵族慕容垂、慕容泓相继谋反后，苻坚面责仍在自己手中的原前燕国主慕容玮说："卿欲去者，朕当相资。卿之宗族，可谓人面兽心，殆不可以国土期也。"在慕容玮叩头陈谢之后，他又说："《书》云，父子兄弟相及也。……此自三竖之罪，非卿之过。"但是，慕容玮并未为苻坚这一套所感化，在暗中仍企图谋杀苻坚来响应起兵复国的慕容氏鲜卑贵族，后来因谋泄才被苻坚擒杀。苻坚这才后悔不听王猛的忠谏，但这时大局已无法挽回了。

公元214年，刘备夺取四川后，诸葛亮在协助刘备治理四川时，立法"颇尚严峻，人多怨叹者"，当地的官员法正提醒诸葛亮，对于初平定的地区，大乱之后应"缓刑弛禁以慰其望"。诸葛亮认为自己的做法并没有错，他对法正说：四川的情况，与一般不同。自从刘焉、刘璋父子守蜀以来，"有累世之恩，文法羁縻，互相奉承，德政不举，威刑不肃。蜀土人士，专权自恣，君臣之道，渐以陵替"。现在如果用在他们心目中已失去价值的官位来拉拢他们，以他们已经熟视无睹的"恩义"来使他们心怀感激，是不会有实际效果的。所以，只能用严法来使他们知道礼义之恩、加爵之荣，"荣恩并济，上下有节，为治之要"。

曾国藩认为：人不可无刚，无刚则不能自立，不能自立也就不能自强，不能自强也就不能成就一番功业。刚就是使一个人站立起来的东西。刚是一种威仪，一种自信，一种力量，一种不可侵犯的气概。由于有了刚，那些先贤们才能独立不惧，坚韧不拔。刚就是一个人的骨头。人也不可无柔，无柔则不亲和，还和就会陷入孤立，四面楚歌，自我封闭，拒人于千里之外。柔就是使人站立长久的东西。柔是一种魅力，一种收敛。

大凡刚烈之人，其情绪颇好激动，情绪激动则很容易使人缺乏理智，仅凭一股冲动去做或不做某些事情，这便是刚烈人的优点，同时又恰恰是其致命的弱点。俗语说，"牵牛要牵牛鼻子"，有个成语叫"四两拨千斤"。讲的正是以柔克刚的道理。俗语说："百人百心，百人百姓。"有的人性格内向，有的人性格外向，有的人性格柔和，有的人则性格刚烈，各有特点，又各有利弊。然而纵观历史，我们不难发现，往往刚烈之人容易被柔和之人征服利用。为职者需善于以柔克刚。

不过"柔"也要有一定的尺度，当你想施恩于对方，打算做出让步之前，首先考虑你的让步在对方眼里有无价值。别人并不看重的东西，没必要送给他。若开始你就做出许多微小的让步的话，对方也许会不仅不领情，反而加强对你的攻势，因为他知道你做出这些小的让步有企图，而且他们并不看重这些让步。

子路向孔子请教什么是刚强，孔子说："你问的是南方人的刚强，北方人的刚强，还是你这样的刚强呢？用宽厚温和的态度教育别人，不报复别人的蛮横无理，这是南方人的刚强，君子属于这一类。顶盔贯甲，枕着戈戟睡觉，在战场上拼杀至死而不悔，这是北方人的刚强。强悍的人属于这一类。所以，君子温和而不随波逐流，这才是刚强啊！君子中立而不偏不倚，这才是刚强啊！国家太平，政治清明时，君子不改变贫困时的操守，这才是刚强啊！国家混乱，政治黑暗时，君子一直到死不改变操守，这才是刚强啊！"

记得给别人留面子

人都爱面子，你给他面子就是给他一份厚礼。有朝一日你求他办事，他自然要"给回面子"，即使他感到为难或感到不是很愿意。这便是操作人情账户的全部精义所在。

有一次卓别林准备扮演古代一位徒步旅行者。正当他要上场时，一位实习生提醒他说："老师，您的草鞋带子松了。"

卓别林回了一声："谢谢你呀。"然后立刻蹲下，系紧了鞋带。

当他走到别人看不到的舞台入口时，却又蹲下，把刚才系紧的带子松开了。显然，他的目的是，以草鞋的带子都已松垮，试图表达一个长途旅行者的疲劳状态。演戏能细腻到这样，确实说明卓别林具有许多影视明星不具有的素质。

当他解松鞋带时，正巧一位记者到后台采访，亲眼看见了这一幕。戏演完后，记者问卓别林："您该当场教那位弟子，他还不懂演戏的技巧。"

卓别林答道："别人的好意必须坦率接受，要教导别人演戏的技能，机会多的是。在今天的场合，最要紧的是要以感谢的心去接受别人的好意，并给以回报。"

美国作者戴尔·卡耐基在他的《人性的弱点》一书中，讲述了他批评他的秘书的技巧：

"数年前，我的侄女约瑟芬，离开她在堪萨城的家到纽约来充任我的秘书。她当时 19 岁，3 年前由中学毕业，她的办事经验稍多一点，现在她已经成了一位完全合格的秘书。……当我要使约瑟芬注意一个错误的时候，我常说：'你做错了一件事，但天知道这事并不比我所做的许多错误还坏。你不是生来具有判断能力的，那是由经验而为；你比我在你的岁数时好多了。我自己曾经犯过许多愚鲁不智的错误，我有绝少的意图来批评你和任何人。但是，如果你如此做，你不是更聪明吗？'"

这样，即指出了她的错误又能不伤她的面子，以后她则会更认真细心地工作。

卡耐基说：一句或两句体谅的话，对他人的态度做宽大的了解，这些都可以减少对别人的伤害，保住他的面子。

下面是会计师马歇尔·格兰格写给卡耐基的一封信的内容：

"开除员工并不是很有趣，被开除更是没趣。我们的工作是有季节性的，因此，在 3 月份，我们必须让许多人走。

"没有人乐于动斧头，这已成了我们这一行业的格言。因此，我们演变成一种习俗，尽可能快地把这件事处理掉，通常是这样说的：'请坐，史密斯先生，这一季已经过去了，我们似乎再也没有更多的工作交给你处理。当然，毕竟你也明白，你只是受雇在最忙的季节里帮忙而已。'等等。

"这些话给他们带来失望以及'受遗弃'的感觉。他们之中大多数一生皆从事会计工作，对于这么快就抛弃他们的公司，当然不会怀有特别的爱心。

"我最近决定以稍微圆滑和体谅的方式，来遣散我们公司的多余人员。因此，我在仔细考虑他们每人在冬天里的工作表现之后，一一把他们叫进来，而我就说出下列的话：'史密斯先生，你的工作表现很好（如果他真是如此）。那次我们派你到纽华克去，真是一项很艰苦的任务。你遭遇了一些困难，但处理得很妥当，我们希望你知道，公司很以你为荣。你对这一行业懂得很多，不管你到哪里工作，都会有很光明远大的前途。公司对你有信心，支持你，我们希望你不要忘记！'

"结果呢？他们走后，对于自己的被解雇感觉好多了。"

有一位女士在一家公司任市场调研员，她接下第一份差事是为一项新产品做市场调查。她说道：

"当结果出来的时候，我几乎瘫倒在地，由于计划工作的一系列错误，导致整个事情失败，必须从头再来。更不好对付的是，报告会议马上就要开始，我已经没有时间了。

"当他们要求我拿出报告时，我吓得不能控制自己。为了不惹大家嘲笑，我尽量克制自己，因为太过紧张了。我简短地说明了一下，并表示我需要时间重新来做，我会在下次会议时提交。然后，我等待老板大发脾气。

"结果出人意料，他先感谢我工作踏实，并表示计划出现一些错误，在所难免。他相信新的调查一定准确无误，会对公司产生很大帮助。他在众人面前肯定我，让我保全了颜面，并说我缺少的是经验，不是工作能力。

"那天，我挺直胸膛离开了会场，并下定决心不再犯错误。"

懂得在调节上尊重别人的人才会受欢迎。

1917 年 1 月 4 日，一辆四轮马车驶进北京大学的校门，徐徐穿过园内的马路。这时，早有两排工友恭恭敬敬地站在两侧，向刚刚被任命为北大校长的传奇人物蔡元培鞠躬致敬。只见蔡元培走下马车，摘下自己的礼帽，向这些校园里的工友们鞠躬回礼。在场的人都惊呆了，这在北京大学是从来未有的事情，北大是一所等级森严的官办大学。校长享受内阁大臣的待遇，从来就不把这工友放在眼里。像蔡元培这样地位显赫的人向身份卑微的工友行礼，在当时的北大乃至全国都是罕见的现象。北大的新生由此细节开始，树立了一面如何做人的旗帜。

有时候，给别人留面子能更好地解决任何人之间的问题。有一位夫人，她雇了一个女仆并告诉她下星期一上班。这位夫人给女仆以前的主人打过电话，知道她做得不好。当女仆来上班的时候，这位夫人说："亲爱的，我给你以前做事的那家人打过电话，她说你不但诚实可靠，而且会做菜，会照顾孩子，但她说你不爱整洁，从不将屋子收拾干净。现在我想她是在说瞎话，你穿得很整洁，谁都可以看得到。我相信你收拾屋子一定同你的人一样整洁干净。我们也一定会相处得很好。"

后来她们真的相处得很好。女仆要顾全高尚的名誉，并且她真的顾全了。她多花时间打扫房子，把东西放得井然有序，没有让这位夫人对她的希望落空。

《圣经·马太福音》中说："你希望别人怎样对待你，你就应该怎样对待别人。"这句话被多数西方人视为待人接物的"黄金准则"。

真正有远见的人不仅在一点一滴的日常交往中为自己积累最大限度的"人缘儿"，同时也会给对方留有相当大的回旋余地。给别人留面子，实际也就是给自己挣面子。

应对自如，才能游刃有余

我们在社会应酬中，要动用不同的思考模式去对待不同的事情，做到灵活应变，进退自如，方能立于不败之地。

清朝礼部尚书纪昀，才思敏捷，能言善辩。一次，天奇热，他正光着膀子同军机处的几个人伏案工作。突然，门外传来"皇上来了"的声音，穿衣已来不及了，光膀子接驾又恐有亵渎万岁之罪。纪昀急中生智，连忙钻到桌子底下藏起来。后来听不到皇上说话的声音了，他估计皇上走远了，就在桌子下面问其他几个人："老头子走了没有？"

这时，坐在椅子上的皇上一听此说，立即板起面孔问："纪昀，你叫我老头子是什么意思？今天非讲清楚不可。"

纪昀见皇上还没走，知道闯祸了。于是，干脆从桌子底下钻出来，赶忙俯伏在地叩头，口称"死罪，死罪"。

皇上说："叩多少头也不行，快讲'老头子'是什么意思。"

纪昀又给皇上叩了一个头，然后索性慢条斯理地说："万岁不要发怒，奴才之所以称您为'老头子'，确实是对您的尊敬。'万寿无疆'称为'老'，'顶天立地'称为'头'，皇上称为'天子'，这就是我称您'老头子'的原因。"皇上得意地笑了，赦纪昀无罪。

纪昀应对之巧在于将"老头子"一词拆字联义，并使其义处处都落实在"天子至尊"之意上，这就是纪昀的机智。

在政治斗争中，掌握局势，应付自如显得尤为重要。

公元222年至235年间，古罗马国的皇帝因昏庸无能，激起了人民的不满，被大将塞维罗推翻，塞维罗当了新一代罗马大帝。

此时，塞维罗要主宰整个帝国，面临两大困难：一是尼格罗已在亚洲称帝，二是阿尔匹诺正在西方建立自己的政权。塞维罗知道，此时，他如以习惯性的思考模式去对待尼格罗和阿尔匹诺，就只有进军一途，坚决地消灭他们。但是，这两强的势力太大了，如不知进退，将是十分危险的。于是，他决定动用不同的思考模式，采取灵活应变的方法去对付这两大强敌：对于西方的阿尔匹诺，他用退一步的方法，以赐给"恺撒"的称号来稳住他；对于亚洲的尼格罗，他则用突袭的方式予以剿灭。当然，最后他还是在法国活捉了被他赐封过的阿尔匹诺，达到了他主宰罗马帝国的目的。

公元前 192 年西汉惠帝时，其母吕太后专权。一天，吕后接到匈奴军冒顿的一封信，信中之意，要娶吕后为妻，代刘邦当中原皇帝。看过这封粗鲁无礼的来信之后，吕后大怒，"欲斩其使，后兵击之"。

季布道："高帝新丧，吴下疮痍未复。樊哙大言以十万军可横行匈奴，这不是为了面谀太后，置天下安危于不顾吗？况且冒顿素来大话欺人。"这一番话，说得太后一脸的怒色渐渐平息下去。

经过一段时间的沉思，吕后命人回信冒顿："大王不忘怀于我，给我来信。想我已年老色衰，发齿坠落，行步失度，哪里还配得上大王呢？现在奉上我平日乘坐的御车两辆，良马八匹，备大王乘用。"

遭遇困境时能应付自如、游刃有余是成功者必备的素质之一。

无为有治

"绝圣弃智，绝仕弃义，绝巧弃利"，弃人为而变无为，却反是有为。"民利百倍，民腹孝慈盗贼无有。"

东汉永平年中，汉武帝刘秀的侄孙刘睦年轻时谦逊好学，博览群书，才智过人，且为人仁厚，随和爽快，深得汉武帝喜爱。长大以后，刘睦喜欢结纳宾客，笼络天下贤才，在士人中声望很大，有昔日孟尝君之风，天下才子纷纷与他交往，刘睦的名声顿时大噪。

刘睦被封北海敬王之后，刘睦意识到自己不能再按以前的方式做下去，他深谙皇帝的猜忌心理，皇帝一般希望自己在百姓心中是一个仁德的好君主，"仁德"是他们追求的标准；但是若自己也过于仁德；岂不有超过君主之嫌？这是皇帝们所不能允许的。作为藩王，如果因为贤能而引起皇帝的注意，并不是什么好事，相反都有可能招致各种危险。

想到这一层，刘睦就改变了往日的风气，他把门关起来，不再与社会名流交往，不再接待宾客，对往日的朋友一律拒于千里之外，并且，平时也不再显露自己的学识才干，处处掩饰。他日日耽于酒色，纵情享乐，让人觉得他平庸无能。

后来，刘睦果然一直稳居王位，没有忌恨他，皇帝对他也很放心。

老子主张无为而为，无为即是有为，有为反而不如无为。

曾有一个叫阳子居的人问老子："先生，我有一个问题想请教先生，望先生不吝指教。"

老子微一笑，点点头，示意他问。阳子居问："先生，有一个人，行动果敢敏捷，同时又具有深入透彻的洞察力，而且他又勤学于道，先生说，这样的一个人是不是就可以称为是理想的领导者了呢？"

老子仔细地聆听着，边听边思索。等阳子居说完，老子微微摇了摇头，抬眼望着阳子居，依旧笑着回答说："如你所言的人其实只不过是像个小官吏罢了。像你所描绘的那样的人的才能其实是有限的，而有限的才能往往其才能成了束缚自成的绳索。

"才所困，终使自己身心俱乏，心力交瘁。恰似虎豹因其身上长有美丽的斑纹和光亮的皮毛反而招致猎人的捕杀。猴子因为灵敏活泼，机警灵巧；猎狗因其擅长猎取动物，善于追奔，所以被人抓来，捆之以绳索。有了优点反而引来灾祸。你说，这样的人是理想的为职者吗？"

阳子居若有所悟，问道："是这样。是不是就像马儿因为善于奔跑却又只会奔跑，结果却是被人驯服豢养，成了供人骑耍的工具？"

老子微笑着点头，表示他很赞赏阳子居的聪慧。

阳子居又问："如此说来，那么，先生以为什么样的人才是理想的为职者呢？"

老子回答说："一个真正的理想的领导者应当是这样的，他的功德普及天下，恩惠泽被后世，而在一般人眼中一切功德又都似和他没有什么关系；他的教化惠及万物，德追乾坤，然而，人们又丝毫感觉不出他的教化；他治理天下时，根本不会留下任何施政的痕迹，而对万事百姓都具有潜移默化的影响力。只有做到这一点的领导者才是真正理想的领导者。"

庄子说过：

圣人清静无为，不是说清静无为好，所以才清静；而是说不足以扰乱内心，所以才清静。

水清静，胡须眉毛便可照得一清二楚。水的平面能合乎标准，所以最高明的匠人都取法于水。

水清静则明澈，何况人呢？圣人的心可清静，它是天地的明镜，万物的明镜。虚静、恬淡、寂寞、无为是天地的根本，道德的本质。

能持清静，则恬淡无为；恬淡无为，则什么事都尽到责任了。

《道德经》中指出："是以圣人处无为之事，行不言之教。"无为非不为，而是指顺应自然规律，顺应形势的发展，无为而为才能达到更好的效果。

身处弱势不气馁

然而，世上不可能有永远一帆风顺的事。只许成功不许失败，实际上背离了事物演进的法则。常言道，失败是成功之母。失败是登上成功顶峰的阶梯，人非生而知之，只有在经历失败之后，才会发现不足，才能获得提高。卡耐基说："迈向成功的路是由一次又一次的失败铺起来的。"

当你处于弱势的时候，不要气馁，凡事都会有转机，只要坚持努力，成功终会属于你。

李嘉诚在1998年接受香港电台访问时说道："在逆境的时候，你要自己问自己足否有足够的条件。当我自己处于逆境的时候，我认为我够！因为我有毅力……肯建立一个信誉。"所以在创业之初，他并没有大量的扩大再生产的资金，在竞争十分激烈的商场上，他并没有气馁。

有一次，一位开发商看中了他产品，约他次日到酒店商谈合作。翌日，李嘉诚带着样品到批发商下榻的酒店。

批发商大为赞赏这9款样品，声言是他所见到过的最好的3组。望着李嘉诚通宵未眠熬得通红的双眼，批发商心里便明白了一切。

他拍拍李嘉诚的肩膀说："我欣赏你的办事作风和效率。我们开始谈生意吧？"

李嘉诚坦率直言说："谢谢您的厚爱。我非常非常希望能与先生做生意。可我又不得不坦诚地告诉您，我实在找不到殷实的厂商为我担保，十分抱歉。"

接下来，李嘉诚诚恳地对批发商谈了长江公司白手起家的发展历程和现在的状况，请批发商相信他的信誉和能力。

李嘉诚的经商原则引起批发商的共鸣。批发商相信自己的判断，他确定合伙人就是这个诚实又深富潜力的年轻人。他微笑着对李嘉诚说：

"你不必为担保的事担心了。我替你找好了一个担保人，这个担保人就是你自己。"

接下来，谈判在轻松的气氛中进行，很快签了第一单购销合同。按协议，批发商提前交付货款，基本解决了李嘉诚扩大生产的资金问题。

身处弱势而不气馁，仍坚持自己的理想与抱负的人古往今来大有人在，下面的例子是关于鬼谷子的两个徒弟张仪和苏秦的故事。

张仪，魏国贵族后裔，学纵横之术，主要活动应在苏秦之前，是战国时期著名的政治家，外交家和谋略家。战国时，列国林立，诸侯争霸，割据战争频繁。各诸侯国在外交和军事上，纷纷采取"合纵连横"的策略。或"合纵"，"合众弱以攻一强"，防止强国的兼并，或"连横"，"事一强以攻众弱"，达到兼并土地的目的。张仪正是作为杰出的纵横家出现在战国的政治舞台上，对列国兼并战争形势的变化产生了较大的影响。秦惠文君九年（前329年），张仪由赵国西入秦国，凭借出众的才智被秦惠王任为客卿，筹划谋略攻伐之事。次年，秦国仿效三晋的官僚机构开始设置相位，称相邦或相国，张仪出任此职。他是秦国置相后的第一任相国，位居百官之首，参与军政要务及外交活动。从此开始了他的政治、外交和军事生涯。

秦惠文王更元二年（前323年），秦国为了对抗魏惠王的合纵政策，进而达到兼并魏国国土的目的，张仪运用连横策略，与齐、楚大臣会于啮桑（今江苏沛县西南）以消除秦国东进的忧虑。张仪从啮桑回到秦国，被免去相位。三年，魏国由于惠施联齐，楚没有结果，不得不改用张仪为相，企图连秦、韩而攻齐楚。其实张仪的最终目的是想让魏国做依附秦国的带头羊。由于连横威胁各国，秦惠文王更元六年（前319年）魏国人公孙衍受齐、楚、韩、赵、燕等国的支持，出任魏相，张仪被驱逐回秦。秦惠文王更元八年（前317年）张仪再次任秦相国。九年，秦惠王接受司马错的建议，遣张仪、司马错等人率兵伐蜀，取得胜利，旋即又灭巴、苴两国。这样秦国占据了富饶的天府之国，有了巩固的大后方，为秦国的经济发展和军事战争，提供了有利条件。秦惠文王更元十二年（前313年）秦惠王想攻伐齐国，但忧虑齐、楚结成联盟，便派张仪入楚游说楚怀王。张仪利诱楚怀王说："楚诚能绝齐，秦愿献商、於之地六百里。"楚怀王听信此言，与齐断绝关系，并派人入秦受地，张仪对楚使说："仪与王约六里，不闻六百里。"楚国的使臣返回楚国，把张仪的话告诉了楚怀王，楚怀王一怒之下，兴兵攻打秦国。秦惠文王更元十三年（前312年）秦兵大败楚军于丹阳（今豫西丹水之北），虏楚将屈丐等70多人，攻占了楚的汉中，取地600里，置汉中郡（今陕西汉中东）。这样秦国的巴蜀与汉中连成一片，既排除了楚国对秦国本土的威胁，也使秦国的疆土更加扩大，国力更加强盛。《史记·张仪列传》中说："三晋多权变之士，夫言纵横强秦者大抵皆三晋之人也。"无疑张仪是其中最杰出的一个。

鬼谷子的另一个徒弟苏秦，字季子，他出身低微，少有大志，曾随鬼谷子学游说术多年。后辞别老师，下山求取功名。苏秦先回到洛阳家中，变卖家产，然后周游列国，向各国国君阐述自己的政治主张，希望能施展自己的政治抱负。但无一个国君欣赏他，苏秦只好垂头丧气，穿着旧衣破鞋回到洛阳。洛阳的家人见他如此落魄，都不给他好脸色，连苏秦央求嫂子做顿饭，嫂子都不给做，还狠狠训斥了他一顿。苏秦从此振作精神，苦心攻读。他把头发束住吊在房梁上，用锥子刺自己的腿，"头悬梁，锥刺骨"便由此而来。一年后，苏秦掌握了当时的政治形势，开始二次周游列国。这回终于说服了当时的齐、楚、燕、韩、赵、魏六国合纵抗秦，并被封为"纵约长"，做了六国的丞相。当此时的苏秦衣锦还乡后，他的亲人一改往日的态度，都"四拜自跪而谢"。

人生不可能是一帆风顺的，在处于弱势的时候要处变不惊，波澜不兴，或蛰伏或争取，努力充实完善自己，成功则会指日可待。

妥协不是软弱

一个人一生中做得最多的事恐怕就是妥协。人每时每刻无处不妥协。妥协是现实人生的一个事实。

人生就是要不断地妥协，人生就是一个巨大的妥协；人际关系更是一种妥协，一种没有商榷余地的妥协。可是，虽然人们无时不在使用它，但人们对它却不太熟悉、不知道，知道了也不爱承认它。年轻气盛时，更不愿正视妥协，以妥协为耻。殊不知妥协不仅是现实人生的一个铁的事实，是一种理性，一种策略，一种绝高的社交智慧。如果我们把发展看成是人生的硬道理，那么，妥协便是发展的硬道理。

19世纪中期的美国，在木材行业中，经营规模很大而又获得成功的人却为数很少，其中经营得最好的莫过于费雷德里克·韦尔豪泽。

1876 年，韦尔豪泽意识到，如果没有伐木的权利，木业公司就会衰落，于是他就开始实行一个大规模购买林地的计划，他从康奈尔大学买进 5 万英亩土地，后来继续买进大量土地，到 1879 年，他管辖的土地大约有 30 万英亩。而正在此时，一个重要的木业公司——密西西比河木业公司吸引了韦尔豪泽的兴趣。该公司具有很多的土地及良好的木材，由于经营者方法不对，导致公司效益不好。于是韦尔豪泽决心收购该公司。在经过双方的接触后，双方同意促成这个买卖。

在收购该公司的价钱上，双方展开了一场激烈的谈判。按该公司的要求，出价为 400 万美元，而韦尔豪泽则千方百计想把价钱压得低一点。于是他派了一名助手直接与该公司谈判，要求只给 200 万美元，态度异常坚决，并大讲道理。在经过双方的激烈争执后，韦尔豪泽闪亮登场，以一个中间人的身份出现，建议二者都做出一些让步，并提出自己的方案，声明：若就此方案也达不成协议，你们不必继续谈判。卖方正在苦恼之时，有些"松动的"迹象，自是欣喜。这样，只作了小的修改即达成协议，而买方所得的条件也比原来料想的好得多。最终以 250 万美元成交。

他的"妥协"收到的效果显而易见。从此，韦尔豪泽的事业如虎添翼，20 世纪初，费雷德里克·韦尔豪泽通过对木材业的各方面的控制，使他的公司发展成为一个强大的木材帝国。

妥协与让步在谈判中是一种常见现象。妥协与让步不是出卖自己的利益，而是为了获得更大利益放弃小利益，可见让步应该是必要的。但是，妥协与让步也要讲究原则与尺度。

不要过早妥协与让步。太早，会助长对方的气焰。待对方等得将要失去信心时，你再考虑让步。在这个时候做出哪怕一点点的让步，都会刺激对方对谈判的期望值。

你率先在次要议题上做出妥协与让步，促使对方在主要议题上做出让步。

在没有损失或损失很小的情况下，可考虑妥协与让步。但每次让步，都要有所收获，且收获要远远大于让步。

让步时要头脑清醒。知道哪些可让，哪些绝对不能让，不要因妥协与让步而乱了阵脚。每次让步都有可能损失一大笔钱，应掌握让步艺术，减少你的损失。

每次以小幅度妥协与让步，获利较多。如果让步的幅度一下子很大，并不见得使对方完全满意。相反，他见你一下子做出那么大的让步，也许会提出更多的要求。

有时候，妥协还可以保住性命。

大家都听过"杯酒释兵权"的故事。

宋太祖赵匡胤黄袍加身建立北宋后，为防止被人夺权，就在一次宴席上对昔日为他打下江山的功臣们说："以前的日子里多好！白天厮杀，夜晚倒头就睡。哪像现在这样，夜夜睡觉不得安宁！"众兄弟一听，关心地问："怎么睡不稳？"赵匡胤说："这不明摆着吗，咱们是把兄弟，我这个位子谁也该坐，而又有谁不想坐呢？"大家面面相觑，感到了事态严重。赵匡胤说："你们虽然不敢，可难保手下人不这么想。一旦黄袍加在你们身上，就由不得你们了。"大家一听，明白赵匡胤已在猜忌大伙了。吓得在地上叩头不敢起身，求赵匡胤想个办法。赵匡胤说："人生短暂，大家跟我苦了半辈子，不如多领点钱，回家过个太平日子，那多幸福。"大家忙点头答应。

第二天，旧日的那些功臣们一个个请求告老还乡，交出兵权，领到一笔钱回家去了。

在日常生活中，学会适当妥协，可以让你避免许多麻烦。美国心理学家卡耐基常常带一只叫雷斯的小猎狗到公园散步。他们在公园里很少碰到人，再加上这条狗友善而不伤人，所以，他常常不给雷斯系狗链或戴口罩。

有一天，他们在公园遇见一位骑马的警察。警察严厉地说："你为什么让你的狗跑来跑去而不给它系上链子或戴上口罩？你难道不知道这是犯法吗？"

"是的，我知道。"卡耐基低声地说，"不过，我认为他不至于在这儿咬人。"

"你不认为，你不认为！法律是不管你怎么认为的。它可能在这里咬死松鼠，或咬伤小孩。这次我不追究，假如下次再被我碰上，你就必须跟法官解释了。"

可是，他的雷斯不喜欢戴口罩，他也不喜欢它那样。一天下午，他和雷斯正在一座小山坡上赛跑，突然，他看见执法大人正骑在一匹红棕色的马上。

卡耐基想，这下栽了！他决定不等警察开口就先发制人。他说：

"先生，这下你当场逮到我了。我有罪。你上星期警告过我，若是再带小狗出来而不替它戴口罩，你就要罚我。"

"好说，好说，"警察回答的声调很柔和，"我知道在没人的时候，谁都忍不住要带这样的小狗出来溜达。"

"的确忍不住，"卡耐基说道，"但这是违法的。"

"哦，你大概把事情看得太严重了。"警察说，"我们这样吧，你只要让它跑过小山，到我看不到的地方，事情就算了。"他主动妥协让他逃过了责罚。

人们往往只强调毫不妥协的精神，事实上，学会妥协，在人际交往中十分重要。

人们要正视这个事实，学会妥协的睿智和技巧。事实上，人生极需要这种技巧、智慧和策略。在低调对待的妥协社交中，人们才会有双赢的可能，人们也才会避免两败俱伤的结果。学会妥协，是人生的大学问。其实妥协，就是以退为进的智谋。我们中国古人很懂这个道理，他们总是以表面上的退让、割舍和失败来换取对方的利益认可，从而在根本上保证了自己更长远或更大方面的利益。

大丈夫能屈能伸

能屈能伸是一个能成大器、获得成功的人必备的一项素质。

大丈夫根据时势，需要屈时就屈，需要伸时就伸，可以屈时就屈，可以伸时就伸。屈于应当屈的时候，是智慧；伸于应当伸的时候，也是智慧。屈是保存力量，伸是光大力量；屈是隐匿自我，伸是高扬自我；屈是生之低谷，伸是生之巅峰。

而说到能屈能伸我们不得不提到一位古人——韩信。

西汉时期的淮阴侯韩信受胯下之辱的故事是妇孺皆知的。韩信是淮阴人，自幼不农不商，又因家贫，所以衣食无着，想去充当小吏，却无一技之长，也未被录取。因此终日游荡，往往寄食于人家。他曾和亭长很要好，经常到亭长家里去吃饭，吃多了，也就惹得亭长的妻子厌烦。于是，亭长的妻子提前了吃饭的时间，等韩信到了，碗已经洗过很久了。韩信知道惹人讨厌，从此不再去了。他来到淮阴城下，临水钓鱼，有时运气不佳，只好空腹度日。那里正巧有一个临水漂絮的老妇人，见韩信饿得可怜，每当午饭送来，总分一些给韩信吃。韩信饥饿难耐，也不推辞，这样一连吃了几十日。一日，韩信非常感激地对漂母说："他日发迹，定当厚报。"谁知漂母竟含怒训斥韩信说："大丈夫不能自谋生路，反受困顿。我看你七尺须眉，好似公子王孙，不忍你挨饿，才给你几顿饭吃，难道谁还望你报答不成！"说完，漂母竟拿起漂絮而去。

韩信受人赐饭之恩，虽受激励，但苦无机会。实在穷得无法，只得把家传的宝剑拿出叫卖，卖了多日，竟卖不出去。一天，他正把宝剑挂在腰中，沿街游荡，忽然遇到几个地痞，有个地痞有意给他难堪，嘲笑他说："看你身材高大，却是十分懦弱。你若有种，就拿剑来刺我，若是不敢刺，就从我的胯下钻过去。"说完，双腿一叉，站在街心，挡住了韩信的去路。

韩信打量了一会儿地痞，就爬在地下，径直钻了过去。别人都耻笑韩信懦弱，他却不以为耻。其实绝非韩信不敢刺他，因为他胸怀大志，不愿与小人多生是非，如果一剑把他刺死了，自己势必难以逃脱。所以，他审时度势，暂受胯下之辱。后来韩信跟刘邦南征北战，屡建奇功，被封为淮阴侯，并诚心地报答了那个漂母。

同样是发生在楚汉相争时期的事件，项羽吩咐大将曹咎坚守城皋，切勿出战，只要能阻住刘邦15日，便是有功。不想项羽走后，刘邦、张良使了个骂城计，派兵城下，指名辱骂，甚至画着漫画，污辱曹咎。这下子，惹得曹咎怒从心起，早将项羽的嘱咐忘到九霄云外，立即带领人马，杀出城门。汉军早已埋伏停当，只等项军出城入瓮，霎时地动山摇，杀得曹咎全军覆没。

春秋时期，吴越两国相邻，经常打仗，有次吴王领兵攻打越国，被越王勾践的大将灵姑浮砍中了右脚，最后伤重而亡。吴王死后，他的儿子夫差继位。三年以后，夫差带兵前去攻打越国，以报杀父之仇。

于是夫差倾国出动，去征讨越国，在木叙山这个地方大败越军，越王勾践带着五千残兵败将逃到会稽山上。夫差率领大队人马追赶上去，夫差在船头亲自击鼓为将士助威。吴兵士气高昂，快速向越兵冲去，团团包围了会稽山。

这时，越王勾践觉得大事不好，就急忙和谋臣范蠡和文种商量。勾践对范蠡说："我后悔当初没有听从你的话，对吴国掉以轻心，才有今天之祸。"

范蠡说："现在说那样的话也救不了越国了，您只有带着礼物到吴国去认罪求和。如果他们不答应，那您只好给人家做奴隶，以求得人家的宽容。其他的事以后再说。"

勾践知道事情已经到了这种地步，还有什么可说的呢，只好先派文种带着大量的礼物到吴军中去求和。文种来到吴军阵中，跪在夫差面前，给夫差反复叩头，行臣子之礼。他说："我奉亡国之君的命令来给大王请安，冒昧地向您转达勾践的心愿。他愿意做您的臣子。他的妻子愿意做您的仆人，为大王日日夜夜服务。"

勾践作为亡国之君来到吴国，吴王让他们夫妻白天放养马匹，晚上为吴的先王守墓；夫差出行时，让勾践在车前牵马，受尽了羞辱。勾践抱仇恨藏在心里，表面上对吴王十分恭顺，又经常贿赂伯嚭，请他在吴王面前多说好话。夫差一高兴，就放勾践回国了。

勾践从吴国回到国内，就尽心治国。他整天忧心苦思，为国操劳，食不甘味，睡不安席，一心致力于复国大业。他将一枚苦胆挂在自己的座位旁边，睡的时候看着它，休闲的时候也打量着它，吃饭之前，也要先尝尝这苦胆。他常常提醒自己："你忘掉了在吴所受到的耻辱吗？"他亲自纺织，亲自种地，不吃肉食，只吃蔬菜，不穿华丽的衣服，和百姓们一样，只穿粗衣粗衫。他放下国王的架子，谦虚待人，热情地接待四方宾客，所以在短短的几年时间里，就有大量有德行有智谋的人归顺越国。

就这样，经过了七年，越国的力量大增，越王勾践觉得时机已经成熟，就准备向吴国报仇。大夫逢同说："我看现在还不是时机。吴国目前是诸侯中力量最强的国家之一，我们不能轻易和他相斗。我们只能胜，不能败。凶猛的鸟袭击目标时，一定要善于隐藏他的身体，对待吴国也是如此。现在许多国家都不满于吴国，我们可以联合楚、晋、齐三国。吴国的野心很大，如果这三个国家不听他们的。他们一定会发动战争，让这三个国家先和吴交战，我们利用它的疲惫再消灭它。"

勾践觉得这一想法很好，就采用了。又过了两年，果不出逢同所料，吴国征讨齐国，伍子胥哭着进谏："我听说勾践能和老百姓同甘共苦，这个人不除去，一定是我吴国的心头大患；而齐国之事对我们来说只是像身上长了个脓包。大王真是打错了对象，你应该先去攻打越国。"可是这时的夫差哪里能听进去这样的话，执意攻打齐国，得胜而归。他从战场回来后，讽刺伍子胥："我要是听你的，在家里睡大觉，哪里会有今天的胜利？"但是，伍子胥非常冷静，他说："大王不要高兴得太早了。"这句话差点没把这傲慢的国王气死，就大骂伍子胥，说他倚老卖老。经过 10 年的积聚，越国终于由弱国变成强国，最后打败了吴国，吴王羞愧自杀。

老子说：道，空虚而有作用，并且这种作用永远也没有穷尽。它不露锋芒，以简驭繁，碰到光明就和光明相拥，遇见尘埃就和尘埃混同。别以为道看上去好像碧湛湛的天空似乎什么没有，但它却又确确实实地存在着。大道无穷，能够应顺大道的人，必将是个经得起得，也经得起失，经得起宠，也经得起辱，经得起喜，也经得起愁的人。所谓和其光，同其尘，就是应顺大道，应顺万物，随遇而安，心安就是家。能屈能伸才是真正的大丈夫。

成全别人的好胜心

人人都有自尊心，人人都有好胜心，若要联络感情，应处处重视对方的自尊心，因为重视对方的自尊心，必须抑制你自己的好胜心，成全对方的好胜心。

下面这个例子是产于名相萧何如何成全刘邦的好胜心而保全了自己。

汉初良相萧何，泗水沛（今江苏沛县）人。曾任沛县主吏掾、泗水郡卒吏等职，持法不枉害人。秦末随刘邦起兵反秦，刘邦进入咸阳，萧何把相府及御史府的法律、户籍、地理图册等收集起来，使刘邦知晓天下山川险要、人口、财力、物力的分布情况。项羽称王后，萧何劝说刘邦接受分封，立足汉中，养百姓，纳贤才，收用巴蜀二郡的赋税，积蓄力量，然后与项羽争天下。为此深得刘邦信任，被任为丞相。他极力向刘邦举荐韩信，认为刘邦要取得天下非用韩信不可。后来韩信在楚汉战争中的才干证明萧何慧眼识人。楚汉战争中，萧何留守关中，安定百姓，征收赋税，供给军粮，支援了前方的战斗，为刘邦最后战胜项羽提供了物质保证。西汉建立后，刘邦认为萧何功劳第一，封他为侯。后被拜为相国。萧何计诛了韩信后，刘邦对他就更加恩宠，除对萧何加封外，刘邦还派了一名都尉率五百名士兵作相国的护卫。

当天，萧何在府中摆酒庆贺。有一个名叫召平的人，穿着白衣白鞋，进来对萧何说："相国，您的大祸就要临头了。皇上在外风餐露宿，而您长年留守在京城，您既没有什么汗马功劳，又没有什么特殊的勋绩，皇上却给您加封，又给您设置卫队，这是由于最近淮阴侯在京谋反，因而也怀疑您了。安排卫队保卫您，这可不是对您的宠爱，而是为了防范您。希望您辞掉封赏，再把全部私家财产都捐给军用，这样才能消除皇上对您的疑心。"

萧何听从了他的劝告，刘邦果然很高兴。同年秋天，英布谋反，刘邦亲自率军征讨。他身在前方，每次萧何派人输送军粮到前方时，刘邦都要问："萧相国在长安做什么？"使者回答，萧相国爱民如子，除办军需以外，无非是做些安抚、体恤百姓的事。刘邦听后总默不作声。使者回来后告诉萧何，萧何也没有识破刘邦的用心。

有一次，偶然和一个门客谈到这件事，这个门客忙说："这样看来您不久就要被满门抄斩了。您身为相国，功列第一，还能有比这更高的封赏吗？况且您一入关就深得百姓的爱戴，到现在已经十多年了，百姓都拥护您，您还在想尽办法为民办事，以此安抚百姓。现在皇上所以几次问您的起居动向，就是害怕您借关中的民望而有什么不轨行动啊！如今您何不贱价强买民间田宅，故意让百姓骂您、怨恨您，制造些坏名声，这样皇上一看您也不得民心了，才会对您放心。"

萧何说："我怎么能去剥削百姓，做贪官污吏呢？"门客说："您真是对别人明白，对自己糊涂啊！"萧何又何尝不知道这个道理，为了消除刘邦对他的疑忌，只得故意做些侵夺民间财物的坏事来自污名节。不多久，就有人将萧何的所作所为密报给刘邦。刘邦听了，像没有这回事一样，并不查问。当刘邦从前线撤军回来，百姓拦路上书，说相国强夺、贱买民间田宅，价值数千万。刘邦回长安以后，萧何去见他时，刘邦笑着把百姓的上书交给萧何，意味深长地说："你身为相国，竟然也和百姓争利！你就是这样'利民'啊？你自己向百姓谢罪去吧！"刘邦表面让萧何自己向百姓认错，补偿田价，可内心里却窃喜。对萧何的怀疑也逐渐消除。

刘邦身为开国皇帝，自是不希望臣子的威信高过自己。萧何采纳了门客的建议成功地保全了自己。

人们在人际交往中也是如此，每个人都有好胜心，何不成人之美，皆大欢喜。

顺应形势发展，保护自己利益

只按照自己的方法一意孤行，失败时便把一切过失都推给别人，这种做法也很常见，也是一种很自然的态度。有些人经年累月往前冲，往往不顾后果，常常同人家摩擦，事情愈弄愈糟。

我们都见过，有些人很粗暴，有些人很沉默，有些人很冷酷，有些人拒人于千里之外。我们有时也有点害怕，也许他不只会叫，而且还会咬我们。我们一定要花工夫去研究一个人，琢磨该如何接近他。

其实，无论对人还是做事，我们都要看清形势，只有顺应形势的发展，才能保护自己。

美国著名作家欧·亨利曾写过一个故事：

一天晚上，一个人正躺在床上，突然一个蒙面大汉跳进阳台，走到床边。他手中拿着一把手枪，对床上的人厉声说道："举起手！起来，把你的钱都拿出来！"躺在床上的人哭丧着脸说；"我患了十分严重的风湿病，尤其是手臂疼痛难忍，哪里举得起来啊！"那强盗听了一愣，口气马上变了："哎，老哥！我也有风湿病。可是比你的病轻多了：你得这种病多长时间了，都吃什么药呢?"躺在床上的人把各类药都说了一遍。强盗说："那不是好药，那是医生骗钱的药，吃了它不见好也不见坏。"两人热烈讨论起来，尤其对一些骗钱的药物看法颇为一致。两人越谈越热乎，强盗早已在不知不觉中坐在床上，并扶病人坐了起来。

强盗突然发现自己还拿着手枪，面对手无缚鸡之力的病人十分尴尬，赶紧偷偷地放进衣袋之中。为了弥补自己的歉意，强盗问道："有什么需要帮助的吗?"病人说："咱们有缘分，我那边的酒柜里有酒和酒杯，你拿来，庆祝一下咱俩的相识。"强盗说："干脆咱俩到外边酒馆喝个痛快，怎样?"病人苦着脸说："可是我手臂太疼了，穿不上外衣。"强盗说："我能帮忙。"强盗替他穿戴整齐，扶着他向酒馆走去，刚出门，病人忽然大叫："噢，我还没带钱呢！"强盗说："我请客。"

如果那个人没有顺应当时的形势做出灵活的应付，强盗后来请他吃的也许就会是子弹了。

据司马光《涑水纪闻》载，有一天，宋太祖赵匡胤在后园里用弹弓打麻雀，玩得正高兴的时候，"有臣称有急事请见"，赵匡胤只好慌忙出来接见。谁知，所奏并非什么急事，不过是例行公事。赵匡胤很不高兴，责问这种小事有什么好急的? 那位臣子也不含糊，不慌不忙地回答："总比打鸟要急一些吧?"赵匡胤一听火了，捞起根斧柄便打了过去，正好打在那人嘴上，碰落了两颗门牙。那人仍是不慌不忙地弯腰捡起牙齿，放到了自己怀里。见此情形，赵匡胤骂道："你拿上那两颗门牙，想告我的状吗?"对方回答说："我当然不能告您，不过，自然会有史官秉笔直书的！"赵匡胤听到这话，觉得有道理，不仅消了气，还赐给了那人一批金帛，向他表示慰问。

赵匡胤为了不在史书上留污点，顺应当时的情况，安抚史官。

在官场上，学会顺应形势的人，才能戴稳自己的乌纱帽。明朝的名臣张居正也是在不动声色地暗中结纳人缘，积蓄力量才登上相位的。高拱在未当首辅宰相之前，张居正就看出了苗头，尽心与他结纳，两人互为钦佩，经常称赞对方的才能，等高拱做宰相之后，张居正又紧紧追随他，高拱为人性格直爽而倨傲，很多人因受不了他的役使而离开了，唯独张居正能够卑辞以事，始终没有离开。

冯保是内宫太监，为人狡黠奸诈，与张居正的关系很好。按顺序本当升他为司礼太监，但因高拱推荐了其他人而落选，所以对高拱怀恨在心。后来明穆宗去世，遗诏由高拱等人为顾命大臣，但因冯保篡改了诏书，改成高拱、张居正、冯保等人一同为顾命大臣辅佐新君。高拱无法与冯保等人长期共事，就上书历数太监专权的弊端，并做了其他准备，满以为可以一下子把冯保驱逐出朝。

高拱把一切准备情况都告诉了张居正，希望他暗中支持，谁知张居正竟把情况透露给了冯保。冯保立即找皇太后哭泣，列举高拱专权的罪状，太后当即拟旨，斥逐高拱。

第二天，朝廷大集群臣，宣读两宫及皇上诏书，高拱本以为计谋成功，谁知诏书竟历数自己的罪状，解除了自己的一切官职。高拱又惊又怒，悲伤得趴在地上不能起身，张居正连忙把他扶起，雇了一辆驴车把他送走。

冯保还想罗织罪名诛杀高拱，亏张居正从中巧妙斡旋，才未得逞。在高拱去世后，张居正等人还向朝廷请求恢复他的官职荣誉。后来神宗亲政，重理高拱旧案，赠他太师头衔，追加文襄名号。就这样，张居正在钩心斗角的朝廷中，顺应局势的发展，在宫内宫外，先朝今朝，都游刃有余，稳稳当当地升官。

施于人者被施

帮助别人是一种美德，人生活在社会群体中，需要互相的帮助，因为也许有一天你也需要别人对你伸出援手。施恩于人，就有回报的惊喜等着你。

南朝宋孝武皇帝时，齐太祖萧道成担任舍人的官职，而刘怀珍任直阁将军，二人很早就结识了。有一天，刘怀珍请假回青州探家，萧道成有一匹白色良马，因为咬人，不能骑，就送给刘怀珍作为送别礼；刘怀珍因此回赠萧道成上百匹丝绢。有人对刘怀珍说："萧君这匹马因为咬人不能骑，才送给你。你回报他绢百匹，岂不是回礼太重了吗？"刘怀珍说："萧君器量堂堂，志向高远，还会对不住我送的丝绢吗？我打算把自己的性命和名声都托付在他身上，怎么还能计较钱物的多少呢！"

唐朝雍州泾阳（今甘肃平凉西北）人李大亮，文武兼备，隋末曾在韩国公庞玉帐下任行军兵曹。唐高祖李渊入关以后，他归顺唐朝，被任命为金州（今陕西安康）总管府司马，后来升迁为左卫大将军、兼领太子右卫率、工部尚书等职，负责皇帝和太子两宫的警卫任务，皇上和太子都非常宠信他。

李大亮为人忠厚、严谨、恭敬。他勤于职守，每到他值夜班时，一定是通宵不眠，实在困乏得支持不住了，也只是坐着打个盹。唐太宗曾夸赞他说："每当大亮值夜班时，我便通宵安眠。"唐太宗每次出巡，都安排李大亮留守。宰相房玄龄十分看重李大亮，常常称赞李大亮有王陵、周勃那样的节操，可以担当重任。李大亮虽然位高望重，生活却十分简朴。他的住房低矮简陋，穿着也很朴素。当初，李大亮跟随庞玉在东都与李密作战，战败被俘获。李密的部将张弼释放了他。李大亮富贵以后，总想报答张弼的救命之恩。张弼当时任将作丞，绝口不言当年这件事。踏破青山无觅处，得来全不费工夫。正当李大亮为打听不到张弼的下落而大伤脑筋的时候，有一天，两人在路上不期而遇。李大亮很快认出了张弼，抱着张弼痛哭不止，恨相遇太晚。李大亮要把自己的家产全部送给张弼，张弼说什么也不肯接受。于是，李大亮就把这件事禀告皇上，说："微臣能够服侍陛下，并有今天的荣华富贵，这都是张弼的功劳啊。我请求陛下把我的全部官职都转授给张弼。"唐太宗就任命张弼为中郎将。不久，又升迁为代州都督。

俗话说，授之以桃报之以李，有时在无意中帮助别人，可以获利意外的收获。

鲁宣公二年（前607年），宣子在首阳山（今山西省永济县东南）打猎，住在翳桑。他看见一人非常饥饿，就去询问他的病情。那人说："我已经三天没吃东西了。"宣子就将食物送给他吃，可他却留下一半。宣子问他为什么，他说："我离家已三年了，不知道家中老母是否还活着。现在离家很近，请让我把留下的食物送给她。"宣子让他把食物吃完，另外又为他准备了一篮饭和肉。后来，灵辄做了晋灵公的武士。一次，灵公想杀宣子，灵辄在搏杀中反过来抵挡晋灵公的手下，使宣子得以脱险。宣子问他为何这样做，他回答说："我就是在翳桑的那个饿汉。"宣子再问他的姓名和家居时，他不告而退。

同时，知恩图报是一种美德。

作家马尔克斯年轻时供职于波哥大《观察家报》，1955 年，他因揭露海军走私而引火烧身，以至于不得不狼狈逃窜，亡命巴黎。

他穷困落魄，举目无亲。多年以后，他是这样回忆的：没有工作，一人不识，一文不名，更糟的是不懂法语，所以只好待在弗兰德旅馆的一个不是房间的房间里干着急。肚子饿得实在捱不过去了，就出去捡一些空酒瓶或旧报纸，以换取少量面包。这样的生活他品尝了整整两年。他在痛苦的期待和期待的痛苦中奇迹般地活了下来。过后他才知道，许多拉丁美洲流亡者都有过类似的乞丐经历。他和他的同伴不谋而合，都发现了这么一个秘密：骨头可以熬汤！买一块牛排搭一大块骨头；牛排吃了，骨头不知要熬多少锅汤。即便如此，他诅咒过那些肉铺。在他看来，所有开肉铺、开面包店或旅馆的，都是可恶的小人。

由于马尔克斯实在穷得可怕，仿佛下辈子也还不清长期拖欠的房租了，弗兰德旅馆的老板拉克鲁瓦夫妇也许是自认倒霉或该当如此，不但不催不逼，最后似乎还不得不由他徒托空言、一走了之。后来，马尔克斯时来运转，竟无可阻挡地发达起来。1967 年，《百年孤独》的出版更使他名满天下。

一天，春风得意、身处巴黎某五星级饭店的马尔克斯忽然想起了拉克鲁瓦夫妇。于是他悄悄来到拉丁区，寻找弗兰德旅馆。旅馆依然如故，只是物是人非，他再也见不到拉克鲁瓦先生了。好在老板娘尚健在，她一脸茫然，根本无法将眼前这位西装革履、彬彬有礼的绅士同 10 多年前的流浪汉联系在一起。为了让她相信眼前的和过去的事实并收下"欠款"，马尔克斯煞费了一番苦心。

再后来，马尔克斯获得了诺贝尔文学奖。拉克鲁瓦太太得知这一消息后惊喜万分。她在《世界报》刊登一则寻人启事，诚挚地表示要把那一笔钱归还给他，也算是他们夫妇对世界文学的一点贡献。马尔克斯为此又专程前往巴黎看望老人家，而且陪同他前去的是拉克鲁瓦夫妇年轻时的偶像：嘉宝。马尔克斯诚恳地告诉拉克鲁瓦太太，她的贡献在于她的善良，她没让一个可怜的文学青年流落街头。他还说，她和拉克鲁瓦先生使他相信：巴黎还有好人，世界还有好人。

雪中送炭要比锦上添花更让人感激和感动，在你帮别人的同时也是在给自己创造更多的机会，所以当别人有难的时候，请不要犹豫地伸出你的手。

办事不要走极端

在待人处事中，万不可把事情做绝，要时时处处为自己留下可回旋的余地，俗话说："过头饭不吃，过头话不说"，就是这个道理。凡事要留有余地。

武则天垂拱二年（686年），狄仁杰出任宁州（今甘肃宁县、正宁一带）刺史。其时宁州为各民族杂居之地，狄仁杰注意妥善处理少数民族与汉族的关系，"抚和戎夏，内外相安，人得安心"，郡人为他歌功颂德。是年御史郭翰巡察，郭翰返朝后上表举荐，狄仁杰升为冬官（工部）侍郎，充江南巡抚使。狄仁杰针对当时吴、楚多淫词的弊俗，奏请焚毁祠庙1700余所，唯留夏禹、吴太怕、季札、伍员四祠，减轻了江南人民的负担。垂拱四年（688年），博州刺史琅琊王李冲起兵反对武则天当政，豫州刺史越王李贞起兵响应，武则天平定了这次宗室叛乱后，派狄仁杰出任豫州刺史。当时，受越王株连的有六七百人在监，籍没者多达5000人。狄仁杰深知大多数黎民百姓都是被迫在越王军中服役的，因此，上疏武则天说："此辈咸非本心，伏望哀其诖误。"武则天听从了他的建议，特赦了这批死囚，改杀为流，安抚了百姓，稳定了豫州的局势。其时，平定越王李贞的是宰相张光迅，将士恃功，大肆勒索。狄仁杰没有答应，反而怒斥张光迅杀戮降卒，以邀战功。他说："乱河南者，一越王贞耳。今一贞死而万贞生。""明公董戎三十万，平一乱臣，不戢兵锋，纵兵暴横，无罪之人，肝脑涂地。""但恐冤声腾沸，上彻于天。如得上方斩马剑加于君颈，虽死如归。"狄仁杰义正词严，张光迅无言可对，但怀恨在心，还朝后奏狄仁杰出言不逊。狄仁杰被贬为复州（今湖北沔阳西南）刺史，入为洛州司马。

但是，狄仁杰的才干与名望，已经逐渐得到武则天的赞赏和信任。天授二年（691年）九月，狄仁杰被任命为地官（户部）侍郎、同凤阁（中书省）鸾台（门下省）平章事，开始了他短暂的第一次宰相生涯。身居要职，狄仁杰谨慎自持，从严律己。一日，武则天对他说："卿在汝南，甚有善政，卿欲知谮卿者乎？"狄仁杰谢曰："陛下以臣为过，臣当改之；陛下明臣无过，臣之幸也。臣不知谮者，并为善友。臣请不知。"

张光迅因为遇到的是狄仁杰所以幸免于难，在我们赞赏狄仁杰的坦荡豁达的时候，还要吸取张光讯的教训，世事难料，所以不要走极端，要给自己留有余地。

下面这个例子也是做事走极端的故事。

商朝时期，伯夷、叔齐是孤竹君的两个儿子。父亲想要立叔齐为国君，等到父亲死了，叔齐要把君位让给伯夷。伯夷说："这是父亲的遗命啊！"于是逃走了。叔齐也不肯继承君位逃走了。这时，伯夷、叔齐听说西伯昌能够很好地赡养老人，就想何不去投奔他呢！可是到了那里，西伯昌已经死了，他的儿子武王追尊西伯昌为文王，并把他的木制灵牌载在兵车上，向东方进兵去讨伐殷纣。伯夷、叔齐勒住武王的马缰谏诤说："父亲死了不葬，就发动战争，能说是孝顺吗？作为臣子去杀害君主，能说是仁义吗？"武王身边的随从人员要杀掉他们。太公吕尚说："这是有节义的人啊。"于是搀扶着他们离去。等到武王平定了商纣的暴乱，天下都归顺了周朝，可是伯夷、叔齐却认为这是耻辱的事情，他们坚持仁义，不吃周朝的粮食，隐居在首阳山上，靠采摘野菜充饥。到了快要饿死的时候，作了一首歌，那歌词是："登上那西山啊，采摘那里的薇菜。以暴臣换暴君啊，竟认识不到那是错误。神农、虞、夏的太平盛世转眼消失了，哪里才是我们的归宿？哎呀，只有死啊，命运是这样的不济！"于是饿死在首阳山。

追求仁德是圣贤所为，但凡事都不应钻牛角尖，伯夷、叔齐就是因为太强调仁德不会变通，才饿死在首阳山。

中国人办事讲中庸之道，不偏不倚，不左不右，折中调和，不走极端。在为人处世时，严格要求自己，办事知道节度，不走极端，可以通行无阻，马到功成。

施恩于人的技巧

当你伸出援手、提供建议给有需要的朋友时，有时觉得效果似乎并不怎么理想，在助人过程中，有时觉得心有余而力不足，那是因为在帮助别人时也需要技巧。良好的人脉关系是在平时的交往和联络中建立起来的，没事相求时也要想到与朋友交流一下思想、道一声问候。在这种交往、联络过程中我们更强调真心和坦诚，而不是一种形式和纯利用的商业化关系。如果你只是出于商业目的而刻意去培养友谊或者纯粹把它作为促进自身事业的一种手段，虽然表面上看起来你与你周围的人关系良好，你对别人也友善热情，但别人一旦发现你的意图之后，就不会把你当作真正的朋友。在你经营失败或遇到灾难的时候，那些表面的朋友都会一个个离开你，原因就是你平时不是真心待别人，而是在利用别人，从未不求回报地帮助过别人。如果想交到真正的朋友，建立牢固的人脉关系，还必须努力培养一些高尚的品质，宽宏大量、发自内心深处的友善和施恩不图报的乐于助人的精神。

战国时代有个名叫中山的小国。有一次，中山的国君设宴款待国内的名士。当时正巧羊肉羹不够了，无法让在场的人全都喝到。有一个没有喝到羊肉羹的人叫司马子期，此人怀恨在心，到楚国劝楚王攻打中山国。楚国是个强国，攻打中山易如反掌。中山被攻破，国王逃到国外。他逃走时发现有两个人手拿武器跟随他，便问："你们来干什么？"两个人回答："从前有一个人曾因获得您赐予的一壶食物而免于饿死，我们就是他的儿子。父亲临死前嘱咐，中山有任何事变，我们必须竭尽全力，甚至不惜以死报效国王。"中山国君听后，感叹地说："怨不期深浅，其于伤心。吾以一杯羊肉羹而失国矣。"即给予不在乎数量多少，而在于别人是否需要。施怨不在乎深浅，而在于是否伤了别人的心。我因为一杯羊肉羹而亡国，却由于一壶食物而得到两位勇士。

而如何有技巧的施恩于人并让对方为自所用，是一门高深的学问。

贞观晚年，名将李勣患重病，名医遍治，均用药无效。有人提出唯有用须灰和药才能治疗。唐太宗闻讯。"乃自剪须以和药"。李勣得到龙须，感激涕零。突厥将领李思摩，原名阿史那思摩，因立军功，唐太宗赐姓李，授职右卫大将军。他于贞观十九年随驾出征，在进攻白岩城的战斗中，被弩矢中伤，唐太宗爱将心切，"亲为之吮血，将士闻之，莫不感动"。唐太宗懂得如何施恩，换来了良臣的辅佐。

帮助别人是件好事，但同时要考虑到对方的自尊心，在尊重的前提下给予帮助才会换来对方的感激。

下面是一个伸出援手的同时懂得尊重别人的例子。

纽约的冬天真是冷极了，暴风雪几乎就是家常便饭，有时几尺厚的积雪使部分单位和商家也不得不暂时歇业。可是，公立小学却依旧照常开课。接送小学生的公车艰难地爬行在风雪路上，按时接送孩子。许多家长却对校方的这种做法很不理解：有必要在这样恶劣的天气里非要让孩子们去学校吗？陈太太忍不住打电话给学校，打算向校方提出停课的建议。说明原委后，校方的答复却令陈太太感动良久："正如您所知，纽约是富人的天堂，穷人的地狱。不少穷人家庭冬天甚至用不起暖气，接送那些小孩到学校上学，他们不仅能享受一整天的温暖，还能在学校里享受到免费的营养午餐！""施恩的最高境界应该是保持人的尊严。我们不能在帮助那些贫穷孩子的同时，却践踏了他们的自尊。"

施恩时不要说得过于直露，挑得太明，以免令对方感到丢了面子，脸上无光；给别人已经帮过的忙，更不要四处张扬。施恩于人，不要老是想从别人身上得到什么，应该想我能够给予别人什么，付出什么样的服务与价值来让对方先获得好处。施恩不可一次过多，以免给对方造成还债负担，甚至因为觉得被瞧不起而怨恨于你，这便是人们常说的大恩若仇。

人情就是财富，在人际交往中，见到给人帮忙的机会，要热情地给予援助。当你能持续这么做，并且大量帮助别人获得价值的时候，也就是你成功的时候了。

·第二章·

方法圆融，沟通无碍

在人际关系中，沟通是必不可少的环节，在与人交往中要掌握沟通的方圆尺度，方法圆融的沟通可以让人在人际交往中如鱼得水。

融洽从学会倾听开始

聆听是表示关怀的行为，是一种无私的举动，它可以让我们离开孤独，进入亲密的人际关系，并建立友谊。

加州大学精神病学家谢佩利医生说，向你所关心的人表示你可能不赞成他们的行为，但欣赏他们的为人，这一点很重要。仔细聆听能帮助你做到这一点，认真听，并且要听全面的而不是支离破碎的话语，否则你会妄加评说，影响沟通。

谈话的目的是在于增进双方的了解，喜欢听别人说话，就是深入细致地了解对方的重要手段。所以，我们在听人说话的时候，必须仔细地把握对方说话的内容和从他的声调神态中流露出来的心情。

如果对方希望表现自己，你就尽量保持沉默倾听；等你发表你的意见时，他就会欣然地聆听了。通常打岔会令对方生气，以致阻碍了意见的交流。

好的聆听是一种积极参与的过程。好的聆听不是假装出来的。聆听表示不只注意到说话者的内容，还包括了他的声调、语气及肢体语言：你听到了说出来的部分，也听到了没有说出来的部分。你听到了内容，也听到了表达者的情感。

聆听是你表现个人魅力的大好时机，你以你的聆听表示你对别人的尊重。

卡耐基建议："只要成为好的聆听者，你在两周内交到的朋友，会比你花两年工夫去赢得别人注意所交到的朋友还要多。"卡耐基在人际沟通的理解上有极大的天分。他认为，人如果常常专注在自己身上，以及老是谈论自己和自己关心的事情，他很难与其他人建立牢固的友谊。大卫·舒瓦兹在《大思想的神奇》（中文版本译为《想大才能做大》）一书中提到："大人物独揽聆听，小人物垄断讲话。"

所以，在别人说话的时候，静静地听着，不时加以回应，如点头或者微笑，在对方没有讲完以前不去打断他，这是一件非常非常受欢迎的事。

值得注意的是，你不能一边听，一边却胡乱地去想别的心事，以至于把别人的话都漏掉了。你要真真正正地去听，把注意力放在对方的身上，抓住他的每一句、每一字甚至把握到他讲话时的态度神情。你最好能够在事后准确地复述出对方所讲过的话，连对方用什么语调，说话时做了些什么手势，你都能记得清清楚楚。

大多数的交谈模式是由一个人说话，另外的人则在等待轮到自己说话的时机。所以，有许多等待说话的人完全没有用心听对方说话，因为他不是在暗暗地想着自己的心事，就是在等着要发言。

"听"和"闻"，在意志力的行使方面，有着微妙的差异。"听"名副其实是透过一个人的听觉察觉出声音，而"闻"是为了解声音的含义，有全神贯注倾听的意义。

若只是"听"，就不必过于努力。但若是"闻"，就必须使之发生作用。每个人多少都患有倾听却精神涣散的毛病。如果不注意倾听说话的内容，往往只是茫然地附和着对方音调的高低起伏。

事实上，听者的神态，尽在说者的眼里。如果你是认真地倾听，自然能给予说话的人肯定的反馈（鼓励）。对方会认为你是一个理想的倾听者。做个忠实的听众，就是拥有了掌握人心的强劲武器。

美国南北战争曾经陷入一个困难的境地，当时身为美国总统的林肯，心中有来自多方面的压力。他把他的一位老朋友请到白宫，让他倾听自己的问题。

林肯和这位老朋友谈了好几个小时。他谈到了发表一篇解放黑奴宣言是否可行的问题。林肯一一检讨了这一行动的可行和不可行的理由，然后把一些信和报纸上的文章念出来。有些人怪他不解放黑奴，有些人则因为怕他解放黑奴而谩骂他。

在谈了数小时后，林肯跟这位老朋友握握手，甚至没问他的看法，就把他送走了。

这位朋友后来回忆说：当时林肯一个人说个不停，这似乎使他的心境清晰起来。并且，林肯在说过这些话后，似乎觉得心情舒畅多了。

当时遇到巨大麻烦的林肯，不是需要别人给他忠告，而只是需要一位友善的、具有同情心的倾听者，以便减缓心理上的巨大压力，解脱思想上的极度苦闷。

有一天猫妈妈对它的小猫说："宝贝，你要开始独立生活了，你要学会捕食，这样才能生存下去。"可是小猫不晓得该去捕什么东西吃，于是它就问妈妈，请妈妈来告诉它。猫妈妈说："我先不告诉你，你接连几晚上待在人家的屋檐下或是房梁上，你仔细地听就会明白的。"于是小猫就听妈妈的话乖乖地待在那里，果然晚上听见一个人对另一个说："哎，你把厨房的门关上了没有，猫的鼻子可灵了，小心它把鱼叼走了。"于是小猫就知道鱼是它们最爱的食物，第二天晚上小猫又听见一个女人对一个男人说："哎，你把香肠挂起来了没有，小心被猫叼走。"于是小猫知道了香肠也是它们的食物，这样一连几天，小猫知道了很多它们爱吃的东西，它很高兴，对妈妈说："哦，原来听一听别人的话就能知道很多的知识呢，我以后一定要多听别人说话。"

由此可见倾听的重要。同时认真地倾听比向别人喋喋不休地倾诉容易交到朋友。只有你闭上你的嘴巴，听别人向你讲话，你才是真正尊重和重视对方，那你也一定会得到对方的情感上的回报。认真地倾听别人的诉说，能使对方很容易地喜欢上你，并成为你的朋友。做一个好的听者，会使你事业成功，也会使你交到朋友。跟你谈话的人对他自己需求的问题比你需求的问题感兴趣千百倍，当你下次与人交谈时千万别忘了这一点。当你在认真地聆听别人讲话时，你实际上在推销你自己。你的认真，你的全心全意，你的鼓励和赞美都会使对方感到你在尊重他、帮助他，当然你也会得到好回报。

有的人能认真倾听别人的谈话，经常用这样一些话来附和"噢，是那样啊"或"那可是个有趣的话题"，并适时提问一些相关的问题，这是交谈所必备的。

和这样的人交谈自然会热情高涨，交谈结束之后会有一种舒爽的心情，因为他能认真地听你说你想要说的话题。

交谈时，说者和听者双方互相配合，才能使话题顺利地进行下去。

交谈方法和语言表达是紧密联系在一起的，注意听别人的谈话是建立良好人际关系的秘诀。

开诚布公打动人心

情感是人们沟通、交流的桥梁。饱含真情的语言则是唤起情感的一种最具感召力的武器。运用真情流露的言语策略，可以顺利地使双方产生情感共鸣，关系融洽，形成良好的交际氛围，可以有力地推动人们将某种行为动机付诸实施，并做出积极的反应。

人贵以真，更贵以诚。如果把真诚的思想和感情直接表达和抒发出来，受话的一方一般也会动以真心，施以诚意。开诚布公法就是利用人间这种宝贵的"真诚"二字来发挥作用的。这就是说话的方中带圆，圆中有方。

1949年底，商务印书馆董事长张元济先生找到陈毅市长，要借款20万元，以解燃眉之急。这位董事长德高望重，年已八十，陈毅在小时候就知道他的大名。

当时祖国刚解放，百废待举，拿出20万元，是很困难的，怎么办？陈毅市长直言不讳地说："如果我说人民银行没有20万元，那是骗你。我不能骗您老前辈。只要打一个电话给人民银行就可以解决问题。您老这么大年纪，为了文化事业亲自赶来，理应借给您。但我想，还是不借给您为好。20万元一下子就花掉了，还是从改善经营想办法，不要只提教科书，可以搞一些大众化的年画，搞些适合工农需要的东西。学中华书局的样子，否则不要说20万，200万也没有用。要您老先生这么大年纪，到处筹措，我很感动，不过，我不能借这笔钱，借了反而害了你们。"

陈毅市长一席开诚布公、关心爱护、情真意切的话，将张元济老先生说通了，他高兴地说："我完全接受您的意见，我不借钱了，你的话是对我们的爱护，使我很感动。"

只有实实在在、诚心诚意对待他人，才能获得他人真心实意地帮助与支持，才能达成预期的目标。

真实、笃诚和真情是说实话时必须注意的三要素，以真实、笃诚为铺垫、为基础，以真情动人，以真情感人，才能达到说服对方的目的。

表露真诚除配合真诚的语言以外，还需要其他的技巧。

1. 真诚的眼睛

坦荡如水，平静地注视，不用躲躲闪闪或目光下垂不敢直视。从容、平静，如一池风平浪静的湖水热情而自信，无丝毫的掩饰和不安。

2. 真诚的举止

自然，大方，从容不迫，举手投足一副安然之态。手足无措，有自觉不自觉地摸鼻子、玩弄手指、绕头发、揉眼睛、抓耳朵等小动作，声音也会不大自然，说话的频率和声调都有些异样，肯定在掩饰某种不安。

3. 真诚的微笑

如一缕温馨阳光，充满暖意。如一朵初春的花朵，在唇边绽放。发自内心，暖人肺腑。皮笑肉不笑，故意挤出的笑，都缺少真诚。

4. 真诚的称赞

如果一个人称赞别人是发自内心的赞扬，是心灵之语，而不是带有某种企图，那么这人是真诚的。如果称赞一个人只是为了从中得到某种东西，那么他是虚伪的，称赞就属于奉承的范畴了。

5. 真诚的握手

握手是否显得真诚在于握手的轻重。握得太重，可能是想表示热忱或有所求。握得太轻，会显得有些轻视对方，或者是自己有严重的自卑。恰到好处的握手，是大方地把手伸出去，手掌和手指全面地去接触对方的手。

俗话说的"真诚二字能值千金"道出了真诚交流的价值，但是真诚之语能留给值得你去真诚相待的人，否则肺腑之言反害其事。

人人都愿意听到别人的赞美，并追求赞美。因此，你不要吝啬你的赞美，不要以为只有大的成就才值得称赞，而应对人的每个小小的方面都给予赞扬。这样，你也会因此得到更多的尊敬和爱戴。赞美是不会被人们拒绝的。真诚的，发自内心的赞美可以搞好你的人际关系，使你在事业的道路上畅通无阻。赞美从一定意义上讲，是一种有效的感情投资。当然，有付出就会有回报。对领导赞美，能使领导心情愉悦。对你越发重视；对同事赞美，能够联络感情，增强团队精神。

现实生活中，一个人如果受到别人称赞，他会感到愉快和喜悦。美国著名作家马克·吐温曾经夸张地承认：一句美好的赞扬，能使他不吃不喝活上两个月。俄国文豪托尔斯泰说："就是在最好的、最友善的、最单纯的人际关系中，称赞和赞扬也是必要的，正如润滑剂对轮子是必要的，可以使轮子转得更快。"

一位精明的善于赞美的售货员，往往会这样对一位中年女顾客说："太太真是好眼光，这是我们这里最新潮的款式，穿在太太身上，太太一定会更加漂亮。"几句话，这位太太肯定眉开眼笑，马上开包拿钱。美国的商界奇才鲍罗齐就曾说过："赞美你的顾客比赞美你的商品更重要，因为让你的顾客高兴你就成功了一半。"

恰当地赞美别人需要技巧，掌握了恰到好处赞美别人的技巧是一个人交际能力趋于成熟的标志。那么，该怎样恰到好处地赞美别人呢？

1. 赞美对方自豪的地方

人性中有一个共同的特点，那就是喜欢别人赞美自己最得意最看重的方面。

只有赞美别人最看重的东西才能收到最好的效果。俗话说："萝卜青菜，各有所爱。"人与人不同，看重的东西自然也是大相径庭，这就要求我们在赞美别人之前，首先做到"知彼"，摸清对方的兴趣、爱好、性格、职业、经历等背景状况，对症下药，抓住其最重视、最引以为自豪的东西，将其放到突出的位置加以赞美，这样才能够最大限度地满足对方的心理需要，从而达到自己的目的。

2. 抓住细节赞美

真情需要赞美，而细微之中更容易显现真情，所以，有经验的人常常抓住某人在某方面的行为细节，巧施赞美和感谢。这样很容易博得对方的好感。这样做是很有道理的。其实对方之所以在细节上投入那么多的心思与精力，一方面说明对方对此有特别的重视或偏爱，另一方面也说明对方渴望这一部分努力能够得到别人的关注与赏识，能够得到应有的报偿与肯定。因此，我们在交际中应善于发现细微处的用意，不失时机地以赞美和感谢来回报对方的良苦用心，这不但会带给对方巨大的心理满足，而且会加深彼此情感沟通和心灵默契。

真诚坦白地直接赞美别人固然不错，但假若用词不当就有可能变成了"拍马屁"，引起对方的不快，或给众人留下太露骨、太肉麻的感觉。如果我们对热情洋溢的直接赞美还缺乏足够的自信，那么采用间接赞美的方式，着重表达自己对某一类人或物的赞美，也会收到不同凡响的好效果。这样无论是怎样使用溢美之词都不显得露骨和肉麻，而对方又能够同样领会到我方的赞赏之情。

人都有"好为人师"的自大心理，所以在许多时候，以低姿态有针对性地去请教他人，以自己的普通甚至低劣凸显对方在该方面的高明或优势，可以起到赞美他人的作用。恰到好处地使用此种方式，既成功地赞美了别人，又能给人留下为人虚心好学、进步的好印象。

赞美对于你的家人、朋友同样重要，俗话说："家和万事兴。"家庭和睦，则万事兴旺，作为父母，适当地赞美自己的孩子，可以使孩子更具有自尊心和自信心，可以沟通家长与孩子的感情。另外，朋友之间适当的赞美是必不可少的，朋友对于我们每一个人都是非常重要的，佚名说："没有朋友的生活等于死亡。"而朋友之间相互赞美是朋友产生的前提之一。

另外要注意：赞美要自然、顺势。不必刻意为之，赞美要看对象。

用词不要太肉麻。能适当地表达你的意思就可以。

多赞美"小人物"。当他们有一点小表现，赞美他们两句，肯定会收了他们的心，因为他们平常欠缺的就是赞美！

赞美他人可以反过来激励自己。被人赞美的，肯定是一个人的长处。在发现他人的优点和长处的同时，我们也会发现自己的差距，并促使自己努力赶上去。所以赞美他人，在鼓励他人进步的同时自己也会得到进步；这也许就是所说的赞美他人，我们自己也可以获得多方面的回报。

人际关系的顺畅是事业成功的最关键的因素，而赞美别人是处世交际最关键的课程。懂得如何去赞美别人，再加上你聪明的脑袋，还有脚踏实地的精神，就等于事业成功了一半。从很大意义上讲，学会赞美他人是事业成功的阶梯。赞美他人你才能领悟到说话方圆之道的妙处。

把握好说话的时机

俗话说，话不投机半句多。能否把握说话的时机，直接关系到一个人的说话效果。所谓时机，就是指双方能谈得开、说得拢的时候，对方愿意接受的时候。

当领导正为应付上级检查而忙得焦头烂额的时候，你却找他去谈待遇的不公，那你肯定要吃"闭门羹"，甚至遭到训斥。掌握好说话的时机，才能提高办事的成功率。那么，什么时候与对方交谈和沟通才算抓住了时机呢？

在对方情绪高涨时。人的情绪有高潮期，也有低潮期。当人的情绪处于低潮时，人的思维就显现出封闭状态；心理具有逆反性。这时，即使是最要好的朋友赞颂他，他也可能不予理睬，更何况是求他办事。而当人的情绪高涨时，其思维和心理状态与处于低潮期正相反，此时，他比以往任何时候都心情愉快，说话和颜悦色，内心宽宏大量，能接受别人对他的求助，能原谅一般人的过错；也不过于计较对方的言辞，同时，待人也比较温和、谦虚，能程度不同地听进一些对方的意见。因此，在对方情绪高涨时，正是我们与其谈话的好机会，切莫坐失良机。

在对方喜事临门时。所谓喜事临门时，是指令人高兴、愉快、振奋的事情降临于对方时。如：对方在职位上晋升时；在科研上攻克难关，取得重大成果时；工作中成绩突出，受到奖励时；经济上得到收益时；找到称心伴侣、婚嫁或远方亲人来探望时等等。常言道，"人逢喜事精神爽""精神愉快好办事"。在喜事降临对方时，我们上门找其交谈，对方会不计前嫌，而且会认为是对他成绩的肯定，喜事的祝贺，人格的敬重，从而也就乐意接受或欢迎你的到来，所求之事，多半会给你一个完满的答复。

在为对方帮忙之后。中国文化历来讲究"礼尚往来""滴水之恩当以涌泉相报"。在你帮了他一个忙后，他就欠了你一份人情，这样，在你有事求他帮忙的时候，他必然要知恩图报。在不损伤对方利益的前提下，他能做到的事情，一般情况下会竭尽全力去帮助你。"将欲取之，必先予之"，托人办事的时机，我们是可以进行预先创造的。

若解决冲突应在对方有和解愿望时。伦理学原理告诉我们，绝大多数人都具有"羞恶之心"，这种"羞恶之心"体现在与他人发生无原则的纠纷之后，会对自己的行为自觉地反省。通过反省察觉到自己的过错之时，一种求和的愿望就会油然而生，并会主动向对方发出一系列试探性的和解信号。这时只要我们能不失时机地友好地找对方谈谈，僵局就会被打破，双方的关系也会重新"热"起来。因此，我们要善于捕捉对方发出的求和信息。例如，对方主动和我们接近、打招呼，与我们见面时由过去满脸阴云到"转晴"，或者暗中帮助我们排忧解难，等等。这时，我们就应该及时投桃报李，以更高的姿态、更炽热的感情找其交谈。我们切不可视而不见，见而不说，说而不诚。否则，对方一旦认为求和试探失败，和解的愿望就会顿消，误解将会转化敌意，将会出现严重对抗的局面。

说话方圆之道一定要把握好时机，时机对才能好办事，时机不对也不用急于开口，耐心等待一次机会，但切记好机会不可让它溜走。

言语简洁，一语中的

每一种谈话，无论怎样琐碎，总要保持中心点，这也是所谓谈话目的，那目的就能够促进你和对方的关系。你必须使他觉察你是一个有理智有观点的人，绝非是个糊涂虫。单单无聊的空谈，是绝不能使对方对你有一点良好印象的。

世界著名的谈话艺术专家切斯特·费尔特先生，曾经教人谈话时应该注意下列一些问题。他说道："你应该时常说话，但不必说得太长。少叙述故事，除了真正贴切而简短之外，总以绝对不讲为妙。"说话方圆之道一定要记住言语简洁。

说话如果不说到要害就无法拨动对方内心深处最关心、最敏感的那根心弦，就无法使其动心、动容，改变主意，幡然醒悟。

商品经济时代，人们开口言商，闭口言商，"利"则成为经商的核心。

所有的商场竞争，无非都是围绕一个"利"字。只要你在推销时，恰到好处地在这个"利"字上把握分寸，重点突出，相信话不需多，也会卓有成效。

比如，"张厂长，如果你们厂的每条生产线都安装上我公司高精密度自动控制系统，那你厂产品的一等品率将由现在的 85％ 上升到 98％ 以上，每天可增加经济效益 1.3 万元，所以你晚一天购买，就意味着你每天都要白白地扔掉 1.3 万元钱。张厂长，早买早受益呀！"

如此以"利"动人，自然是无往而不利。可见，春色不需多，但见一杏出墙，便知天下皆春了。话语虽短，但一个"利"字，却这么了得！

要抓住问题的核心，须少说次要话和废话，也就是人们常说的，画蛇不要添足。

话要说得适可而止，进退有度。千万不要长篇宏论，越描越黑，那可是商家大忌！古语说得好："山不在高，有仙则名，水不在深，有龙则灵。"在我们日常生活中，话不在多，点到就行。在生活节奏日益加快的当今社会，没有人会有闲心去听你的滔滔宏论。这就要求你随时提醒自己，随时做到——把话说到点子上，有道理，有人情味，有逻辑性，这样才算掌握了说话的分寸。

常言所说的"唇枪舌剑""天花乱坠"，这两句话，前者指谈话非常精彩；后者是指谈话如同一泻千里的意思。其实，谈话并不完全在于多么精彩，也不在于口若悬河。专门讲些俏皮话和空洞的笑话。相反，尽管谈话的时候直截了当地对答，朴实地理解，也仍旧可以得到圆满的谈话结果。反之，空话连篇，言之无物，必然误人时光。语言还要力求通俗、易懂，如果不顾听者的接受能力，用文绉绉、艰涩难懂的语言，往往既不亲切，又使对方难以接受，结果事与愿违。

有的人为人腼腆，总怕和生疏的人会面时无言相对，实际上这是不必要的担心。因为在社交场合，大多数影响谈话气氛的不是出于那些讲话太少的人，而是出于那些讲话太多的人。即使自己不能谈笑风生，只要做到有问必答，回答问题合情合理就可以了。当然，交谈中注重语言的精炼准确，并不是说总是拼命想自己下一句要说什么，过多的咬文嚼字，不但不能听清对方在说什么，也会失去自己控制谈话的能力，显得紧张和语塞，出现相反谈话效果。

"言不在多，达意则灵。"讲话要精练，字字珠玑，简洁有力，使人不减兴味。冗词赘语，不得要领，必令人生厌。

到什么山头唱什么歌

中国有句谚语："到什么山唱什么歌，见什么人说什么话。"说话不看对象，常常让别人无法理解自己的本意，从而在无形之中与别人拉开了相当的距离。反之，了解了对方的情况，并依据其情况，寻找与之相适应的话题和谈话内容，双方就会觉得谈话比较投机，彼此在距离上也显得比较亲切。对方会觉得你是一个极具亲和力的人，从而愿意与你相处。因此方圆说话在这里要抓住以下几点：

1. 看对方的身份地位说话

与上司说话，或是探讨工作，我们应该尽量向上司多请教工作方法，多讨教办事经验，他会觉得你尊重他，看得起他。所以，在工作中，在办事过程中，即使你全都懂，也要装出有不明白的地方，然后主动去问上司："关于这事，我不太了解，应该如何办?"或"这件事依我看来这样做比较好，不知局长有何高见?"

上司一定会很高兴地说："嗯，就照这样做!"或"这个地方你要稍微注意一下!"或"大体这样就好了!"如此一来，我们不但会减少错误，上司也会感到自身的价值，而有了他的帮助和支持，后面的事情就好办得多了。

2. 针对对方的特点说话

和人交谈要看对方的身份、地位，还要看对方的性格特点，针对他的不同特点，采取不同的说话方式，这样才有利于解决问题。

中国春秋时期的纵横家鬼谷子先生指出："与智者言依于博，与博者言依于辨，与辩者言依于要，与贵者言依于势，与富者言依于豪，与贫者言依于利，与卑者言依与谦，与勇者言依于敢，与愚者言依于锐。"意思是说：和聪明的人说话，须凭见闻广博；与见闻广博的人说话，须凭辨析能力；与地位高的人说话，态度要轩昂；与有钱的人说话，言辞要豪爽；与穷人说话，要动之以利；与地位低的人说话，要谦逊有礼；与勇敢的人说话不要怯懦；与愚笨的人说话，可以锋芒毕露。

3. 摸准别人的心理说话

通过对手无意中显示出来的态度及姿态，了解他的心理，有时能捕捉到比语言表露更真实、更微妙的思想。

东晋时代，有这样一个小故事：当时，贵族们喜欢品评人物，有人问大将军桓温："你觉得某某人怎样？"

桓温刚要评论，又停下来看了看这个人，然后对他说："你这个人喜欢传闲话，还是不告诉你为好。"

中国民间有一句话："言多必失。"是说如果一个人总是滔滔不绝地讲话，说得多了，话里就自然而然地会暴露出许多问题。而且，你的话多了，其中自然会涉及其他人。

由于所处的环境不同，人的心理感受不同，而同一句话由于地点不同、语气不同，所表达的情感也不尽相同，别人在传话的过程中也难免会加入他个人的主观理解，等到你谈的内容被谈话对象听到时，可能已经大相径庭，势必造成误解、隔阂，进而形成仇恨。另外，人处在不同的状态下，讲时的心情不同，话的内容也会不同，心情愉快的时候，看事看人也许比较符合自己的心思，故而赞誉之言可能会多；有时心情不愉快，讲起话来不免会愤世嫉俗，讲出许多过头的话，招来很多麻烦。

孔子曰："不得其人而言，谓之失言。"对方倘不是深相知的人，你就畅所欲言，以快一时，但对方的反应是如何呢？你说的话，是属于你自己的事，对方愿意听吗？彼此关系浅薄，你与之深谈，显出你的没有修养；你说的话，若是关于对方的，你不是他的净友，不配与他深谈，忠言逆耳，显出你的冒昧；你说的话，是属于国家的，对方的立场如何，你没有明白，对方的主张如何，你也没有明白；你只知高谈阔论，殊不知轻言更易招忧呢！

话非其人不必说；非其时，虽得其人，也不必说；得其人，得其时，而非其地，仍是不必说。

争论永远没有赢家

世上只有一种方法能从辩论中得到最大的利益——那就是停止辩论。你永远不能从辩论中取得胜利。如果你辩论失败，那你当然失败了；如果你得胜了，你还是失败的。这是因为，就算你将他驳得体无完肤、一无是处那又怎样？你觉得很好，但他怎么认为？你使他觉得脆弱无援，你伤了他的自尊，他不会心悦诚服地承认你的胜利。所以说话方圆之道要领悟这个真理。

波音人寿保险公司为他们的推销员定下一个规则：不要争论！完美、有效的推销，不是辩论，也不要类似辩论。因为辩论并不能让人改变想法。

多年前有一位叫杰克的爱尔兰人，他因为喜欢和他人辩论，经常和顾客发生冲突，所以很难推销他的载重汽车。但后来他成功地成为纽约怀特汽车公司的一位推销明星。其中发生了什么故事呢？

下面由他自己向您叙述他非凡转变的经过："假如现在我去向客户推销汽车，如果他说：什么？你们的汽车？你白送给我，我都不要，我要买某牌的车。我便告诉他，某牌是一种好车，如果你买那种牌子的，你也不会错的。那个牌子为一家可靠公司所制造，推销员也很优秀。

"于是他没有话说了。如果他说某牌最好，我同意他的说法，他不能整个下午继续说某牌最好了。然后我们离开某牌的题目，我开始讲自己的车的优点。"

充满智慧的富兰克林常说："如果你辩论争强，你或许有时获得胜利；但这种胜利是得不偿失的，因为你永远无法得到对方的好感。"

因此，你自己好好考虑一下，你想要什么，只图一时口才表演式的胜利，还是一个人的长期好感？

在你进行辩论的时候，你也许是绝对正确的。但从改变对方的思想上来说，你大概一无所获，一如你错了一样。

美国总统威尔逊执政时的财政部部长威廉·麦肯锡，他将多年政治生涯获得的经验，归结为一句话："靠辩论不可能使无知的人服气。"

拿破仑的管家康斯坦常与拿破仑的妻子约瑟芬打台球。在他所著的《拿破仑私生活回忆录》中说："我虽然球技比她好，但我总是让她赢我，这样她会非常高兴。"我们要从康斯坦那里学到一个教训。我们要使我们的客户、情人、丈夫、妻子在偶然发生的不影响大局的讨论上胜过我们。

释迦牟尼说："恨不能止恨，爱却能止恨。"误会永远不能用辩论结束，它需用手段、宽容与和解来使对方产生同情的欲望。

十有九次的争吵结果是，每个人都更加相信自己是正确的。

在争论中你的意见可能是正确的。但要改变一个人的看法，你的努力大概会是徒劳的。

任何一个人，无论其修养程度如何，都不可能通过争论说服他。

下面是避免无谓争论的几条建议：

（1）欢迎不同的意见；

（2）先听为上；

（3）寻找双方的共同点；

（4）答应仔细考虑反对者的意见；

（5）为反对者关心你的事情而真诚地感谢他们；

（6）控制你的情绪；

（7）不要盲目相信直觉。

男高音歌唱家简·皮尔斯结婚将近50年了。他说："我太太和我在很久以前就订下了约定，不论我们对对方如何的愤怒与不满，也要一直遵守这项约定，这项协议是：当一个人大吼的时候，另一个人就应该静听。很显然，当两个人都大吼的时候，就没有沟通可言了，有的只是刺耳的噪音，那太可怕了。"

要使你的思想深入人心，切记：从争论中获胜的唯一秘诀就是避免争论。

学会语言的"软化"艺术

委婉，或称婉转、婉曲，是一种修辞手法。它是指在讲话时不直陈本意，而用委婉之词加以烘托或暗示，让人思而得之，而且越揣摩，含义越深越远，因而也就越具有吸引力和感染力。委婉含蓄是说话的艺术，它体现了说话者驾驭语言的技巧，而且也表现了对听众想象力和理解力的信任。生活中有许多事情是"只需意会，不必言传"的。如果说话者不相信听众丰富的想象力把所有的意思和盘托出，这种词意浅陋、平淡无味的话语不但会使人不悦，而且会使说话失去魅力。

"遁辞以隐意，谲譬以指事"（刘勰《文心雕龙·谐隐》），说话人故意说些与本意相关或相似的事物，来烘托本来要直说的意思。这是语言中的一种"缓冲"方法。尽管这"只是一种治标剂"（杰弗里·N. 利奇语）；但它能使本来也许是困难的交往，变得顺利起来，让听者（或看者）在比较舒坦的氛围中接受信息。因此，有人称"委婉"是公关语言中的"软化"艺术。

传说汉武帝晚年时很希望自己长生不老，一天，他对侍臣说："相书上说，一个人鼻子下面的'人中'越长，命就越长；'人中'长一寸，能活百岁，不知是真是假？"侍臣东方朔听了这话后，知道皇上又在做长生不老梦了，不觉哈哈大笑。皇上见东方朔似有讥讽之意，面有不悦之色喝道："你怎么敢笑话我！"东方朔脱下帽子，恭恭敬敬地回答："我怎么敢笑话皇上呢，我是在笑彭祖的脸太难看了。"汉武帝问："你为什么笑彭祖呢？"东方朔说："据说彭祖活了800岁，如要真像皇上刚才说的，'人中'就有八寸长，那么，他的脸不是有丈把长吗？"汉武帝听了，也哈哈大笑。这种委婉含蓄的批评，汉武帝愉快地接受了。

林肯一直以具有视觉效果的词句来说话。当他对每天送到他白宫办公桌上的那些冗长、复杂的官式报告感到厌倦时，他提出了反对的意见，但是他不是以那种平淡的词句来表示反对，而是以一种几乎不可能被人遗忘的图画式字句说出。"当我派一个人出去买马时，"他说，"我并不希望这个人告诉我这匹马的尾巴有多少根毛。我只希望知道它的特点何在。"这里，林肯运用了一种以甲喻乙，但又不明说乙的暗喻。婉转地表达自己的本意——不愿意批阅冗长复杂、毫无重点的报告，应该像买马人报告马的特点那样，抓住重点即可。林肯这种拐弯抹角的方法就是委婉法。

现代文学大师钱钟书先生，是个自甘寂寞的人。居家耕读，闭门谢客，最怕被人宣传，尤其不愿在报刊、电视中扬名露面。他的《围城》再版以后，又拍成了电视，在国内外引起轰动。不少新闻机构的记者，都想约见采访他，均被钱老执意谢绝了。一天，一位英国女士，好不容易打通了他家的电话，恳请让她登门拜见钱老。钱老一再婉言谢绝没有效果，他就妙语惊人地对英国女士说："假如你看了《围城》，像吃了一只鸡蛋，觉得不错，何必要认识那个下蛋的母鸡呢？"洋女士终被说服了。

钱先生的回话，首句语义明确，后续两句："吃了一只鸡蛋觉得不错"和"何必要认识那个下蛋的母鸡呢"虽是借喻，但从语言效果上看，却是达到了"一石三鸟"的奇效：其一，是属于语义宽泛，富有弹性的模糊语言，给听话人以寻思悟理的伸缩余地；其二，是与外宾女士交际中，不宜直接明拒，采用宽泛含蓄的语言，尤显得有礼有节；其三，更反映了钱先生超脱盛名之累、自比"母鸡"的这种谦逊淳朴的人格之美。一言既出，不仅无懈可击，且又引人领悟话语中的深意，格外令人敬仰钱老的大家风范。

可见，委婉含蓄主要具有如下三方面的作用：第一，人们有时表露某种心事，提出某种要求时，常有种羞怯、为难心理，而委婉含蓄的表达则能解决这个问题。第二，每个人都有自尊心。在人际交往中，对对方自尊心的维护或伤害，常常是影响人际关系好坏的直接原因；而有些表达，如拒绝对方的要求，表达不同于对方的意见，批评对方等，又极容易伤害对方的自尊。这时，委婉含蓄的表达常能取到既能完成表达任务，又能维护对方自尊的目的。第三，有时在某种情境中，例如碍于某第三者在场，有些话就不便说，这时就可用委婉含蓄的表达。

这便是说话委婉含蓄的美妙之处。

关于委婉含蓄的表达，大致有如下几种方法：

（1）仔细研究事物之间的内在联系，利用同义词语表达自己的思想，达到含蓄效果；

（2）由外延边界不清或在内涵上极其笼统概括的语言来表达自己的思想，达到含蓄效果；

（3）有许多修辞方式，如比喻、借代、双关、暗示等可以达到含蓄的效果；

（4）有些事情，不必直接点明，只需指出一个较大的范围或方向，让听者根据提示去深入思考，寻求答案，可达到含蓄的效果；

（5）通过侧面回答一些对方的问题，可以达到含蓄的效果。

最后，还要关注这样一种情况，使用委婉含蓄的话要注意，委婉含蓄不等于晦涩难懂，它的表现技巧首先是建立在让人听懂的基础上，同时要注意使用范围。如果说话晦涩难懂，便无委婉含蓄可言；如果使用委婉含蓄的话不分场合，便会引起不良后果。说话方圆之道要切切掌握好语言的"软化"艺术。

学会说"不"

人际交往不会永远是一帆风顺的。有时自己提出的要求被人拒绝，有时不得不拒绝一些熟人、朋友、亲戚向自己提出的要求。只是由于人情关系、利害关系等等，很难说出一个"不"字。这时怎么办？这就需要"婉拒"，即委婉地加以拒绝，它能使你轻松地说出"不"字，帮你打开人际关系的僵局。假如你马上一口拒绝，那么，对方极可能就会认为你不肯帮助他，甚至你们的关系因此而僵化。因此，最好是使对方认为你已尽力为他服务了。这也是对说话方圆之道的具体运用。

"今晚打八圈麻将吧！""下班后一起到××餐厅喝一杯吧！"当你面对这些请求时，该如何拒绝呢？这种情况下，我们可以用亲人作为"挡箭牌"，你可以这样说："抱歉，母亲在等我回家呢。""说实在的，我内人………""小孩今天身体不舒服，我得赶回去……"这样，别人就不好强求了。

还可以以工作或功课为理由来拒绝对方。有位朋友，如果有人对他说："今晚去喝一杯吧！"他总是回答："今晚我必须到××教师家学习外语……"

还有位司机常有同事邀请他一同参加他们的聚会，由于这位司机不太习惯那种场合，总是尽力推辞。从他的工作性质来说，每天很忙，所以也往往以此为理由，对他们说："我明天要早起出车，今晚必须早点休息。"就这样轻易将聚会推辞了。

为了最大化地降低拒绝所产生的负面效应，你需要掌握一些沟通技巧，秉持"理直气和"的原则，既不伤害对方的自尊，又能婉转地拒绝。

1. 倾听之后诚恳陈述

当你的同僚、客户或朋友向你提出要求时，他们心中通常也会有某些困扰或担忧。

拒绝对方之前先要认真地倾听。比较好的说法是，请对方把处境与需要讲得更清楚一些，自己才知道如何帮他。接着表示你了解他的难处，若是你易地而处，也一定会如此。

倾听有好几个意义。倾听能让对方先有被尊重的感觉，在你婉转表明自己拒绝他的立场时，就能够有效地避免伤害他的感情，不会让人产生你在应付的错觉，然后诚恳陈述你的难处。

例如，一些人求你利用手中的权力安排子女、亲属就业或购买紧俏物资等等，这明明是违背原则的不正之风。遇到这种情况，你不妨坦诚地陈述你的难处，在人事安排方面，上级人事部门有明文规定，本单位行政部门也制定了具体的规定，现在如果要我个人来违反上级部门和本单位集体制定的规定、决议，这个忙实在不能帮，群众的眼睛都盯着领导，帮了你的忙，别人怎么办、怎么看？今后我怎么开展工作？帮了你的忙，我自己要受处罚，你于心何忍？这样求助者也难责怪于你了。如果你坦诚陈述困难，一般求助者还是会通情达理的，是会理解和体谅你的难处的。

2. "诱敌深入"

有的时候，对方向你提出要求，要求是很荒唐很不切实际的，但是他自己却没有发觉。如果你单纯地表示拒绝，就有可能伤了对方的自尊心。

那该怎么办呢？

其实很简单。你来做一次导演，从他提出的要求或观点出发，推导一个荒谬的根本不可能产生的结果。诱导他，让他认识到原来自己是多么的可笑。

著名的装潢设计师获罗就非常精于此道。有一次他接待了一位客户，这位客户坚持用一种与自己房间根本不协调的花布做窗帘，并且说它如何漂亮。

要是碰到别人，一定会苦口婆心，口干舌燥的去劝说客户放弃自己的想法。精明的荻罗就不。他闷声不响地把那种布挂到窗子上。那客户一看，哎呀，真难看！

荻罗没有说一个字，对方就自己请示换一种布，并听从荻罗的意见。

3. 含糊其词

明明白白的"不"难以说出口，那何不来点"模糊学"，对方糊里糊涂、心甘情愿的就被你拒绝了。

有一家公司招聘设计师。招聘主任用这样的方法来拒绝不佳的应征者。

"哎哟，真是对不起，可能太累了，你这张设计图我不大看得懂。你能回去再给我画一张我比较看得懂的，好吗？"

这种回答，在肯定了对方的水平的同时，巧妙地拒绝了他，让他满怀希望的离去。说不定第二天带着一张合格的设计图回来了呢。

4. 用幽默表示拒绝

用幽默表示拒绝既可以达到拒绝的目的，又可以使双方摆脱尴尬处境，活跃气氛。

5. 让对方否定自己

在与对方观点不同时，不直接否定对方的观点，而是巧妙地诱使对方否认自己的观点，从而达到拒绝的目的。例如：

一位年轻的姑娘与一位小伙子相爱，姑娘的朋友善意地劝她说，那位小伙子长相平常，不够理想。姑娘笑着回答说："谢谢你对我的关心，你讲的是事实，但是我最欣赏恩格斯的一句话'爱情是以互爱为基础的'。你说不是吗？"

6. 委婉拒绝

委婉拒绝又叫声东击西或迂回转进，这种方法，不是直接拒绝，而是希望对方知难而退。

有人想聘庄子去做官，庄子并未直接拒绝，而是打了一个比方，说："你看到太庙里被当作供品的牛马吗？当它尚未被宰杀时，披着华丽的布料，吃着最好的饲料，的确风光，但一旦被宰杀成为牲品，再想自由自在地生活着，可能吗？"

庄子虽没有正面回答，但用一个很贴切的比喻已经回答了，让他做官是不可能的，这种方法就是委婉的拒绝法。

要想说"不"而不得罪人虽然也不是一件容易的事，但只要掌握了以上所介绍的一些拒绝技巧，并加以灵活运用，您就可以既拒绝了对方，又不会得罪他。

无声胜有声

沉默像乐曲中的休止符，它不仅是声音的空白，更是内容的延伸与升华。它是一种无声的特殊语言，是一种不用动口才的口才。

法国有句谚语，雄辩如银，沉默是金。在我们的生活工作中，有些时候确实是沉默胜于雄辩。与得体的语言一样，恰到好处的沉默也是一种语言艺术，运用好了常会收到"此时无声胜有声"的效果。

卡耐基认为，如果你很想说话，就先问自己：你为什么想说话——是为了自己，为了自己的利益，还是为了别人的利益的方便。如果是为了自己，那就努力保持沉默。

对失去理智的人最好的回答就是沉默。回答他的每一个词都会反过来落到你头上。以怨报怨——就等于火上浇油。

在特定的环境中，缄默常常比论理更有说服力。我们说服人时，最头痛的是对方什么也不说。反过来，如果劝者什么也不说，对方的错误意见就找不到市场了。

我们在许多情况下都会沉默，比如在双方交谈时，一方"不同意"对方的意见，却又不想直接表达出来，最好的方式就是沉默以对。尤其是在等级不同的人之间，地位低下者比如子女或者下属往往会"以不语应万语"，表达自己对某些事物的困惑茫然和内心的愤怒。

"无言以对"的沉默包括两种情况，一种是"话不投机半句多"，这种沉默意味着双方都已不想交谈下去，都在努力设法尽快结束谈话；一种则是"此处无声胜有声"——谈话内容触动了双方的心灵，产生了共鸣，这种沉默可以持续较长的时间，双方尽情地体味（享受）这无言的心与心的交流。

沉默是金，有些人以为就是少说话。其实，这并不是说要你成天板着脸，冷冰冰地让人难以琢磨，而是适时适度地运用沉默的力量。

不同的缄默方式有不同的作用，运用时必须恰到好处。

平平淡淡的缄默能发人深省。有些人态度很积极，但发表意见时不免有些偏颇，直截了当地驳回，又易挫伤其积极性，循循诱导又费时，精力也不允许、最好的办法便是平平淡淡地缄默。他说什么，你尽管听，"嗯""啊"……什么也不说，等他说够了，告辞了，再用适当的不带任何观点的中性词和他告别："好吧！"或"你再想想。"别的什么也不说。如此，他回去后定然要竭思尽虑："今天谈得对不对？对方为什么不表态？错在哪里？"也许他会向别人请教，或许自己悟出道理。

心照不宣即心里明白但不说出，这也是保持沉默的一种方法。

在一座寺庙里，有一位德高望重的长老，他手下有一个非常不听话的小和尚。这个小和尚总是深更半夜越墙而出，早上天未亮再越墙而入。长老一直想批评这个小和尚，但苦于没有罪证。

这一天深夜，长老在寺庙里巡夜，在寺院的高墙边发现一把椅子。他知道必定是那个小和尚借此越墙到寺外。于是，长老悄悄地搬走了椅子，自己就在原地守候。午夜，外出的小和尚回来了。他爬上墙，再跳到"椅子"上。突然，他感觉"椅子"不似先前硬，软软的甚至有点弹性。落地后的小和尚才知道，椅子已换成了长老，小和尚吓得仓皇离去。

在以后的日子里，小和尚觉得度日如年，他天天都诚惶诚恐地等候着长老对他的惩罚，但长老依旧和从前一样，对这件事只字未提。

小和尚觉得再也无法忍受了，他不想每天都在煎熬中度过。于是，他鼓起勇气找到长老，诚恳地认了错，哪知长老宽容地笑了笑，说：

"不用担心，这件事只有天知地知你知我知，你还怕什么？"

小和尚从此备受鼓舞，他收住心，再也没有翻过墙。通过刻苦的修炼，小和尚成了寺院里的佼佼者。若干年后，老和尚圆寂，小和尚成了长老。

转移话题的缄默能使人乐而忘求：对要回答的问题保持缄默，而选准时机谈大家的热门话题并引人入胜，使对方无法插入自己的话题，且从谈话中悟出道理，检讨自己。

义无反顾的缄默能使人就范：某领导有一次交代属下办一件较困难的任务，当然，他能胜任。交代之后，对方讲起了"价钱"。于是该领导义无反顾地保持缄默。困难如何大，条件如何差，时间如何紧，说着说着他就不说了。最后说了一句："好，我一定完成。"

有时沉默不语能够出奇制胜，如果滔滔不绝，反而有理说不清。

林肯是一位勤勉好学的人，他通过自学，取得了律师营业执照。他在法庭诉讼中的能言善辩、机智灵活，赢得了人们普遍的赞誉。有一次，他竟一言不发而击败了原告律师，在诉讼中获胜。

在法庭上，原告律师滔滔不绝，把一两个简单的论据反反复复地讲了两个小时，法官和听众都显得十分不耐烦，一片议论声。有的人竟打起瞌睡来。最后，原告律师终于说完了，林肯作为被告律师登上讲台，但他却一言不发。台下一片肃静，人们都感到很奇怪。

过了一会儿，林肯把外衣脱下，放在桌上，然后拿起水杯喝口水，再把水放下，重新穿上外衣，然后又脱外衣又喝水。如此循环了五六次，法官和听众被林肯的哑剧逗得哈哈大笑，而林肯却始终未发一言，在笑声中走下讲台，他的对手最终被"笑"输了。

人们要学习怎样说话，而最主要的学问是怎样以及在什么时候保持沉默。比如阿拉伯有句俗语说的，你要说话时，你的话必须要比沉默更有益。这就是无声的方圆之道。

投其所好，沟通顺畅

著名学者 A. H. 马德鲁曾经说过："人类有五种不同的欲望，当他满足了最低层的欲望之后，就会一级一级向上升高，非得要满足最高层的欲望，否则绝对不肯罢休。"

每一个人都希望被他人尊敬和看重，明白这种心理，你就可以巧妙地打动对方的心。

有一位演员需要一两个短剧本，她希望一位很有名的作家能够为她动笔。这位作家脾气很古怪，一般人的约稿经常被拒绝。

这位女学员打电话给作家的朋友，请教该怎样向他开口提出要求。

"你究竟打算请他写些什么短剧呀?"

"我希望他替我写男女别恋，不过要有新的内容，不要以前的故事。"

"这样很好，他以前写过不少这类东西，你只需说知道他写过这些剧本，十分崇拜他就行。"

过了两天，这位女演员给作家的朋友打电话，很高兴地说："他不等我提出要求，就答应替我写出两个短剧了。"

作家的朋友说："你一直在谈论他过去那些得意之作，是吗?"

"你猜得对，我主要是讲他的作品如何受人喜爱。"

在交际的过程中，投其所好可以事半功倍。迪巴诺公司是纽约著名的面包公司，但纽约的一家饭店却一直未向它订购面包。4 年来，迪巴诺每星期必去拜访大饭店经理一次，也参加他所举行的会议，甚至以客人的身份住进大饭店。不论他采取正面攻势，还是旁敲侧击，这家大饭店仍是丝毫不为所动。迪巴诺回忆说："我下定决心，不达目的决不罢休。我想我应该改变一下以前使用的策略，就开始调查他所感兴趣的事情。

"不久，我发现他是美国饭店协会的会员，而且由于热心协会的事，还担任了国家饭店协会的会长。凡协会召开的会议，不管在何地举行，他都一定乘飞机赶去。

"第二天，我去拜访他时，就以协会为话题，果然引起了他的兴趣，他眼里发着光，和我谈了 35 分钟关于协会的事情，还口口声声说这个协会给他带来无穷的乐趣。他还准备扩大内部组织，又极力邀请我参加。

"我和他谈话时，丝毫不提及面包。几天后饭店的采购部门来了一个电话，让我立刻把面包样品和价格表送去。我有些喜出望外，准备好了东西，就赶到饭店。采购组长在谈正事之前，笑着对我说：'我真猜不透你使出什么绝招，使我的老板那么赏识你。'我真是哭笑不得，想想我迪巴诺面包公司并非无名，我向他推销了如此多年的面包，可连一粒面包渣都没有售出。如今仅是对他所关心的事表示关注而已，形势竟完全改观。如果我依然没有发现他所关心的事，恐怕现在仍是跟在他身后穷追不舍呢。"

心理学表明，情感引导行动。积极的情感，比如喜欢、愉悦、兴奋，往往产生理解、接纳、合作的行为效果；而消极的情感，如讨厌、憎恶、气愤等，则带来排斥和拒绝。那么，正如管理心理学所证明的："如果你想要人们相信你是对的，并按照你的意见行事，那就首先需要人们喜欢你，否则，你的尝试就会失败。"这表明，要使别人对你的态度从排斥、拒绝、漠然处之到对你产生兴趣并予以关注，就需要最大限度地引导、激发对方的积极情感。"投其所好"实际上就是一种引导和激发的过程。

光是谈话，有的时候你还不能摸透对方的心意。必须要一面聊，一面观察对方的态度，如此才能从中寻得蛛丝马迹，进而了解对方的心理。至于如何观察，要点如下：

卡耐基认为，当你遇到有钱有势的人时，你应该设法让他说往事。过去的工作是否比现在的更有趣？他爬到现在这个地位的关键是什么？谁是早年助他成功的人？当年的老板是否使他紧张？他的百万财富是不是他自己创造的，以及他怎样赚到他的第一笔钱的。如果这些问题问得他不大自在，你就应准备跳到其他问题上去。不要盯着问，那会很不愉快的。

倘若对方眼神突然充满紧张，或故意将眼睛移视他处，双唇紧闭、用牙咬唇，脸部肌肉绷紧、呈现激动的表情，那就表示对方心里极不平静。出现以上情况时，你就应该细心了解其原因，然后帮助他缓解。

当对方做出不断用手指敲桌子、抓头发、态度傲慢、坐立不安等异常举动时，你就要马上想到它和心理变化有所关联。然后，以此观察对方的态度，这样，你就可以从对方的举止中，猜出对方当时在想些什么了。

人是"感情的动物"，只要你能够设法满足对方的欲望，他的心就难免会动摇，此时，你在交涉上，说服力就大大提高；也就是说，你的"投其所好"，已经巧妙地打动对方的心了。

而你们的沟通也将不会再有阻碍。

幽默是沟通的润滑剂

正如俄国文学家契诃夫所说："不懂得开玩笑的人，是没有希望的人。"具有幽默感的人，生活充满情趣，许多看来令人痛苦烦恼之事，他们却应付得轻松自如，使生命重新变得趣味盎然。

人生路上，总会有些不如意，总会有些无奈。而幽默这种特殊的情绪表现，可以淡化人的消极情绪，消除沮丧和痛苦；让我们寻回幻想和自信，让我们脱离尴尬的窘境，让我们的心态在沉重的压力下得到松弛和休息。

人际关系，在大多数情形中是较为平和的。即使人际间存在矛盾，不到万不得已，也无人愿意揭露它而去自找烦恼。在人际关系平淡的时候，如果想使相互的思想感情接近一些，我们不妨运用一下幽默，也许它会带来意想不到的好处。

有人把幽默比作社交中的佐料，这话很有道理。在社交场合，那些最引人注目的人，往往是那些幽默风趣的人，他们常以自己的机智和幽默使大家开怀畅笑，大家也都分外地喜欢接近他们，愿意与他一起说笑聊天，度过愉快的时光。而一个整天板着面孔、不苟言笑的人，或者一张嘴便是满口政治术语的人，是很难搞好人际关系，也很难有多少知心朋友的。

秦朝的优旃是一个有名的幽默人物。有一次，秦始皇要大肆扩建御园，多养珍禽异兽，以供自己围猎享乐。这是一件劳民伤财的事，但大臣们谁也不敢冒死阻止秦始皇。这时能言善辩的优旃挺身而出。他对秦始皇说："好，这个主意很好，多养珍禽异兽，敌人就不敢来了，即使敌人从东方来了，下令麋鹿用角把他们顶回去就足够了。"秦始皇听后，竟然破颜而笑，并破例收回了成命。优旃之所以成功地劝服秦始皇，主要是使用了幽默的力量。

正话反说，一方面保全了自己；而另一方面，又促使秦始皇在笑声中醒悟，达到说服他的目的。

有一次，林肯在某个报纸编辑大会上发言指出自己不是一个编辑，所以他出席这个会议，是很不相称的。

为了说明他本不该出席这次会议的理由，他给大家讲了一个小故事：

"有一次，我在森林里遇到一位骑马的妇女，我停下来让路，可是她也停下来，目不转睛地盯着我的面孔看。

"她说：'我现在才相信你是我见到的最丑的人。'

"我说：'你大概讲对了，但我又有什么办法呢？'

"她说：'当然，你已生就这副丑相是没办法改变的，但你还是可以待在家里不要出来嘛！'"

大家为林肯幽默的自嘲而哑然失笑。

"幽默者的心是热的"，他必须"和颜悦色，心宽气朗"。卓别林说："只愿以高明的举动去赢得别人的大笑，绝不肯用粗野的或庸俗的举动。"他们的话，都是对幽默的很好的说明，换句话说，即以善意的心，机巧的智慧，将事物的底蕴通过自己的言谈点化出来，使人们看到其可笑之处，这才是幽默。可以说，幽默是社交语言中的高级艺术，不是一朝一夕就可以成为行家里手的。

当美国前总统威尔逊刚刚就任新泽西州的州长之时，曾参加了一次纽约南社的午宴，宴会的主席向大家介绍说："威尔逊将成为未来的美国大总统。"当然，主席先生是不可能有这样的预测力的，这不过是他的溢美之词而已。

于是威尔逊在称颂之下登上了讲台，在简短的开场白之后，他对众人说："我希望自己不要像从前别人给我讲的故事中的人物一样。在加拿大，一群游客正在溪边垂钓，其中有一名叫强森的人，大着胆子饮用了某种具有危险性的酒。他喝了不少这种酒，然后就和同伴们准备搭火车回去，可是他并没有搭北上的火车，反而是坐上了南下的火车。于是，同伴们急着找他回来，就给南下的那趟火车的列车长发去电报：'请将一位名叫强森的矮个子送往北上的火车，他已经喝醉了。'很快，他们就收到了列车长的回电：'请将其特征描述得再详细些。本列车上有 13 名醉酒的乘客，他们既不知道自己的姓名，也不知道自己的目的地。'而我威尔逊，虽然知道自己的姓名，却不能像你们的主席先生一样，确知我将来的目的地在哪里。"在座的客人一听都哄然大笑起来，宴会的气氛也一下子变得愉快和活跃。

美国的无线电广播中，有个人向某导演诉苦，说他碰到了伤心事，十分难受，导演听了，就对他说："安东尼先生，您想想我的处境吧，我最好的朋友跟我太太一起跑了，他们已经跑了一个多月了。安东尼先生，我想我朋友该多难受啊！"这也是一种幽默。对一个人来说，幽默感同样是判断他的"智慧和气质的尺度"。

1843 年，亚伯拉罕·林肯作为伊利诺伊州共和党的候选人，与民主党的彼德·卡特赖特竞选该州在国会的众议员席位。

卡特赖特是个有名的牧师，他抓住林肯的一个"小辫子"大肆攻击林肯不承认耶稣，甚至诬蔑过耶稣是"私生子"等，从而使林肯在选民中的威信骤降。

有一次，林肯获悉卡特赖特又要在某教堂作布道演讲了，就按时走进教堂，虔诚地坐在显眼的位置上，有意让这位牧师看到。卡特赖特认为又可能大肆攻击林肯一番了。所以，当牧师演讲进入高潮时，突然对信徒说："愿意把心献给上帝，想进天堂的人站起来！"信徒全都站了起来。"请坐下！"卡特赖特继续祈祷之后，又说："所有不愿下地狱的人站起来吧！"当然，教徒霍然站立。

就在这时，牧师又对教徒们说："我看到大家都愿意把自己的心献给上帝而进入天堂，我又看到除一人例外。这个唯一的例外就是大名鼎鼎的林肯先生，他两次都没有做出反应。林肯先生，你到底要到哪里去？"

这时林肯从容站起来，面向选民平静地说："我是以一个恭顺听众的身份来这儿的，没料到卡特赖特教友竟单独点了我的名，不胜荣幸。我认为：卡特赖特教友提出的问题都是很重要的，但我感到可以不像其他人一样回答问题。他直截了当地问我要到哪里去，我愿用同样坦率的话回答：我要到国会去。"

在场的人被林肯雄辩风趣的语言征服了。后来，林肯顺利地当上了国会众议员。

幽默虽可以引人发笑，但不是取笑逗乐，为玩笑而玩笑。幽默产生的笑是建立在庄重、严肃基础上的笑，是含有严肃内容的笑。倘是比较粗俗的取笑逗乐，那和文明礼貌就不大协调了，幽默不是没完没了，那种耍贫嘴的"幽默法"所得结果，只会使人厌烦。幽默的人一般都心怀善意，他们想做的只不过是要多给人增加一份快乐而已。但无论如何，幽默有伤人的可能，其界限是耐人寻味的。对于开玩笑和诙谐，必须随时记住会有伤人的危险性，而要小心翼翼不能踏错一步，否则一步走错全盘皆输，真是得不偿失。

在沟通中，要善于使用幽默的技巧，就需要具有一定的智慧。对于一个才疏学浅、举止轻浮、孤陋寡闻的人来说，是很难生出幽默感来的。具体来说，产生幽默的条件至少应包括以下几个方面：广博的知识和深刻的社会经验；敏锐的洞察力和想象力；高尚优雅的风度和镇定自信、乐观轻松的情绪；具备良好的文化素养和语言表达能力。

幽默固然是一种通过隐喻、含蓄、讽喻的手法，在善意的微笑中揭露生活中的矛盾的艺术，与讽刺有联系，但也有区别。有人说，讽刺是辛辣的笑，而幽默则是谐谑、善良的笑。

幽默需要谨慎。一句得体的幽默，会使人际关系和谐融洽，而一句不合时宜的幽默也会恶化人际关系，导致人际交往的失败。得体的幽默带来的感情冲击，有足够的能量来消除人际间的误会和纷争。因此，幽默也是一种富有喜剧感染力和人情味的人际交往传递艺术。

幽默豁达可以带给你自信，只要努力去做，这种自信心就可以应用到其他任何方面，以致能使你信心百倍地去学习和工作。如果对某种特定的事物满怀着信心，同样地，也能对自己以及其他事物充满干劲和热忱。

有时不管想尽什么办法，都不易把忧郁症消除殆尽。在这种情况之下，最有效的办法，莫过于先创造一个令人发笑的环境，不愉快的心情常会因阅读幽默小说或漫画，而在不知不觉中开朗起来，当然斗志也跟着旺盛起来。

在现代生活中，人们对幽默感的要求愈来愈多、愈来愈高了，因为现代化社会的高速度、高效率、快节奏的特点，使人们在工作中处于高度紧张状态，而在工作之余，大脑又很容易感到疲劳，这就很需要轻松舒缓一下，于是也就需要更多的笑，更多的幽默，以调剂精神和保持情绪平衡，促进人际关系的和谐。

讷于言而专于行

说话莫忘看场合，因为心理学告诉我们，在不同的场合环境中，人们对他人的话语有不同的感受、理解，并表现出不同的心理承受力。正因为受特殊场合心理的制约，有些话在某些特定环境中说比较好，但有些话说出来就未必佳。同样的一句话，在此说与在彼说的效果就不一样。因此，说什么，怎么说，一定要顾及说话的环境，如果环境不相宜，时机未到，最好的办法是不要急于表达。

日本公司同美国公司正进行一场贸易谈判。

谈判一开始，美方代表滔滔不绝地向日商介绍情况，而日方代表则一言不发，埋头记录。

美方代表讲完后，征求日方代表的意见。日方代表恍若大梦初醒一般，说道："我们完全不明白，请允许我们回去研究一下。"

于是，第一轮会谈结束。

几星期后，日本公司换了另一个代表团，谈判桌上日本新的代表团申明自己不了解情况。

美方代表没有办法，只好再次给他们介绍了一遍。

谁知，讲完后日本代表的态度仍然不明朗，仍是要求道："我们完全不明白，请允许我们回去研究一下。"

于是，第二轮会谈又告休会。

过了几个星期后，日方再派代表团，在谈判桌上故伎重演。唯一不同的是，这次，他们告诉美方代表一旦有讨论结果立即通知美方。

一晃半年过去，美方没有接到通知，认为日方缺乏诚意。就在此事几乎不了了之之际，日本人突然派了一个由董事长亲率的代表团飞抵美国开始谈判，抛出最后方案，以迅雷不及掩耳之势逼迫美方商谈全部细节，使人措手不及。

最后，谈判成果明显有利于日方的协议。这场谈判能成功的关键在于一句俗话："会说的不如会听的"，听出门道再开口，而开口便伤对方"元气"，不很高明吗？

在生活中，我们有时故作"迟钝"未必不是聪明人，"迟钝"的背后隐藏着过人的精明。有人推崇一种"大智若愚"型的艺术——意即在商业活动中多听、少说甚至不说，显示出一种"迟钝"。其实这样做的目的是为了获得最大的利益。少开口不做无谓的争论，对方就无法了解你的真实想法；反之，你可以探测对方动机，逐步掌握主动权。在对情形有了充分的了解和把握之后，要抓住时机，快速行动，把慢言和快动结合起来。

孔子说："君子欲讷于言而敏于行。"即君子为人，总是行动在人之前，说话在人之后。

古代印度有一位国王要考考他的一位大臣是否聪明，他给这位大臣高矮、大小、胖瘦、色泽相同的三个小金人，叫他辨明三"人"的各自特点。这大臣苦思冥想，心无旁骛，也不知所以。叫下边人看，个个搔首语塞。一个年轻人听说了，自告奋勇来辨认。他凝思片刻，要了三根草棍。他用第一根从小人左耳通入，从口中出来；用第二根通入小人右耳，从另一耳出来；用第三根通入小人之耳，草棍伸入肚中。然后他说：第一个"人"的嘴浅，听到什么便说出去，不受人欢迎；第二个"人"心不在焉，听了什么这耳进那耳出，他始终生活平庸；第三个"人"深沉、谨慎，听进什么藏在心中，不轻易表现自己，所以他容易成功。年轻人话音未落，满座为之叫绝。

会做人的人在说话方面也如同在任何其他事情方面一样，总是注意自我克制。那些聪明和懂得自我克制的人总是避免心直口快、直言无忌，绝不以伤人感情为代价而逞一时口舌之快。比如，有的人在工作中看到别人干活干不好时，他不会在旁边指手画脚，说三道四，更不会把别人撵走，显示他的能干，而是很客气地说："我试试看怎么样？"这样说了，即使在接下来的工作中干不好也不会丢面子；如果干得好，即使别人嘴里不说，心里也会佩服他。尤其是他没伤别人的面子，又替别人干好了活儿，别人于是从心底里认为这个人"够意思"，为人稳重、扎实，又有真本事。方圆做人，就要做一个踏实而慎于言语的人。

先说"Yes"后说"No"

人，都有一种自重感，都爱面子。有一些人明知错了，也要强争三分理，尤其在他们认为自己正确、其实不正确的时候，更会坚持不让。还有一些人，自高自大，或戒备心理很强，听不进别人的意见。要说服这些人，最好采取先退后进的策略。

战国时的齐国，有个人得罪了齐景公，齐景公大怒，命人把他绑起来，置于殿下，召集左右武士肢解他，有敢于劝谏的，定斩不误。晏子左手摸着这人的头，右手磨着刀，仰面向齐景公问道："古代贤明的君主要肢解人，你知道从哪里下刀的？"齐景公听后离开座席说："把这人放了吧，过错在寡人。"

晏婴为了说服齐景公不要肢解得罪他的人，首先也顺从他，附和他，从而取得齐景公的信任，赢得发言权，进而申明大义，道其"贤明"，使齐景公茅塞顿开，放弃了杀人的念头。如果某人比较傲气，不愿听你的话，你可以这样对他说："我有几句话想说，不知对不对，如果说错了，请你纠正我……"这样你的谦逊姿态，会奇妙地诱使对方静听你的意见。

再如：某人自以为能力强，但仕途不顺，颇为气恼，为说服他，你可以这样说："如果我是你，也会生气的，但是仔细想想，气是没有用的……"这样他会认为你是知己，进而相信你说的话。

在与人交谈中，把对方的话题和看法先承接下来，表示一定程度的赞同，这样能够缓解对方的对立情绪，使他愿意听取你的意见。然后，再话锋一转，改变原来对方的某些看法，使对方比较乐意接受。

许多人在劝说别人时，都试图证明自己是百分之百的正确，而对方的所有观点都是错误的。

其实，精明的劝说者总是就某些事情做些让步，并找出某些一致的观点，然后再逐渐地转向，使对方改变主观意见和态度。

对方提出某种观点，总有一定的理由，不会毫无道理。因此，要想说服对方，不妨先承认其观点的正确性；然后再转折："是的，你在那件事情上当然是正确的，但是……"

"是的，我能理解你为什么会这样想，但是……"

采取这种"是的……但是"的转折技巧，温和而准确地陈述你的情况和理由，使他觉得你这么推理更有道理，他就会心悦诚服地赞同你的观点。

这种先承后转的方法，使对方由于自己的话题被认同，从而认为自己受到了肯定与接纳，对立的情绪就会逐渐减弱，直到被人说服。

采取这种先圆后方，圆中带方的方式来跟他人交换意见，就能形成良好的讨论气氛，从而顺利地集思广益，把问题解决掉。如果一味地站在自己的立场说话，不考虑对方观点的部分合理性，就很容易争执得"脸红脖子粗"或者私下结怨。显然这对谁都没有好处。所以，不妨先听取他人意见的合理性部分或者先迎合他的意见，然后慢慢铺成你的意见，让他最后能接受你的意见。说话圆中有方，方外有圆，在适当的时机、场合不妨来个先说"Yes"，后说"No"。

蜻蜓点水水自动

一般说来，人们说话办事能否成功，说话的形式是很重要的。针对具体情况，有时需要深话浅说，而有时又需要浅话深说。但浅也要有浅的分寸。太浅了，无关痛痒，解决不了问题。

如何深话浅说呢？

1. 借他人之口说话

在说话和辩论时，可以巧用对方或第三者的言行来为自己服务，可以说是借人之势，长自己之威风，灭对方之锐气。下面我们先看萧伯纳是如何用他人之势制服辩敌的。

萧伯纳的剧本《武器与人》首演获得成功，许多观众在剧终时要求他上台与大家见见面，可是，当萧伯纳走上舞台时，有一人大声嚷道："萧伯纳，你的剧本糟透了，谁也不要看，收回去吧，停演吧！"

听到如此无礼的叫嚷，萧伯纳没有发怒，相反，他向那人深深地鞠了一躬，彬彬有礼地说："我的朋友，你说得好，我完全同意你的意见，遗憾的是，仅我们两个人反对这么多观众有什么用呢？我们能禁止这个剧本上演吗？"

萧伯纳巧借观众的力量，把一个很深的问题浮到了很浅的层面上来说，有力地反击了对方的无礼，获得了极佳的表达效果。

2. 旁敲侧击

旁敲侧击法即曲折隐晦的语言形式，把自己的思想意见暗示给对方。这种方式既可达到批评教育的目的，又可避免难堪的场面，所以常被人使用。

罗西尼是 19 世纪著名的意大利作曲家，一天，一个作曲家拿着一份七拼八凑的乐曲手稿来请教他，演奏过程中，罗西尼不停地脱帽。那位作曲家问他："屋里太热了吗？"罗西尼回答说："不，我有见到熟人脱帽的习惯，在阁下的曲子里，我碰到那么多熟人，不得不连连脱帽。"罗西尼巧妙地用"那么多熟人"来暗示曲子缺乏新意，抄袭太多，即含蓄又明确地向对方表达了自己的看法和意见，既不伤情面又达到了目的。

3. 借彼说此

利用两个事物之间的某一相似点，借甲事物来说明乙事物，不仅通俗易解，且能增强说服力，往往能收到事半功倍的效果。

唐太宗为了扩大兵源，想把不在征调之列的中年男子都召入军中。宰相知道后对他说："把水淘干了，不是得不到鱼，但明年恐怕不会有鱼了；把森林烧光了，不是猎不到野兽，但晚年就无兽可猎了。如果中年男子都召入军中，生产怎么办？赋税哪里征？"太宗无言以对，只好收回成命。在这段话中，宰相借用两件与主要事件相类似的事例作比，说服力很强。

4. 避重就轻

避重就轻的说话方式是我们在回避敏感性问题时的有效技巧。它不对问题指向的事物作出全面的、正面的评价，而是将对方的提问进行分解或转化，只挑其中无关紧要的部分给予回答，或者只对与之相关的其他事物加以论说，而不触及问题指向的重心，以避开对方的锋芒。

巩俐扮演电影《红高粱》的女主角一炮打响以后，引起世人的注意。当《红高粱》在香港第一次放映时，有位香港记者在采访她的时候，问："你对自己的相貌如何评价?"要让巩俐自己评价自己的相貌，巩俐的确有点为难，不管她回答自己的外貌漂亮还是不漂亮，都有可能引起麻烦，把自己推入难堪的泥潭。这时巩俐灵机一动，指着自己的小虎牙笑着说："我觉得我的牙齿很漂亮，因为它整齐而与众不同嘛。"

作为一个誉满四海的公众人物，巩俐的一言一行都有可能被媒体大肆炒作，特别是有关相貌的评价，更是容易引起人们的议论。因此，巩俐在回答记者提问时有意避重就轻不评价自己整体的外表形象，而只抓住"牙齿"这个部分作答。这个聪明的应对不会给人留下什么话柄，使她顺利地过了这一关。

5. 明话暗说

有时候，有的话说得太明了，也就嫌深了。说明了和说深了都可能触及对方的尴尬处，所以，为避免难堪，保持对方面子，有些明话可以暗示过去。

某国两党谈判时，一方力劝另一方和谈代表留下来共事，代表们不知道对方领导人能否容忍他们这些异党分子，就想探个究竟。有一个成员趁打麻将的时候，轻描淡写地问对方领导人："是清一色好，还是平和好?"对方领导人爽快答道："还是平和好，我喜欢打平和。"结果代表们全留下了。这就是对深话浅说的灵活运用，把握说话的方圆要学会深话浅说。

装装糊涂，世事皆通达

人人都想聪明，并且急于用这种聪明来维护自己的利益。其实，聪明难，糊涂更难；聪明有益，糊涂也更有益。一个人要用足够的智慧来权衡利弊，以防失之于人，有时候不妨以静制动、守拙若愚，这种处世的方法比处处聪明更胜一筹。尤其当身处复杂莫测的险境时，"糊涂"还是精明，往往是决定个人前途甚至身家性命的关键因素。糊涂的智慧，简单来说就是把灵巧隐藏于笨拙之中。那些表面看来糊涂的聪明人，心胸似水一般沉静而深不可测，因为有不争的美德、有"糊涂"的处世方法，所以他们就永远没有过失，也不会受到别人的攻击。

在很多时候，只要不牵涉到根本利益，睁一只眼闭一只眼就过去了，根本不值得花费太多心思去计较。那些凡事都要显得聪明的人，无非是吃不了亏，在争取这一分利益的同时，却不料得罪了人，最后总是像《红楼梦》里的王熙凤一样"机关算尽太聪明，反误了卿卿性命"；而有时候装装糊涂的人，却只不过是眼前吃点小亏，他们考虑的却是长远的、更大的利益。时不时装糊涂的人，才是真正的智者，正因为看得更远，所以他们失去的更少，得到的却更多。

富弼是北宋仁宗时宰相。当时朝廷中的变法派和保守派的斗争日趋激烈，朝中官员动辄获咎，大臣们不断遭受贬谪，甚至被杀的也不在少数。富弼当然也有自己的政治见解，但是他却始终能够保全自己，成为北宋一朝为数不多的"高龄宰相"，并且被朝廷上下大小官员交口称赞其品行优良，而这一切，都跟他平时为人处世的方法是分不开的。

富弼在年轻的时候，"提笔能文"，才华出众，曾被范仲淹称为"王佐之才"，并大力提拔。才气逼人，仕途平坦，再加上年轻气盛，使得富弼常常在不经意间得罪一些人。事后，他自己也会深感不安。经过长时间的自省，他的性格渐渐变得宽厚谦和。

一次，一个穷秀才想侮辱富弼，便趁富弼外出时当街拦住他，并当着众人的面挑衅他说："听说你博学多识，我想请教你一个问题。"富弼当然知道来者不善，但是也不想得罪他，于是也不令随从驱赶，反而爽快地答应他了。

秀才问富弼说："如果有人骂你，你会怎样？"富弼装作不解，回答他说："我不知道。"秀才哈哈大笑，说："有人说你满腹经纶，原来也不过如此啊！"说完，大笑而去，周围的人本来认为富弼会有什么高明的见解，却不料他这么作答，于是也纷纷附和。

富弼却毫不介意，继续赶路。他的仆人埋怨他说："这么简单的问题我都可以回答，怎么您却装作不知道呢？"富弼说："此人是轻狂之士。如果你拿理由和他辩解，必定会言辞激烈，气氛紧张，无论谁把谁驳得哑口无言，都是口服心不服。更何况他心胸狭窄，必定会记仇，既然如此，又何必要争呢？"仆人听后，还是不理解，只认为富弼是胆小怕事。

几天之后，秀才又在街上拦住了富弼。富弼居然主动前去打招呼。秀才不理，扭头而走；之后，又回头大声对着富弼说："富弼真是一乌龟！"富弼装作没有听到，毫不理会，继续向前走。有人告诉他说："他骂你呢！"富弼说："恐怕是在骂别人吧！"那人又对他说："他指名道姓地骂你，怎么是骂别人呢！"富弼说："恐怕是同名同姓吧！"富弼装糊涂，可真是装到家了。那位仆人如果还在场的话，一定还会认为富弼胆小怕事，但是富弼如果凭一时之气就和对方争吵起来，即便没有危险，麻烦总是少不了的。而将这种态度运用到政治领域，也就可以理解富弼为什么树敌那么少了。

唐太宗时，大臣张蕴曾经呈给皇帝《大宝箴》，其中有"勿没没而暗，勿察察而明"两句。意思是说，那些处于上位的人，不能事事都糊里糊涂，浑浑噩噩，但是也不能过于苛察、精明。明察秋毫是一种本事，而本可以精明却宁愿装糊涂，实际上更要智慧。历史上这样的事件数不胜数。如武则天当皇帝时，满朝大臣得到她宠信的只有狄仁杰一人。有一日，武则天对狄仁杰说，他在汝南当地方官时很有政绩，但是有人诬陷他，并问他是否想知道诬陷者的名字。狄仁杰首先感谢武则天对他的信任，接着说不愿知道。武则天听了之后，深为赞叹。

· 第三章 ·

交友方圆有度

俗话说，出门在外靠朋友，朋友在我们的生活、工作中扮演了极为重要的角色。会交友，广交友，交好友，应该把握方圆的度，这样方能取朋友之利，助你一臂之力。

不以喜厌交朋友

俗话说，凡敌可恨，不可全敌。如果你很任性，那么你的家人、朋友和同事中就有很多你看不顺眼的人。"以恶为仇，以厌为敌"是不行的，久而久之，你会无路可走，自身也会成为众矢之的。

交友方圆有度必须了解：

1. 世界上的人都是千差万别的，完全相同的人是不存在的

性格、爱好、观点、行为不一致的人在同一范围内生活相处，是很自然的。如果纯粹以个人的爱恶喜厌来选择交往的对象，那就只能生活在一个越来越狭窄的小天地里。

2. 要能容人之过

所谓"容过"，就是容许别人犯错误，也容许别人改正错误。不要因为某人有过失，便看不起他，或一棍子打死，或从此另眼看待对方，"一过定终身"。

3. 和"小人"交往，并没有降低你的人格

或许你会觉得对于那些性格观点不一致的人，固然不应该以爱恶喜厌来处理同他的关系；但对于那些品质不太好，行为不太检点，令你看不惯和不喜欢的人来说，和他过不去又有何妨呢？和他们交往岂不是降低了自己的人格？

就感情而言，这种人的确很令你憎恶和讨厌，但这并不等于一定要和他过不去，不必置之于死地而后快，只要他不是讳疾忌医、不可救药的人，就更应当尽力和他沟通，满腔热情地接近他、团结他、感化他。这并不是降低人格，而恰恰显得你"人格高尚"。

4. 对小矛盾不必太较真儿

人与人之间，一般没有不共戴天之仇，特别是在办公室里更是这样。毕竟是同事，也算是朋友，都在为同一家公司而工作，只要矛盾并没有发展到你死我活的境况，总是可以化解的。记住，敌意一点一点增加，也可以一点一点削减。中国有句老话：冤家宜解不宜结。相见就是缘分，既然同在一家公司谋生，整天抬头不见低头见，还是少结冤家。

当你感到不被尊重或者自己的利益被侵害时，勿轻易动气。此外，也切记不要气焰高涨，盛气凌人。

当然，在工作中，谁也难免会与人发生一些不愉快的事情，产生一些摩擦和碰撞，引起冲突。这时候，如果处置不当，就会加深鸿沟，陷入困境，甚至导致双方关系的彻底破裂。特别是当与上司发生冲突时，问题就更复杂了。善于给自己留后路的人都懂得"冤家宜解不宜结"的道理。所以，对一些小矛盾，能过去的就让它过去算了，不必过于认真。

在生活中，志趣相同的人毕竟是少数，如果我们只与这些少数人来往，那么我们结交朋友的范围一定十分有限，只能是控制在一个极小的圈子里，不能够向外拓展，这不是聪明人所持有的交际态度。其实，与各式各样的朋友交往，对我们自己非常有好处，就像我们总吃一样东西，只吃我们爱吃的东西，有很多好东西我们都没有吸取，这就会导致营养不良。朋友也是一样，只与自己个性相同的人往来，我们的交往范围就会受到局限，从而会束缚自己的发展。

每个人都有各自的性格特点，在人与人交往中，如果我们要结交更多的朋友，就要与不同性格的人交往。"横看成岭侧成峰，远近高低各不同"，对于一个性格不同的人，我们要从不同的角度去看，这样我们看待问题就比较客观，才不会以主观的意志去盲目地衡量人、判断人。

因为与他们相处，不但可以拓展我们的社交圈，而且还可以在他们身上学到自己不具备的东西，通过与他们交往，使我们了解的东西越来越多，知识越来越丰富，信息越来越广，看待问题也越来越深刻。总之，与不同性格的人交往，会使我们受益匪浅。

俗话说："多个朋友多条路。"在生活中，谁都难免会遇到困难，如果没有朋友的帮忙，会使自己孤立无援，得不到帮助，无法渡过难关。一个人为防遇到不测，平时就要注意结交朋友，如果在遇到困难时才想让别人伸出援助之手，就会为时已晚。

但是要赢得一份友谊也不是轻易的事，赢得友谊有法则：

1. 避免争论

你无法在争论中获胜，而只能树立论敌。卡耐基说，十之八九，争论的结果会使双方比以前更相信自己是绝对正确。你赢不了争论。要是输了，当然你就输了；如果赢了，你照样还是输了。如果你的胜利使对方的论点被驳斥得体无完肤，证明他一无是处，你就使他丢了面子，你伤了他的自尊，他会怨恨你的胜利，而且，一个人即使口服，也未必心服。既然这样，何必去争论呢？

2. 承认错误

当我们对的时候，我们就要试着温和地、艺术地使对方同意我们的看法；而当我们错了就要迅速而热诚地承认。在任何情形下，这样做都要比强词夺理的争辩有益得多。

3. 多说"是的"

与别人交谈的时候，不要以讨论不同的见解作为开端，而要强调双方都同意的事，以此作为开始。

自己多说"是的"，目的是引导对方也说"是的"。要使对方在开始的时候说："是的，是的。"尽可能避免使他说出"不"字。这样双方就达成一致。

4. 不要树敌

避免树敌的第一要领是，要承认自己也会弄错。承认自己错了，对方就会原谅你，从而避免树敌。

如果对方错了呢？那也不要正面反对对方的意见。而要尊重对方的意见，不要直截了当地指出对方错了。

5. 让对方侃侃而谈

多数的人，要使别人同意他的观点，总是喋喋不休地说太多的话。尤其是推销员，常犯这种得不偿失的错误。

尽量让对方说话，你可以获得更多的信息，他对自己的事业和他的问题了解得比你多，所以，向他提出问题吧，让他告诉你几件事。

让对方多说话，也是为了避免你显得比对方优越。法国哲学家罗西法古说："如果你要得到仇人，就表现得比你的朋友优越吧；但如果你要得到朋友，就要让你的朋友表现得比你优越。"

6. 让对方觉得良好的动机是他们自己的

没有人愿意接受命令。没有人喜欢觉得他是被强迫命令购买物品或遵照命令行事。我们宁愿觉得是出于自愿购买东西，或是按照我们自己的想法来做事。我们很高兴有人来探询我们的愿望、我们的需要，以及我们的想法。

所以，要让人接受某种想法，即使这种想法千真万确是属于你，你也要让别人觉得这个想法是他自己的。

7. 从他人的角度看问题

有时候别人也许完全错了，但他并不认为如此。因此，不要责备他；只有傻子才会去那么做。试着了解他，只有聪明伶俐、大度容忍、杰出的人才会这样去做。

别人之所以有某种想法，一定是出于某种原因。你不妨试从他的角度来看一下问题。

三教九流皆可交

好的朋友不仅可以使我们生存在一定的精神高度，同时也可以使我们感到温馨和自由自在。朋友对事业的发展有举足轻重的作用，有时甚至会超乎我们的想象。

人生得一知己足矣。当今为人者既要广泛交友，又要审慎选择。如何做到这一点呢？正如鲁迅先生曾经说的："我还有不少几十年的老朋友，要点就在彼此略小节而取其大。"略小节，取其大，就是不斤斤计较小节，而要从大处着眼。看人首先看大节，不是盯住对方的缺点错误不放，而是用发展的、变化的观点看人。如果不能略其小，取其大，就不能与人为善，也就不能全面地客观地评价一个人。就可能一叶障目，不识泰山，就可能把朋友推开，就可能得不到真正的友谊。

真正的社交需四面出击，结交三教九流，只有如此，你的社交圈子才有深度和广度。能够获得各种不同类型的社交对象青睐的人，才能达到人际关系的理想境界。相反，许多人由于忽视"小人物"，其社交圈不免存在着严重的缺陷，甚至有时会使他们自己大江大海蹚得过，小河沟里却翻了船。

干大事者周围多有谋臣策士，使之诸事顺畅；一旦陷入僵局的时候，自有这些谋士帮忙使之化险为夷。善于使用智者，实在是一种高超的能力。

　　人才是专才，不可能是全才；用人所长，那么这个人就是人才；如果用人不用其所长，那么这个人就不能是人才了。比如，我们常常把那些没有什么正经事做，游手好闲的人称作"鸡鸣狗盗之徒"。在一般人眼光看来，进入这个范围的人，可能这辈子就没有什么戏了。但是不然，这真应了李白那句"天生我才必有用"的著名诗句。

　　春秋时期，齐国派孟尝君出使秦国，秦昭王想让孟尝君做相国。有人劝秦昭王说："孟尝君很有本事，又和齐王是本家，如果在秦国做了相国，他一定先替齐国打算而后才为秦国谋利，那么秦国就危险了。"

　　于是秦昭王就不让孟尝君当相国了，而且把他关了起来，想把他杀掉。孟尝君派人求秦昭王的一个宠姬帮着解脱。这个宠姬说："我想要孟尝君的白狐狸皮裘。"

　　孟尝君有这样一件皮衣，价值千金，天下无双；然而他在到秦国以后，就献给了秦昭王，现在再没有这样的皮衣了。孟尝君很发愁，问遍门客，谁也想不出对策。这时，常坐在最后边的座位上的一个食客说："我能弄来白狐裘。"他在夜里进入秦王宫中储藏东西的地方，偷出孟尝君献给秦昭王的那件皮衣。孟尝君又把这件皮衣献给了那个宠姬。宠姬替孟尝君向秦昭王讲了情，秦昭王就把孟尝君放了。

　　孟尝君行动自由了以后，改了姓名，混出了咸阳，半夜时分，到了函谷关。秦昭王放了孟尝君以后，又后悔了，让人去寻，而孟尝君已经逃走了，于是他就派人驾车追赶。

　　孟尝君逃到了函谷关下，很怕追兵赶到。秦国有一条规定：鸡鸣以后才准放人通行。这时，另一个常坐在后边座位上的食客说他能学鸡鸣。于是他学起了鸡鸣，随后附近的公鸡也被引得齐声鸣叫起来。守关的人听到鸡叫，就开关放人通行，孟尝君得以出关去了。

　　过了不久，秦昭王派的追兵来了，却扑了一个空。

　　当初，孟尝君把这两个做狗盗、学鸡鸣的人当宾客招待，别的宾客觉得是辱没了自己，脸上无光。但当孟尝君在秦国遭难而靠这两个人才得救之后，别的宾客都佩服这两个人了。

　　要干成一件事，往往会遇到许多意外的问题，因此也就需要各种不同类型的人才来解决。广交各界朋友，方能在你有困难的时候，他人及时伸出援手，这才是方圆交友之道。

人心迷离，择友须慎

"朋友"之中，固然有"道义相砥，过失相规"的"畏友"，"缓急可共，生死可抵"的"密友"，但也有"甘言如饴，游戏征逐"的"昵友"，甚至有"利则相攘，患则相倾"的"贼友"；有欧阳修赞扬的"同道"的朋友，也有他深恶的"同利"的朋友。再者，如鲁迅说的，骗子有屏风，屠夫有帮手，在他们之间，也可以叫作"朋友"的。俗话说的"雪里送炭真君子，锦上添花是小人"。这"添花"的，不用说也是"朋友"，至于看别人有权有势恨不得叫声爹，失势时立即落井下石，以及"人前握手，人后踢脚"，而又面不改色心不跳的人物，也都会被人视作"朋友"的。天下之大，无奇不有，"朋友"的花样，也是各种各样的。

所以，慎重选择真朋友，警惕交上假朋友，就成了处世之道的重要一条。

要选准真朋友也并不那么简单，所以古人常有"相识满天下，知音能几人"的慨叹，对于"世味年来薄似纱""知人知面不知心"的炎凉世态痛心疾首。

那么，择友的标准又是什么呢？《后汉书·刘陶传》中说刘陶："所与交友，必也同志。"《国语》中说："同德则同心，同心则同志。"孟轲告诫人们："人之相识，贵在相知；人之相知，贵在知心。"《韩诗外传》说："同明相见，同音相闻，同志相从。"晋人傅玄在《何当行》中讲："同声自相应，同心自相知。外台不由中，虽固中必离。管鲍不出世，结合安可为。"他们都强调了"同心""同志"。古希腊哲学家德谟克利特指出："只有那些有共同利害关系的才是朋友。"

友有"益友""损友"之不同。孔子说"益者三友"："友直、友谅、友多闻，益矣"；"损者三友"："友便辟，友善柔，友便佞，损矣。"就是说，要与正直的、诚恳的、见闻广博的人交朋友，这才有益；同谄媚奉承、当面恭维背后诽谤、喜欢夸夸其谈的人交朋友，那是有害的。交益友，在品德上可以互相砥砺，在工作上能够互相促进，生活上可以互相照顾，有了困难互相帮助，有了缺点能够互相规劝、批评，在学识上能够互相取长补短，这对一个人的成长进步无疑大有好处；反之，交了"损友"，当面说好话，净给你灌迷魂汤，背后却要手腕、使绊子，甚至攻讦戕害，那自然是有害无益、有损无补了。

有的人犯错误，栽跟头，除了主观上的原因，从客观上说，与交上了"损友"有很大关系。

西班牙作家塞万提斯说："重要的不在于是谁生的，而在于你跟谁交朋友。"也是在强调择友的重要。而毛泽东说的"朋友有真假，但通过实践可以看清谁是真朋友，谁是假朋友"，则可以看作是教给我们的择友方法，即从实践中听其言、观其行，其所言所行合乎"同道"的"畏友""密友""益友"者，一般来说，可以称之为真朋友；其所言所行堕入"同利"的"昵友""贼友""损友者"，自然便是假朋友。是真朋友，自然可交、当交。是假朋友，则应毫不犹豫地与之"息交以绝游"。否则，近墨者黑，染于苍则苍，便悔之晚矣！有《结交行》诗曰：

种树莫种垂杨枝，结交莫交轻薄儿；

杨枝不耐秋风吹，轻薄易交还易离。

此正是："友也者，友其德也。"戒之慎莫忘！这就要求我们交友要有规矩，即方，这样才能广交友，交好友。

关键时刻拉人一把

人的一生不可能一帆风顺，难免会碰到失利受挫或面临困境的情况，这时候最需要的就是别人的帮助，这种雪中送炭般的帮助会让他人记忆一生。方圆交友就要在关键时刻拉人一把。

"患难之交才是真朋友"，这话大家都不陌生。

德皇威廉一世在第一次世界大战结束时，可算得上全世界最可怜的一个人，可谓众叛亲离。他只好逃到荷兰去保命，许多人对他恨之入骨。可是在这时候，有个小男孩写了一封简短但流露真情的信，表达他对德皇的敬仰。这个小男孩在信中说，不管别人怎么想，他将永远尊敬他为皇帝。德皇深深地为这封信所感动，于是邀请他到皇宫来。这个男孩接受了邀请，由他母亲带着一同前往，他的母亲后来嫁给了德皇。所谓患难，主要是指个人遇到的困难，遭到的不幸。摆脱困难，战胜不幸，不能完全依赖组织，要靠我们自己的力量，要借助友谊的力量。

友谊，不仅仅是在那欢歌笑语中和睦相处，更是要在那困难挫折中互相提携，相濡以沫。有的人在无忧无虑的日常生活中，还能够和朋友嘻嘻哈哈的相处，可是一旦朋友遇到了困难，遭到了不幸，他们就冷落疏远了朋友，"友谊"也就烟消云散了。这种只能共欢乐不能同患难的友谊，不是真友谊。莎士比亚曾说过："朋友必须是患难相济，那才能说得上是真正的友谊。"列宁也说过："患难识朋友。"他们都十分珍重在患难中得到的友谊，把此誉为"真友谊""真朋友"。这是因为，友谊本身就意味着在困难时的忠诚相依。否则，友谊就毫无意义。

当朋友遇到了困难的时候，应该伸出友谊的双手。当朋友生活上艰窘困顿时，要尽自己的能力，解囊相助。对身处困难之中的朋友来说，实际的帮助比甜言蜜语强一百倍，只有设身处地地急朋友所急，帮朋友所需，才体现出友谊的可贵。

当朋友遭到了不幸的时候，应该伸出友谊的双手。例如，在朋友不幸病残、失去亲人、失恋的时候，就要用关怀去温暖朋友那冰冷的心，用同情去安抚朋友身上的创伤，用劝慰去平息朋友胸中冲动的岩浆，用理智去拨散朋友眼前绝望的雾障。反之，若是对朋友的不幸置之不理、幸灾乐祸，那两人之间就没有什么友谊可谈了。

当朋友遭到打击、孤立的时候，应该伸出友谊的双手。如果在朋友遭到歪风邪气打击的时候，为了讨好多数，保持沉默，或者反戈一击，那就成了友谊的可耻叛徒。正如巴尔扎克的《赛查·皮罗多盛衰记》中所说的："一个人倒霉至少有这么一点好处，可以认清楚谁是真正的朋友。"一个好朋友常常是在逆境中得到的。假如你在遭到打击、孤立的时候，有人与你本不熟悉，但却理解你、支持你，坚决同你站在一起，那你一定会把他视为挚友，会为找到一个真正的朋友感到高兴。

当朋友犯了错误的时候，应该伸出友谊之手。朋友犯了错误，自己感到羞愧，脸上无光，这是正常的，也是一种好现象。但是，担心继续与犯了错误的朋友相交会连累自己，因此而离开朋友，这是自私的。友谊的价值之一，也就是在于帮助犯了错误的朋友一道前进。

友情的赢得往往也在关键的时刻，即当别人处于困顿的时刻，只要你在这关键时刻伸出你的手拉他一把，你就获得了他的好感，所以友情的赢得也要抓时机，过了这一村，就没这一店了，在这种时刻赢得的友情通常也能保持下去，而不是一时之交。

玩笑话慎重说

相熟的朋友聚在一起时，大家不免开开玩笑，互相取乐。说话不受拘束，原是人生一快事，不过凡事有利也有弊，玩笑过头乐极生悲，因开玩笑而使大家不欢的事情也常常遇到。有些人就因此认为谈话时开玩笑一事应该避免，这未免也过分了，但玩笑话还是应该慎重说，原则是只搔到痒处，不可触及痛处，开玩笑之前，一定要注意你所选择的对象是否能受得起你的玩笑。大概普通人可分为三类：第一种，狡黠聪明；第二种，敦厚诚实；第三种，则介乎上列两种之间。对第一种人，即狡黠聪明的人开玩笑，他不会使你占便宜的，结果是旗鼓相当，不分高下。第二种人，敦厚诚实者，则无还攻之计，亦无抵抗之力，这种人所见于外表的，不是道貌岸然，凛然不可侵犯，就是无可无不可的，喜欢和大家一齐笑，任你如何取笑他，他脾气绝好，不致动怒。对第一、二两种人，你可以先看看对方情形，而知道能否开玩笑，唯有介乎两者之间那种人，应付要最小心。这种人大概也爱和别人笑在一起，但一经别人取笑时，既无立刻还击的聪明争智，又无接纳别人玩笑的度量，如果是男的则变为恼怒，反目不悦，如果是女的就独自痛哭一场，说是受人欺侮。所以开玩笑之前，要先认识对方，最为妥当。

其次，要适可而止。普通开玩笑，说过一两句就算了，不要老是专门戏弄一个人，也不要连续取笑下去。一般十之八九都可以忍受，若专对一人不停地进攻，则十之八九都不能忍受。

开玩笑本来无所谓顾虑到对方的尊严，但使对方难过、伤心之事，亦非开玩笑之话题，这就是不要触及痛处。你笑你的同学考试不及格，你笑你的朋友怕老婆，你笑你的亲戚做生意上当而吃亏，你笑你的同伴在走路时跌了跤……这些都是需要同情的事件，你却拿来取笑，不仅会使对方难以下台，且表现出你的冷酷。同样地，不可拿别人生理上的缺陷来做你开玩笑的资料，如斜眼、麻面、跛足、驼背等等，别人的不幸，你应该给予同情才是。如果在谈话中的人，有一位是生理上有缺陷的，那么，最好要避免易使人联想到缺陷方面的玩笑。

例如，有一天，三四个朋友聊天，其中有个女孩子提起她昨天配了一副眼镜，于是拿出来给大家看看她戴眼镜好看不好看。大家不愿扫她的兴都说很不错。这件事使小吴想起一个笑话，他就立刻说出来：有一个老小姐走进皮鞋店，试穿了好几双鞋子，当鞋店老板蹲下来替她量脚的尺寸时，这位老小姐——我们要知道她是近视眼——看到店老板光秃的头，以为是她自己的膝盖露出来，连忙用裙子将它盖住，立刻她听到一声闷叫声，"糟糕！"店老板叫道，"保险又断了！"

接着是一片笑声，孰料事后竟未见到这个女孩戴过眼镜，而且碰到小吴再也不和他打一声招呼。

其中的原因不难明白。说者无心，听者有意，在小吴看来，他只联想起一则近视眼的笑话。然而，对方则可能这样想："你取笑我戴眼镜不打紧，还影射我是个老小姐。我老吗？上个月我还是 24 岁！"

所以朋友之间即使相熟，有时为了调节气氛说些笑话，拿其他人开开玩笑也无伤大雅，但是一定要拿捏好，方圆之道，开适度的玩笑。玩笑虽好，但要慎重。

交友有礼

生活中，经常会有这样的事发生，一些好得不得了的朋友，最终还是散了，有的缘尽情了，有的则不欢而散。

虽然朋友失去了还可以再交，但新的朋友未必比老朋友好，失去友情更是人生的一种损失。为了避免失去朋友，让多年的友情随风而散，方圆交友的原则值得考虑——好朋友也要保持距离！

人与人之间的差异是必然存在的，交往的次数愈是频繁，这种差异就愈是明显，经常形影不离会使这种差异在友谊上起到不应有的作用。因此，交友不要过往甚密，一则影响着双方的工作、学习和家庭，再则会影响感情的持久。交友应重在以心相交，来往有节。

友谊不是爱情，你如果希望你的朋友像妻子一样对你忠贞不二是不可能的，爱越专一就越甜蜜，友谊则不一样，我们生活在大千世界里，不是仅有一条狭窄的胡同，友谊本来就是很多人的事，朋友多了苦恼会少，朋友少了苦恼会多。你应该看到这一点。你是这样，你的朋友也是这样。

密友之间交往的艺术与夫妻之间相处的艺术有些共同之处，正如一对处于"蜜月期"的新婚男女一样，当两人的蜜月期一过，便不可避免地触碰彼此的差异和缺点，并且这种差异表现得越来越多，结婚之前，他们一直在求同，眼里闪烁的总是对方的优点，而经过一个阶段后，求同的动力变小，差异就显露出来。于是从尊重对方开始变成容忍对方，直至最后要求对方！当要求不能如愿，便开始背后挑剔、批评，然后人离情散。

过分地依赖会损害你和朋友的关系，而且是双方的，朋友并非父母，他们没有指导和保护你的义务，他们能给你支持，但不可能包办代替，你必须清楚，他只不过是朋友而已。

你自己不能做决定，缺乏主见，就会使你受到朋友正确或错误的意见的影响。为此，你应该立刻决定，摆脱对朋友的依赖。

有的朋友正相反，他们不可抗拒，盛气凌人，在与朋友的交往中，总喜欢指手画脚，不管朋友的想法如何都要求朋友按照自己的意愿去做。这种做法无异为友谊的发展埋下了不祥之笔。

如果你想对朋友说，"你应该""你不应该""你最好""你必须"，那么你无疑是想控制朋友的生活，这种做法，会使朋友感到很不愉快。

如果你是被控制的，不要认为有人为你操心一切是再好不过的了。控制你的朋友不是知心的朋友。一旦你把自己从他的"统治"下解放出来，就会出现奇迹，你和朋友就会变得平等。

朋友之间不能毫无顾忌。正如安全的地方，人的思想总是松弛一样，在与好友交往时，你可能只注意到了你们亲密的关系在不断增长，每天在一起无话不谈。对外人你可以骄傲地说："我们之间没有秘密可言。"但这一切往往会对你造成伤害。

好友亲密要有度，切不可自恃关系密切而无所顾忌，亲密过度，就可能发生质变，好比站得越高跌得越重，过密的关系一旦破裂，裂缝就会越来越大，好友势必会成冤家仇敌。

莫打听隐私。朋友要保守秘密并不是对你的不信任，而是对自己负责。你同样也需要保守自己的秘密，这一切并不证明你和好友间的疏远；相反，明智的人会认为，如此双方的友谊更加可靠。

在你朋友觉得难为情或不愿公开某些私人秘密时，你也不应强行追问，更不能私自以你们的关系好而去偷看或悄悄地打听朋友的秘密，因为保守秘密是他的权利、一般情况下，凡属朋友的一些敏感性、刺激性大的事情，其公开权应留给朋友自己。擅自偷听或公开朋友的秘密，是交友之大忌。

给朋友面子。维护朋友形象是你和朋友都应该做到的，这种方式犹如给你们的亲密关系罩上一层保护膜，让友情在那里滋润成长。

而现实生活中，牢记这一点的人并不多，以密友相称的人为了证明一切，把当众指责、揭露看作一种证明的手段，往往导致友人的不满。

"朋友的形象是你们共同的旗帜，不论关系多么亲密，请你不要砍伐它。"

亲密的友谊，不应该是粗鲁的、庸俗的。在理解和赞扬声中，友谊会不断成长。

所以，如果你有了自己的"好朋友"，与其因为太接近而彼此伤害，不如适度保持距离，"保持距离"能使双方产生一种"礼"，有了这种"礼"，就会相互尊重，避免碰撞而产生矛盾。但运用这一技巧时，一定要注意一个"度"，如果距离过大，就会使双方疏远，尤其是现代商业社会，大家都在为自己的事业奔波，实在挤不出时间，这样很容易忘了对方，因此一对好朋友也要经常打个电话，了解对方的近况，偶尔碰面吃吃饭，聊一聊，否则就会从好朋友变成一般的朋友，两人的友情等级会逐渐递减！

善于"储存"朋友

俗话说："一个篱笆三个桩，一个好汉三个帮。"方圆交友的人要善于储存朋友。人与人之所以会成为朋友是因为在友谊中彼此能收获一份美好的情感或其他他想收获的东西。所以要收获友情，我们首先要知道自己能给予别人什么。

卡耐基有这样一位朋友，既没有学历，也没有金钱，更没有人事背景，但是他却成为一个成功的企业家。他到底是如何成功的呢？他是一个很会体贴他人的人，他对周围人的体贴，甚至超过了别人的需求。只要你说要上他那里玩，他都会表示万分的欢迎，希望你能在他那儿住几天。背地里，无论是多么拮据，内心多么苦恼，他都好像随时在等着你的来临，热情地接待你。甚至在你回去的时候，还要为你准备些小礼物、土特产。

无论是多么忙碌，他都不会表现出你的来访对他会是一种麻烦困扰，就连平时最害怕打扰朋友的人，也会常去他那坐坐。他说："像我这样既无学历，又没财力，更没有人事背景的人，能有今天的成就，实在有不足为外人道出的辛苦。像我这样一无所有的人，如果要与别人来往，就不能不令对方感到和我来往，会得到某些愉快与益处。"

事实上，以前的他，是孤独的，别人都不想理他、与他往来。他一直忍耐着寂寞，努力奋斗，度过那段日子，而他也就在其中学会了与人交往之道，比如给别人某些方面的益处，别人是不会无动于衷的。所谓某些方面的利益，有时是精神方面的，有时是物质方面的，总之，别人得不到益处，是不会来接触他的。

朋友交往之道，首先想到的应该是给予而不是索取，只想索取是无法交到朋友的。出身名门的富家子弟，他也想能成功地做出某些事情来。但是，当他与别人来往的时候，首先就会考虑这个人对自己有什么利用的价值。也许与这个人交往，以后向银行贷款时，会比较容易；也许与这个人做朋友，他会教给致富之道；也许这个人会将土地廉价出售给自己，也许会将办公室借给自己。他就是如此这般地，对周围的人怀着期待之心，算计之意，认为与自己接触的人，都会带给自己某些利益。这样的人太过急功近利，不要说能交成多少朋友，即便是有些朋友，到头来也会渐失人心，成为孤家寡人。

其次，交朋友不能太过挑剔，这样才能广交朋友。固然，我们都推崇交"知己""好友"，但是朋友有很多类型，多交各种类型的朋友才能编织更大的人际关系网。我们不但要有生死与共、患难不移的朋友，也要善于和有这样那样的缺点错误甚至是反对自己的人交朋友。他山之石，可以攻玉。广泛地结交那些不同职业、不同爱好、不同身份的朋友，有时也能相得益彰。"兼听则明，偏听则暗"。结交各式各样的朋友，对于取长补短，开阔视野，活跃思维，都是有益的。

还要注意的是网罗你的朋友的过程要循序渐进，不能太操之过急，否则就会"吓跑"这个朋友。

布朗先生参加一个社交聚会，交换了一大堆名片，握了无数次手，也搞不清楚谁是谁。

几天后，他接到一个电话，原来是几天前见过面，也交换过名片的"朋友"，因为那位"朋友"名片设计特殊，让他印象深刻，所以记住了他。

这位"朋友"也没什么特别目的，只是和他东聊西聊，好像两个已经很熟了那样。

布朗先生不高兴，因为他和那个人没有业务关系，而且也只见了一次面，他就这样打电话来聊天，让他有被侵犯的感觉，而且，也不知和他聊什么好！

在现代社会中，这种情形常会出现，以这位"朋友"来看，他有可能对布朗先生的印象颇佳，有心和他交朋友，所以主动出击，另外也有可能是为了业务利益而先行铺路。但不管基于什么样的动机，他采取的方式犯了人际交往中的忌讳——操之过急。

我们要遵循的法则是："一回生，二回半生不熟，三回才全熟。"而不是"一回生，二回熟"！"一回生二回熟"还太快了些，"一回生，二回半生不熟，三回才全熟"则是渐进的，而且是长期的、对方不知不觉的。这样才能如你所愿地交上朋友。

最后不要妄下判断谁对你重要、谁会成为你的好朋友。第一印象往往是最不可靠的，所以在未与人交往一段时间之前，不要立即对一个人妄加判断。同时，也不要随便听信别人的闲言闲语，让自己保持一个开朗的胸襟，以眼见的事实客观地去评断每一个人。这样你才会有一个交友的广泛空间，才能有足够的空间，让你去交你想交的朋友。

卡耐基认为，人要想立足社会、出人头地，千万不能"友"到用时方恨少。不论眼下如何，随时随地广结人缘，先多"储存"些朋友再说。这一种人是最聪明的人。

捕获可供利用的"贵人"

人人都可以成为你的贵人，在你生命当中的某一阶段、某个时刻、某一件事上，在你最需要援助之手的任何时候，能够给你你所需要的东西——哪怕只是一句话，一个眼神，一个微笑，他都可以因为改变你的人生而成为你的贵人。

我们为了成功而寻找的贵人就是发掘自身潜力，给我们提供展现个人能力空间的人，贵人是我们事业起步和发展的关键，是我们迈向成功的加速器。贵人不是有义务照顾我们的保姆，也不会坐在人生的某个十字路口等待我们，我们必须有个主动的态度去寻求贵人，而不是苦苦等待，并且适时选择，变换贵人。贵人相助，可以使你迅速地脱颖而出，缩短成功的时间，还可以为你提供一定的庇护——就像一份保险。而贵人在哪里呢？就在你的朋友中。方圆交友要善于捕获可供利用的贵人。

威廉·比利·菲泽斯通是一位非常优秀的专业推销员，很善于做公关工作。20多年来，他一直与研究成功学的大师斯坦利博士是朋友。

一次，一家大型股份公司的资深副总裁和美国国内的销售经理要斯坦利博士在一个星期六的早上为在达拉斯的100名高级专业人员开一次专业讨论会。由于讨论会包括角色演示与情景分析，斯坦利博士邀比利前去参加。当时，比利正在向总部在达拉斯的 J.G. 彭妮商行推销女式运动服，包括蓝色牛仔裤。比利从斯坦利博士那里获取了那位国内销售经理的名字及联系方式，然后打电话给国内销售经理的秘书，知道了有关讨论会的具体地点和时间安排，并从秘书口中获悉那位销售经理赫尔曼先生的太太喜欢穿蓝色牛仔裤。在确定了赫尔曼太太的牛仔裤尺寸后，就指派老资格的女裁缝特别加工了一打牛仔裤，送给了赫尔曼太太。就是这个比利，激起了赫尔曼先生的巨大热情，整个讨论会获得了很大成功。赫尔曼先生再次要求斯坦利博士举办另一次讨论会，也许是因为比利的蓝色牛仔裤，因为比利从没告诉过赫尔曼先生，是他送来的牛仔裤，他只是在包装盒里放了一张字条，上面写着"汤姆·斯坦利赠"。结果，赫尔曼先生的公司购买了许多有关斯坦利博士讨论会的书籍、磁带和其他资料。朋友即是贵人，贵人就在朋友里。

让我们仔细回想一下自己的生活经历，重大的转折发生时，谁起了关键的决定性作用？这些人是你从家庭继承下来的世交呢，还是成年后自己逐渐结交的朋友呢？至少有一半是我们自己创造的朋友。社会在变化，世事在演化。我们和朋友都是由陌生到熟悉，再到深交。只有善于把陌生变成熟悉，我们的朋友才能越来越多。

俗话说："万事开头难。"与完全陌生的人开始一次交谈确实是很困难的。这里有一些技巧，但愿你能借此走近陌生人。

你不要试图谈一些有深远意义的或深奥的问题，只要谈一些简单、甚至琐碎的问题，或评论在你身边发生的事。你可以谈谈天气，市场上的菜价，而不是国际时局，经济走势。讲话要切中要点，不要琐碎而词不达意，这样会让人失去与你交谈的兴趣，避免一次发言过长，以免给他人留下说话唠叨、办事拖拉的印象，在谈话的过程中要少谈自己，多谈别人，这样才能调动对方的兴致。如果交谈双方观点差异，可以有稍微的争论，但要避免产生不满的情绪或者选择避而不谈。

伦纳得·朱尼博士认为人们能否成为朋友，关键在于他们相互接触的第一个5分钟。日常生活中，的确有这样的体会，比如在旅途中，坐在你对面的人，如果你们一见面就开始交谈，那么这种交谈多半会继续下去，贯穿整个旅程。如果一开始就没有进一步接触的兴趣，往往就会一直沉默到分开之后。所以，如果你想接近一个人，那么不要放弃"第一个5分钟"，在这5分钟内，记住，要表现出友好和自信，同情和体谅。因为绝大多数人都喜欢那些喜欢他们的人。我们的人生，总是具有戏剧性的色彩，"有心栽花花不开，无心插柳柳成荫"用来形容人的机遇真的很合适，人生总是在一个与某人的偶遇时，一句话，一堂课都可以改变我们的生活。

有很多这样的人，"偶然"邂逅，认识某人，然后是新的成功的路途。当然不能靠投机的心理，却需要一颗有准备的心。有些人会关照"偶然"邂逅，有些人则不然。不相信这种相逢机会的人们，对它不会在意。懂得掌握机会的人们，平常就会做好接纳偶然相逢的心理准备。机会出现时，他就会千方百计抓住这样的机遇，抓住生命中的"贵人"，改变自己的命运。

一次，哈维·麦凯在一项募捐活动中见到总统的女儿。在接待队伍中见到这位年轻女孩大约 5 秒钟，他不能确定她是谁的女儿。因为杜鲁门、罗斯福、肯尼迪、约翰逊、里根、布什及克林顿，都至少有一个女儿。如果唐突地问："你是哪位总统的女儿?"简直就是世界第一号大傻瓜了，那会多尴尬。麦凯的事业需要总统女儿的帮助，所以他又不能错失这个机会。他只是简单地说，在她父亲选举时，自己曾帮助过他，最后一票投给了她的父亲。人们认得总统，却不一定记着他们的诸多子女。能够被认出来，并且是自己父亲的投票人，心理上先接近了不少。麦凯的事情成功了。这位总统的女儿帮了他。

天下如果有飞不起来的气球，那是因为它没有被打气；天下如果有一辈子都不走运的人，那是因为他没有足够的人缘基金! 生命中如果没有一个贵人出现，就会是艰辛而没有收获的。好好把握生命中的贵人。

朋友不可透支

俗话说："天有不测风云，人有旦夕祸福。"谁没有"马高凳短"的时候，生活难免遭遇困难，这个时候我们需要别人的帮忙。我们都知道朋友之义正如"为了朋友可以两肋插刀"所透露出的，朋友之间需要相扶相助。但是要明白一个道理，需要别人帮忙是难免的，但没有人会帮人一辈子，没有人能一辈子靠别人帮忙活下去。依靠朋友要方圆有度，否则友谊就可能变仇怨。

打个比方，朋友就像是消防队员，在你遇到紧急情况时才求助他们，自己能办到的还是靠自己。朋友不是你的影子，随时随地跟着你；朋友不是你的老师，发现你的错误就能及时指出，有问必答；朋友不是你的父母，可以无私地包容你的一切；朋友能做的，是在你有困难，而他们能帮得上忙时，伸手拉你一把。

请记住，朋友是一种资源，应该在最需要的时候用。朋友是消防队员，救急不救穷，这有两重意思，一是指如何利用朋友资源，指的是何时应该请求朋友的帮助；二是指应如何帮助朋友，有求必应说的是天神，而非朋友。

朋友是一笔资源，可以使用却不宜透支。朋友之间交往最现实最常见的就是金钱问题。这里有一则故事：

张强是一个私营印刷厂的老板，有钱，人也特别好。李文和张强从小学到大学一直是同学，是好朋友。但过了三年后，两人的情况却相差悬殊，李文在一个县城中学当教师。当然这并未妨碍张、李二人继续是朋友。

因为张与李是好朋友，张强富有，而李文相对而言家境不好，李文的妻子是下岗职工，儿子力力正上小学，以李文一个人不多的工资来照顾这个家庭，生活过得很艰难，李文因此经常会向张强借一些小钱，以补家用。张强也不太在意这些小钱，几乎是有求必应，这样久了以后他们之间的朋友关系就不再平衡了。

俗话说吃人家的嘴软，拿人家的手短，李文难以用平等的心态对待张强，难免会产生不服、嫉妒、自卑的心理，想当年你我差不多，甚至你还不如我，凭什么你现在就可以大把大把地捞钱，我却只能靠跟你借钱来维持生活。本来应该有的感激之情也荡然无存，反而心怀恶意。

零星借来的钱被李文一家用掉了。本来没有这笔钱也可以过得去，少吃几次肉几次鱼也就罢了。张强的钱对他们的生活没有多大影响，但一旦借了些钱，李文近期又难以偿还，这对李文是一个心理上的负担，主要是对李文的自尊心有影响，这种情况长期持续下去，李文在张强面前慢慢就会失掉自尊，开始自卑，一个没有自尊的人是什么事都会干得出来的，张强借钱是好心帮助他，却不一定有好的结果。

一段相当好的友谊就在这样的"透支"过程中消失了。只能说他们两个人都没有领悟这其中的道理。试想如果张强和李文一个不随意向好友请求帮助，一个不随意答应本就可以不必帮的忙，那么结局就不会是这样。

自己的生活要靠自己来打理，向朋友请求帮助一定要合情理，否则就会陷入失去友情的危机。

做足人情

中国是一个人情社会，人与人之间关系的维持离不开人情二字。朋友之间也是如此。朋友有莫逆之交，这种朋友之间的情谊可以说已经上升到了人情的极致。但这种朋友毕竟很少，大多数朋友只是需要我们用人情来维持的普通朋友。如何用人情来维持友情，并让它更具有"杀伤力"呢？这就要求把人情做足了。

把人情做足，好人做到底，你就要想朋友之所想，急朋友之所急，在他最困难、最需要帮助的时候，给朋友一个人情，此杀伤力更大。朋友之间人情要做，但事前要权衡利弊，有害自己的尽可能不做，有弊的少做，朋友的人情，不但要做，而且一定要做足。

做足，包含两个含义：一是人情要做完，二是人情要做得充分。

如果朋友求你办什么事，你满口答应："没问题。"但隔了几天，你给他一个半零不落的结果，对方虽然口头上不说什么，但心里肯定会说："这哥们儿，真不够意思，做就做完，做一半还不如不做，帮倒忙。"

做人情只做一半，叫帮倒忙，越帮越忙，非但如此，还会影响信任度，说话不算数的朋友谁都不愿意结交。人情做一半，叫出力不讨好。

人情做充分，就是不仅要做完，还要做好，做得漂亮。如果你答应帮朋友办某种事，就要尽心去做，不能做得勉勉强强。如果做得太勉强了，即使事情成了，你勉强的态度也会让他在感情上受到危害。

比方说你买了一本好书，朋友来借，你先说："我刚买的，还没看完呢，你想看就先拿去吧。"

其实前面的废话又何必说呢？最后的结果是借给人家了，你不说也是借，说了还是借，与其说些废话还不如痛痛快快借给他。书总是你的嘛，还回来你尽可以看一辈子，何不把人情做圆满呢？

人情做足才有"杀伤力"。人情做足了自然会赢得朋友的万分感激，让对方记挂你一辈子。

有一个名叫皮西厄斯的年轻人，他因干了一些触犯暴君奥尼修斯的事被投进了监狱，不久后将被处死。皮西厄斯请求暴君放他回家乡去一趟，向他亲爱的人们告别，然后再回来伏法。暴君认为皮西厄斯想借机逃走，不肯放行。这时，一个自称叫达芒的年轻人自告奋勇代替皮西厄斯伏法。并说，如果皮西厄斯不回来他愿意代他而死。暴君十分惊讶，最后他还是同意让皮西厄斯回家，并把达芒关进监牢。

行刑的日子到了，皮西厄斯还没有来。虽然达芒做好了临死的准备，但他对朋友的信赖依然坚定不移。他说，为自己深信的人去受苦，他不悲伤。行刑的刽子手前来带达芒去刑场。就在这时，皮西厄斯出现在门口。暴风雨和船只遇难使他在路上耽误许久。他一直担心自己来得太晚。他十分感激地向达芒致意，然后向刽子手走去。暴君还算没坏彻底，还能看到为人的美德。他认为，像达芒和皮西厄斯这样互相热爱、互相信赖的人不应该受到不公正的惩罚。于是，就把他俩释放了。"我愿意用我的全部财产，换取这样一位朋友。"暴君感动地说。

达芒与皮西厄斯的友谊换来了皮西厄斯的新生，他们之间的情谊足以让他们用自己的生命捍卫友情。可见人情足到极致的"杀伤力"有多强。

人情要做足，要举重若轻，而不能拈轻怕重。

朋友之间常有这样的应答："哎呀，可太谢谢你了。""咱哥们儿，谁跟谁啊，没事。"

这其实就是举重若轻，朋友找你办的事，若他能办了，也不会来找你了，所以，你办成了，你就要学乖点，不能以此自夸。应轻松点，不放在心上，会让朋友更加器重和感激你。

一个朋友去找你，让你给他的一个"关系户"找份工作，你答应了，利用职权或人情之便，给对方找到了工作，并且你平时还要给对方以小小的关心、照顾。朋友面前，你是不应说什么的，你要淡然处之。你用不着担心他会不知道，自有人告诉他。

举重若轻，你还要自己送"货"上门，把人情送给正需要你的朋友，没准，你会让他万分感动，涕泪滂沱。

举重若轻，你就要想友之所想，急友之所急，在他最困难、最需要帮助的时候，你的出现对他来说，就仿佛暗夜里的一道光芒，让他难以忘却。

举重若轻，还有一个意思，就是你欠了朋友的人情，还的时候，要还足，甚至还多。你的人情大于他的，他就得记着新的人情，朋友之间的账，永远也算不清，从某种意义上讲，在中国，人人都怕"人情债"，而你做足了人情，让这人情还不清，人情常来常往，无疑当你需要别人帮忙的时候，他们是不会轻易拒绝的。

所以在帮助朋友时，为了让朋友记住你、感激你，就要给他人最深切的帮助，做实质性的帮助，那些鸡毛蒜皮的小事，人家完全能够应付得来的事情，你就不必费心了。

但是，如果你对他人有恩，也不要不可一世，使朋友伤心，这样做的结局，只能是鸡飞蛋打，竹篮子打水一场空。虽说为人家做了好事，人家却不领你的情，相反，有的却反目成仇，不相来往。如果日后你有什么事找他，他愿意帮你吗？这等于是给自己断了后路。所以，在施恩于人后一定要蒙上一层"不图回报"的面纱。

所以，方圆交友记得做足人情。

拒绝朋友的请求不头疼

日本一所"说话技巧大学"的一位教授说："央求人固然是一件难事，而当别人央求你，你又不得不拒绝的时候，亦是叫人头痛的。"因为每一个人都有自尊心，希望得到别人的重视，同时我们也不希望别人不愉快，因而，也就难以说出拒绝之话了。

朋友之间本该互相帮助，朋友请求你帮忙，我们自当尽力帮忙。但是这也并不是一味反对帮助朋友，只是说不要对人家的一切要求都毫无条件地答应。首先，自己必须得考虑对方提出的要求是否合理，是否影响到自己的利益，即使对方提出的要求合情合理，但如果影响到自己的利益，也不能答应。如果对方的要求既不合理，又影响到自己的利益，那无论是多么亲密的朋友也不能答应，因为你的答应是以损害自己的利益为前提的。

不过，话说回来，朋友之间这样的要求是极少的。那么，对方提出的合理合法的要求你是否一定都得答应呢？并不见得。因为许多事并不是你想做就能做到的。有时受各种条件、能力的限制，一些事是很可能完不成的。因此当朋友提出托你办事的要求时，你首先得考虑，这事你是否有能力办成，如果办不成，你就得老老实实地说：我不行。这时，如果脸皮厚不下来，随便夸下海口或碍于情面不好意思拒绝都是非常有害的。我们知道，言而有信是做朋友的信条，也是友谊的基础。明明办不成的事却承诺下来，到时候不仅令人失望，还可能耽误朋友的事情。因为如果你办不成，他可能找别人办或另想其他的法子，但你答应了却没有办成，这样做，就会伤了情义。这就是脸皮儿薄的苦果。

拒绝朋友的请求方圆有道，可以让你既保对方自尊，又不伤感情，这样你也不必去做违心的事了。

1. 留有余地

对把握性不大的事可采取弹性的说法。如果你对情况把握不很大，就应把话说得灵活一点，使之有伸缩的余地。例如，使用"尽力而为""尽最大努力""尽可能"等有灵活性较大的字眼。这种方式能给自己留下一定的回旋余地，但一般会给对方留下疑虑，取得对方的信任的效果要差一些。

2. 从时间上推托

对时间跨度较大的事情，可采取延缓性的策略。有些事情，当时的情况认准了，可是由于时间长了，情况就会发生变化。

魏晋时，天下多事，以致名士们也少有保全自己而不受损害的。阮籍是竹林七贤之一，他常常酗酒托志，拒不参加世事。

司马昭为收买名士，要阮籍把女儿嫁给自己的儿子。别人也许很想尝尝当国丈的滋味。但阮籍不想为了一时尊荣，留下千秋骂名。因为司马家族的篡逆丑行人神共怒。

不过，要明确拒绝司马昭，立即就有杀身之祸。按通常思维，阮籍要么选择当下富贵和后世垢名，像钟会；要么选择身盖黄土和名垂青史，像嵇康。

这两种人阮籍都不想当。他不在这两者中做选择，采取了拖延策略：天天在家饮酒不朝，连续醉了60多天。60多天后，连司马昭都忘了娶女之事了。这真是："天下事左难右难，何妨一拖了之。"

3. 提出必要的条件

对不是自己所能独立解决的问题，应采取隐含前提条件的办法。也就是说，如果你所作的承诺，不能自己单独完成，还要谋求别人的帮助，那么你在说话时可带一定的限制词语。

比如，朋友托你帮忙办理家属落户的问题，这涉及公安部门和国家有关政策，你不妨这样说更恰当一点："如果以后公安部门办理农转非户口，而且你的条件又符合有关政策，我一定帮忙。"这里就用"公安部门办理"和"符合有关政策"对你的话的内容作了必要的限制，既见自己的诚意，又话语灵活，具有分寸，还向对方暗示了自己的难处（也要求人）。可谓一石三鸟！

此外如果对朋友拜托你的事你确实无能为力，只要你和颜悦色地把实际情况告诉他，站在他的立场上帮他出出主意，想想可以找什么人，哪怕听听他吐苦水，好好安慰安慰他，他也不会责怪你，还是会珍惜你们之间的情谊的。

朋友有亲疏远近

生活中人来人往，每个人都会结交很多朋友，这些朋友里头有挚友，也有点头之交，"朋友"二字网罗的人是形形色色，有的朋友对你很真诚，而有些和你相交也许只是看中了某种利益。也许你是个很重朋友感情的人，要让你对你的朋友作出远近亲疏的区分觉得很为难。但是，对待不同的朋友我们要采取不同的方式和策略，错误的友情会给你带来错误的行动，最后吃亏的可能就会是你，为什么不对朋友作一个分级，好好地保护自己呢？这说的也是交友方圆有度。

分等级可简单地分为"可深交级"及"不可深交级"。

可深交的，你可以和他分享你的一切，不可深交的，维持基本的礼貌就可以了。这就好比客人来到你家，真正的客人请进客厅，推销员之类的在门口应付就可以了。

如果要稍微细致一点分级，理顺朋友关系，就可以建立一个朋友档案。

要建立一个有效的朋友档案，第一步就是筛选。把处与自己的生活范围有直接关系和间接关系的人记在一个本子上，把没有什么关系的记在另一个本子上，这就像是打扑克中的"埋底牌"，把有用的留在手上，把无用的埋下去。

第二步就是排序。要对自己认识的人进行分析，列出哪些人是最重要的，哪些人是比较重要的，哪些人是次要的，根据自己的需要排队。这就像打扑克中要"理牌"一样，明白自己手里有几张主牌，几张副牌，哪些牌最有力量，可以用来夺分保底，哪些牌只可以用来应付场面。

由此，你自然就会明白，哪些关系需要重点维护和保护，哪些只需要保持一般联系和关照，从而决定自己的交际策略，合理安排自己的精力和时间。

第三步要对关系进行分类。生活中一时有难，需要求助于人，事情往往涉及很多方面，你需要很多方面的支援，不可能只从某一方面获得。

比如，有的关系可以帮助你办理有关手续，有的则能够帮助你出谋划策，还有的则能为你提供某种信息。虽然作用不同，但对你都可能是至关重要的，所以一定要进行分门别类，对各种关系的功能和作用进行分析、鉴别，把它们编织到自己的关系网之中。

设计朋友档案也许不难，但是把它的内容落到实处就不那么容易了。有了一个好的朋友档案后，你懂得如何保护和维护这个档案，使它一直有效。你应该不断和档案上的人保持联系，加深彼此的相互了解和合作，保持旧的关系，发展新的关系，使自己的重要人物越来越丰富。

当然，你的朋友分级档案也要根据你的交际变化做调整。

在实际生活中，需要调节人际结构的情况一般有三种：

一是奋斗目标的变化。也许你的奋斗目标已经实现，于是，新的奋斗目标就出现了，比如你想弃政从商吧，这需要你及时调节人际结构，看看哪些人对你的新目标更有用，以便为新的目标有效地服务。

二是由于生活环境的变动。在当今这样的信息社会，人口流动性空前加快，本来在甲地工作的你，忽然到乙地去工作。这种环境变动，势必引起人际结构的变化。

三是某些人际关系的断裂。天有不测风云，朝夕相处的亲人去世了，在悲哀的同时，不能不看到人际结构的变化。

为此，我们在建造人际结构时，就要努力为自己建造一种开放性的人际结构，及时进行新陈代谢。而一切使人际结构僵硬化、固定化的态度和方法，都不是方圆交友的人所应持有的。

·第四章·
职场应对，方圆有术

职场如战场，真正懂得方圆的人，在职场上方能游刃有余，在竞争日益激烈的职场，审时度势，在该坚持原则维护自己利益的时候毫不退让；在形势不如意时，可以全身而退；在上司与下属之间，可以左右逢源。

做上司"肚子里的蛔虫"

正确领会和实现上司的意图，做上司肚里的蛔虫，是好下属的重要标志。说话办事违背上司意图，可能"出力不讨好"，把事情弄糟。通常所说的上司意图，是指上司个人、领导班子或领导机关通过文字或口头下达的命令、批示、决定、交办意见等。这些都需要下属用心去理解、体会。

平时深入观察，仔细揣摩，熟谙上司的习性，这样才能正确地理解上司的意图。否则，在你具体执行过程中，就会发生很大偏差，甚至南辕北辙。与上司的想法完全背道而驰，你将会费力不讨好，陷入十分尴尬的境地。

工作中，上司是个无法回避的重要对象。会看眼色，能察言观色是成功至关重要的基本功。

汉元帝刘奭上台后，将著名的学者贡禹请到朝廷，征求他对国家大事的意见，这时朝廷最大的问题是外戚与宦官专权，正直的大臣难以在朝廷立足，对此，贡禹不置一词，他可不愿得罪那些权势人物，只给皇帝提了一条，即请皇帝注意节俭，将宫中众多宫女放掉一些，再少养一点马。其实，汉元帝这个人本来就很节俭，早在贡禹提意见之前已经将许多节俭的措施付诸实施了，其中就包括裁减宫中多余人员及减少御马，贡禹只不过将皇帝已经做过的事情再重复一遍，汉元帝自然乐于接受，于是，汉元帝既博得了纳谏的美名，而贡禹也达到了迎合皇帝的目的。

司马光对贡禹的这种做法很不以为然，他批评说："忠臣服侍君上，应该要求他去解决国家所面临的最困难的问题，其他较容易的问题也就迎刃而解了；应该补救他的缺点，而他的优点不用说也会得到发挥。"当汉元帝即位之初，向贡禹征求意见时，他应当先国家之所急，其他问题可以先放一放。就当时的形势而言，皇帝优柔寡断，谗佞之徒专权，是国家急等解决的大问题，对此贡禹一字不提。恭谨节俭，是汉元帝的一贯心愿，贡禹却说个没完没了。

司马光不懂聪明人办事的眼上功夫，他不明白，古代的帝王在即位之初或某些较为严重的政治关头，时常要下诏求谏，让臣下对朝政或他本人提意见，表现出一副弃旧图新、虚心纳谏的样子，其实这大多是一些故作姿态的表面文章。有一些实心眼的大臣却十分认真，不知轻重地提了一大堆意见，这时常招来忌恨，埋下祸根，早晚会招来帝王的打击报复。但贡禹却十分精明，专拣君上能够解决、愿意解决、甚至正在着手解决的问题去提，而回避重大的、急需的、棘手的问题，这样避重就轻，避难从易，避大取小，既迎合了上意，又不得罪人，表明他做官的技巧已经十分圆熟老道了。

唐朝的大臣封伦也是位会察言观色的高手。封伦本来是隋朝的大臣，隋朝灭亡，他便归顺了唐朝。有一次，他随唐高祖李渊出游，途经秦始皇的墓地，极为宏伟，经过楚汉战争之后，地上建筑被破坏殆尽，只剩下了残砖碎瓦。李渊十分感慨，对封伦说："古代帝王耗尽百姓、国家的人力、财力大肆营建陵园，有什么益处！"

封伦一听，明白李渊是不赞同厚葬的，迎合地说："上行下效，影响了一代又一代的风气。自秦汉两朝帝王实行厚葬，朝中百官、黎民百姓竞相仿效。古代坟墓，凡是里面埋藏有众多珍宝的，都很快被人盗掘。若是人死而无知，厚葬全都是白白地浪费；若是人死而有知，被人挖掘，难道不痛心吗？"

李渊称赞他说得好，对他说："从今以后，自上至下，全都实行薄葬！"

在公司内的人际关系中，与顶头上司合不来，是最危险的。因为你要接受上司的命令和指示，并要照着去做，而且上司还要检查你的工作结果，所以如果是与顶头上司之间的关系处理不当，会给自己的工作带来很大的障碍，自己的能力也很难得到充分发挥。

实干敬业是闪光的金子

工作实干敬业就是付出努力，是我们用生命去做的事。你的成功、健康、幸福、财富就在你的挫败与痛苦之中诞生。

"付出多少，得到多少。"这是众所周知的因果法则。也许你的投入无法立刻得到相应的回报，也不要气馁，应该一如既往的多付出一点。

积极的心态是一种看不见的法宝，它可以使一个人变得年轻活泼，充满朝气。它更可以使一个人不怕困难，勇往直前。而与之相反的消极心态则不同，它使人们在阴暗的天空下暗自叹息，因为它不仅让人们看不到一缕阳光，更使人们畏首畏尾，裹足不前。一个人要改变不利于自己的环境，必须先改变自己的心态。也就是说，不要被动地接受你觉得不满意的环境，而要在心中描绘出理想的境界，并深信它一定会成为现实。既然心态对一个人的成功如此重要，那么，为什么不让自己再积极一点呢？保持积极的心态，认真地投入，敬业地去做事情，不仅可以超越自我，发挥自己的潜能，而且还可以帮助我们顺利跨越成功的障碍。在没有别的绝对优势时，比别人多投入一些，更积极一些，再耐心一些，你就可以创造出比别人更多的优势来。

作为一名员工，要想驰骋职场，取得成功，除了尽心尽力做好本职工作以外，还要多做一些额外的工作。这会让你时刻保持斗志，在工作中不断地锻炼自己，充实自己，使你拥有更多的表演舞台，把才华适时地表现出来，引起别人的注意，得到老板的重视和认同。

在工作时，最重要的是使命感而不是环境。人有使命感，工作意愿也会产生，上进心也会更旺盛，也会更脚踏实地，注意力也会更彻底。高尔基曾说过："工作如果是快乐的，那么人生就是乐园；工作如果是强制的，那么人生就是地狱。"

大仲马的写作速度是惊人的。他一生活了 68 岁，至晚年著书 1200 部。他白天同作品中的主人公生活在一起，晚上则与一些朋友交往聊天。

有人问他："你苦写了一天，第二天怎么仍有精神呢？"

他回答说："我根本没有苦写过。"

"那是怎么回事呢？"

"我不知道，你去问一棵梅树是怎样生产梅子的吧！"

鲁迅先生说："我觉得，那么躺着过日子；是会无聊得使自己不像活着的。我总这样想，与其不工作而多活几年，倒不如赶快工作少活几年的好，因为结果还是一样，多活几年也是白活的。"

学会与上司沟通

今天，有一种说法很流行：光有埋头苦干的精神不行，还得会搞关系。许多人认为现在学会做人比干好工作更重要；会"做人"的人吃香，而一门心思干工作，不过是"傻干"，得不到一点好处。有人结合自己的亲身经历得出了"光靠实干要吃亏"的结论。

有些人受社会上流传的"干得好不如关系硬""辛苦干一年，不如领导家里转一转"等歪理的影响，片面相信关系是万能的，导致价值取向和思想道德标准发生偏移，我们不否认身边确有极少数人靠拉关系得到"回报"和"好处"，但绝大多数是靠实干获得进步的，这也是事实。靠实干赢得进步，才有做人的尊严，才能受到他人的敬佩。

在认真完成工作、很好地进行工作方面的交流的基础上进行个人方面的交流，是有必要的，它如同润滑油，是建立良好人际关系的关键。

上司和你一样，也渴望与人交流。在这里所谓的交流，不仅仅是指工作方面，也包括个人方面的交流。在工作方面，进行报告、磋商等方面的交流就不用说了。除此之外，上司也想了解一下有关你个人方面的问题。比方说：对一些事情的看法、工作以外的生活情况等等。因此，自己要尽量把握住机会，让上司多了解一些你个人方面的情况。这对你与上司建立良好的人际关系来说是很重要的。

要想和上司顺利地进行交流，应该要充分利用好午休时间或举行宴会的时机。比如，利用出席宴会等时机试着和上司谈一些工作以外的话题，说不定会发现以前自己认为难以接近的上司有令人意想不到的一面，从而改变过去对上司的看法。

争取与上司接触的机会必须恰如其分。全然没有接触机会固然不行，但也必须考虑上司的时间是否允许。如果只是为了满足自己的虚荣，则应加以避免，以免浪费上司的时间与精神。相对的，只要对工作以及双方均有正面的作用，则不应该一味认定上司位高权重而裹足不前。

要求增加接触机会之前，必须让上司觉得每一次的接触都会有价值。

我们必须了解自己在沟通技巧上的缺点，例如表达意见时过于冗长或艰涩，可能导致上司对我们产生排斥，应设法加以控制。

选择重要的主题并做充分的准备，这是增加与上司接触机会的基本条件，不过这并不能保证能够如愿以偿。

非正式但具有建设性、启发性的交谈，将带给上司在正式会议中所无法得到的收获。若能做到这点，上司自然会主动和我们接触。

坦率直言的态度能增加上司和我们接触的意愿，因为他们身边通常逢迎拍马屁的人居多。

我们必须知道上司最喜欢的沟通方式为何（例如交谈、书写、电脑图案或举证等等），如此才能善用每一次的接触机会。

向上司传达工作的情况是非常重要的。喜欢说一些私人话题的上司，在工作上也较易于进行交流、报告、磋商。相反的，不爱说私人话题的上司，与他之间的工作交流也比较不容易进行。

工作上的沟通，信息上的沟通是很重要的，一定的感情是很必要的，但千万不要过分地去窥探上司的家庭生活秘密、个人生活隐私。当然，对上司在工作中的性格、作风、习惯的了解是可以的，也是必需的。

在平时生活中，要注意一些小细节，不要直呼上司的名字，当然更不能称兄道弟，在称呼时，最好是把他的职称加上。

上司一般不愿与下属有过于亲密的关系，主要原因有四点：一是过于亲密，会引起别的下属的嫉妒、紧张等情绪，让别人议论，这不仅不利于工作，还对上司形象产生不良影响；二是太亲密，他怕你对他的一些隐私、思想及行动过分了解，从而抓住了的把柄，对他不利；三是过于亲密，会降低他在你及其他下属面前的威信；四是过于亲密，会导致他的管理方法的失败，毕竟你把他的一切都了解清楚了，你"知彼"了，当然就会"百胜"。

在认真完成工作、妥善地进行工作方面的交流的基础上，可以说，进行个人方面的交流是一种润滑油，是改善你的上司关键。

如何成为上司的得力助手

上司一般都把下属当成自己的人，希望下属忠诚地跟着他，拥戴他，听他指挥。下属不与自己一条心，背叛自己，另攀高枝，"身在曹营心在汉"，存有二心等，是上司最反感的事。忠诚，讲义气，重感情，经常用行动表示你信赖他，便可得到上司的喜爱。

当上司讲话的时候，要排除一切杂念，专心聆听。眼睛注视着他，不要埋着头，必要时做一点记录。他讲完以后，既可以稍思片刻，也可问一两个问题，真正弄懂其意图。最后简单概括一下上司的谈话内容，表示你已明白了他的意见。一定要记住，上司不喜欢那种思维迟钝，需要重复好几遍才能明白他的意图的人。

有时候，下属由于过度服从权威，因此上司随口的一句话，被当成如山的军令。其实，如果上司无心的一句话被解读为"既定政策"、特定情况下的"变通办法"被诠释为标准程序的调整或是"生气时的反应"被渲染成毫无转圜余地的最终立场，则反而会让上司感到骑虎难下。

传递上司的讯息时不应该避重就轻，身为下属有责任了解上司说话时的背景与动机为何。

有时候除了保留核心讯息之外，我们也必须调整表达方式，借以让受话者能够了解原意。

我们有责任帮助他人了解上司的用意，并且防止误解的产生，以免影响受话者的接受程度与执行能力。

将上司的指令当作圣旨，或是不经判断地草率执行，对上司而言都是有害无益的做法。

日本作家铃木健二说过这么一句话："在日本，对公司的职员来说，当今所需要的是独立思考的判断力，推测未来的洞察力和不畏失败的耐久力。"意志力一方面表现为对于面临的困境和来自外界的挫折具有较强的抵抗力，这是人成功必备的条件，是具有坚忍勇毅性格的一种表现；另一方面，意志力也是一种影响力，是人在人际交往中由于自身坚强的意志品性给外界留下的印象以及对于外界的影响，这是一种人格的魅力。

对于上司来说，大都喜欢工作有热情的人，接受任务时不打折扣，勇于积极主动地克服困难，很少垂头丧气，或者唉声叹气，始终是保持一种高昂的工作热情，留给上司的总是"积极而又能干"的形象。

比如说提前上班所表现的工作热望，是一天开始你献给事业型领导的最好礼物。上班早就意味着你有工作渴望，能按时下班，则表明你能完成任务。工作热情是处理好与上司关系的一座桥梁。

在工作当中，每个人都可能会碰到这样的情况：刚刚开完一个会，上司便交代给你一项任务。这时，你会很自然地想到两个问题：第一，这是一件非常艰巨的任务，需要花费你很大的精力和时间，我能不能办？或者应该怎样去办？第二，向你布置任务的上司正在等待你的表态，等待你给他一个明确的答复，你是尽自己最大努力去做呢，还是对上司说"不"？

如果是有意识要考察你的话，那么应该说，他对你的能力和水平是了解的，对你能否完成任务，也是心中有数的。因此，你可以直接避开第一个问题，然后尽量用最短的时间来考虑第二个问题，用明朗的态度回答："好的，我一定完成任务！"或"我会尽最大努力去做！"等等。

任何上司都绝不仅仅满足于只听到满意的答复，他们更注重你完成任务的情况是否也同样令他们满意，动听的话谁都会说，漂亮的事却不是谁都会干，只有完成任务，才能真心让领导心满意足。所以，当你给了上司一个满意的答复之后。紧接着。你就应该脚踏实地、竭尽全力地去履行你对领导许下的诺言。

擅长领会上司的真实意图

楚国郢地有个人给燕国的相国写信，写的时候天黑了。他便喊："举蜡烛来。"一边喊一边就不经意地在信上也顺手写上"举烛"二字。信送到燕相国手中，他想了许久，说道："举烛是崇尚光明的意思，崇尚光明是任用贤人的意思。"于是他根据这个想法去劝谏燕王，燕王采用他的话，国家治理得安定富强。

在日常生活当中，我们要学会善解人意。所谓的善解人意，就是要善察言观色，揣摩人心，"想对方之所想，急对方之所急"。在竞争激烈的职场之上，那些能得领导欢心的人，往往能够被更快地提拔，也能够得到更多的奖赏。而取悦领导最重要的一点，也是要善解领导之意，善于领会上司的意图。一个精于窥伺上司意图的下属，不只特别注意他的领导的言行，而且能够抢先一步，将领导想说而未说的话先说了，想办而未办的事情先办了，表现出极大的主动性。这样一来，领导自然会十分喜欢，从而自己也有更多被提拔和奖赏的机会。

任何人都喜欢被奉承、被吹捧。领导们也总是标榜自己好忠正、恶谄媚、近忠贤、远小人的，但是没有几个人能够真正做到。他们的一些言行可能掩藏着他们的真实想法。如果给你一个热脸，你就贴过去，可能会烫伤你自己。只有那些善于揣摩上司真实意图的人，才能有针对性地采取行动，退则保全自己，进则迎合领导的喜好，让自己得到职场上的成功。

说到揣摩上司的意图，乾隆时代的和珅可谓是个中翘楚。和珅"少贫无籍，为文生员"，直到乾隆四十年（1775 年）才被擢为御前侍卫。自此之后，和珅便深得乾隆的宠信，步登青云，后来任军机大臣长达 20 年之久。和珅的官场履历，在清代官宦史上，可谓空前绝后。这很大程度上是因为和珅总是能够准确地揣摩出皇帝的许多真实想法。他曾对乾隆皇帝进行过细心的观察和研究，从而总是能够准确地掌握乾隆的心理变化和喜怒哀乐，甚至能够从其一言一行中猜出皇帝的真实意图。

和珅知道皇帝喜爱的是什么，于是也总是能让自己的各种行为得到皇帝的认同。乾隆皇帝喜欢吟诗作赋，和珅早年就下功夫收集乾隆的诗作，并对其用典、诗（词）风、喜用的词句了解得一清二楚，有时能够加以唱和，十分讨乾隆的喜欢。乾隆是个重情义之人。乾隆的母后去世时，乾隆痛彻心扉，每日垂泪。和珅并不像其他皇亲国戚、官宦臣下那样一味地劝皇上节哀，他只是默默地陪着乾隆跪泣落泪，不思寝食，几天下来，整个人面无血色，形容枯槁，好像比皇帝更为悲戚。如此能与皇帝同感共情的人，朝中除和珅之外，别无他人。乾隆是一个非常诙谐的人，平时喜欢与臣下开玩笑。因此，和珅经常给乾隆讲一些市井俚语、乡间笑话，令皇帝龙心大悦，这也不是一般军机大臣所能做到的。

和珅长于揣摩，有时似乎能够钻到乾隆的大脑里去，准确猜出乾隆的想法。史书载，一次乾隆出游，半途中忽命停轿，但是却不说缘由，臣下都很着急。和珅闻知后，立即让人找到一个瓦盆递进轿中，结果甚合上意，皇帝溺毕便继续起驾。按照惯例，每次京城附近的科举考试，都是由皇帝自"四书"中钦命考题。他先让内阁先送来"四书"一部，出完题后归还内阁。乾隆三十年（1765年）考试时，皇帝命题后，仍旧令内监将"四书"送还内阁。和珅问起皇上出题的情况，内监不敢多言，只说皇上将《论语》第一本从头至尾翻了一遍，才微笑着欣然命笔。和珅沉思片刻，知道皇上一定是从"乙醯焉"一章中出题。因为乙醯两字含有"乙酉"二字，与这一年的年号相合。于是，和珅便通知他的弟子，有针对性地准备，结果正如和珅所料，和珅的学生全部高中。此事足以看出和珅揣摩功夫非同寻常。

乾隆做太上皇时，曾有一次共同召见嘉庆帝与和珅。两人入室之后，乾隆坐在龙座上闭着眼睛，只在口中念念有词，也不知道是哪种语言。一会儿，乾隆忽然问道："这些人是什么姓名？"嘉庆不知怎么对答，和珅却高声应答："高天德、苟文明（此二人都是白莲教的起义领袖）。"嘉庆听后莫名其妙，乾隆却满意地点点头。此后，嘉庆召和珅问起此事。和珅说："太上皇所诵读的是西域秘密咒。被诵这种咒语的人虽在数千里外，也会无疾而死，或大祸临头。奴才听闻太上皇诵这种咒语，料想所诅咒的者必是叛匪教首，所以就知道是那二人。"嘉庆听后，恍然大悟，并自叹不如。

皇帝大摆虚心纳谏的姿态，这在古代十分常见。对于这种情况，一些正直老实的官员就会立即响应皇帝的号召，上疏直言，毫无隐瞒地表达自己的意见，有时候甚至会历数皇帝的过失。殊不知天威难测，说不定什么时候皇帝就会追究直言犯上者的责任。而那些懂得观察时势的官员则会擦亮眼睛，当他看到君主只是在做一番演出的时候，就会陪他的领导一起三缄其口，就是提意见也会考虑是否对自己有利。

和珅善替对方着想，甚至连对方想不到的地方也能想到，和珅真可谓善解人意的楷模。和珅对乾隆皇帝的脾气、爱好、生活习惯、思考方法了如指掌，可以充分做到想乾隆之所想，为乾隆之所为。从这点来看，和珅本可以成为君臣中善解人意的楷模，无奈他利欲熏心，以至于坏事做绝，绝事做尽，最后不得善终。不过，如果能够立意良善的话，对身处下位者而言，这些都是非常有用的技巧。

忠诚比能力更重要

对绝大多数领导而言，判断下属好坏的关键，往往在于其能够循规蹈矩，彻底奉行领导的意志，而至于能力，倒是在其次。不违背自己的意志、完全死忠于自己的人，才不会给自己造成威胁。对他们来说，忠心才是第一，能力不是问题。反过来说，从某种程度上，那些能力高而自由意志太强的下属，正是领导们的大忌。领导者们正是处于这样的两难之中：太能干的下属不敢用，用了又不敢充分授权。经过对利害关系的仔细斟酌，他们一般都会把真正的权力下放给没有什么能力，但是却绝对忠于自己的下属。因此，对于一个下属来说，如果你想得到领导的欢心，赢得他的信任，最为关键的一点在于：无论你才能有多高，千万要显得对领导忠心。

卫青是西汉武帝时期的重要将领，他率军与匈奴作战，屡立战功。后来，他成为汉朝最高军事将领——大将军，并被封为长平侯。尽管如此，但卫青从不结党干预政事，从不越权。汉武帝刻薄寡恩，杀大臣如杀鸡，卫青自是在他手下战战兢兢，冷汗直流。然而，卫青却最终从容逃过大劫，无灾无难地以富贵终老。

一年，卫青率大军出击匈奴，右将军苏建率几千汉军和匈奴数万人遭遇，汉军全军覆没，只有苏建一人逃回。卫青召开会议，商讨如何处置苏建。大多数将领建议杀苏建以立军威。但卫青却认为，作为人臣，自己没有权力擅自专权，在国境之外诛杀副将。于是，最后把问题交与汉武帝处理，也借此显示自己不敢专权恣纵。武帝把苏建废为庶人，对卫青也更加宠信，而苏建对卫青的不杀之恩也感恩戴德。

光从这次卫青处理苏建事件的手腕上，就可以看出卫青的高明智慧。卫青虽立有大功，但从不恃宠而骄，从来都是谦虚谨慎，一味顺从武帝旨意，从不越权，以防武帝猜疑。一般诸侯都往往招贤纳士，但卫青深知武帝不满意诸侯这么做，于是从不敢招贤荐士。正因为处处注意，时时小心，卫青才可以做到功盖天下而不震主，手握重兵而主不疑，最终能够富贵尊荣、寿终正寝。

南北朝时期，宋明帝刘彧因为从侄儿刘子业手上抢来江山，得位不正，难以服众，所以一上台就为应付各地造反搞得焦头烂额。处于这样的危急关头，自然需要大量的军事人才。吴喜就是在这样的情况下毛遂自荐，而且一出马就为宋明帝立下了大功。

吴喜本是文人，曾任河东太守。他性情宽厚，在任期间，秉公执法，广施仁政，因此很受百姓爱戴，人们都称其为"吴河东"。由于吴喜深受百姓拥护，所以早年的流民造反，都被他打败。在平叛藩王率领的三千大军时，吴喜只带了数十人，经过一番诚恳的劝说，就让叛军自动归附。从这一点来看，吴喜的才能丝毫不亚于古代那些著名的文臣武将。而这次吴喜向刘彧自荐平叛，刘彧也只给他区区不足 300 兵马。可没想到，吴喜一进入敌人的地盘，当地百姓一听吴河东来了，竟望风归顺。这样，吴喜不但轻易平定了叛乱，而且还生擒了 76 个士兵和叛将，除了当场斩首了 17 个首恶外，其实全部被吴喜给赦免了。

按道理说，刘彧刚即位，就得到这样一位智勇双全的大将，应该感到万幸才是，但是事实却并不如此。吴喜并没有因为建立了大功而得刘彧的宠爱，反而为自己埋下了杀机。问题出在吴喜出征时曾对刘彧说，抓到叛将，不论首从，他都将就地正法，以正纲纪。刘彧嘴上并没有说什么，但是心中却暗暗叫好，因为他也正希望吴喜这么做。不料最后，吴喜却违背了他的意志，未经他的同意就私自赦免战俘。刘彧认为，吴喜这么做，无非是想获取人情、笼络人心罢了，这种人，势必对自己造成很大的威胁，岂能容他?! 果然，没多久，刘彧就找了一个借口，将吴喜赐死了。

唐朝大将李功，战功赫赫，是凌烟阁二十四功臣之一，在唐太宗武将之中的地位，仅次于李靖。不消说，这样的一位重臣，太宗自然格外器重。

然而，太宗在临死之前却给太子李治留下遗言说："现在能帮你安定天下的武将，除了李功之外，别无二人。但是你对他没有恩，我恐怕他对你怀有二心。我现在把他外放，如果他立即启程，你登位后，就马上把他召回，这样你就算是有恩于他了，他也必定会感激于你，为你效命。如果他有半点犹豫的话，就表明他有二心，你必须赶紧杀了他，否则后患无穷。"幸亏李功聪明，他很快便明白了个中奥妙，因此一接到命令，连家也不回，就立刻回马上任，这才保住了一条老命。

很多人认为卫青的举止似乎过于谨慎，其实不然。汉武帝雄才大略、武功赫赫，但是也专断独行，桀骜自恃，对于那些犯了他的忌讳的人，无论才能多高，他都可以毫不手软地予以诛杀。卫青对此十分清醒，因此不管自己能力再高，权力再大，也要表现得很忠诚。正因为如此，卫青才能在这样的一位领导手下保全自己，无灾无难地以富贵终老一生。

吴喜则正好相反。他能够轻易对付战场上的敌人，但是却没有弄清楚刘彧最想要的是什么。在吴喜看来，他之所以释放叛将，完全是一片仁心，而且这么做，说不定还能为皇帝获取人心，多争取一些人才，但他万万没有想到，他的领导刘彧却是历史少见的刻薄寡恩的老大之一，只要是违背了他的意志，即使对于那些有功、有恩于他的人——不管功劳多大，他也会毫不留情地除掉，更别说委以重任了。

从李世民对待李功的例子中，也可以看出领导者心中想的究竟是什么。李功一生有无数的忠义之行，然而还是遭到李世民的猜忌，这正将手握权柄的领导者们对待属下的心态表露无遗：无论在什么时候，无论下属才能有多高、功劳有多大，他们都在防备着，一旦有不忠心的行为出现，就会毫不留情地把他除掉。

在领导面前不妨装装"嫩"

人的脸皮本来很薄，慢慢地磨炼，就渐渐地加厚。

在一般情况下，如果上司说错话或做错事的时候，聪明的下属是不会、也不敢指出来的，否则，大多数领导一定会反过来教训一顿："怎么！当我连这个都不知道吗？你是不是存心让我难堪？"即使他们没有这么说，也一定会心中不悦，你给他的印象自然不会好到哪里去，说不定哪天他还会找你麻烦。

尽管人们口头都说"人尽其才"，但是在很多情况下，任何上司都有获得威信、满足自己虚荣心的需要，他们不希望部属超过并取代自己。因此，身为下属，如果你想恭维讨好你的上司，不妨把自己表现得比上司"外行"一些或水平更低一些。聪明的部属在和上司相处时，总是会千方百计地掩饰自己的实力，以假装的愚笨来反衬上司的高明，力图以此获取上司的青睐和赏识。当上司陈述某种观点的时候，他总是会装出恍然大悟的样子，拍手称好；当他对某项工作有了好的可行之方时，不是直接阐发意见，而是在私下或用暗示等办法及时告诉上司。同时，再抛出与之相左、甚至是很"愚蠢"的意见，让好主意从上司嘴里说出来。这样的下属，上司多半倍加欣赏，对其情有独钟。当然，装"嫩"充傻也是要注意场合和时机的。

商纣王时期的箕子可以算是装"嫩"充傻的鼻祖。箕子曾任太师，辅佐朝政，不料纣王昏庸无道，没日没夜地饮酒作乐，不理朝政。箕子劝谏了很多次，他都不听。纣王白天也关窗点灯，把白天当作夜晚，最后竟然忘了日期了，问一问身边的人，他们也都陪他喝酒喝得糊里糊涂不知道。于是，纣王派人向箕子去打听，箕子心想："身为天下之主都忘记了日期，国家就很危险了。他们所有的人都不知道，而只有我一个人知道，我就更危险了。"于是便推辞说自己也喝醉了酒，不知道日期。纣王如此昏庸，有人劝箕子离纣王而去，箕子不忍，而是披头散发装疯卖傻，常常又哭又笑。商纣以为箕子是真疯了，于是把他关了起来。而箕子也借此保全了自己。

韩擒虎是隋朝开国功臣，在平定陈国的战争中，他首先攻入陈国都城金陵，俘获陈后主。胜利后，他将自己在战争中的种种谋略、战术加以总结，写出一本书，书名题为《御授平陈七策》，意思是说这些战略、战术都是皇帝陛下教的，而平陈一战的辉煌胜利也是在皇帝的亲自指挥和部署下取得的，自己即便有功劳，也仅仅是有执行了皇帝的意旨的苦劳而已。韩擒虎把此书献给隋文帝，皇帝见到后，十分高兴，不但拒绝了韩擒虎的好意，要他留着写进自己的家史中，并且授以高官，赏以厚禄。韩擒虎此次谄媚可谓十分成功，一举两得，名利双收。

薛道衡是隋初大文豪，隋文帝时就备受皇帝信任，担任机要职务多年。当时的许多名臣如高颍、杨素等，都很敬重他；皇太子杨勇及诸王都以和他结交为荣。隋炀帝杨广虽然是个暴君，但是却也颇有文才，很喜欢作诗，即位后，延揽文人入朝，薛道衡也是其中之一。但杨广重视文人，一是因为他们跟他有同好，二是因为他想要用他们来表现自己比天下文人更有才华。隋炀帝极其自负，他曾对别人说："别人总以为我是承接先帝而得帝位，其实论文才，帝位也该属我。"一次，杨广做了一首押"泥"韵的诗文，命大臣们相和，别人写的都很一般，只有薛道衡所和的《昔昔盐》最为出色，其中"空梁落燕泥"一句，将人去室空的冷落景象描写得细致入微，堪称传神。隋炀帝闷闷不乐，十分忌恨，后来终于忍不住，找了个理由把薛道衡杀了，在杀他时，杨广还带着几分嘲弄的语气说：

"你还能再作出'空梁落燕泥'吗?"

和薛道衡一样,鲍照是南北朝的一位有才华的诗人,他的诗才曾被"诗仙"李白、"诗圣"杜甫所仰慕,可见文才之高。鲍照曾在南朝宋孝武帝刘骏朝中担任中书舍人。刘骏也喜欢舞文弄墨,而且自以为天下第一,别人谁也比不了他。鲍照明白他的心思,于是在写诗作文时,故意写得粗俗不堪,以满足刘骏的虚荣心,以至于当时有人怀疑鲍照江郎才尽。

箕子的做法非常明白地告诉人们,无论在什么问题上都不要表现自己比君上高明,要掩藏自己的智慧,遮蔽自己的能力,才能避免遭到猜忌。韩擒虎则用实际行动给属下们上了一堂课,那就是在必要的时候,一定要学会将自己贬抑下来,将上司无限抬高。尤其在有所功劳的时候,最好能够向上司表明对方"有其成功",而属下只是"臣有其劳";"有功归上",做下属的只有跑腿的功劳而已。不和上司争功,甚至主动送功于上,这样的下属,自然会受到上司的赏识,也才有可能真正得到褒奖和提拔。鲍照故意装作"江郎才尽",因为他知道只有这样做,才能避免被皇帝加害。被人怀疑事小,成功地保全了自己,才是真正的头等大事呢!否则,像薛道衡一样给自己的领导难堪,到头来吃亏的只能是自己。

切勿与上司争功

良好的形象是上司经营管理的核心和灵魂。你应常向他提供新的信息,使他掌握自己工作领域的最新动态和现状。不过,这一切应在开会之前向他汇报,让他在会上谈出来,而不是由你在开会时大声炫耀。当上司对他的领域了如指掌,就能在下属心目中树立良好的形象,而当你上司形象好的时候,你的形象在上司的眼里也就好了。

上司固然想知道自己在个别下属心目中的形象,但他更关注的是自己在大家或公众心目中的声誉。一个人的赞扬只能代表称赞者本身对上司的看法,而一般的上司都明白一个道理,一个人说好不算好。

俗话说"人活一张脸,树活一张皮",中国人爱好面子,视尊严为珍宝,尤其是做上司的更是爱面子。若不慎做了错误的决定或说错了什么话,如果下属直接批出或揭露他的错误,无疑是向他的挑战,会让他很没面子,损害刺伤他的自尊心,相信一个最宽宏大量的上司也无法忍受。所以,上司错了的时候,也要维护他的尊严,搭个台阶给上司下,选择合适的时候或场合,采取合适的方式再指出来，以免自讨没趣。

身为下属，既不能事先加以肯定或指责（顶多把利害、得失分析给他听，但决定还要由他自己），也不能事后加以抱怨或轻视他的决定。因为他在做决定时，认为百分之百是正确的，所以才会这样做。身为下属，只能在执行时，尽可能地使此项错误造成的损失减少到最低限度，这才是下属应有的态度。

如果错误不明显无关大局，其他人也没发觉，不妨"装聋作哑"，等事后再予以弥补。

此外，每个人的价值观不是与生俱来的，而是在一定的生长环境、教育环境、工作环境中逐渐形成的。年龄相差十岁的两个人，价值观必然不同。有很多上司感叹："现在的年轻人，真不知道他们想的是什么……"这是由上司和年轻人的价值观不同造成的。

比如，有的上司有这样一种自负心理，认为："这个公司是由我们老一辈一手创造和发展起来的。"这种自负心理的积累形成了自己的价值观，自尊心也就这样形成了。可是，年轻的职员们不具有这样的观点和心理，两代人之间就产生了差距，价值观也就因此而不同。

如果随便否定上司的观念，对上司说："主任，你的观点太落后了，早已跟不上当今的时代。"这样会惹怒上司的。如果你被别人批评了引以为荣的地方，也一定会觉得自尊心受到了伤害，也一定会对那个人产生反感吧！的确，有些上司的观念跟不上时代的步伐。但上司有自己的自尊心，所以绝不能做出有损上司自尊心的言行举止。自己要善于从上司平时的言行中把握上司的观念和心理，避免发生有伤上司自尊心的行为。

中国官场上有一句话：得罪人的事自己揽下，出头露脸的事让给上司。这是很有道理的。上司名声好了，他对你的功劳当然不会忘记，同时，你自己做什么也方便多了。

西汉田叔以忠爱主上闻名。汉武帝对他非常赏识，于是便派他到藩国去出任相国。鲁王是景帝的儿子，自恃王子的特殊身份，骄纵枉法，掠取老百姓的财物不计其数。田叔一到任，来告鲁王的多达百人，田叔不问青红皂白，将带头告状的老百姓怒骂道："鲁王难道不是你们的主子吗？你们怎么敢告自己的主子。"

鲁王听了，很是惭愧，便将王府的钱财拿出来一些交付给田叔，让他去偿还给被掠夺的老百姓。田叔却不肯接受，说道："大王夺取的东西而让我去还，还不是使大王受恶名而我受美名吗？还是大王自己去偿还吧！"

田叔在此的做法是非常明智的，假如他不去维护鲁王的名声而自己夺名，那么到头来受害的还是自己。相反，他借此事让鲁王获得美名，一方面鲁王会很高兴，另一方面自己可避"名高震主"，何乐而不为呢？维护上司威信，注意不要随意揭上司的短。

作为下属，很可能你对上司的很多方面都会有了解，如果你不知轻重，不知好歹，轻易揭上司的短，这不仅会让上司觉得自己很没面子，还有可能导致他在外面丧失威信。

陈胜本来是河南的散工，在一些地方做泥水活。在一次被调往北方修筑长城的路上与同伴造反起义，并取得了胜利。在陈州，他登基为王，享尽荣华富贵。

昔日的穷苦哥们、难兄难弟们听说他做了王，于是就推派了一位跟陈胜关系最好的农夫去看望他。

这位农夫经过很大一番周折才见到陈胜，他见到陈胜之后，看到文武百官对他毕恭毕敬，宫中又陈设华丽，不禁羡慕万分。他不管三七二十一，就叫着陈胜的小名："涉，你好大的福气啊！你做大王玩真是惊人！以前我们俩在一起做泥水匠时，你是天天给人骂，顿顿吃不好啊！有一次，你没有晚饭吃，就到外面去偷了人家的玉米，晚上还弄得拉肚子……"

陈胜见他没完没了，心里很是愤怒，觉得自己那张脸没有地方可放，但是考虑到两人的交情，而且在文武百官面前不好发作，就暂时放过他了。

谁料这位农夫却仍然不知好歹。成天在皇宫里大摇大摆地逛来逛去，并且不时说起他和陈胜以前的往事。朝中大臣见了，都皱起了眉头，想："这样不是有损大王的威严吗？"陈胜也觉得这样下去，自己的短处就会完全被他揭出来，于是就派人把他杀了。

懂得把自己的"功"让给上司的下属，是支援上司的最有效途径。好的东西，每个人都喜欢，越是好东西，越舍不得给人，这是人之常情。假使有某种工作顺利达成，你要把功劳让给上司。

你的上司是个差劲的写作者，假如你是个优秀的写作者，应自愿为他捉刀；你的上司恨公开演说吗？主动站出来，替他在公共场合说话。你能找出补足你上司的方式越多，他就越看重你。事实上，聪明的上司所要找的正是那些能以其长处弥补自己弱点的属下。

在组织中，一项工作完全无误地完成，并不仅仅靠一个人的力量，尤其是上司的帮助，或适当的指示，更为重要。为了这种重要性，你应把你不想让的功劳让给上司，倘若因此而使上司成为你的朋友，则将来你所立的功劳会更大，届时你可能得到上司的祝福与更多奖励。

藏起你的锋芒

一个人若无锋芒，那就是庸人，所以有锋芒是好事，是事业成功的基础，在适当的场合显露一下既有必要，也是应当的。但锋芒可以刺伤别人，也会刺伤自己，运用起来应该小心翼翼，平时应插在刀鞘里。所谓物极必反，过分外露既不容易达到事业成功的目的，又容易推动晋升机会。

"花要半开酒要半醉"这句话的喻义是一个人活在这个世上，不要锋芒太露，才能防范别人，保存自己。这是很有道理的。凡是鲜花盛开娇艳的时候，不是被人立即采摘而去，就是衰败的开始。

人都是有嫉妒心的，而小人，嫉妒心更强，他们更多地表现在妒能嫉贤上。因而，如果你才高五斗，但不善于隐藏，锋芒外露，就很容易把别人的锋芒压下去，得罪人，并为人所妒忌，最终可能难保其身。

在职场中存在着这样一种自视颇高的人，他们锐气旺盛，锋芒毕露，处事则不留余地，待人则咄咄逼人，有十分的才能与智慧，就十二分地表现出来。他们往往有着充沛的精力、很高的热情，也有一定的才能，但这种人却往往在人生旅途上屡遭波折。

大多数上司都不会太喜欢那些锋芒超过自己的下属。他们喜欢下属跟着自己走，但却不喜欢下属跑得快过自己。如果你的智力、精力、能力等超过他们，可能会让他感到不安，感到威胁，所以常有"枪打出头鸟"的做法。

汉代有一位才人名叫贾谊，他对《诗经》过目不忘而闻名于郡中。吴廷尉当时任河南太守，听说他很有才华，就把他收到门下，并且对他很是欣赏。孝文帝刚登基时，听说河南太守吴公很有政绩，并且此人原来与李斯同邑，曾是李斯的学生，于是就任他为廷尉。廷尉在孝文帝面前大夸贾谊，说他熟读百家之书，孝文帝时任贾谊为博士。

当时，贾谊才20多岁，年少英姿。每次召集大臣们开会时，各位老臣认为能力比不上贾谊，孝文帝很高兴能拥有贾谊这样富有才华的人，便越级提拔他。贾谊在一年之内就做了太中大夫。

贾谊认为汉朝当时天下已经太平，因此应当改正朔，易服色，法制度，定官名，兴礼乐。他还自作主张，草撰了新的仪规礼法，认为汉代的颜色应以黄为上，黄即土色，土在五行中排行第五，故数应用五，还自行设定了官名，把由秦传下来的规定全都改了。虽然孝文帝刚即位，不能一下子都按贾谊的意见去办，但却认为贾谊可担任公卿。大臣周勃、灌婴、东阳侯张相如、御史大夫冯敬时等贵族都因此而忌恨贾谊，常常在文帝面前说贾谊的坏话。"年少初学，专欲擅友，纷乱诸事。"于是，孝文帝疏远了他，不再采纳他的建议，但让贾谊当长沙王的陪读太傅。

过了一年多，文帝召见了贾谊，与他长谈到半夜，然而"不问苍生问鬼神"，贾谊当时不能自陈政见。后又让贾谊当梁怀王的太傅。梁怀王是孝文帝的少子，很喜欢念书。后来，孝文帝封淮南后王子四人都为列侯。贾谊数次上疏谏，认为祸患从此就产生了，又说诸侯或连数郡，并非自古以来就有的制度，可进行削减。贾谊悔恨自己没有尽到老师的责任，哭了一年多，也死了，当时年仅 33 岁。

作为下属，和上司相处一定要有分寸。也许上司某些方面不如你，但你仍得注意：当面说话不要咄咄逼人，不要冷嘲热讽；私下说话也不要品头论足，旁敲侧击；更不要让上司当众出丑，不能收场。

通常在下属中的某些出类拔萃或者功高盖主者，他们有恃无恐；还有一些娇生惯养、目无尊长的人，他们心浮气躁，也容易犯这类毛病。但是，如果你恃才傲物或者顶撞上司，当你的行为直接有损上司的形象时，那你就成了一个蔑视上司的人，一旦上司对你心生厌恶，那么你的处境就不妙了。此类的教训，古往今来有很多。

在实行中庸之道的过程中有两种难以克服的倾向，一是聪明与贤德的人实行和理解的过头，一是愚笨与不肖的人实行和理解的达不到。所以孔子担心地说："中庸之道怕是不能实行！"

《昭明文选·运命论》讲："故木秀于林，风必摧之；堆出于岸，流必湍之；行高于人，众必非之。"

这段话就是对过头后果的昭示。

韬晦，在旧社会，有"圣人韬光"一语。《旧唐书》里记载唐宪宗第十三子李忱在年轻未登位时，梦见乘龙上天，他母亲教他装痴作呆，"以事韬晦"，以防他人加害。可见"韬光晦迹"，并非一般掩藏，无所作为，而是指掩藏自己的野心与真实目的。"韬""圣人"之"光"，"晦""真命天子"之"迹"。

在韬晦之术中，《周易》提出"潜龙勿用"思想。孔子对此作过精辟的解释。

他在《易系辞》中讲："尺蠖之屈,以求伸也。龙蛇之蛰,以存身也。"他以尺蠖爬行与龙蛇冬眠作比喻研究"以屈求伸"的策略。此后,儒家之徒不仅互相传学孔子屈伸之术,而且在诗文中将其概括为"韬光"或者"韬晦",竭力加以宣传和美化。

当然,韬光养晦并不意味着什么事也不做,而是尽量把上司交给你的事情做好。同时,还要在上司面前表现出服服帖帖的样子,时不时说上一句:"这一切都是在您指导之下做出来的。"尽量少去炫耀你做了什么事,也不要到处去吹嘘你的能力。

与同事相处有道

在公司中,同事可以说是和自己最知心的人。无论有什么怨言或有什么烦恼的时候,同事是最好的倾诉对象。

不管你工作的环境怎样的不顺利,遭遇怎样的坏,但你仍然是可以在你的举止之间,显示出你的亲切、和蔼、愉快的精神,使同事于不知不觉之间来亲近你。

人格优秀、品格高尚的人,不仅受同事欢迎,而且处处能得到同事的帮助。你可以将你自己化作一块磁石来吸引你所愿意吸引的任何人物到你的身旁——只要你能在日常工作中处处表示出乐于助人、愿意帮忙的态度。一个只肯为自己打算盘的人,会到处受人摒弃。

吸引同事的最好方法就是显示你对他们是很关心、很感兴趣的。但你不能做作,你必须真正关心别人、对别人感兴趣,否则,别人会认为你很虚伪。

与同事相处有道的方法如下:

为得到对方的共鸣,必须对对方的话有所回应。

夸奖的言辞要能满足对方的自我意识。当对方对自己的赞美有良好反应时,不要就此结束,而必须改变表达方式一再地赞美。

对具有绝对信心的人加以贬抑,反而能更加亲密。

有意忽视在事前听到的有关对方的传闻,而从另一方面赞赏他。

与有自卑心理和戒备心理的人第一次会谈是很困难的,要拆除对方心理上所筑的防卫墙,应表现得平易近人。

听对方的笑语而发笑,比自己说笑话更容易使关系融洽。

同时，办公室也是一个是非场所，每天都在发生着各种各样的是非。这些是非有的是关系到你的，有的是你的同事之间的，有些是非是一些小事，有一些是关系到上司的……面对这些是是非非，该怎么办呢？最好的办法是：远离是非。

做一个"公司人"，社交活动不免与公司有关。下班之后，与同事一起喝杯酒，聊聊天，不但有助日常工作，还可能知道与公司有关的消息。因此，公司所办的各种聚会，自然要参加，与同事及上司打一两场"社交麻将"也有必要，但有一点要记着：莫可随便交心。

同事之间，只有在大家放弃了相互竞争，或明知竞争也无用的情况下，才会有友谊的存在。如果交了真心，动了真感情，只会自寻烦恼。

同事关系是所有人际关系中较为微妙的一种。同事在一起共事，低头不见抬头见。在很多事情上都要互相帮助，互相关心。然而，同事之间也存在着利益关系，竞争关系，这些关系往往对同事成为挚友是一种制约。因为在利益面前，很多所谓的同事会背叛你。

前辈和上司比较起来，前辈与自己并不存在职位的差距。前辈与自己的差别是进入公司时间长短和工作经验多少的不同。

在自己的前辈中，大多是比自己年龄大的，也许会有比自己年纪小的前辈，但你都要给以同样的尊重。

公司中前辈与晚辈之间没有像大学一样被划分为大一、大二、大三、大四那样具体而严格的级别之差。虽然如此，身为晚辈，自己的意识里就一定要经常记着自己是晚辈。

例如，在上司交给前辈一件工作时，作为晚辈的你如果想帮忙的话，就要试着问："有什么需要我帮忙的吗？"

或者在上司说"谁都可以，把这个处理一下"时，自己要抢着说："我来做吧！"这样的主动姿态非常重要。相反的，"他虽然是前辈，可是年龄与自己根本没有什么差别嘛！""我也正在忙着呀！""什么事都要由晚辈做不是太可笑了吗？"如果你这样想、这样做的话，你和前辈的关系是不会很好的。

在工作上经常给予自己提醒和警告的多数是前辈。前辈提醒和警告自己时的说话方式和态度，自己当时可能难以接受，可是，前辈能直接提醒自己就已经很难得了。

日常工作中同事之间容易发生争执，有时搞得不欢而散甚至使双方结下芥蒂。人是有记忆的，发生了冲突或争吵之后，无论怎样妥善地处理，总会在心理、感情上蒙上一层阴影，为日后的相处带来障碍。最好的办法还是尽量避免它。

中国人常用这么一句话来排解争吵者之间的过激情绪：有话好说。这是很有道理的。据心理学家分析，争吵者往往犯三个错误：第一，没有明确清楚地说明自己的想法，含糊，不坦白；第二，措辞激烈、专断，没有商量余地；第三，不愿以尊重态度聆听对方的意见。另一项调查表明，在承认自己容易与人争吵的人中，绝大多数不承认自己个性太强，也就是不善于克制自己。

相互之间有了不同的看法，最好以商量的口气提出自己的意见和建议，评议得体是十分重要的。应该尽量避免用"你从来也不怎么样……""你总是弄不好……""你根本不懂"这类绝对否定别人的消极措辞。每个人都有自尊心，伤害了他人的自尊心，必然会引起对方的反感。即使是对错误的意见或事情提出看法，也切忌嘲笑。幽默的语言能使人在笑声中思考，而嘲笑使人感到含有恶意，这是很伤人的，真诚、坦白地说明自己的想法和要求，让人觉得你是希望得到合作而不是在挑别人的毛病。同时，要学会聆听，耐心、留神听对方的意见，从中发现合理的成分并及时给予赞扬或同意。这不仅能使对方产生积极的心态，也给自己带来思考的机会。如果双方个性修养思想水平及文化修养都比较高的话，做到这些并非难事。

·第五章·

工作中与异性相处的方圆之道

现代职场中难免同异性相处，如何在两性相吸相斥的工作环境中让自己的工作更加顺利地开展，形成良好融洽的工作人际关系呢？请把握好工作中与异性相处的方圆之道。

距离产生美

精明的管理者往往会在工作小组中恰当安排男女异性的比例，因为他深知两性由于生理与心理上的差异，在一起工作往往能产生轻松愉快的工作气氛。女性下属与男性上司合作的搭配我们很常见，他们之间的配合通常是愉快的，但一定要把握好与异性相处的方圆之道，把握好与上司之间的距离，才能让自己一如既往地开展下去。把握好与上司之间的距离要注意以下几点：

1. 与上司保持正常的空间距离

心理学研究说明，在人际交往中，空间距离的不同会产生不同的心理效应。正常的人际交往中，要保持一定的空间距离。

人类学家爱德华·霍尔通过对美国社会的研究，认为人际交流过程中可按彼此距离的大小来划分不同的空间类型。他认为，存在着四种空间类型：第一种距离为亲密的，其范围的 0～46 厘米之间；第二种是个人的，距离在 46～120 厘米之间；第三种是社会空间距离，在 120～300 厘米之间；最后一种是 300 厘米以上的距离。可见，人际交往是需要空间距离的。特别是男女之间的交往存在着暧昧的潜在可能性，对此更应加以注意。如果女性下属在与男性领导交往的过程中，突破了正常的人际距离，闯入到亲密的距离范围内，彼此的呼吸可听，气味可闻，眼神、表情的细微变化也是历历在目，势必会形成某种刺激，引起不当的心理活动。

因此，只有拉开你与上司之间的适当空间距离，才可能保持你们之间的正常心理距离。

2. 在办公室里谈工作最好有第三人在场

工作上的事在办公室里谈，这样才能保证心理距离。这是避开众人之嫌的最好办法。并且，办公室里庄重、正式的氛围有助于为上下级的交往营造一个正常的时空环境。

目前许多机关、单位的上司都有自己独立的办公室，这个办公室由上司独自使用，因此也会带上几分个人空间的色彩。所以女性下属在与领导接触时，仍是需要注意保持彼此的距离感。

当你要去上司办公室谈工作时，一定要光明正大，与同事打个招呼，必要时还可拉一位同事一起去。这样，别人就不会有所猜疑了，上司自然也不会生出什么不好的想法。

这里最忌讳的是偷偷地溜进上司的办公室。一方面，你每次的出入不可能没人撞见；另一方面，这种看似"做贼心虚"的做法只会给自己增添麻烦。所以，女性下属与上司相处，一定要公开、大方，尽量使自己与上司的关系处在众人目光的监督和保护之下。从长远看，这是有利女性下属的。

不要轻易到上司家里去。家是一个私人的生活空间，并不是一个公共场所或工作场合。只有与上司的关系达到一定的程度，才有可能到对方家里去做客。初到上司家也要保持正式的上下级礼仪，以免上司家人的不必要猜疑。特别是作为女性下属拜访男性上司，更应该处处保持良好的礼仪分寸，尽量避免单独到上司家。因为作为女性下属到男性上司的家中，往往意味着彼此之间的私交不同于一般了。上司单独向你发出拜访他家的邀请时，这时你要注意了。

3. 不单独与上司去娱乐场所

年轻女性与上司去娱乐场所是不适宜的，特别是当你的上司已经有夫人以后。因为这种交往超越了上下级之间工作交往的范围，并且容易出问题。

首先，上司决不会无目的的请你一起去跳舞或喝咖啡。此时，他更应待在家里与妻子在一起，而不是与另一位寻找欢乐。

其次，娱乐场所的气氛也不适于正当的异性上下级的交往。恋爱中的男女一般比较钟情于这样的地方，混世魔王混迹其中，再加上浪漫的音乐，势必会产生不好的心理暗示，背离正常的交往范围。

再次，没有第三人在场，就很难形成一种制约，把握不好就容易突破正常的交往距离，不利于女性下属保护自己，使彼此的交往进入一种非正常状态。

总之，女性下属应该注意，异性上下级之间的交往是一个非常敏感的问题，一定要谨慎处理，尽量避免私下的接触，以免走出了日常的工作关系。

4. 不要在私下里谈工作

女性最好不要在私下里与上司谈工作。除非是紧急情况或十分必要，这些问题完全可以在工作时间里谈。另外，在工作之余与上司谈工作，还可能会影响上司的休息和娱乐，引起上司的不快。

正是因为正常情况是在工作时间里谈工作，所以在私下里就显得不正常。不但同事感到不正常，上司也会觉得不正常，从而引起误会。这样，很容易使正常的上下级关系走上不正常的方向，也会给女性下属带来名誉上的不洁，这就会弄巧成拙了。

5. 在公共场合更应保持距离

公共场合更是一个讲究礼仪、分寸的地方，大家更应按照既定的社会交往规则所规定的距离处理人与人之间的关系。女性下属不应只考虑到自己加强与上司关系的必要性，同时也应该考虑可能在同事中所造成的印象。所以，对于那些不注意在公共场合与上司保持适当距离的女性，其行为是不自重、不明智的。

在公共场合，与异性下属保持社交距离是对彼此的尊重，更容易让人互相尊重，更有益于形成良好的形象。

6. 言谈举止，不要过分亲昵

女性娇柔的气质是女性美的表现，异性交往中的女性向男性展示她的娇柔气质可赢得男性的好感，但是这种展示要有度的把握，过于娇气或亲昵，不注意时间、地点、场合地讨好上司，向上司表示亲昵，只会给人以轻浮之感，会被认为是对上司的某种私人暗示。

女性下属一定要注意自己言行的分寸，不要随随便便去谈那些不合时宜的话题，也不要在说话时故意搔首弄姿。有些女性在谈话中，或大笑不止，或眉来眼去，这些都会让人反感或引起误会，破坏正常的人际交往距离。因此，当为女性所诫。

综上所述，女性要注意与异性上司和同事交往的距离，只有保持好正常的交往距离，才能处理好工作关系，轻松愉快地投入工作。

当女人管理男人时

当你很荣幸成为一批男人的女上司时，是否会担心难以风过无痕般轻巧地驾驭他们，带领他们顺利完成工作呢？要领导他们就要先了解男人，清楚工作中的男人心里想什么，在意什么。只有了解了他们，才能方圆处之。

1. 男人气概

对某些男人而言，如果他的主管或团队领导人是个女性，对他们的自尊是个很大的打击；他们可能会觉得忧虑、气愤、羞愧或内疚。

对于这种情况，你很难做些什么来改变，因为这些感受或行为都根深蒂固在他个人的文化背景里。最重要的是，尽量避免和这类的男士争辩——你的职权是不容讨价还价的。尊敬你的男性与这种人接触时，自会站在你这一边。

如果你是组织里第一个女性主管，而你的团队每个人似乎都有这种行为，那你就面临了一个很艰难的挑战。但只要你对要求的事情态度肯定、坚持而公平，你就能度过考验。

2. 占有"男人的"工作

男人有时会发不平之鸣，认为女性之所以拥有某份工作，只是因为她是个女性；暗指她是个行动确认指派者，或是更糟的，她是因为谄媚某位有权位的男人才得到那个职位的。这也许是种"酸葡萄心理"在作祟，尤其是当这个女人和男人争取同一个职位时。

你必须通过一件事，当你和男人在争取一项企划案或升迁时，你是和男人的自我意象在竞争。男人往往会视工作胜过一切，因此在升迁竞赛中输给女性，他会觉得比输给男性更丢脸。这时只有你的实力能说明你是合法的。

以上两个问题都和男人接不接受你的职位有关。这时你要赶快从被视为只会玩弄职权的人，晋升到一个握有权力乃是因为自己能激励影响他人的人。

3. 硬撑的男人

男人在工作上向女性主管求助的几率，甚至比向其他男性求助的几率低。这表示，你的男部属即使在非常需要帮助的时候，他还是宁愿一个人苦干。

你要随时留意他是否有负荷过重或身陷困难的迹象。要密切注意工作期限和成果。当他工作压力很大的时候，要时常和他联系，并就实际给予援助。

4. 指点迷津

男人喜欢让人看起来知道自己在做什么、下一步是什么。举个例子来说，就有女性抱怨说，有些男司机即使迷路了，也不愿意问路。有个女性发现有件事更好笑："当他最后决定要问路的时候，是在一个加油站里。他设法把车子倒回来，让我最靠近服务人员，于是问路的工作自然落到我身上。"在工作上也一样，当男人需要知道某件事时，他也不提出问题，反而装出一副很肯定的表情来掩盖。

5. 生气与愤怒

当男人觉得会受到攻击的时候，就会展开反击。因此，怀疑、恐惧、不安以及失望等都有可能以愤怒的言辞和动作表达出来。

试着揭开他外在的表达方式，看透他真正的反应是什么，如果你想从自己的角度来了解他的话。你可以运用问和倾听的技巧来做这件事。

另外与男性下属相处还要了解下属的个性，比较内向的你可以主动多和他做一些沟通，外向而擅长于交际的你就不用太费心主动去与他沟通，但要确保在沟通中能树立起你作为上司的形象。

女上司首先是上司，上司想要服众，除了掌握领导男性下属的一些技巧以及要注意的地方以外，最重要的是做好本职工作，拿你的实力说话，这才是方圆处之的根本所在，才能平衡他们不平衡的心态，才能管好他们。

防止"桃色事件"缠身

在工作中把握好与异性相处的方圆之道，要处理好公司中同异性的关系，避免出现令其他同事在背后指手画脚议论纷纷的"桃色事件"，女职员对某些不规矩的男同事言谈举止的防微杜渐十分重要。在小事上绝不能姑息那些不检点的男同事，而且态度必须硬朗、明确。如果你仅是软绵绵羞答答地拒绝，会使男同事认为你是半推半就，如果欲说还休，那就更麻烦了。作为白领丽人，在职场上首先要做到洁身自好，"苍蝇"终归是不会叮无缝的蛋的。

现代职业女性，已经能与男士们看齐。如果你职位高，因公出差代表公司做生意的机会就愈多。你作为一个主管，应该爱岗敬业，不要因为害怕"桃色事件"而拒绝正常的差旅，并且应该意识到，不论在什么情况下，都应该保持高涨的情绪和开朗的心境，这样才有利于你的职场发展。

出差时，女性单独行动容易被酒店误解，往往被误认为是应召女郎。所以，为了维护尊严，你的言行必须多加留意、举止言谈得体，这样也能使男性同事尊重你，不敢做非分之想。

虽然在晚上你已没有公务在身，衣着方面可以随意，但却不能性感，如果你穿得太性感，人们的注意力就会停留在你身上。切勿在酒吧独自喝酒，这样会给自己引来不必要的麻烦。最麻烦的则是吃晚饭。工作了一整天，一顿可口的饭菜可以使你松弛下来。一人闷在房间里，确实不大好，但到外面饭店吃未免又太招摇，最好的选择还是在你所住酒店的餐馆部屈就。

很多公司的男职员喜欢在下班后相约去娱乐，等交通高峰期过后才回家。如果身为女性的你被邀请，那该怎么办呢？

奉劝你下班后应避免和男人喝酒，除非前提是已经建立良好关系的业务主顾，并确知他会尊重你俩之间的关系。

要是这些人职位高，又有权势，而你很想和他们打交道，那么，倒不妨借比较轻松的时间，向他们打听一下公司的动向，交换工作心得，为自己铺路。不过，与他们一起娱乐，请注意两件事，一是最好一帮人去，二是量你自己的酒量而行。

如果有同事突然向你提出一起去度假，你会如何选择呢？

要是你们平时关系都挺好，对方这个邀请，或许是找个伴儿。不过即使你愿意与他一同去，也不必招摇，处处给人一种"此地无银三百两"之嫌。

若是这位同事原本和你就没什么交往，或仅在公司业务上是拍档，这次找你，必是另有目的。

婉拒对方是最直截了当的了。轻轻而随意地告诉他："对不起，我早约了超级大国同学一起度假，真是抱歉。"或"噢，这个提议太好了。可惜我有急事，这个假期不能去，真遗憾。"

只要你稍微动一下脑筋，找一个借口其实很容易的，但你的借口一定要做到合乎情理，天衣无缝，千万不要因为一时疏忽而使自己的"谎言"露了馅。所以平日就准备一些这样的借口，以便能随时使用。

即使是男同事真的对你日久生情，倾心不已，展开追求攻势，但奉劝你切勿在办公室里发生爱情，因为这无论如何都会给你带来麻烦，可免即免！

大部分白领丽人公干还可能遇到些容易出桃色问题的同事。因此要很小心，以免有后遗症产生。

有些男人，平日在办公室里正襟危坐，对妇女同事亦绅士风度十足，但一旦到了外地，可能又是另一模样，希望能借此良机，一亲香泽。

既然大家要同舟共济，当然不能板着面孔相对。因此，对方若不是有非分要求或企图越轨，最佳方法是装傻。例如，工作了一整天，你与男同事同进晚餐之后，他提议买一瓶酒在房中共饮，以解闷气。你可以笑说："不如到酒吧去，因为我想喝果汁，也可以陪陪你。"造成不可相对而饮，因为保持距离是最佳方法。

还有，当晚上男同事借故来到你的房间，请把房门打开，大方地带点不解地问："要借什么东西吗？我习惯早睡的。"处处不让他有机可乘，并保持良好的态度，对方一定知难而退。

美丽的女性常惹来蜂蝶缠绕，烦不胜烦，最惨的还是现代人经常把美丽女性定位成会放电的花瓶。因此白领丽人经常有不必要的骚扰，对工作多少有影响，最重要的是老板会对你不满，所以你必须懂得回避。

上上之策乃是既不进入对方圈套，又不开罪于他，更不会因此影响工作。所以要善于见招拆招。

要是追求者是同部门的同事，向你大献殷勤，大送鲜花，你可以将鲜花转送其他同事，每人一枝；又或者他请你下班后去消遣，那告诉他，你已约了人或者要回家吃饭。让他多碰钉子，自然就会打退堂鼓了。若是别部门的男同事向你展开追求攻势，则可让他知道你每天必须与一大群同事吃午饭，如果他愿意，加入行列也无妨；至于其他的邀请，不妨婉拒。至于礼物攻势，也可采用借花送佛的招式。

你既然要与男人一争长短，就要有心理准备，不论在工作上或生活上，都得应付那些吃人豆腐、喜欢占女人便宜的男人。

例如，有男同事专爱在语言上讨人便宜。如果他的对象是其他女同事，装听不懂罢了；要是他太过分了，话语露骨，不妨盯他一眼，表示你介意，或起身离去。

记住：不论怎样，请忍住怒火，千万别拍桌而去。一般情况下只要在不伤对方自尊心的情况下，表明自己的立场即可。事后最好面对他也若无其事，因为你还得在工作上与他继续交往。

无论男女表面上如何平等，白领丽人们仍会遭到轻薄。你必须学会兵来将挡，又不得罪人。

有男同事对你说："宝贝儿，可知道你的一颦一笑都叫人心神摇荡。"你绝不能假以辞色，而应该板着脸色说："请叫我的名字，我是专心一意做事的，可不喜欢跟人胡乱开玩笑，请尊重你自己。"

保持你不可侵犯的形象，别人就是要吃豆腐，也不会找上门来。

一方面要敢于反抗性骚扰，另一方面，也不要搞得草木皆兵。要分清什么是不怀好意的骚扰，什么是对方善意的关爱，以便更好地开拓交际局面。

当男人管理女人时

男人在管理女人时应该注意以下问题，并谨记处理这些事情的要诀，方能圆融地与女性下属相处。

1. 男性的语言

运动和服兵役提供了男性共同的语汇，男人在日常生活中常会使用一些运动术语，例如："拿不定主意时，踢呀！""这正是带球跑过全场得分的最好时机"，或"你是本队的得分之神"；他们致力于"策略性"的规则，当时机不佳时，就"败北"或"吃子弹"了。女性对这些字眼都很陌生，甚至不解其中的含意。她们可能会误解，有时甚至是厌恶它们。

对方可能不熟悉的字词请细心解释；留意女性与男性不同的思考方式和用语。找出两性都了解的新比喻。

猥亵下流的用语在男性文化中也较常听到，尤其是工作场所中。他们有时故意说些粗俗不堪的话来骚扰女同事。

不要因为在女人面前说粗话而道歉。有时你越避免粗俗的话语，反而越显得欲盖弥彰。我们在这里想告诉你的是，即使你要用这个方式讲话，也不要针对女性，把她们视作非我族类；你应该率先使用合宜、女性也了解的语言讲话，做其他男性的表率。

2. 男性文化

许多女性在进入工作场所之后，才发现自己被迫在男性创立的文化中任职。这个文化并不重视她们；她们被搁在一旁担任辅助角色，负担的责任、所得的报酬也都比同等职位的男性少。人家认为她们只是暂时性的员工，因而也不提供她们必要的信息使她们步上成功。

留意自己与女性相处时"有所保留"的情形，以及因为不给予女性信息、帮助、回馈和责任而阻碍了她们的发展。改正这些不足。

3. 女性代言人

让某个女性为其他女性发言，只因为她是个女性，这实在不公平。

碰到女性或性别有关的问题时，不要问说："好吧！玉珍，你认为女人对这件事会有什么反应？"而只要问："谁对这件事有意见？志强？玉珍？"

4. 游戏规则

在男性占优势的组织里，妇女同事可能会埋怨说，她们不了解组织的一些程序和规则，虽然你觉得那些规则都很浅显。

当你的妇女同事问及一些你觉得理所当然的事情，或是抱怨她们被组织的制度搞迷糊了时，不要认为她们很笨或是在玩把戏，请相信她们，给她们所需要的指引。

5. 以你的世界看事情

女人比男人喜欢谈论男人，通常女性会以较认真的态度看待男人所讲的话，尤其是表面上的意思。女人比较会把你的话看得比你真正的含意严重。

谨慎地表达你真正的意思。当你手下有女职员时，尤其要清楚知道你的职责。说话要直截了当，否则她们会认为你不实在或不能信赖。

6. 冲突

许多女人从小就受到大人教导说，与人发生冲突，尤其是有权势的人，是不对的。她们说话的习惯容易引起别人的插话或评论。她们会使用一些让自己的话听起来不那么武断的字眼（如：只是、也许、可能等），肯定句也说得像疑问句，或者在句尾加个问句（如：你不认为……是不是？等等）。这种说话习惯很容易引起男人的插话，或掌握全场，甚至，忽略了女性的关切、需要或要求有多强烈。

对可能造成冲突的事物要很警觉，尽力让每个人都有发表意见的机会。如果某项工作是由小组里的男职员推动的话，妇女同事的投入和贡献可能比他期望的还少。

所以当男人管理女人时不要忽视女人的感受和能力，给女性下属及时必要的帮助和指引，这样才能让她们更快地融入团队生活中，发挥她们工作上的才华，这才是成功男性上司对女性下属的方圆管理之道。

与女性职员相处四不要

女性气质与心理与男性差异很大，要与女职员圆融相处就要把握相处的几个禁忌。

1. 不要强人所难

强人所难，是一种缺乏修养、不讲礼仪道德的行为。强女职员所难，更是一种有悖精神文明的行为。

女性特有的生理构造和心理状态，决定了她在社会活动和人际交往方面，存有许多有别于男性的苦衷和不便之处。这些有别于男性的苦衷和不便之处，构成了又一块较为广阔的女性心理行为讳区。

女性体质文弱，体力和爆发力小于男性，不适合长期在高温、高寒、阴冷、潮湿的环境中从事强体力劳动。在经期、孕期、产期、哺乳期和绝经期五个特殊时期，女性的生理、心理、性格、情绪也会产生许多微妙的变化，需要进一步得到领导的理解和照顾。此外，女性的矜持、羞涩和胆怯，以及传统观念对女性的要求，往往使女性的行为方式受到一定程度的局限。许多男性可毫无顾忌干的事，女性就不便去干。男领导在与女性职员相处时必须时刻牢记女性特有的苦衷与不便，切勿强女职员所难。

这样才能和女职员融洽相处。

2. 不要过分热心

所谓过分热心，是指超越两人之间现有关系的一种反常的热心行为。在与妇女职员相处时，过分冷淡当然不好，但是过分热心，也容易引起女职员的不安和她的亲人的猜疑甚至招惹是非，诱发矛盾。因此，可以说，男领导对女性过分热心，无论行为主体是出于什么动机，其行为方式都是不妥的。

男领导对女职员的热心帮助，必须严格受到以下四个因素的制约：

（1）时间因素——在此时此刻，给予妇女职员以某种方式的热心表示，是否合适。

（2）地点因素——某一地点，某一场合，对女职员表示某种方式的热心，是否合适。

（3）人际因素——女职员本人，以及她的亲友，包括客观舆论，对这种热心方式是否接受。

（4）行为因素——采取这种热心行为，是否必要。或者说，这种热心行为，是否必须由我来采取。

3. 不要触痛伤疤

在漫长的人生旅程中，每个人都曾经历一些挫折、痛苦和不幸。每当回想起这些令人不快的往事，当事者内心就会掀起一阵阵滔天巨浪。一般说来，在对待不幸时，男性要比女性坚强、冷静和克制。相比之下，女性的多愁善感，心胸褊狭和意志脆弱，往往使她们难以忍受对痛苦往事的回顾，以及由此而产生的极其复杂的感情折磨。因此，作为领导，如果你事先已经探知某个女职员的坎坷经历和不幸遭遇，或者已经摸清她的某些令人不快的往事，那么，你就应该时时提醒自己，千万不要有意无意地去触痛她的伤疤，误涉讳区。否则，必将严重伤害她的感情。

女性的伤疤，涉及面极其广泛。事业上的挫折，生活上的不幸，家庭中的痛苦，婚恋中的失误，乃至交友中的过失，竞争中的失败……无论小事大事，只要曾在她心中刻下伤痕的，都可视为讳区。

4. 不要乱开玩笑

人们在相互交往中，免不了要开些玩笑，以融洽关系，沟通情感，给生活增添些乐趣。这些玩笑，就其内容而言，有善意和恶意之别。无论男女，谁都反对粗俗的、恶意的玩笑，这是不言而喻的。可是，有些女性，有时候尽管你开句玩笑觉得无所谓，但却惹得她极其恼火，甚至被你气哭了。这又是什么原因呢？

道理很简单：你开的玩笑明显失当，已经无意中触及了她的讳区，引起了她的烦恼。

让我们不妨来举几件生活中的例子：

A姑娘身材高大，体态臃肿，虽然年逾30，却迟迟未成婚事。她将择偶难的原因主要归结为自身的形体条件差。因此，平时她内心一直十分痛苦，无论衣着打扮，还是言谈举止，都尽量避免露胖。这一天，公司里举行文娱活动，大家说说笑笑，忽然将话题转到健美上来。有一位男领导笑着对A姑娘打趣："哎呀，你要是参加健美运动，不早就变成一只燕子了！"这句隐含着责怪她胖的打趣话，一下子触及了A姑娘的讳区。只见她脸唰地红了，一声不吭，扭头就离开了会场。回到宿舍，她趴在枕头上暗自流泪，气得整整一天不思茶饭。

类似上述情况，在生活中经常可以遇到。同样是开玩笑，如果搁在男性身上，也许不会惹什么麻烦，可是倘若搁在某些女性身上，那就很难预料了。只要场合不妥，分寸失当，内容又涉及女性的讳区——诸如对女性的年龄、长相、身体、衣着、心态、人格……乃至一切威胁到女性自尊心的话题，都应该小心谨慎，尽量避免随便开玩笑。即每个女性都有各自讳区，那么，人们在与女性的交往中，为什么要无视它的存在，去自寻烦恼呢？

恭维得当，求她好办事

工作中难免求女性办事。让一个手中有权的女性心甘情愿地帮你是一件并不困难的事，要诀便是要掌握其中的方圆之道。你要让她能够感受到你，认为她不同凡响，你很看重她，并关注她的事。

就像女性天性爱美一样，女人天生也爱听恭维话，所以若能掌握恭维女人的技巧，她们高兴了，帮你办事自是不在话下。下面我们就来看看恭维女性的一些方式：

俗话有云："一夸、二逼、三情绪。"女性首先对男性最关心的一件事，并非男性的长相，也非教养、常识等消极性的条件。夸奖自己、重视自己的男性，才是女性愿意喜欢与之接触的对象。

即使对方嘴里假装不高兴，其内心里也是充满着幸福和快感。因为，这事实上就是一种对她们的价值的肯定。

不论从什么角度来看，女性事实上似乎都有一种独特的气质，有些人是高尚优雅，有些人是天生丽质，不论哪一方面，身为女性总有引以自豪的地方。

如果身为男性，我们不妨试着寻找对方某些与众不同的地方，然后加以称赞，它所产生的功效会更大。

或许有些人对自己某方面的魅力并没有察觉到，但就在潜意识中，或多或少都会有着自豪的成分，所以针对这些微小的"长处"加以称赞，对方会觉得你很关心她，为人十分细心等。

如果你对一般已被公认为"美人"的人说"你很美"，对方不见得会显得特别高兴，因为你的称赞已是别人公认的事实，所以不会给对方一种意外感，对方对你的感觉印象也不会因此而强烈。

即使有些人看来好像自卑感很重，但对某些事情还是会有着强烈的自我陶醉的情绪。

说到这里，若你想称赞她，但又不知如何开口时，你或许可以从这几个方面称赞："好漂亮的手指！""你穿这套衣服显得特别迷人！""你的字写得非常漂亮。""你的小皮包很漂亮。"等等。当你这样称赞她的时候，已经足以显示你的热心了。同时她也得到了心灵的满足。

在西方的社会里面，一个男子若遇到一位动人的女性时，他们往往会很大方地称赞对方，但在我们东方，常会被看作一种轻浮的行为。这和我们的生活习惯，自古以来的民风有着莫大的关系。

当然，在我国基于传统的道德观念，我们自然不必一味地模仿西方的作用，但也不必吝惜开口称赞，因为这样不仅能使人精神愉快，缩短人与人之间的距离，也能提升工作效率。

某机关主任对一位打字员说："你今天穿这身连衣裙，更显得你漂亮大方。"打字员一听，心里像喝了蜜，主任又说："如果你打的字也能这样才好，要注意标点符号。"打字员虽然脸有些红，还是愉快地接受了批评，而且工作效率也提高了不少。

显然，这位主任是懂得女性心理的。

美国研究"人生艺术"的专家玛嘉·威尔逊女士曾经说过："女人特别重视什么周年纪念的仪式，对此千万不要忘记：她们需要别人送花，在分别的时候希望你写信给她，以表示你并没有把她置之脑后。"

能干的推销员就很会利用这一人性的弱点，他会巧妙地问出顾客的生日或结婚纪念日等，然后记住，到了那天就打电话说："祝你生日快乐！"就这么一通电话，给对方的印象就十分强烈了。因为连自己都容易忘掉的日子，对方却能记得这么清楚，并且向自己表达了关怀之心，不用说当事人的心里一定会很高兴的。这是另一种恭维的形式。相信这样的推销员十有八九能将自己的产品顺利推销出去。

总结一句，和工作上的女性结交应酬，与其对她们亲切倒不如轻轻地夸奖她们几句来得有效，也才是明智的做法。

在称赞对方的同时，更进一步指出对方应具备何种形象，则更能刺激对方的优越感。例如，你对某位女性说："你的歌唱得很好，但如果你再配合一下台风，相信会更加完美！"

像这种说法，对方才会觉得你对人的关心是出于真心的。

我们在夸奖男性的时候，由从背后夸奖，经由第三者传达至当事人耳里，最具效果。但夸奖女性的时候，则恰恰相反，无论哪种场合都可以对异性作恰当的恭维，而且要不拘泥于各种形式，如此圆融处之，相信求"她"办事并非难事。

守护你的隐私

三个女人在一起就可以演出一台戏。虽然男人聚在一起的时候也会议论纷纷地说长论短，但比起女人的功夫，男人可是望尘莫及。

过去妇女习惯在井边闲谈，现代妇女闲聊的场合已经扩展到了办公室。男人顶多只是利用下班后的时间，借着吃饭喝酒的机会大肆地批评一番，女人却能够利用整天的时间来批评别人。那些不顾虑别人、完全只顾自己感受胡乱说话的人，一定会在不知不觉当中得罪了别人。

另外还有一种人，虽然自己不会开口批评别人，但却没有自己的判断力，别人说什么他就跟着附和。即使别人说没有真凭实据的事也随意地附和，甚至跟着加油添醋。

在办公室，这种损人不利己的长舌妇最容易被人利用。你可千万不要在别人交头接耳议论的时候，也兴致勃勃地加入。千万别忽视了这三姑六婆的传闻，这可是会掀起风波的起源。

这些喜欢聚集在一起交头接耳说长论短的人，通常在开始的时候都是随口说说，然后在被转述的过程中就好像是发酵了一样愈来愈膨胀，最后演变成不可收拾的局面。尤其是女人本来就是善妒的，你一不小心触动了她的嫉妒心，那从她嘴里说出来的话更是足够把你酸死。所以，当你和女性交往的时候，可千万要注意别惹上了这种女人。

这是关于如何保护你的隐私问题：

1. 办公室里"安全第一"

即使是相对宽松的工作环境，也还是要以工作为重。公私分明的员工是老板最欣赏的类型。而敬业不仅仅意味着勤奋地干活，更意味着以大局为重，不把私人领域的事情带到工作中来。

有些很个性化的东西，如果不是体现在工作的创意中，最好别表现得太淋漓尽致。因为个性是私人的，而工作是大家的。在工作场合，还是多一点共性，隐藏一点个性为好。

同事是工作伙伴，不是生活伴侣，你不可能要求他们像父母兄弟姐妹一样真正地包容你，体谅你。很多时候，同事之间最好保持一种平等、礼貌的伙伴关系，彼此心照不宣地遵守同一种"游戏规则"，一起把"游戏"进行到底。更多的时候，你需要去体谅别人。站在同事的角度替他们想一想，也许更能理解为什么有些话不该说，有些事情不该让别人知道。

同事是由形形色色的人组成的，大家都是普通人，有着平常的善良与平常的心计。很少有人刻意去害别人，但彼此知道得太多，无心的伤害却不可避免。

2. 密切同事关系不必交换隐私

除了自己对隐私的把握尺度以外，如何应对别人的关心或者窥探也是一门艺术。比如当同事在席间亲切地问起："你最近怎么样？"尤其是问起你的女（男）朋友或者老婆（公）怎么样时，别把人家当成了心理医生。

有的人会认为关心别人的私事是一种关系亲密的暗示，或者是导向亲密关系的途径。事实上有些东西是不方便与人分离的，所以在希望别人不要窥视你的内心世界的同时，将心比心，你也不要用谈论私事的方式来拉近和同事的关系。

只有守护了你的隐私，你才能与她们圆融相处，这才是异性相处的方圆之道。

虽然女性喜欢闲聊，但也并不是所有女性都如此，特别是现代职场女性受过高等教育和职场培训，与过去的传统家庭主妇大不相同，偶尔的闲谈反而能带来一些工作之余的乐趣。

事实上，完全不与女性交往就未免显得过于舍本逐末了。只是，在交往的过程当中一定要绝对避免涉及人身攻击，尤其千万别在女性的面前发牢骚。不论你所抱怨的对象和她有没有关系，你所说的话早晚会传到对方的耳朵里，而且已经被传得完全走了样，这有可能是你在发牢骚时所没有想到的后果。

3. 白领男女有别

男女两性在职场上做一些相同的事情，但在上司看来效果却可能完全不同。因此在职场上要方圆处之，迎合上司对男女两性差异的心理想象。

比如，看到男下属的桌子上摆放着全家福的照片，上司心想：他一定是个顾家、负责的好男人。看到妇女下属的桌上摆放着全家福的照片，上司心想：事业对她来说不会是最重要的，家庭对她而言才是第一位的，看来不用寄望她会全心全意为公司打拼了。

看到男下属杂乱的桌面，上司心想：他真的是很努力、很用功，以至于连收拾桌面的时间都没有。看到女下属杂乱的桌面，上司心想：原来她这么乱，组织能力一定不行。

看到男下属在跟同事说话，上司心想：他一定是在讨论最近的项目，果然是积极性高涨。看到女下属在跟同事说话，老板心想：哼，又在说人是非道长短。女人就是长舌妇，真是浪费时间和精力。

看到男下属在跟资深同事说话，上司心想：愿意主动请教前辈，孺子可教，日后可多栽培。看到女下属在跟资深同事说话，上司心想：她会不会在抱怨，说我的坏话？看到男下属加班，上司心想：现在已经很难请到这么勤劳的员工了。看到女下属加班，上司会想：女人就是能力有限，这么点小事也要花这么长的时间来做。

看到男下属很快地受到经理的赏识而升级，上司心想：这个人一定潜力十足。看到女下属很快地受到经理的赏识而升级，上司心想：这个人一定是跟经理有一腿。

看到男下属不在他的位子，上司心想：他一定是去见客户了。看到女下属不在她的位子，上司心想：她一定是去逛街了。

看到男下属被经理批评，上司心想：他一定会痛改前非，求取进步。看到女下属被经理批评上司心想：她一定不能接受，应该很快会收到她的辞职信。看到男下属受到不公平对待，上司心想：他一定会生气，他会据理力争吗？看到女下属受到不公平对待，上司心想：她一定会哭，她会什么时候辞职呢？

看到男下属请假，上司心想：好像很久没看他请假，也应该去轻松一下了。看到女下属请假，上司心想：好像整天看她请假，是不是去应征别的工作？看到男下属在用电话，上司心想：他很积极地为公司招生意，很好，很好。看到女下属在用电话，老板心想：又在跟男朋友聊天……还是……在跟其他男人打情骂俏？

看到男下属派发结婚请帖，上司心想：他从此就会更有责任感。给他个大红包当作是分红鼓励一下吧。看到女下属派发结婚请帖，上司心想：她不久就会怀孕，就会去检查身体，很快就要拿两个月产假，最后就会辞职在家看孩子。哗，损失惨重，那红包就不用包太大了。

看到男下属有了孩子，上司心想：负担加重，应该加他的薪水了。看到女下属有了孩子，上司心想：她一定会用到公司的各种生育待遇，公司的负担就要加重了。

看到男下属出国公干，上司心想：这是对他很好的训练。看到女下属出国公干，老板心想：她老公会放心吗？

看到男下属找到更好的工作而离去，上司心想：懂得把握良机，果然是人才，可惜公司留不住他。看到女下属找到更好的工作而离去，上司心想：女人就是靠不住。

所以，职场白领男女有别，女性应该注意上司对你的刻板想象，避免做上司习惯性认为是负面表现的事情，这样才能在职场游刃有余。才能赢得上司的器重，认为你是可塑之才，赢来自己的美好职场未来。

男女职场相处的魅力武器

英国就业问题专家最近发表了一项研究报告指出，男性职员若想升职，必须表现自己温柔的一面，因为如今的老板已经注意到，女性的似水柔情对提高工作质量比男性的威风凛凛更加有效。专家们将写字楼内飞黄腾达的要点归纳为沟通、同情、投入和效率。他们说"潜力再大的公司工作也不需要发达的肌肉"。瞧，这个社会已经开始接受温柔的男性和刚强的女性了，在现代职场上生存就要时刻地取长补短，包括异性那些引人喜爱的地方。

说实话，做到让别人喜欢，性别的魅力是决定性的，在这一点上，男人和女人当然是不同的。工作场合和其他场合之下的性别魅力当然也是不同。那好，现在让我们来看看办公室的男人、女人如何方圆相处才能让办公室的同仁喜欢你。

1. 男人的武器

（1）温柔。在办公室里，除非你是高高在上可以无法无天的老板，那么你就要学学女孩子的温柔。温柔的含义有很多，比如你说话的时候要表现得有张有弛、轻柔、声音不能太大，哪怕在你发火的时候，都要切记先露出你的笑容；你走路的时候别大刀阔斧，可以放慢一些，让别人都觉得你不急不躁；面对异性更要有一种体贴的心理关照。至少有九成以上的女人会欣赏男人的温柔，她们会因此获得对于你而言的安全感。女人希望自己被呵护，即使是职场女性。

温柔要用得恰当，用过了就会女里女气，性别反调，更有甚者，还会给异性错误的暗示：他爱上我了？所以温柔有度，你的温柔一定是男性的温柔，是同事之间的温柔。

（2）心细。你需要记住昨天和今天上级交给你的任务，要记住你的同事托你办的事情，要记住你的同事（尤其是女同事）的生日和他们喜欢吃的食物，要记住同事们什么时候加的班，要记住他们是什么时候成为你的同事的……心细要注意别表现在嘴上，那样会让人以为你碎嘴唠叨，你只需要默默地记录，默默地在适当的时候表示。

（3）仔细。你工作越做得仔细，就越能帮助其他同事减少负担，你的任务也完成得越完美。领导同事都挑不出你的错儿来，他们能不喜欢你吗？所以男人要学会仔细工作，这不是女人的专利。

（4）果断。果断的男人不同于武断的男人，武断说明你不听取别人的意见，果断说明你能够勇于承担责任，有及时处理问题的能力，也说明你是担当领导的好材料。

（5）主动。主动干活、主动工作的男人，从来都是女人心目中的好男人，也从来都是领导眼里可以放心任用的好职工，要得人心，那么就主动多干些活吧。

（6）诚实。真正诚实的男人不是很多，因为男人好打赌好吹牛，打赌和吹牛的时候，诚实的程度就不值得相信了。你要想让你的同事喜欢你，你最好先做个诚实的好男人。诚实和可信是女性对你认可的基础。

（7）大方和大度。好男人别在意偶尔的请客，更别记着三年前谁曾经骂过你一句。不计较金钱和宽容的人非常容易引起同事的好感，他们会觉得和你在一起不累、踏实、很轻松，不会觉得你死板、不通世故。

记住这七点，努力让自己成为女人眼中的职场魅力男人吧。

2. 女人的武器

（1）漂亮。真正倾国倾城、艳惊四座的女人到底还是稀有动物，所以懂得这个道理的女人也当然懂得怎么改变自己、弥补自己的先天不足，变得天生丽质。每个阶段的女性都有她美丽的地方，知道自己的漂亮，学会使用自己的漂亮，天下便无坚不摧，无往不胜——谁又喜欢邋遢的黄脸婆呢？每一个女人都是美丽的，关键在于如何发掘自己的美。

（2）关心。女人的关心是世界上最容易让人感动的事情之一，甭管它来自母亲、妻子、情人还是同事。你轻柔的一句话，有时候能让被你关心的人记一辈子，信不信由你！特别是对男人，母性十足的关心会直抵他们的内心。

（3）镇定。女人天生不是镇定的动物，遇见什么都会大呼小叫。下回再想发出尖叫的时候，你就马上给自己一个巴掌，习惯了你就长记性了，时间长了，镇定自然就产生了。到那时哪怕你吓得喘不过气来，别人也只当你胜似闲庭信步，都佩服你临危不惧的胆略，而觉得你就是个与众不同的领袖人才。

（4）文静。人们总是觉得文静的女孩做事细心稳当，你要像个假小子一样，成天在办公室里摔门撞桌子，谁能放心交代给你做什么事？你当然也不能像旧社会的无聊妇女那样东家长西家短地传话，你要做得起码像半个淑女，在严肃的场合学会用微笑来回答或中断你认为会影响集体团结的问题的话题。

（5）正统。你多爱笑不要紧，但你必须要做个正统的不叛逆的女性，在所有人的心目中，受过正统教育的女性不轻浮，不会让办公室成为风月场，大家知道你会规规矩矩地做事做人，不会担心你把办公室的小青年带"坏"了。中国人骨子里欣赏的女性一定是正统的女性。

（6）自信。你应该懂得办公室不是男人的天下，你也应该知道你的权利和男同事是平等的，你更应该了解自己的能力不次于任何人，所以，你完全可以用充满自信的目光看待每一件事和每一个人。越自信的女人是越美丽的女人，女人因自信而美丽也是真理。

（7）健康。现在谁还喜欢像病西施那样的病美人？再说了，在工作场合，人的情绪难免压抑紧张，你成天一副痛苦相，别人看着也难受，还觉得你娇气，你不是给自己为难吗？其实，还有一种公用的最美丽的武器，那就是：快乐！快乐的含义无须多说，因为你明白，快乐是你从事所有事业的基础，是激发你上进的情绪基础。

职场两性掌握这些魅力武器，自然能在两性职场中游走自如，与异性圆融相处。

第四篇
商海之道

·第一章·

守业为方，创业为圆

创业，是一个艰难的过程，因为人们从没有资本，到开始积累资本，到灵活运用自己的资本使之产生更多，这其中要付出很多的艰辛。商场如江湖，稍有不慎，就可能满盘皆输，所以，只有圆融之人才能在商场中立足。可是，当事业到了一定的高度的时候，就要学会坚守方正。因为守业如身处逸世，最易产生惰性，也最容易因为骄傲而忘了进取。

圆融创业，在博弈中求优势地位

创业的过程是艰难的，商家要在市场经济中保证自己不被淘汰，并且能够从中获利，必须懂得圆融处世，懂得博弈，并且在此基础上还要有方正的指引，坚持自己的方针策略。所以，在适当的情况下，商家可以运用博弈思维，使自己在竞争中处于优势地位。这就必须采取合理的策略，无论是占优策略，还是被占优策略，都是一种思维方法。商家善于从思维的角度，理解和运用博弈思维，将产生巨大的实战效果。

立邦在中国的发展历程，能充分说明企业家运用博弈策略和思维的重要性。

1992 年立邦进入中国，它一直不遗余力地推广建筑涂料，培育了建筑涂料市场，并使立邦成为水性建筑涂料的代名词，销量占据 10％以上的市场份额。

但是，立邦的高速发展历程，也反映出其策略上的失当。当立邦斥巨资培育出中国建筑涂料市场时，它才发现市场被 8000 多个涂料厂家分享，小企业的跟进，使市场竞争非常残酷，以至于立邦的市场份额远没有达到 30％的垄断地位。为此，立邦开始调整它的推广战略，2003 年针对木器漆市场，推出 1687 木器漆系列。从产能提升、销售网点、服务体系等方面开始布局，期望能弥补其在木器漆方面的不足。但由于竞争异常激烈，推广 4 年多来效果并不明显。

作为一个建筑涂料的超级企业，立邦为什么放弃在水性建筑涂料上的优势，而向油性木器漆领域进军呢？显然，立邦试图规避竞争中的风险，担心自己推广水性建筑涂料太早，被小企业抢占先机，重蹈覆辙，所以它在等待机会。一旦时机成熟后，就发挥其水性漆的整体优势，后来居上，坐收渔人之利。

由此，我们看到大企业的疑虑和担心。在市场博弈过程中，如果小企业们不踩踏板，那么大企业难道一直等待吗？所以，立邦显然有前车之鉴，之所以不运用自己的优势，正是对市场控制缺少把握的表现。其实，立邦的这种策略选择也是有风险的，这种规避风险的方式，是被动的，看起来很有智慧，但恐怕很难奏效。

与之相反，TCL 这个家电行业的大企业，则逆向运用博弈策略，取得了巨大成功。

2004 年 5 月 18 日，TCL 举行"开启中国大屏幕液晶电视新时代发布会"，TCL 宣布将全面下调大屏幕液晶电视价格，降幅为 30％。

这一消息立即引发国内二三线液晶电视企业的担心，他们开始大规模地上液晶生产线，试图抢占市场。然而，此时液晶电视市场总容量却偏低、成本结构不稳定，存在迅速降价风险，更糟糕的是消费者对液晶电视认知度不高，需要厂商投入大量资源进行市场普及。

在 TCL 开启"液晶彩电新时代"之后的一年里，市场上活跃的，全是二三线品牌的身影。TCL 的高层一定在偷着乐呢，因为，TCL 把液晶电视这把火烧起来后，却并没有任何新的市场动作，而是加紧技术研发。

当小企业们过早介入液晶电视市场后，无疑落入 TCL 设好的迷局中。到2005 年初，在液晶电视和等离子电视等产品持续近一年的"论战"中，消费者对液晶电视已经有了充分的认识，国内液晶电视市场逐步走向成熟。

2005 年 4 月，TCL 在国内液晶电视市场开始发力，TCL 王牌银弧 A71 液晶电视系列产品正式上市；9 月，TCL 王牌以"液晶'七剑'PK 国际巨头"的独特视角对薄典 B03 液晶电视展开了一系列整合营销传播活动。

经过 5～6 个月的市场争夺，二三线品牌市场份额迅速缩水，并渐渐退出市场。而实力雄厚的大企业们则争取到更好的上游资源，并具有规模化的优势，TCL 等大品牌主导液晶电视市场速成定局。

在这场液晶电视市场的博弈中，TCL 等大企业们逆向运用博弈策略，以退为进，鼓动小企业们先踩踏板，使小企业们忽视了自己在竞争博弈中的地位和作用，诱使他们投入大量费用，催熟市场，而自己不费吹灰之力，坐收渔利。

这一案例启发商家，竞争充满了变数，市场机遇的把握最终要靠实力。商家在进行决策时，必须对决策后果进行全方位的考察和分析，盲目地抓住所谓的市场先机，可能会带来巨大的市场风险，所谓鹬蚌相争、渔翁得利。商家必须具备深远的战略眼光和敏锐的思维力，才能准确地把握市场，赢得市场。

当然，商家的这种赢得市场的智慧，在生活中也同样适用。很多时候，我们要想在竞争中脱颖而出，就必须做好全面的调研，知己知彼，占据优势地位，才能在竞争中取胜。

方正守业，严明的纪律是团队不可或缺的

俗话说：上有政策，下有对策。上面制定了很好的制度和规则，可是到了基层实施的时候，就变了样。因为每个人都会有自己的应对办法，借以逃脱责任，使得原来的制度没有很好地实施。所以，应对个人的圆滑世故，团队就一定要以方正的态度来进行规范，以方制圆。

这种方正的态度，多表现为团队的纪律。纪律就是规矩，是规范。纪律，是世界上最重要的东西，没有纪律，就没有品质；没有品质，就没有进步。

一个富有战斗力和进取心的团队必定是严格遵守纪律的团队，如果其中一个人无视纪律，不但会毁掉整个团队的战斗力，而且也会毁掉他自己的前途。

数年前，伊藤洋货行的董事长伊藤雅俊突然解雇了战功赫赫的岸信一雄，这一事件在日本商界引起了不小的震动，就连舆论界也以轻蔑尖刻的口气批评伊藤。人们都为岸信一雄打抱不平，指责伊藤过河拆桥，将自己"三顾茅庐"请来的一雄解雇，是因为一雄已没有了利用价值。

在舆论的猛烈攻击下，伊藤雅俊理直气壮地反驳道："秩序和纪律是我的企业的生命，不守纪律的人一定要处以重罚，即使会因此降低战斗力也在所不惜。"

事件的具体经过是这样的：岸信一雄是由东食公司跳槽到伊藤洋货行的。伊藤洋货行以从事衣料买卖起家，食品部门比较弱，因此从东食公司挖来一雄。东食公司是三井企业的食品公司，对食品业的经营有比较丰富的经验，于是有能力、有干劲的一雄来到伊藤洋货行，宛如是为伊藤洋货行注入了一剂催化剂。

事实上，一雄的表现也相当好，贡献很大，10年间将业绩提高数十倍，使得伊藤洋货行的食品部门呈现一片蓬勃发展的景象。但是从一开始，伊藤和一雄在工作态度和对经营销售方面的观念即呈现极大的不同，随着岁月增加裂痕越来越深。一雄属于新潮型，非常重视对外开拓，善于交际，对部下也放任自流，这和

伊藤的管理方式迥然不同。

伊藤是走传统保守的路线，一切以顾客为先，不太爱与批发商、零售商们交际、应酬，对员工的要求十分严格，他让他们彻底发挥自己的能力，以严密的组织作为经营的基础。伊藤当然无法接受一雄的豪迈粗犷的做法，为企业整体发展着想，伊藤因此再三要求一雄改变工作态度，按照伊藤洋货行的经营方式去做。但是一雄根本不加以理会，依然按照自己的方式去做，而且业绩依然达到水准以上，甚至有飞跃性的成长。这样一来，充满自信的一雄就更不肯改变自己的做法了。他说："公司情况一切都这么好，说明我的经营路线没错，为什么要改？"

为此，双方意见的分歧越来越严重，终于到了不可收拾的地步，伊藤只好下定决心将一雄解雇。

这件事情不单是人情的问题，也不尽如舆论所说的，伊藤因为与一雄不合而开除了他，而是关系到整个企业的存亡问题。对于最重视纪律、秩序的伊藤而言，食品部门的业绩固然持续上升，但是他无法容许"治外权"如此持续下去，因为，这样会毁掉过去辛苦建立的企业体制和经营基础。

任何一个人都应该清楚地认识到，在团队里，严明的纪律是不容忽视的。

英特尔从创立开始就非常强调纪律，处处都有明确的规定，每天早上的上班制度，就是最好的例证。在英特尔，每天上班时间从早上 8 点整开始，8 点零 5 分以后才报到的同事，就要签名，认为是迟到。即使你前一天晚上加班到半夜，隔天上班时间仍是上午 8 点。这和 20 世纪 70 年代个人享乐主义凌驾一切的美国人的观念有些背道而驰，可是英特尔公司的这些制度却延续至今，始终如一。

世界上杰出的企业都是将纪律放在重要位置上的。这些严格的纪律一步步见证了英特尔的强大。

有些人把纪律视为洪水猛兽，其实它并不那么恐怖。世界上没有什么事情是绝对的，自由也是。没有纪律的约束，自由就会泛滥成为堕落。英国克莱尔公司在新员工培训中，总是先介绍本公司的纪律。首席培训师总是这样说："纪律就是高压线，它高高地悬在那里，只要你稍微注意一下，或者不是故意去碰它的话，你就是一个遵守纪律的人。看，遵守纪律就这么简单。"

古语曰："工欲善其事，必先利其器。"要想构建一个团结有力的、无坚不摧的团队，就必须有纪律的保证。团队要想有更好的发展，就必须磨砺团队中每个成员无比坚强的信念，就必须要求每个成员用严明的纪律来约束自己。

一番寒彻骨，才得扑鼻香

众所周知，几乎每一个成功者都经历过企业的艰辛，他们大多经历了"一番寒彻骨"，才博得了"梅花扑鼻香"。在这一点上，福特汽车公司的创始人亨利·福特可以说是人们的典范。

亨利·福特是农家子弟，但他从小对农事毫不感兴趣，他认为，跟着慢吞吞的马后面犁田，实在太浪费时间，所以，他想制造出便捷有效的机械来代替人力、畜力。有一次，福特乘马车去底特律，途中，他生平第一次见到了一辆不用马拖、自己能行走的蒸汽推动的车子。趁这辆蒸汽车停下来时，福特向驾驶员问了一大堆有关性能、操作方法的问题。回家后，他整天琢磨如何仿制这样的发动机。他做了个木质车身，又用一个 5 加仑的油桶当作锅炉，试图推动他的"机车"。带着这样强烈的创业愿望，17 岁的亨利·福特就到底特律的汽车制造公司就业了。可是，只干了 6 天，他就辞职了，原因是"该公司先进员工必须花费好几小时才能修复的机械，我只要半个小时就修好了，使那些先进员工对我感到嫉妒和不满。"

1891 年，亨利·福特进了爱迪生电灯公司工作，仍致力于设计自己的"自动马车"，经过一段时间的艰苦奋战，他的愿望实现了。1899 年，亨利·福特成功地制造三辆汽车。1903 年 6 月，亨利又重新创立了福特汽车公司，他设计制造的"A 型车"销路奇佳，一年多时间里售出了一千多辆，后来，亨利又设计了 N 型车、R 型车、S 型车都十分畅销。1908 年，具有划时代意义的"T 型车"诞生了，此车先后共销出 150 万辆，为普及小汽车做出了贡献。到 1925 年 10 月 30 日，福特公司的工厂里一天能造出 9000 余辆 T 型车，平均 10 钟出一辆，从而创造了世界汽车生产史上的奇迹。

和福特的创业经历相仿，松下幸之助的创业历程也充满了风雨的砥砺。

1917 年，23 岁的松下幸之助从当时效益极好的王氏自行车店辞职，开始了艰难的创业历程。

"我要辞职。"他找到营业部经理说。

经理吓了一跳。

"你不要胡说！难得给你升上检查员，大家都为你高兴，不可以有这样的想法！"

经理严词反对，但松下幸之助同样的坚决。公司一再挽留，终于没能阻止他的决心。

松下幸之助为什么要自己创业呢？主要有三个原因：第一，他对于配线工的工作，无法产生满足感，加上他自幼身体羸弱，不可能坚持天天上班，从长远之计，必须独立工作。第二，他的父亲一直希望他能够成为杰出的商人。当他还在做学徒的时候，他父亲就反对他到大阪储金局当工友，理由是"经商如果获得成功，你就能够雇用有学问的人，这样可以弥补你自己学识不足，到大阪储金局当工友，就会变得一生受雇于人"。第三，他发明了插座用灯头。可是在大阪电灯公司的同事，都认为那种东西"卖不出去"，没有人赞成生产并销售这种灯头，而松下幸之助则对此坚信不疑，因此决定自立创业。

创业谈何容易，困难不断袭来：资金怎么办？厂房怎么办？人员怎么办？没有资金，松下幸之助拿出自己所有家当——包括离职金 33 元 2 角，公积金 42 元，全家省吃俭用的积蓄 20 元，全部资金共计 95 元 2 角日元；没有厂房，就把自己住的房屋当作工作场所，松下家有两间小屋，一间 7 平方米，一间 4 平方米，在两小屋中间的空地上搭盖了"厂房"；没有人员，就把自己的妻子井植梅之及内弟井植岁男作为合作者。之后又来了两位合作者，他们都是大阪电灯公司的同事，即森田延次郎和林伊三郎。

在林伊三郎的斡旋下，又借来了 100 日元，1917 年 6 月工厂终于开业了，专门从事新改进的电灯插头的制造。但是，开业不久，他们便尝到了失败的滋味。抱着自信制作出来的新产品，尽管森田延次郎和林伊三郎找遍了大阪市的批发商，十天内只卖出 100 多个，还不到 10 日元。如此困难的处境，松下幸之助很难把工厂维持下去，更不可能支付同事们的工资。大家商量后，两位同事又各自谋生去了。

松下幸之助急得走投无路，将家里稍值点钱的衣物陆续送进典当铺，换来钱买食物。井植梅之无言地从箱底找出几件首饰，并拿下手腕上的手镯，一起交给松下幸之助去典当。55 年以后，已经功成名就的松下幸之助一次清点库存的一包旧文书时，翻了一本账册。据记载，由 1917 年 4 月至 1918 年 8 月，计有十几次将妻子井植梅之的衣服、首饰等物送进典当铺抵押借贷。看着这账本，心中翻涌出无限感慨，同时也衷心感激夫人在最困难的年代给予他的支持。

松下幸之助的坚持不懈终于得到了回报。当时，电器的绝缘材料主要是使用陶瓷，但也开始使用新绝缘材料，松下幸之助已经研制出这种新绝缘材料，一家生产电风扇的川北电气器具制造厂，对他研制的新绝缘材料颇感兴趣，希望订购1000个用这种绝缘材料制造的电风扇上用的底盘。这第一份订单，对松下幸之助来说，真是命运的恩赐。他日夜奋战，在交货期到来之前，终于完成了任务，得到了160日元的收入，扣除成本，净赚80日元的利润。这是松下幸之助创业后的第一笔利润，他兴奋极了，他看到了未来的希望。

至此，松下幸之助一发不可收拾，在经历了无数坎坷挫折，战胜了无数千难万险之后，终于建立了庞大的"松下电器王国"。松下幸之助多姿多彩、充满传奇的一生，会让人好奇、钦佩和追念。

其实，不只是松下，几乎所有人的创业都是艰难的，可是如果不能吃苦，不能坚守方正的目标，那么就会半途而废，根本就不会有机会体味到成功的喜悦。所以，如果想创业，就要有方正的目标的指引，并且有能够吃苦的精神，不管经历任何困难都不放弃。只有这样，我们才能获得成功，才能从中领略从付出到收获的苦涩与甘甜。

把握机遇才能大展宏图

天才和机遇结合在一起，必然会创造出惊人的奇迹

比尔·盖茨在计算机科学方面，几乎没有人可以与他匹敌。他给教授们留下的深刻印象不是他的聪明才智，而是他的巨大精力。一个教授说："在计算机学科中成功的几个人里，有一个人，从他在台阶上一露面的那天起，你就知道他特别棒，他一定会成功，这个人就是比尔·盖茨。"

比尔·盖茨常常于夜里在艾肯计算机中心工作，那是这些计算机被最大程度使用的时候。有时，筋疲力尽的比尔·盖茨会睡在计算机工作台上，他连回到自己宿舍的力气都没有了。有许多个早晨，比尔·盖茨在工作台上睡得死死的。很多人看了比尔·盖茨的样子，都认为他不会有什么出息，尽管他可能很聪明，因为他的样子太脏了，有很多头皮屑，在桌子上睡觉。这种印象让人觉得他不是一个科学家的苗子，而只是一个计算机迷。事实上，对于计算机的未来，他们谁也不及比尔·盖茨看得更清楚。

有一天，在波士顿附近的霍尼韦尔工作的保罗·艾伦来看比尔·盖茨，他看到报刊亭里有几份即将发行的1月版《大众电子学》。保罗·艾伦对这个刊物很

熟悉，他从儿童时代就开始阅读这个刊物。当他看到这本杂志时，心立刻狂跳了起来，那封面上印着一幅牛郎星（阿尔塔）8800计算机图片。一个长方形的金属盒子，前面有触发开关和显示灯。有一句广告词是：突破！世界第一台微型电子计算机，敢与商用型媲美！

看着这样的广告词，保罗·艾伦立刻买了一份，然后赶紧跑到比尔·盖茨的宿舍去和他谈。

"计算机的普及化势必到来。"艾伦的观点，比尔·盖茨不是没有认识到，应对这样的局势，办法只有一个，那就是马上开公司。但盖茨始终担心，如果自己因开办公司而荒废了学业，会引起父母的不满，而他很不乐意让父母替他担忧，也不愿引起父母的不愉快。可是艾伦不停地说："让我们开始创办计算机公司吧！让我们开始干吧！"盖茨回忆说，"保罗看见技术条件已经成熟，正等着人们去加以利用。他老是说，再不干就迟了，我们就会失去历史赋予我们的机遇，我们将遗憾终生，甚至被后人责备。"

于是，他们考虑制造自己的计算机。艾伦对计算机硬件感兴趣，而盖茨则对计算机软件情有独钟，他的软件才是计算机的"生命"。但很快，艾伦和盖茨放弃了自己动手试制新型计算机的念头。他们决定还是紧紧抓住他们最熟悉的东西——软件。生产计算机花费太昂贵了，他们还没有足够的资金去冒险。

"我们最终认为搞硬件容易亏损，不是我们可以去玩的艺术。"艾伦说，"我们俩人的综合实力不在这上面。我们注定要搞的是软件——计算机的灵魂。"

就这样，注定要震惊世界的微软公司成立了。机遇是一个人成功的基石，是其兴趣特长发挥的机会，比尔·盖茨抓住了机会，因而使自己的人生得以辉煌，特长得到发挥。由于把握了未来的趋势，更大的机遇在等待着他们。

当个人电脑正方兴未艾的70年代，个人电脑独占市场的趋势日见明了，而作为电脑巨人的IBM公司眼见苹果电脑公司在个人电脑上大抢其钱，也萌发了在个人电脑领域大显身手的欲望，于是，它看中了微软公司，并决定将软件业务承包给盖茨先生完成。

根据IBM公司与微软公司初期的合作协议，微软公司仅为其开发一套BAS-IC程序。

后来，IBM公司为了和苹果电脑公司抢夺市场，决定连操作系统也由其他公司开发，为了尽快推出产品，IBM公司要求微软公司设法找到或写出一套操作系统。比尔·盖茨再一次把握住了时机。在IBM公司的这次决定命运的会议上，计算机产业或者可以说整个商业领域的未来被改写了。这大大出乎人们的意料。蓝色巨人公司的主管与西雅图的一家小软件公司签约，为自己的首部个人电脑开发操作系统。他们以为这仅仅是向小合同商外购不重要的部件的举动。毕竟，他们做的是计算机硬件生意。硬件才是利润的竞争所在。但是他们错了，世界将要改变。在毫不知情的情况下，他们把他们的市场统领地位拱手让给比尔·盖茨的微软公司。

其实，在很大程度上IBM被比尔·盖茨利用了。但是与微软公司的这项签约决定不过是蓝色巨人所犯的一系列错误中的一个。这反映了IBM当时的骄傲自大。它也因此拱手让出了计算机的领导地位。一位曾在IBM公司就职的职员曾把IBM形容为：人们向上爬的方法是取悦他们的顶头上司而不是为用户的真正利益效力。所以机构臃肿、盲目自信的IBM遭遇到充满活力的微软。而觊觎已久的微软就像把肥硕而昏聩的水牛引到吞食活物的淡水鱼嘴边一样。

盖茨是幸运的。但是如果同样的机会落到他硅谷的同行身上，结果也许就不会是这样了。IBM挑选了比尔·盖茨这个从不错失良机的人。只有这样历史才有可能被改写。在关系到一生的重大时机前，比尔·盖茨抓住了最重要的部分。IBM忽视的也正是盖茨清晰看到的。计算机世界正在巨变的边缘，这被管理理论家称为转型。某种程度上盖茨了解到软件而不是硬件是未来发展的必争之地，这是IBM墨守成规的人所无法了解到的。他也了解到IBM将要求它的灵魂人物——市场部经理来为软件运行建立一个统一的操作平台。这个操作平台将以盖茨从其他公司购买的名为Q—DOS的操作系统为蓝本，而软件早已把Q—DOS改名为MS—DOS。但是当时即便是盖茨也没想到这次交易给微软带来多么丰厚的利润。

由此可见，微软公司能有今天如此巨大的成就，相当程度上是靠了运气和盖茨先生过人的智慧。盖茨本身的学习和设计能力固然重要，但他懂得掌握老天赐予的良机，看准市场，终至取得了巨大的成功。

在一些良好的机遇中比尔·盖茨总会努力去把握，与IBM的合作，使盖茨为微软赢得了壮大的机会，也为开发软件产品的畅销创造了良机，正因这些，微软渐渐壮大，比尔·盖茨也逐步走向他的辉煌。

商业的发展和个人的发展，都需要把握机遇。有时候单单依靠自身的实力和能力是远远不够的，没有机遇，你再怎么有才华，都不会有发展的空间。所以，在日常生活中，我们除了锻炼自己的能力以外，还要学会发现机遇，掌握机遇。

谋是基础，断是关键

"横看成岭侧成峰，远近高低各不同。"凡事难有统一定论，谁的意见都可以参考，但永远不可代替自己的主见。没有主见的人，就像墙头草，没有自己的原则和立场，不知道什么是对和错，不知道自己能干什么和会干什么，自然与成功无缘。

有主见，意味着思想上自立，即凡事都能独立思考。成大事者都善于思考而且是独立思考。要成大事的人，只有养成了独立思考的习惯，才能在风风雨雨的事业之路上独闯天下。

20 世纪 80 年代早期，如果能在物资部门工作，尤其是在粮食系统工作，那可是件让人梦寐以求的美差。1984 年之前的林聪颖，就是那批拥有美差的人之一。不过，林聪颖并不看重已经端在手里的金饭碗，在当地粮食系统工作几年后，他辞去工作，下海经商。

1984 年，他用自己的积蓄以及向亲朋好友借来的 4 万元钱，与两个朋友合伙做起了粮食生意。没想到，朋友把他坑了，到了年底一结算，林聪颖不但没有一分钱的利润，本钱赔得一分不剩，还倒欠 2 万元的债。1985 年大年初一的早晨，债主纷纷前来讨债。看见妻子落泪，林聪颖心如刀绞，也深深地自责——作为丈夫、作为父亲，不能让妻子和孩子生活幸福，实在是最大的失败。

春节还没过完，林聪颖带着仅有的 200 元钱，去江西九江销售拉链，然后转战大连、青岛，并最终在青岛找到了影响他一生的行业——服装销售。1989 年 4月，林聪颖回到老家晋江磁灶镇，决定开办一家服装厂，进行二次创业。

他的这一想法遭到了所有亲朋好友的反对，因为当地历史上从来没有一家服装企业，如果做服装生意，谁会买一个充满泥土和粉尘的地方生产的衣服？更何况，林聪颖不懂服装，凭什么去开服装厂？林聪颖却认为：服装属于生活必需品，而且随着生活水平的提高，人们对服装也会有更多要求，市场根本不是问题。自己不懂服装，但可以在实践中学习。

主意已定，林聪颖马上行动。他再次从亲朋好友那里借了 72000 元钱，没有厂房，就租；没有工人，就动员自己的亲戚、朋友；没有设备，就买二手设备；没有技术人员，就请当地的老裁缝。就这样，1989 年，林聪颖的小服装厂在众人怀疑的目光中成立起来，这是福建省晋江市磁灶镇的第一家服装厂。

经过 20 年的发展，这家服装厂成为资产过亿元、员工人数近 2000 人的九牧王服饰发展有限公司。

假如林聪颖当初没有坚持己见，没有一心一意创办服装厂，那么，今天就不会有"九牧王"，更不会有它的辉煌战绩。"相信自己的选择是对的"，不被别人的言谈干扰，大胆去做，成功就一定属于你。

不论你是一个高层管理人员，还是正在创业的有志青年，制定决策时，既要有外脑的参谋，更要有内脑的善断。外脑之责在于谋，内脑之责在于断。谋是基础，断是关键。外脑是决策的参谋，是第二位因素；内脑是决策的主体，是决定成败的第一位因素，所以，领导者首先要知道自己的职责，否则，很难作出科学的决策。

从另一角度来看，参谋也是现实社会中的人，也是良莠不齐的，未必都能秉公直言，即便是敢于直言的，他们的意见也不可能百分之百都正确。参谋团的作用是帮助领导决策，但不能代替领导决策。领导者是决策的主体，处于主导地位，方案有多种，主意还得自己拿。如果自己毫无主见，完全依赖参谋，甚至把拍板定案工作都推给参谋团，这就是失职。

作为公司的引领者，独立思考是必须的。因此，平日里做事时，不要被别人的意见左右，别人的意见仅仅是参考。如果自己的思路里有不好的地方可以进行修正，没考虑到的地方，可以用别人的参考来完善一下，但是最终的目标不能左右摇摆不定。凡事可以多考虑一下，一旦做了决定，就不要轻易换目标。

居安思危，时刻保持危机感

有一只野猪每天在树干上磨牙，一只狐狸见到了，感到很奇怪："老兄，现在又没有猎人和猎狗，大好的晴天怎么不坐下来享受一下阳光呢？"

野猪回答道："等猎人和猎狗出现时候再磨牙齿，一切都来不及了。"

显然，这只野猪具备危机意识。我们生活环境相当优越，并没有野猪那样的生存危机，在解决了生存的问题之后，我们面对的是怎样完善自己、充实自己的问题，不然，等到想要应用的时候再着急，就晚了。

不管遇到什么困难，都要坚持下去，就是认识到了这一点，海尔集团的 CEO 张瑞敏先生才想尽了办法，只为唤醒员工的危机意识。

从 20 世纪 80 年代中期到 90 年代初，国内面临着短缺经济的考验，"卖方市场"左右供求矛盾,那时候电冰箱是凭票供应,次品都有人抢购。家电企业都认为赶上了赚钱的大好机会,拼命进口散件,组装起来上市变卖现钱。在这种风气下,国内很多家电企业的员工都普遍缺乏一种危机感和质量意识,当时海尔也是这样,公司上下到处弥漫着"差不多""无所谓"的风气。当时中国已经从国外引进了全面质量管理,但并不成功。很多员工也没有"质量在自己手中,自己左右着企业的兴衰命脉"这样的观念,因此,时任海尔厂长的张瑞敏在苦苦寻觅一个契机,希望能够在员工中树立起危机意识。

1985年,一位用户来信反映,近期工厂生产的冰箱有质量问题。张瑞敏突击检查了仓库,发现库存中不合格的冰箱还有76台。在研究处理办法时干部提出两种意见,一是作为福利处理给本厂有贡献的员工;二是作为"公关武器"处理给经常来厂检查工作的工商局、电业局、自来水公司的人,让他们能够与海尔心往一处使。可张瑞敏却做出了一个出人意料的决定:76台冰箱全部砸掉。

张瑞敏召开全厂各部门人员参加的现场会,确认了每台冰箱的生产人员后,提出一把重磅大锤,由事故责任人当着全厂职工的面,用大锤将76台冰箱全部砸毁。张瑞敏和总工程师杨绵绵承担责任,扣了自己的工资。全厂员工亲眼看见那些人流着泪水砸冰箱的情景,开始明白厂长的意图——没有严格的立厂之道,哪有海尔的前途。

因此,张瑞敏忍痛下达了"砸"的命令。嘭嘭的锤声,砸跑了当时全厂员工三个月的工资,也砸碎了昔日靠二等品、三等品、等外品也能过日子的旧梦。

对于当初的情形,一位老工人如此回忆:"工厂还在负债,当时冰箱也很贵,并且这些冰箱也没有多少毛病,也许只是外观上的一道划痕,但张总说它们不能出厂。因为如果把它们卖出去,导致工厂资不抵债的错误就会继续下去。"

冰箱公司的老职工胡秀风说,忘不了那沉重的铁锤,高高举起又狠狠落下,76台质量不合格的成品冰箱顷刻毁于一旦。它砸碎的是我们陈旧的质量意识,唤醒了我们去努力提高自身素质。有了质量,我们才有了现在的一切。

从此,在家电行业,张瑞敏以"挥大锤的企业家"著称。至于那把著名的锤子,海尔现在把它摆在展览厅里,让每一个新员工参观时都记住它。1999年9月28日,张瑞敏在《财富》论坛上说:"这把大铁锤为海尔今天走向世界是立了大功的。"因为它唤醒了海尔集团所有人的忧患意识,也给人们的进取心注射了一种兴奋剂。

今天,我们看到了海尔的飞速发展,这其中很大一部分原因是因为海尔集团的每一个人都时刻在保持危机感，这种危机感让他们变得更加努力，更加勤奋，也更加乐于超越自己。所以，只有保持危机感，才能让人们感觉到压力，才能时刻提醒自己进步。在这一点上，日本人的做法就很值得我们去学习。

看看我们周围的生活，但凡接触到电器，总是避不开日本的产品，加上日本汽车和动画片，很多人都感慨我们已经离不开邻邦日本了。事实上世界上大多数国家都受到日本的三大出口产业的"侵蚀"，日本是怎样变成今天这样一个"无孔不入"的经济大国的呢？

翻开日本的历史，我们发现在很长一段时间内日本都是向中国古代学习的。到了近代，日本也面临着西方的入侵，在打开国门还是闭关锁国方面，日本也曾挣扎过。但是强烈的危机意识让日本人看到自己的不足，因此打开了国门，也走上了强国之路。

日本由四个较大的岛屿和一群小群岛组成，面积与我国四川省差不多大，但人口密度比四川大。日本地狭人多，又没什么资源，而且台风、海啸、地震非常频繁。与世隔绝的地理环境、匮乏的自然资源、频繁的自然灾害，使得日本人产生了强烈的危机意识。

日本的学校每月举行一次防火演习，每季度要组织一次较大规模的防震演习。在日本，几乎每个家庭都备有压缩防灾包，里面装有压缩饼干、纯净水、保暖衣、手电筒和雨衣等。日本学生们学到的不仅是自己的山川秀丽历史悠久，更是被反复教导：国家生存是很艰难的、国家处境是非常危险的、国家是可能随时被别人打垮的。

我们也要学习日本人的危机意识，这样才能更好地激励自己，更好地为将来做准备，我们的发展也会变得越来越好。

危机意识不仅是鞭策我们对自己严格要求的重要动力，也是我们心理减压的重要"防震气囊"。就像孙武说的那样，谋事在人，成事在天。不可预知的未来因素可能会改变我们的计划，甚至将美好幻想毁灭。当期盼已久的愿望没有实现的时候，很多人都不能接受现实，甚至因为一次考试不理想就离家出走。如果事先预想过最坏的结果，即使真的失败了也不会感到受到了多大的打击。

平则思险，安则思危。正如孟子曾说过的：生于忧患，死于安乐。人们在生活富裕、环境安逸的时候，往往就容易产生懈怠、懒惰的恶习，而只有时刻保持着危机意识，才能不为环境的安逸而改变，才能时刻保持着进取的精神和不灭的斗志。

要跑得快，同时还要能停下来

静谧的非洲大草原上，夕阳的余晖普照大地，这时，一头狮子在沉思：明天当太阳升起，我要奔跑，以追上跑得最慢的羚羊；此时，一只羚羊也在沉思：明天当太阳升起，我要奔跑，以逃脱跑得最快的狮子。所以，无论你是狮子或是羚羊，当太阳升起，你要做的，就是奔跑。

这是在新东方的课堂上流传甚广的故事，也是商人常常引以为鉴的话题。在那些商人的眼里，生存和发展同样重要，扩张和稳定难以平衡。经营者的责任就是要巧妙地把握住这两种力量之间的动态平衡，促使企业在扩张的过程中保持稳定，在稳定的基础上进行新的扩张。

新东方在中国教育行业取得的巨大成就，并没有让俞敏洪就此止步不前，高枕无忧，他反而比以前更恐惧，更忙碌。因为培训市场日趋激烈，新东方跑在第一位，容易忽视身后紧跟的追赶者，自身的能力很可能会在不知不觉中退化掉。所以新东方的创业者们总是出去考察，学习国外先进的办学思维和模式，始终警惕地注视着自己前进的步伐，拓宽自己的视野，及时自我反省，俞敏洪认为，他们总是找时间到世界各地走走，是因为他们要不断吸收新的东西，他们的目光不可能只是停留在新东方的大楼里。而且，他们总有新设想。

俞敏洪不仅要求新东方的股东们调整心态，保持强烈的危机意识；而且对新东方的基层老师仍然按照"打短工，拿高薪"的薪酬制度。俞敏洪对此的解释是，因为这样做能给授课的老师危机感。从而确保新东方"学生是上帝、衣食父母"的宗旨，主动自觉地提高个人能力，更新知识结构。

新东方老师之所以优秀的另外一个原因，是被竞争和忧患意识逼迫出来的。俞敏洪认为，如果那些不能胜任的老师不离开，新东方的发展速度肯定跟不上老师进来的速度，这样会造成人才拥堵，老师也会停止发展。所以老师们进入新东方并非一劳永逸。一个老师在新东方待到 3 至 5 年，他的教育风格、教学内容出现了重复，上课开始变成陈旧，自己的成长会受到障碍，他们坚持教旧的东西，自己的英语水平受到了限制，讲话的风格形成了固定的模式。这样循环下去，就很难有动力去支持这样的老师上课，而且他们的生活会变得单调，心情变得烦躁。对个人，对新东方都是非常不利的。

俞敏洪有他的解决方式。每一个老师在新东方一段时间之后，俞敏洪常常给老师提供两方面的机会，第一个是新东方的内部调整，很多老师变成新东方的校长和管理者，就会迎接新的挑战，这样，那些老师就会对自己的工作更加感兴趣，觉得有很多新的东西可以尝试，从而不会产生懈怠；第二个是如果新东方内部确实调不开，或者这个老师认为自己不适合在新东方的管理岗位工作，做老师很优秀，做管理者会出现很多毛病，很多问题，新东方只能是让他选择要不继续当老师，要不就坦率地让他自己选择出去干自己的事业。所以现在有一些老师，不管是被新东方轰走的还是自愿走的，俞敏洪都表示鼓励。

另外，俞敏洪希望新东方成为"跑得最快的狮子"，但是不要做盲目向前追赶的狮子。快，虽然是成功者的必备条件之一。但是，还要防止一味快速奔跑而忘记了企业管理能力的伴随提升。因此，他有一个"速度与发展"的观点，他认为：只有知道如何停止的人，才知道如何加快速度。

俞敏洪说，汽车的质量越高，开得就越快。比如，像奔驰和宝马这一类车，它们的高质量不仅体现在发动机系统上，还体现在刹车系统上。你开这些车的时候，就敢于高速行驶，因为你知道，只要你踩刹车，车就能稳稳地停下来，不至于翻车或跑到马路外面去。但当我们开普通车的时候，我们一定不会开得和奔驰车一样快，因为我们知道如果让它跑得太快了，就很难刹车了，说不定就会撞栏杆或者翻了。所以说，没有把握停下来的人是跑不快的人。

他不仅用汽车的例子做比喻，还讲了一个自己亲身经历的故事。俞敏洪在2005年迷上了滑雪运动，刚开始学的时候他并没有请教练。看着别人滑雪，他觉得很容易，认为就是从山顶滑到山下那么简单。可是等他穿上滑雪板，哧溜一下就滑下去了，结果他没有从山顶滑到山下，而是滚到山下，摔了很多个跟斗。怎么停止，怎么平衡，完全没有掌握要领。

后来俞敏洪将滑雪的体会和感悟引用到管理企业中来，从而演绎出一套管理哲学。他认为，他最初滑雪体会到最大的一个乐趣，就是怎么停下来。做企业，一个是要追求速度的时候，必须要尽可能地向前发展，但是企业什么时候要停下来，就必须得停下来。其实这跟做人也是差不多的，如果一开始就知道自己在名利前刹不住车的人，那最好就别做坏事，因为一旦陷进去就出不来，企业也是一样。

在企业界长期存在着一种企业经营的悖论，认为企业的成功就是要以最快的速度把规模做大做强。因此许多经营者进入了一种思想误区，觉得企业如果不能一直向前进，那就不算成功。最近几年国际国内企业的并购和投资热潮证明了这一点，实际上有许多企业一并就死，一投就伤。

有人曾经将竞争比作老虎，企业在发展的过程中，如果停下来，就会被老虎吃掉，但是马不停蹄地赶路，则可能会因为精疲力竭而倒下。因此，企业领导人必须平衡好这两者之间的关系，控制好企业前进和发展的速度，既要防止太慢被"老虎"吃掉，又要注意奔跑太快而摔倒。因此经营者必须要保持冷静而思维敏锐的头脑，这就迫使俞敏洪不断对自己提出更高的要求，经常审视企业前进的速度，仔细思考企业运行的各个环节。

俞敏洪带领新东方审慎的向前进步，并非盲目的扩张和多元化，并非一味低头向前发展。他可能偶尔要放缓脚步，抬头看看生命的北斗星，找准自己的方向，去寻找希望。他这样的做法，其实给每一个人都提供了一个成功的榜样，即你要学会奔跑，将对手远远地落在后面，同时也要学会停下来，审视自己的方向。

·第二章·

名方实圆，坚守商业道德

古人云：得道者多助，失道者寡助。这里的"道"是指道德，也就是说，道德高尚的人，会得到众多人的帮助，道德败坏的人则会众叛亲离，甚至走上死路。这个道理同样适用于商界。尽管追逐利益是商人最直接的目的，可是如果不注意商业道德上的修炼，是不可能获得别人的支持，也不可能有更大的发展的。

守誉为方，积累资本

中国人十分重视信誉。信誉是评判一个人好坏的最基础的标准，也是日常生活里最基本的道德。守誉为方，所以经商的人更加看重信誉，把信誉作为衡量一个商家是否值得信赖的前提。下文的故事，讲的就是这个道理。

有一个年轻人大学毕业之后，和几个同学开办了一家电脑耗材公司。经过两年多的打拼，他成为一个拥有80余万元资产的小老板。

可是天有不测风云，就在他事业蒸蒸日上的时候，一个皮包公司利用一份假合同骗走了很大一笔钱。由于资金周转困难，他们的公司在坚持了不到半年之后，便被迫宣布破产了。当他和那几个合伙人商量今后的出路时，他们纷纷表示要到外地发展，离开这个让他们伤心的地方。但是，他却选择留下来，为此他要承担公司30万元的债务。

尽管在这个艰难时刻，那些债权人并没有找上门来逼债，但是几天后，十几位债权人都惊讶地接到他打来的电话，他诚恳地表示：在半月之内，会把所有的债务偿清。

然后，他毅然决定将自己一处位于黄金地段，且极具升值潜力的房产低价卖了出去。果然，在不到半个月的时间里，他偿清了30万元的债务。

他讲究信用、一言九鼎的行动，深深打动了那些债权人，他们都把他视为真诚可交的朋友。在那一段布满阴霾的日子里，他几乎每天都能接到那些朋友给他打来的电话，有找他吃饭散心的，也有人给他介绍一些朋友，并为他以后的创业出谋划策。

第二年，国内一家有名的企业管理软件公司的一位主管人，听到他卖房还债的事情后，非常感动，找到他，要求他代理自己的产品，但前提是需要 60 万元的启动资金。而在当时，他全部财产加起来还不到 8 万元。

当他那些朋友得知此消息之后，在不到 2 天的时间里，竟凑齐 70 万元，全力支援他。很快，他的事业开始有了转机，并一步步获得了成功，他始终坚持诚信的原则，为公司带来了更大的收益。

为什么诚信有这么大的魅力呢？因为诚信能使商品和公司人格化，征服人心。一个公司或一个信得过的商品长久让消费者"质量放心""斤两不缺""童叟无欺"，等等，就会慢慢使这个公司或商品树立起良好形象，甚至会使之人格化，被人们当成偶像。海尔形象、麦当劳大叔形象、万宝路牛仔形象等都是靠诚信和品牌树立起来的。产品质量是一种"死"物，而诚信是一种活的有灵魂、有文化的"神"物，公司效益也会因此呈裂变式增长。为此，精明的商人信奉"利润诚可贵，诚信价更高"这样的为商之道。

最著名的交易网站 eBay 在网络商务领域取得了惊人的成功。作为最大的网上交易社区，eBay 从成立到销售额超过 5 亿美元只花了五年，接下来，eBay 又以销售额每年增加 5 亿美元的速度增长，并在创业的第八个年头突破了 20 亿美元。

eBay 的成功在很大程度上依赖于它的电子信誉制度。eBay 要求每一个买家对卖家做一个信誉评分，每一个卖家也对买家做出信誉评分。eBay 上的每一个卖家都特别重视自己的信誉，如果其他人对他的评价不好，例如有 2％以上的不满意，就会影响他未来的生意。如果不满意率达到 5％以上，就不会有什么人愿意和他合作了。

eBay 的卖家为了自己的信誉，在交易中总是提供特别好的服务，甚至比许多实体的商店还要好。

eBay 的首席执行官梅格·惠特曼认为，网上购物公司的成功，最基本的原因是，交换和买卖商品的人必须坚持诚信的原则，他们往往在交易完成后仍然在网上交流心得体会，形成了一个强大的、相互监督的信誉网。eBay 的所有战略都围绕这一点展开，无论业务扩展到多大，都始终强调对用户的诚信，强调用户的参与和交流，并通过制定规则和用户参与，建立起"虚拟社区的诚信体系"。

这样一来，连虚拟的空间里也要建立诚信的关系，可见诚信的重要性。

富兰克林在《对一个年轻商人的忠告》一信中说过两句至理名言："时间就是金钱。""信誉也是金钱。"如今熟知前一句的人不少，对后一句有人则不以为然，其实，在人与人之间的交往和共处过程中，规定和秩序往往是靠守信来坚守的。守信更是市场经济的必要条件和内在要求，市场经济从某种意义上说也是契约经济。在市场经济的运转链条中，无论是生产、交换，还是分配、消费，哪一个环节都离不开信用。

义利圆融，发达不忘旧情

名誉是一个人最珍视的东西，名誉可以让人舍身忘利，可以让人视死如归。这一点是圆融的处理人际关系最关键的要素之一，掌握了这一法则可以无往而不胜。因此善待自己多年的挚友和多年的伙伴，让人觉得你非常"念旧"，就可以得到意想不到的效果。不仅可以真正实现"士为知己者死"，而且还可以"好事传千里"，名利双收。

李嘉诚拥有的第一幢工业大厦、地产大业的基石，让他赢得"塑胶花大王"盛誉的老根据地是北角的长江大厦。20世纪70年代后期，香江才女林燕妮为她的广告公司租场地，跑到长江大厦看楼，发现长江仍在生产塑胶花。此时，塑胶花早过了黄金时代，根本无钱可赚。当时长江地产业已创出自己的名号，盈利已十分可观，就算塑胶花有微薄小利，对长江实业的利润实在是九牛一毛。为什么仍在维持小额的塑胶花生产，林燕妮甚感惊奇。李嘉诚说是为了给以前的老员工留下一些生计，为了让他们衣食富足。

曾经有一位在李嘉诚公司工作了10年的会计，因为不幸患上青光眼，无法继续在公司上班，而且他早已花尽了额度之内的医疗费，生活面临着极大的困难。李嘉诚关心地询问会计：太太是否具有稳定的工作可以维持家庭生活？他支持他去看病，而且说，如果他的生活不够稳定，他可以担保他的太太在他的公司工作，使这家人不必再为生活奔波。

这位患病的会计经过医生的诊治，退休后定居在新西兰。本来这件事就应该这样结束，但值得一提的是，每次李嘉诚从媒体上获知治疗青光眼的方法，都会叫人把文章寄给那个会计，希望对他有所帮助。他的行为使会计的全家都十分感动，那个会计的孩子尚处幼年，大概还没到 10 岁，为了表达全家对李嘉诚的感激之情，孩子自己动手画了一张薄薄的卡片，寄给李嘉诚，礼轻情谊重。由此也可见李嘉诚优秀的人品和对员工的关爱之情。

有人看到李嘉诚如此善待员工，不由得感叹道："终于明白老员工对你感恩戴德的原因了。"李嘉诚认为：一家企业就像一个家庭，他们是企业的功臣，理应得到这样的待遇。现在他们老了，作为晚一辈，就该负起照顾他们的义务。别人夸奖李嘉诚精神难能可贵，不少老板等员工老了一脚踢开，他却没有。这批员工过去靠他的厂养活，现在厂没有了，他仍把员工包下来。李嘉诚急忙否定别人的称赞，解释说：老板养活员工，是旧式老板的观点，应该是员工养活老板，养活公司。相比较而言，日本的企业，在新员工报到的第一天，通常要做"埋骨公司"的宣誓。李嘉诚却从不勉求员工作终身效力的保证，他总是通过一些小事，让员工认为值得效力终身。他自豪地说，他的公司不是没有跳槽，但是公司行政人员流失率极低，可说是微乎其微。

在商战中，利益高于一切，商人不会从事没有收获的事业，毕竟企业不是慈善机构。所以工厂没有效益，关闭也无可厚非，李嘉诚却继续生产，坚持"员工养活企业，企业应该回报他们"的朴素观点，他是把冷漠商场化无情为有情。

李嘉诚认为，他自己尽最大的努力，为企业赚钱是应该的，所以其他股东相信他，虽然管理者受到的压力很大，但是因为他们的收入很多，所以他们应该多为员工来考虑，应该努力为他们做些事，保证他们的利益。为了增强下属对集团的归属感，他往往会给他们以低价购入长实系股票的机会，从而使集团形成了更强的凝聚力。

李嘉诚也很善于为他人谋利，做到仁至义尽。杜辉廉是曾为李嘉诚的事业鼎力相助的一位"客卿"。他是英国人，出身伦敦证券经纪行，是证券专家。李嘉诚最辉煌的战绩在股市，最能显示其超人智慧的场所也是在股市，而被称为"李嘉诚的股票经纪"的杜辉廉，在其中起了不容低估的作用。他是长江多次股市收购战的高参，并实际操办了长实及李嘉诚家族的股票买卖。但杜辉廉并不是李嘉诚属下公司的董事，他多次谢绝李嘉诚要他担任长实董事的邀请，是众"客卿"中唯一不支干薪者。但他却不因为未支干薪，而拒绝参与长实系股权结构、股市集资、股票投资的决策，这令重情重义的李嘉诚一直觉得欠他一份重情，总想着寻机报答于他。

1988 年底，杜辉廉与他的好友梁伯韬共创百富勤融资公司，李嘉诚当即决定帮助百富勤公司，以报杜辉廉相助之恩。杜梁二人各占百富勤公司35％的股份，其余股份，由李嘉诚邀请包括他在内的18路商界巨头参股。他们都和李嘉诚一样不入局，不参政，目的仅在于助其实力，壮其声威。在李嘉诚和其他商界巨头的大力协助下，百富勤发展势头迅猛，先后收购了广生行与泰盛，也分拆出另一家公司百富勤证券，杜辉廉任这两家公司主席。当百富勤集团成为商界小巨人后，李嘉诚等巨商主动摊薄自己所持的股份。其目的是再明显不过了，就是好让杜、梁两人的持股量达到绝对的"安全"线。

李嘉诚对百富勤的投资，完全出于非营利目的，他之所以这样做，完全是为了报杜辉廉之恩。尽管李嘉诚并不想从百富勤赚得分毫，但他持有5.1％的百富勤股份，仍为他带来了大笔红利。因为百富勤发展迅速，是市场备受宠爱的热门股，他不想赚钱，也得赚钱。

唐太宗李世民用水和舟来深刻阐述民与君的关系，他说：水能载舟，亦能覆舟。其实李嘉诚的做法与他很相像，不同的是前者用在企业管理中。李嘉诚说，一支同心同德的军队，身体力行的军队，有凝聚力的军队，才是无坚不摧的军队，才能够出奇制胜，一个光杆司令打不了天下，孤掌难鸣，就像舟和水的关系一样。而且他也是这样做的。他说如果要员工全心全意地工作，就要将心比心，让员工得到他们应该得到的，保证他们的利益。

所以，懂得感谢员工，回报部下，不计利益和索取，是李嘉诚对人生的领悟，也是商战之中不可忽略的一种战术。这种战术以柔软的内心作为根本，尽管付出很多，可是收获的将是比金钱要多出很多倍的名声。

很多人在获得了名誉和地位以后，就容易忘本，别说是下属，就连亲人和朋友也难以靠近了。这样的人，往往会众叛亲离。即使是眼前获得了成功，也不会长久。所以，成功之后，更要懂得珍惜，懂得感恩，不忘旧情。

质量取胜，药好才能称王

为商，只有货真，才能取得顾客的信任，只有质精，才能满足顾客的需求。这是胡雪岩常常跟手下的员工说的话，而他之所以有这样的感悟，是因为下面的这个故事：

相传，我国古代有一个叫韩康的人，他的生活全部要靠卖药来维持。当时，市场上常常出现卖假药的，碰上顾客讨价还价，他们自知理亏，底气不足，所以总是会让出一点价钱来，可是韩康卖的是上等真货，报的又是实价，所以他从来不让价，被人称作是"真不二价"。顾客吃了他的药，只需一两贴，病就立竿见影。所以，尽管韩康的药价比别家的贵，可是他的生意却是越做越好。

这个故事后来传进了胡雪岩的耳朵，让他有很大的感触，所以他常常讲给自己的员工听，就是想让员工们明白，只有货真，才能站得住市场，只有质精，才能获得长远的利益。胡庆余堂的生意能够做得红火，也正是因为胡雪岩在货真和质精两方面做得十分到位。

胡庆余堂的药物主要原料是天然动物、植物和矿物，品种多，分布广，属性复杂，生产出来的中药如果包含了质量不好的药材，就会直接影响药效。为了保证胡庆余堂药效和质量，胡雪岩总是动用自己在官场上的靠山，以钱庄作为后盾，在全国各地广收质量好的药材。有时，药农会出现资金周转不灵，胡雪岩就直接贷款给他们，为的就是在收购药材的时候，能够获得优先权。

胡庆余堂独家生产的"胡氏避瘟丹"，具有治腹泻、解头晕和胸闷等功效，左宗棠西征大军在作战途中因为水土不服，疫情蔓延，胡氏避瘟丹再次大显身手。这种药共需74味药材，每一味都需要顶真的原料。其中有一种叫作"石龙子"的药引子，俗称"四脚蛇"，是一种到处可见的爬行动物，可是胡庆余堂的药方里明确写明了要在杭州一带出没的、金背白肚的"铜石龙子"。

铜石龙子生性警觉，爬行速度特别快，很不容易抓获。所以，每年，胡雪岩都会派专门的员工去捕捉这种动物，不允许有半点马虎。不仅如此，在《胡庆余堂雪记丸散全集》的序言中，也写上了类似的戒语："大凡药之真伪难辨，至丸散膏丹更不易辨！要之，药之真，视心之真伪而已。……莫谓人不见，须知天理昭彰，近报己身，远报儿孙，可不敬乎！可不慎科！"从这里，我们真可以见出胡雪岩在"真精"立业上的用心良苦。

商家做生意，靠的就是信誉，如果总是以次充好，以假乱真，那么可能骗得了顾客一时，但是并非长久之计。在用过了产品之后，顾客就会了解其中的好坏，如果第一次吃亏了，他们自然不会再认可你的东西，甚至不会再去你的店里购买货物。所以，货物不真，质量不精，等于是自己砸自己的招牌。

所以，尽管商家是以追求利益为第一目的，可是一旦发现自己的产品的质量存在问题，他们宁可放弃自己的利益，将产品毁掉，也不愿意以次充好，砸了自己的招牌。

有一个农村来的姑娘，在巷子口卖豆沙包。她的面都是从老家运来的，做馅的豆子也是在老家精挑细选的。因为服务热情周到，豆沙包做的也比别家好，所以姑娘的生意一直都很好。可是有一天，刚刚支起铺子的姑娘却准备收摊不做生意了，过来买东西的人都觉得很奇怪，就问她是怎么回事。姑娘说，刚刚她觉得饿，就吃了一个自己做的豆沙包，可是觉得今天的豆子似乎没有洗干净，吃起来总是觉得怪怪的，所以她准备收摊不做生意了，明天做好了再来卖。

众人听了，纷纷说："那你今天的豆沙包怎么办呢？不能都扔了吧？大家既然来了，就卖给我们的，只这一次，没关系的。"姑娘却坚持不卖，她说："我宁可扔了，也不会卖没做好的豆沙包。不能因为眼前的小利，就砸了自己的生意。"说完，姑娘就收摊回家了。

通过这件事，人们更加信服姑娘的品德了，所以以后来买到沙包的人比以前更多了。我们说，做生意的人，就应该对自己的顾客负责，如果连自己的货物都不能做到"真""精"，那么也就不能算是对顾客负责了。只有我们用心地为顾客着想，顾客才能支持我们的生意，让我们获得更多的利润。

口碑是最好的广告

"北有王麻子，南有张小泉"，王麻子剪刀是著名的中华老字号，几百年来，王麻子剪刀以刃口锋利、经久耐用而享誉民间，曾创造过一个月卖出 40 万把剪刀的纪录。

王麻子剪刀创始人是山西一个姓王的铁匠，清朝初年来到北京。最初创业时，妻子建议他自己开作坊打制剪刀。王铁匠说："开作坊既需要场地，又需要请人，工钱、房钱、伙食钱，开支可就大了，咱们上哪里去弄那么多的钱！不如先租间房开个小店，向其他作坊收购产品，卖多少，收多少，既不占用太多的资本，又可以只拣好的、卖得快的收，这样不是既省心又省力吗？"

于是，王铁匠的小店在北京宣武门外的菜市口开张了。王铁匠变成王掌柜后，一心想使小店能有所发展，所以在进货时，他特别重视产品的质量，每次收购都要亲自检查，不合格的坚决拒收。他售卖的剪刀逐渐以刃口锋利、经久耐用而出了名，不仅北京人喜欢到这里来购买，一些外地来京的客商，甚至那些进京赶考的举人，在回乡时也要特地来这里买上几把剪刀，以便回去后赠给亲友。

因为这一带同类的小店很多，初来的顾客常常弄错，而王掌柜的脸上又有麻子，要买这里剪刀的顾客很自然就把麻子掌柜作为区别的标记。久而久之，不但北京人用"王麻子"来代替该店的店名，外地人也以"王麻子"相称，至于它原来的店名，反而不为人所知了。

到了 1816 年，王麻子的后代接办这间杂货店后，正式以"王麻子"为字号。小王掌柜不但在门外正式挂出"三代王麻子"的招牌，还在收购的剪刀上都镌上"王麻子"三个字，并将杂货铺改为专门经营剪刀。

小王掌柜也是一个经营的高手，除了注意进货之外，还很注意推销。顾客上门，总是和颜悦色地接待，无论买与不买，同样的热情，在任何情况下都不敢怠慢顾客。卖出的剪刀，要装进一个印有"王麻子"字样的纸袋中，纸袋上印有在一年中如果发生某种损坏情况，包换、包退等字样。

一次，有位外地顾客拿来一把镌有"王麻子"字样的剪刀要求退换，虽然卖出的时间已经过了一年，小王掌柜见确实属于质量问题，立即换给顾客一把新的剪刀，并再三向这位顾客赔礼道歉。这件事传出后，王麻子剪刀铺的声誉更高了。

这就是口碑的魅力，在当时没有电台和报纸的情况下，王麻子剪刀也得到了很好的宣传，所以名声越来越大。

从本质上说，口碑也是一种广告，但与商业广告相比，它具有与众不同的亲和力和感染力。经常会出现这样的情况，商业广告只能引起消费者的兴趣，并不能真正促成购买行为，消费者会仔细和其他商品做比较。但如果有亲戚朋友极力推荐某一品牌，消费者心中的疑惑会烟消云散，充分信任该商品，买卖便会轻易达成。

由此可知，口碑传播在对产品信息的可信度和说服力上有着不可估量的作用。许多研究和调查都表明，口碑传播在劝服的针对性和力度上大大优于传统广告的宣传方式。同类产品，对于广告宣传和朋友推荐的品牌，大多数人会接受朋友的建议。所以，如果企业在营销产品的过程中巧妙地利用口碑的作用，就能快速发掘潜在顾客、提高顾客忠诚度、避开竞争对手锋芒，收到许多传统广告所不能达到的效果。

企业发展要注意口碑，一个人也要注意自己的口碑。如果你给别人的印象是非常好的，办事讲究诚信，不自私，乐于助人，那么别人在跟你打交道的时候，就会很自然的信任你，而不是处处防着你，有什么好处也会想起你来。

很多时候，人们在与人交往的过程中，并不是十分注意给他人的印象。因为他们觉得，时时考虑别人的感受，是一件很累的事情。其实，这样的想法是错误的。因为如果你的品格是高尚的，做事情的时候拥有自己的一套原则，而这套原则是能够得到大众认可的，那么即使是你的行为中偶尔会有一点的瑕疵，也不会影响到你给别人的整体印象。相反的，人们会根据你的大体情况，给你的整体打分。

所以，在与人交往中，不需要事事都做到完美，可是大体方向的把握，我们还是需要注意的，因为你的这些行为，正是在给你打造一个良好的口碑。

不和恶性竞争沾边

"商场如战场"。竞争是不可避免的，通过竞争，大家会努力提高自己产品的质量、维护客户的利益，使市场出现欣欣向荣的局面。对于竞争，松下一向都持积极肯定的态度。不过，松下所说的竞争，是堂堂正正、公公平平的竞争。只有这样的竞争，才能获得上述的效果，否则只能带来混乱和衰败。松下说："维护业界和社会共同的利益，以促进全体人民的共存共荣，才是竞争的真正目的。必须以公开的、公平的方法竞争，为了业界的稳定，不论制造商、批发商或零售店，都绝不可只为反对而反对，不可为了想打倒对方的对抗意识而竞争，或借权力及资本和别人竞争。"

松下认为，下述的竞争都是不正当的，其后果只能是害人害己。

1. 盲目削价

这大概是几乎所有的厂商及销售商都会使用的恶性竞争手段。如果是成本降低的低定价、季节性削价等，也尚无不可。要命的是有些人视正常利润于不顾，一味地削价，以扩大销路。松下认为，这种"竞争"害人害己：一方面的削价，可能引发大家竞相削价，害了别人；如果价削到了连正常利润、甚至些微利润都不能保证，就连自己也害苦了。这就违背了经营最基本的赢利原则。松下指出："即使竞争再激烈，也不可做出那种疯狂打折、放弃合理利润的经营。它只能使企业陷入混乱，而不能促进发展。倘若经营者都这么做，产业界必然展开一场你死我活的混战，反而会阻碍生产的发展、社会的繁荣。"

2. 损害别人信誉

有些经营者求胜心切，便不择手段地诬蔑、诋毁同行，以此来打开自己的发展之路。松下认为，这太没出息，也很卑劣。对于对方的诽谤，也无须迎头痛击，真正坚强的话，应该是笑脸相迎。因为，诽谤者的命运与恶性削价者相比，更不堪一击，而且往往是跌倒了就无法再爬起来。

3. 资本横暴

这是一些实力雄厚的大公司常用的法子。他们依仗自己雄厚的资本，有意做出亏本的倾销或服务，以此来压倒中小企业的竞争对手，然后雄霸一方。松下以为，这是资本主义初期的产物，再用到今天来，就有些错得离谱了。

有些人认为，在商场上，不同行业可以各行其道，各得其所，如果是同一行业，则难以避免一场你死我活的竞争。特别是在同一地区、同一城市，尤其是在同一条商业街道，这种竞争则是赤裸裸的。一定时空条件下，客户的钞票是有限的，具体购买项目更是个定量，在别家买了，自己的生意就被夺去，反之亦然。于是在市场上有"同行是冤家"之说。

这是事实，但绝不是事实的全部。松下幸之助认为，你多我更多，你好我更好，才称得上经营有方。于是同行在他的眼里是"同仁"，从未有过"嫉妒"二字。

同行是竞争对手，但绝不是冤家、死对头。要使你的生意兴旺发达，就必须学会在与同行的竞争中，求生存和发展，变同行竞争的压力为自己奋进的动力。尤其是当同行之间势均力敌，相互较量难分伯仲时，如果采取相互中伤、竞相杀价的恶性竞争，则大都会两败俱伤。

体育竞赛具有一定的规则，市场竞争也必须具有一定的规则。如果没有一定的规则，一场足球赛是无法进行下去的，必然会导致一片混乱，同样，如果没有一定的规则，市场秩序会引发混乱。

目前市场上有奖销售十分流行，严格地说这是一种不正当的竞争行为。得奖者毕竟是少数，绝大多数的顾客只是抱着赌博的心理来购物，对树立公司形象和信任并没有任何帮助。作为暂时的促销手段，可能也有一定的效果，但终究不是赢得竞争的长久之计。

有的企业为了击败竞争对手，采用削价倾销的方法，这更是一种不正当竞争行为。商品的价格要根据实际的成本和合理的利润来确定，如果削价倾销已无利可图，虽然暂时击败了一个竞争对手，但自己也可能因此大伤元气。

成功者通常避开人头攒动的大道，走人迹罕至的小路。要想在竞争中占优势，就应该踏踏实实地提高产品的质量，改善售后服务，努力树立企业的良好形象，这样可以有效避免卷入恶性冲突，也才能使你的经营长盛不衰。

商场非赌场，杜绝赌博心态

在赌局中往往有这样一种人。他看见局中热闹，忍不住心跳，也想赌它一把，无奈患得患失，瞻前顾后，在一旁看得手心都冒了汗。自以为看出了门道，忽地长出一颗豹子胆，一头扎下去，连头发都不露出一撮来。这种心态，其结果多半不好。

这种人还很爱说赌一把，喜欢搞投机。这是一种人生的心态。

如今的炒股风越刮越猛，一些人就迷住"它"，茶不思，饭不想，为伊消得人憔悴。可悲的是，这种人别说掌管股市的何去何从，就是股市风吹到他们面前，他们也分不清方向，测不出风力。一发现某个股票有利可图，马上全力追进，用尽全部积蓄，像押宝押注在同一个股票上，结果仅有的钱多半是随风而去，没了踪影。更为糟糕的是，初遭挫折的穷人，心态变得更加急切。如果钱不属于自己一个人，这时候，家里、外面的压力也来了，心情觉得烦躁，一心就想着要翻本，要加码赌一把狠的，要把握住那罕有的机会，结果亏损就继续扩大，以至于空了钱袋，变得更穷。

百富勤曾经是在香港的金融市场里叱咤风云的明星级证券行，但是在亚洲金融风暴中宣告清盘，仅仅 10 年，百富勤从无到有，又从有到无。它的成功和失败的经验，到底能带给人们多少启发呢？

百富勤的创办人是杜辉廉和梁伯韬，他们都是香港证券业里屈指可数的精英分子。1987 年的股灾之后，香港的股票市场一片狼藉，之后，杜辉廉和梁伯韬两人开办了百富勤国际公司。

在天时、地利、人和的配合下，百富勤就像一只展翅的雄鹰，以"快、狠、准"的经营作风，抓住每一个可以实现丰厚利润回报的机会，勇于开拓。所以在短短的 10 年间，百富勤就由一间 3 亿港元的小经纪行发展到总资产 240 亿港元的跨国集团公司，被认为是股市的神话。

百富勤的投资项目非常广泛，覆盖的地区也很广，主要的业务包括股票产品、定息债券、直接投资、资金管理、物业投资及发展和投资买卖等等，也就是说只要是高利润回报的业务，百富勤都是满怀兴趣地加入。

从 1993 年开始，随着亚洲经济的发展，急需大量的资金，世界各地的资金源源不断地流入亚洲市场。百富勤就抓住这次大好机会全力发展证券业务，在

1994 年成立定息工具部门，主要为亚洲企业以亚洲货币发行债券集资。该部门的发展以超乎想象的速度发展，先后参与了 6 个国家的 3 项发行债券活动，涉及债券总额达到 150 亿美元。

百富勤的发展表面上看来一帆风顺，其实投资风险一直伴随在它身边，只不过百富勤成功得太快，它忘记了投资的要诀——"分散风险"，导致它的投资金额过大，而且忽略了亚洲市场的风险，孤注一掷地把资金投入到亚洲，没有分散资金投资到其他市场，导致了以后的失败。

导致百富勤全军覆没的失误是印度尼西亚投资业务。由于百富勤的投机心理太强，越高风险的业务就越投入得多，所以在印度尼西亚和韩国的投资过大，将近 6 亿美元，相当于总投资的 25％～30％。它忽视了汇率的风险，也没有考虑到自己的实力对风险的承担能力。

很快，因为印尼盾和韩元大幅贬值，百富勤的投资产生了重大的损失，尤其是定息债券（这些债券以有关国家货币计算价值）损失惊人，账面损失高达 10 亿美元，约 77 亿港元，加上其他部门的亏损，总损失达 100 多亿港元。

在沉重的打击下，百富勤终于支撑不住，宣告清盘。它的成功在于选择了许多投资机会，所以得以发展；它的失败则在于其投机心理太强，以孤注一掷的方法进行，要么大富，要么就一败涂地。

正因为生活离不开金钱，许多人便强烈地追求它，甚至为了金钱不惜把自己的明天也赌上，对于这样一种不负责的、带有赌博性质的致富行为，是要不得的。

赚钱不是赌博，不能不管三七二十一、孤注一掷，即使赢了也不见得是好事，输了更是一塌糊涂。做生意也不是找金矿，金矿找到了自然致富，可是天下有多少人找到了金矿呢？世上只有持久的生意，没有持续的暴利，与其求横财，不如细水长流，积少成多。老老实实做生意，天天有薄利，日久天长，最终也可以成为商界巨子的。所以古人说："生意如牛涎。"做生意就要像牛一样垂涎三尺，又细又长，拖之不断。只要生意不断线，利润少也没关系，比起要么爆发，要么一败涂地，不知要可靠多少倍。

聚得了人气，才聚得到财气

1936 年出生的梁庆德，并不知道若干年后，自己会获得一个德叔的称号。

这让人想起香港黑帮电影里许多德高望重的人，也被手人称为某某叔。但与他们相比，梁庆德有诸多不同。

他在 26 岁时就当起业务员，独自背着 20 斤饼干走南闯北。他喜欢笑，笑的时候总看着人。许多年后，当梁庆德成为格兰仕董事长的时候，身上更多的也是笑容和体谅，而非霸气和专横。正是这一点，让他聚拢起更多的人，德叔更多的是敬称，而不是畏惧。

1994 年 6 月 18 日晚 11 时许，一个老鼠洞差点将已有 16 年之久的格兰仕毁于一旦。百年不遇的洪水让这个转制不久的工厂成为一片汪洋。

如果这世上有些事的发生注定无法改变，承受就是唯一的选择。当时的格兰仕人面对的就是这样的局面。十五分钟内，机器和厂房全部被淹。所有的人都惊慌失措，而此时的梁庆德却大喊一声："撤！一定要保住所有的人，一定要让所有的员工都安全！"

当洪灾过去许多天后，一位格兰仕销售主管这样评价自己的老板："梁庆德是个低调谨慎、深谙用兵之道和非常讲感情的人。"

深谙用兵之道是句含义很深的评语。能说出此话，必是梁庆德身边亲近之人。

在梁庆德身上，人们看不到讳莫如深的诡计和克敌制胜的妙招。他的用兵是把计设在了人们心里。"很多高级管理员工都是冲着老板的知遇、礼爱之情投奔而来的。""知遇""礼爱"是一个成事者难得的秉性，而梁庆德这个面容温和，素无杀气的商者正是凭着这点，攻克了无数人内心的堡垒，让他们为自己拼命。

在那一声断喝之后，大家闻令即行。洪水呼啸而来，"到拱桥上去！到拱桥上去！"此时的梁庆德，衣服已经湿透，却不知那是汗水还是洪水。

拱桥是当时格兰仕的最高处，钢筋混凝土构造，洪水冲不垮。大家纷纷跟踉而来。梁庆德又给驻守各关键岗位的人打电话："赶快撤！文件账本都不要了，尽量往高处走，快点！"

很多人就是这样跑了出来，当时，梁庆德并没有告诉他们要躲到哪儿，但这些人却本能地向拱桥跑来。看到这一幕，许多人除了内心的恐惧，更多的还是感动和震撼。一座拱桥聚集了格兰仕所有人，只要在一起，就没有渡不过的难关。

在这些人中，最显眼的还是梁庆德，他站在高高的拱桥上向下望去，2.8 米深的洪水已将整个厂区淹没。他突然想怎么会这样，天灾无情，却为什么找到他梁庆德的头上？几个月前才刚刚和他一起买下格兰仕 70％ 股份的创业者的心血就这样付之东流，他觉得愧对众人。

但很快,他从这种思绪中抽身而出。

"查查有没有人员伤亡,清点一下人数。"

很多当时在厂的员工无法清晰地描述自己的感受,他们只觉得感动,非常感动。

"无人员伤亡,所有人员全部到齐。"

梁庆德长长地出了口气,但他知道,之后的恢复工作更加严峻。

在接下来的半个多月中,格兰仕1000多人不分昼夜地对工厂进行抢救。累了,就躺在镇上送来的席子上睡一会儿。有些年轻人会时不时地哭泣,因为年轻,面对困境才越发绝望,而有些人就是这样想着想着慢慢睡着。

但梁庆德却睡不着,没有人知道他有多少个夜晚没合上眼睛。没有人知道他心中的苦楚:资金受损的股东、3800万的银行贷款、百废待兴的厂房,还有许多当初跟着自己打拼天下的兄弟姐妹,所有的一切,都要他一个人去抉择和面对。

"不能垮,不能垮,我还有很多债没有还!"

几天之后,梁庆德理了一个短发,他本想振作精神从头做起,没想到却看到了一头灰白的头发。

一夜愁白头,格兰仕员工竟在自己老板身上看见了。此时,有人开始哭泣,不久之后,就是大片大片的哭声。梁庆德没有哭,他只说了一句:"开会,中层以上干部全过来。"

会上,他先是交代了公司生产要抓紧恢复的事情,接着,就说了下面的话:"大家都是光人一个跑出来的,马上给每人发100块钱,让大家去买换洗的衣服。后勤再去买些脸盆牙刷生活用品,发给大家,伙食一定要安排好,出再大的事也要吃饭。"

听了老板的话,在座的每个人都被镇住了,他们没想到在这样的危难关头,老板想得最多的还是员工。

"还有,给外地员工发三个月工资,告诉大家想走的就走吧,厂里能理解,等恢复生产了再喊他们回来。"

人,很多时候就是活个情义。梁庆德说出这些话的时候,所有人的心已经被他牢牢抓住,有的外地来的小姑娘竟哭作一团。他们决心振作,决心团结,决心一个也不走。而格兰仕,就真的在众人的努力下挺过难关,迎来了新的生机。那个在这场与洪灾搏斗中发挥核心作用的梁庆德,却显得有些疲惫。

"我只想好好地睡一觉,真的有些累。"

许多年后，有人问他度过那场洪灾的关键和企业发展的关键是什么。

他思忖片刻，掷地有声地说："是人的力量。一个企业在很小的时候，在相当困难的时候，如果能患难与共，风雨同舟，朝着一个目标去努力去干，这个企业就会有大的发展。格兰仕的发展，得益于我们的员工和管理层在过去 10 年吃的苦，没有他们，就没有格兰仕的今天。"

现在，格兰仕已经成为中国微波炉业的巨头，梁庆德将这一切归功于格兰仕始终如一的人本思想。在那年洪灾之后的第二年，格兰仕招收了一批大学生，入场教育时提到那次洪灾，几乎没人相信。巧合的是，第二年又发生洪灾，那批大学生就是那年抗灾的亲历者，如今已成为格兰仕的骨干。

俗语说，天灾无情人有情。商道之中，此话同样适用。当一个领导将下属的利益置于金钱之上，他就获得了最有价值的资源：人心。"人聚财聚，人散财散。"拥有人心，就有了渡过难关、创造辉煌的可能。一个富可敌国却冷酷无情的人注定是孤独的，他会因为自己的薄情寡义失去良机。而一个善良淳厚的人，却会得到众人的回报。在这个社会，重要的不是钱生钱，而是心换心，最有价值的东西都换来了，还怕有什么得不到呢？

从正路走，不做名利双失的傻事

对于做生意，人们的一贯主张是"从正路走"。这里所说的"正路"，就是按照正常的方式，正常的渠道，不要用"歪招""怪招"。做生意，不能违背大原则，什么钱能赚，什么钱不能赚，心里要分得清楚，不能只顾着赚钱而不顾及道义。

2005 年，一则传销大案引起了很多人的关注。新华网对此做了报道：

……（梁晓亮、王湘麟）以高额返利为诱饵，发展传销人员逾 2 万人，非法经营额高达 4500 余万元，武汉"苍龙"特大传销案一度备受关注。4 名被告人汪厚棣、吴国阳、冼丹东、程念茹近日被武汉东湖新技术开发区法院以非法经营罪一审分别判处有期徒刑 8 年至 5 年，4 人同时被处罚金共 115 万元。

汪厚棣现年 68 岁，原为武汉苍龙生物工程有限公司及武汉苍龙营销有限责任公司总经理。1999 年 4 月，他与苍龙营销有限责任公司副总经理吴国阳、冼丹东及该营销公司营销中心营业部部长程念茹等人，精心策划了"九九苍龙跨世纪滚动促销计划"传销方案，后专门在武昌中南路租房作为传销窝点。

同年 5 月起，他们开始以招聘"苍龙力诺活力素""苍龙力诺健之素"等保健药品销售"代理商""业务员""宣传员"为名，以高额返利为诱饵，在湖北武汉、黄石、黄冈、孝感、仙桃等地建立传销网络，实施所谓"滚动方案"传销计划，从中收取应聘者"保证金"。至当年 10 月，"苍龙"销售网共发展传销人员 21441 人，其中"代理商"1010 人、"业务员"20431 人。通过传销，"苍龙营销公司"共售出产品 163162 份，非法经营额高达 4530 余万元，从中非法获利 938 万余元。

因不能向应聘者兑现承诺的分红，"苍龙"特大传销案很快于当年案发，警方经艰难侦查，将 4 人相继抓获归案。

2003 年《南方日报》的一位记者写了一篇《杨斌调查——中国"黑马富豪"浮沉录》的报道，对风云一时的人物杨斌的历程做了报道，以下是节选的部分：

"我 1963 年 2 月 11 日出生在南京，5 岁的时候父母离异，我成了孤儿，是我奶奶靠摆茶水摊一分一分地攒钱把我养大的。从小学开始，我就靠减免学费读书。那时候，我能想到有今天吗？当时，我想得最多的就是，长大后要多挣点钱，给奶奶买好吃的。

"小时候，别人家都在南京的湖中划船，我也划了一次，不过是坐在木桶中划的。有一次，别人家在吃橘子，我趴在门缝上看，结果被我奶奶打了一巴掌，说：'干吗要眼馋人家，要长大了自己挣！'

"8 岁的那一年，我找到了我的生母，跟着她走了一个小时，我母亲打了我一巴掌，在地上扔了 5 块钱，我捡起来带回去，我奶奶又打了我一巴掌，说：'你不争气，为什么不长大了自己挣钱?!'

"因为我是吃百家饭长大的孤儿，所以我到了荷兰后，民族心特别强。在荷兰，在我居住的莱顿市，我看到了荷兰先进的农业模式，当地的农民人均年收入是 25 万美元，我就想，要是能把荷兰的农业带回中国来，让中国农民也像荷兰农民一样富，那有多好！

"我是喝长江水长大的中国的孩子，假如我真犯了罪，母亲惩罚孩子，作为孩子的我能责怪母亲吗?"

以上是杨斌在法庭上说的一段话。时间是 2003 年 6 月 13 日下午 16：30 左右，地点是沈阳市中级人民法院的 11 号审判庭。发言者，则是曾经吸引过中外无数人眼球的荷兰籍华人企业家杨斌。

就在 2002 年 10 月 4 日以前，杨斌还住在沈阳市于洪区"荷兰村"他的别墅里。在规划占地 5000 余亩的荷兰村，杨斌抽心爱的"三五"牌香烟，吃爱吃的红烧肉，开着加长的豪华型奔驰轿车，宛如一位国王。

也就是这位今天站在被告席上的杨斌，曾经以 75 亿人民币、仅次于刘永好兄弟 1 亿美元的身价名列"2001 年度福布斯中国富豪榜"被财经界惊呼为"黑马富豪"，同时，他还曾经被朝鲜任命为朝鲜国新义州特别行政区的特别行政长官。

而如今，在他梦想要建立一座"人间天堂"式的卫星城的沈阳市，在森严的法庭上，杨斌 40 岁的人生大戏正徐徐降下帷幕——面对他的，是 6 项罪名的指控。

这 6 项罪名是：涉嫌虚假出资罪；涉嫌非法占用农业用地罪；涉嫌合同诈骗罪；涉嫌伪造金融票证罪；涉嫌对单位行贿罪；涉嫌单位行贿罪。其中，仅伪造金融票证一项，涉案的数额就高达 17 亿元人民币之多。

2003 年 7 月 14 日，从沈阳传来消息：杨斌案一审判决，杨斌上述 6 宗罪名悉数成立，数罪并罚，被判 18 年有期徒刑，罚款人民币 230 万元；而杨斌旗下的沈阳欧亚实业有限公司、沈阳欧亚农业发展有限公司，也因为上述罪行分别被判以 560 万元、40 万元人民币的罚款。

其实不管是通过传销以牟取暴利者，还是像杨斌这样的暴发式富豪，如果以不正当的手段去赚钱，最终只能害人害己，成为社会的祸害。

为商者，与利益接触最直接，稍微不注意，就可能忍受不住利益的诱惑，失去了做人的原则。俗话说：没有不透风的墙。违背道义，不走正路，一旦东窗事发，必定引起万人唾骂，名利两失。所以，做生意才是应该从正道出发，赚取正当的利益，才能有更长远的发展。因此，只有名方实圆，恪守商业道德，才能获得成功。

· 第三章 ·

亦方亦圆的经商战术

商业竞争，讲求计谋。除了要有圆融的智商，懂得布局，懂得把握机遇，还要有自己的原则和做事的准绳。不管竞争面临怎样的形势，也不管自身的处境是怎样的艰难，都要做到"快、准、稳"。

市场面前，速度制胜

我们讲"兵贵神速"，就是要尽可能快地对敌人进行打击。战争是残酷的，也是瞬息万变的。战争中，形势的转变往往在几分钟之内发生，没有高效的执行，输掉的可能不仅仅是一场局部的战斗。所以，无论是寻找战机、制定决策，还是采取行动，都要比对手抢先一步。

在企业的落实工作中，效率仍是一个制约因素。可以说，市场面前，速度制胜。"传媒大王"罗伯特·默多克说过："必须快速行动，除了快速作出决定并且以决定为基础采取行动外，没有其他方法可以击败你的竞争对手。懒惰是失败者的专利，只有快速才能生存。"我们看到，许多优秀企业也一直在强调速度和主动出击，因为机遇、市场是不等人的，迟一步就可能会满盘皆输。海尔便是一个强调速度的典型。

2002 年 7 月举行的一次互动培训课程，主题是"推进流程再造"，在会上，张瑞敏出了一个问题："如何让石头在水上漂起来？"话音刚落，会场上响起了各种答案。有人说"把石头掏空"，有人说"把石头放在木板上"，更有人说"做一块假石头"，这些回答都没有得到张瑞敏的赞同。直到副总裁喻子达喊出"是速度"，这个问题才有了一个完美的答案。张瑞敏引用《孙子兵法》中的话说："'激水之疾，至于漂石者，势也。'速度能使沉甸甸的石头漂起来。同样，在信息化时代，速度决定着企业的成败。海尔流程再造要以更快的速度响应市场发展，以满足全球用户的需求"。这一番话为培训确定了主题。

有人问张瑞敏："海尔搞得那么好，你们是怎么作决策的?"张瑞敏回答："我们海尔永远是有50％的把握就上马。"他还说，"有50％的把握就上马，获得的是巨大利润；有80％的把握上马，获得的是平均利润；有100％的把握上马，一上马就死。"

海尔的这种理论，跟曾担任过惠普公司首席执行官的卡莉的观点是一致的，卡莉也曾提出过一个著名的速度理论：先开枪，再瞄准！她表示："过去我们的新产品要在各方面都达到95分以上才推出，现在我们应当改变这种思维方式，产品做到80分就该推出，然后再慢慢改进。"

对这一速度理论，卡莉有一个形象的比喻："你滑水冲浪，要保持一个速度才站得起来。在这一过程中，尽管我们很难精确抓住行进路线，但我们不能为了抓住路线而将速度放慢。网络的时代，要抓住速度，才能进入竞争的门槛!"按照一般人的思维模式，应该先瞄准，后开枪，否则就可能瞄不准目标。可是卡莉却偏偏反其道而行之，她上台之后，做的第一件事就是要求惠普"先开枪，再瞄准"。

因为在这个竞争激烈的年代，速度是决定胜负的关键。无数人都盯着同一个市场，如果你不立即做，马上就会被人捷足先登。

1992年金秋，上海街头梧桐叶黄了，诱人的糖炒栗子满城飘香。某晚，酒足饭饱后，长住上海的温州乐清五金机械厂朱厂长逛街去了，他把这种消闲称为"跑信息"，或者说"捡钞票"。拐出延安东路就是热闹非凡的大世界，一家食品店门口排长队买糖炒栗子的人们引起了朱厂长的条件反射。这些年来，朱厂长悟出了一条发财真理："凡是人群密集的地方，一定有财神爷在微笑。"

朱厂长开始仔细地观察，他发现急于尝鲜的上海人买了糖炒栗子后，都咬着、剥着吃，而常常又把栗子内核弄得四分五裂，一副狼狈相。"能不能搞个剥栗器?"他迅速画出了剥栗器的草图，材料用镀锌铁皮，成本每只0.15元，出厂价0.30元。10分钟后，朱厂长推开了商店主管室的大门，向主管推出了自己的创意。主管认为：这是一项发明，顾客肯定欢迎，不过，上市要越早越好，希望朱厂长在两个月之内保证上市。朱厂长笑了："两个月? 我一个星期后就送上门。"主管不相信：这审批、核价什么的，没两个月怎么行呢? 当晚，传真将剥栗器草图传回了朱厂长在温州家乡的工厂，一副模具两个小时就出来了，冲床开始运转。3天后，一卡车剥栗器涌进了上海，大大小小商店门口的糖炒栗子摊主都成了朱厂长的经销商。

朱厂长在商场的成功得益于其聪明的头脑，以及他抓住机会后能以最快的速度来执行的能力。曾任温州市委书记的董朝林说："温州人看到有钱可赚，第二天就弄台机器运转起来。机器可以放在家里或朋友的仓库里，行了再盖厂房，厂房大了才请管理人员。要是在其他地方，半年也论证不下来。"正因为温州人的"快鱼"精神，才创造了温州的辉煌。

日本著名企业家盛田昭夫说："我们慢，不是因为我们不快，而是因为对手更快。如果你每天落后别人半步，一年后就落后了一百八十三步，10 年后就是十万八千里。"

现在，市场已经从"大鱼吃小鱼"转变到了"快鱼吃慢鱼"的时代，速度和效率在某种程度上决定了企业的生存和发展。在讲求速度的今天，稍有拖延，错失的不只是一个商机，有可能使整个局面失控，甚至在竞争中的最终失败。

商海论战，"稳"字当先

商场如战场，很多时候并不是单单凭借激情就能够独当一面的，而更多的是要依靠"稳"，才能赢得一番天地。

说到"稳"，我们不得不提到"东方船王"包玉刚。

60 年前的宁波小镇上，包玉刚出生于一个小商人家庭，父亲包兆会是个市井小商人，常年在汉口经商，每一分钱都浸满汗水。家离海不远，包玉刚经常去看海，看船。命运似乎有某种笃定，一定就是一生。包玉刚在 13 岁的时候到上海读了一个船舶学校，抗日的时候被迫中断，又去银行里当小职员。1949 年初和父亲来到香港，自此踏上航海业的征程。在 1949 年到 1978 年间，包玉刚用不到 30 年的时间在一条破船上成长为享誉世界的船王。此中艰辛常人难以理解。

而远在香港，有一个人也正强势崛起，那就是比他小 10 岁的李嘉诚。李嘉诚通过苦心经营，跻身华人首富，一样的艰苦，一样的令人瞩目。一边是船王包玉刚，一边是首富李嘉诚，两人都不会想到如今同会于香江湖畔，一起阻击西洋财团。

1978 年 7 月的一天，李、包两人密会于香港中环文化阁一间隐蔽的房间。谈话的主题直奔九龙仓。

在那次密会中，李嘉诚打算将手中持有的 2000 万股九龙仓股票转让给包玉刚，包玉刚必须帮他在汇丰银行承接和记黄埔的 9000 万的股票。包玉刚意在九龙仓，李嘉诚意在和记黄埔，两大巨头各有所指，共同的目的却是对抗盘踞九龙仓的英国财团怡和。

两人一拍即合，包玉刚当场同意李嘉诚的建议，同时约定事成之前不向外界走漏半点风声，这就是著名的"阁仔会议"。

但是为了以防万一，包玉刚在承接了李嘉诚 2000 万九龙仓股票后，又悄悄买进 1000 万股，整个过程神不知鬼不觉，直到他持有的九龙仓股份达到 30％，高于怡和的 20％时，才高调地宣布自己已是九龙仓最大的股东。

为了更加稳妥的掌控九龙仓，包玉刚又将手里的股票以高于市价的价格转让给环球旗下的隆丰国际，以此来表明，他的最终目标是掌控九龙仓 50％以上的控股权。而且，即使这次有什么闪失，他顶多赔掉一个隆丰国际，对自己的财力并不会造成太大影响。包玉刚步步为营，他用自己的沉稳和谋虑逐渐接近目标。

英国财团的掌控者知道这个消息后暴跳如雷，扬言反击。一股大战前的血腥味似乎正在笼罩香港的上空。

1980 年的夏天，包玉刚按原计划要进行一场环球旅行。期间，他要途经法国巴黎、德国法兰克福、英国伦敦，最后还要飞到墨西哥与墨西哥总统会面。当时的包玉刚风光满面，九龙仓争夺权已基本胜券在握。但他不知道的是，自己的这一行程已被英国财团眼线获知，英国人已经谋划周全，只待包玉刚离开香港，反击立刻上演。天平开始倾向另一方。

果然，包玉刚前脚刚到欧洲，怡和就抢购九龙仓股份。他们的目标是将自己的持股率增加到 49％，包玉刚的股票只有 30％，如果想超过怡和，就要在两天内筹集数十亿现金，再买入 20％的九龙仓股票，他有这个实力吗？得到怡和反扑的消息后，包玉刚的女婿、自己的得力干将吴光正，马上给包玉刚打电话，告知急情。从吴光正略显惊慌的话语中，包玉刚得知此事的严重性，他先平复女婿的心境，然后详细询问整个事件的经过。英国人是在逼自己全盘收购九龙仓，但他当时根本没这个实力。吴光正说，如果他们也和英国人一样，将九龙仓的股票持有率增加，就会占有比较有利的位置。因为当时怡和只有 20％的股票，而包玉刚则有 30％，再买进 20％股票的话，就可稳操胜券，整个过程如果用现金交易，优势会更大。

包玉刚当即同意此方案。但他当时手里只有 5 亿现金，为了筹款，便详细地做起了安排：他先是致电在伦敦的汇丰银行老板，第二天上午共进早餐，再向原本确定出席的会议和见面的人物致函道歉，说自己因个人事务不得不取消这些议程。接着，他便直飞伦敦筹款，整个过程顺利得异乎寻常，财团很快答应了包玉刚借款 15 亿的要求。钱的事准备妥当后，包玉刚又密电吴光正给自己订购苏黎世直飞香港的飞机票，自己则按原计划飞到墨西哥与该国总统见面，以麻痹英国人的眼线。在到了苏黎世后，他就悄悄地登上事先早已预定好的飞机，直飞香港。整个过程，包玉刚非常冷静，甚至冷静得有些惊人。

回到香港后，包玉刚选择了一家平时并不常住的酒店下榻，然后立即布置收购的相关事宜。在确定怡和出价 100 元一股后，包玉刚决定以 105 元一股与之对抗，因为是现金买进，这个价格英国财团肯定无力还手。确定这点，包玉刚当天晚上就召开了新闻招待会，高调地宣布自己将再买进 2000 万股九龙仓股票。而在解释自己怎么筹到这笔巨款的时候，包玉刚只是轻描淡写地说自己只是到当铺转了转。自此，英国财团怡和彻底被击退。

在整个九龙仓收购战中，包玉刚共动用了 23 亿现金，人们在不断地感叹，在这场震动世界的商业并购案中，船王是如何在如此的短的时间内筹到这些资金的？有些人说是因为他的临危不乱，也有些人认为是他的个人魅力和身后的强大财团。但不管依靠什么，有一点不可否认，包玉刚的沉稳、老谋深算在关键时刻挽救了他。联手强人、瞒天过海的出游计划、尘埃落定后的平静言语，包玉刚的商业智慧让这艘在大海上漂荡了半个世纪的大船，终于安全靠岸，续写传奇。

通过包玉刚的事迹我们发现：商海，有时候波澜不惊，却又暗潮涌动，其间的博弈格局，变幻莫测，一个看似不经意的落子，可使双方易局，逆转颓势。经商如行走江湖，"稳"不是退缩保守，而是在深思熟虑谋篇布局后，决然出招制胜。如同盖世的侠客，在利剑出鞘的那一刻，胜负已然分明。当他飘然而去的时候，只能看到狼烟背后的宠辱不惊。诚如包玉刚，这个经过大风大浪的人，不会在乎这一时的波涛了。

以狼的专注捕获每一个猎物

一个人不能同时骑两匹马，骑上这匹，就会丢掉那匹。所以，聪明的商人会把分散精力的事情置之度外，专心致志地做一件事，争取把事情做到完美。

狼很少攻击比自己强大的动物，除非是在毫无退路的情况下，它们才会与比自己强大的动物进行殊死搏斗。在围捕猎物时，狼群总是选择那些衰老的、幼小的、虚弱的或者有明显弱点的动物。狼群只是为了得到它们所需要的食物，杀死对方并不是它们的目的，它们的目标单纯而专注，以最小的代价换取最多的食物，这是狼的生存哲学。

狼与生俱来的专注能力告诉我们，在商界打拼要专一，一心一意的人才能笑到最后。范敏便是这样的人。

1999 年，范敏和三位友人在上海创建了携程旅行网。起初，携程旅行网的业务是酒店预订，2000 年组建了呼叫中心，后来逐步发展了机票预订业务和度假产品。历经 10 年的发展，如今，携程旅行网已成为国内最大的在线旅游预订平台，占有国内市场一半的份额。

同样做酒店预订，为什么携程的预订量特别大，而其他公司的业务量就不行呢？其成功的秘密就在于"打电话"的学问。如果拨打携程的免费订票电话，你会感觉每次接电话的似乎都是同一个人：20 秒之内一定会接通，语气轻柔，一般180 秒内就能完成预订。

在接电话的细节上，范敏下了很大的功夫。携程的呼叫中心投入使用之后，范敏每天拿出半个小时专门听电话，随机切入顾客拨入携程的任何一个预订电话中，发现接线员在回答顾客的问题时有不到位的地方马上记录下来，专门做分析，重点整改。他不厌其烦地一遍一遍地听，一个字一个字地斟酌，最后才形成了统一的标准：接线员怎么说、说什么、说多长时间。

为什么范敏花费这么大的精力在如何接电话的问题上呢？对此，范敏解释道："我 10 年来一直从事旅游行业，就这个行业来说，你怎么接电话、怎么让人家给你东西、怎么把东西递给人家、怎么说谢谢，这些细节堆在一起，就反映出你有没有可持续发展的核心竞争力。"

范敏强调，携程能成功，不是因为打造了酒店预订、机票预订和度假业务等几大盈利点，而是因为专注做好一件事。先埋头做酒店业务，成功之后再开发机票预订、度假业务。携程的原则就是，每推出一个新项目之前，必须保证现有业务已非常完善。"如果当初这些项目一窝蜂地上，携程肯定做不成现在这样。"

只做好一件事，意味着集中精力发展，而不是多元化发展。很多人涉足很多领域，学习很多知识，其实内部很虚弱，每一项都没有很强的竞争力。目标定了很多，什么都想做，但什么都没有做到最好，实质是没有自己的核心竞争力。从商业的角度来讲，专注者得市场，因为专注可以弥补技术上的不足。中国台湾集成电路公司在放弃其他生产线，决定只做来料加工时，曾经遭到内部管理人员的抵制，但事实证明，这条路走对了，现在美国前十大设计公司，几乎都是它们的客户。

专注可以提升竞争优势。哈佛大学策略大师波特指出，面对未来经济竞争，唯有与同行策略相异，产品与服务相异，才能长保竞争优势。这就要求企业管理者瞄准自己的特长，避开自己的不足，提升自己专业生产方面的竞争优势。四通打字机在 20 世纪 80 年代初期曾经火了一把，但现在几乎没有什么人用它了。四通董事长段永基在反思四通的失败时认为，四通和国内大部分企业一样，犯了一个大而全的错误，当国外的企业都在进行精细的分工合作时，国内的企业却被大而全拖垮了。一个产品，所有的部件都要生产，必然会使创新能力和创新速度下降。

专注者能在竞争中与合作伙伴取得双赢。现在一些企业之所以要搞大而全，一个根本的原因就是合作精神不足，担心配套企业不能配合生产，或认为把自己可以做的部件让给别人去加工是肥水外流。这种思想导致企业摊子越铺越大，结果反而降低了产品的市场竞争力。

"把所有的鸡蛋都放进一个篮子里。"这是商界信奉的一条不成文的法则。只有集中所有力量，取得一个行业的垄断和领先地位，再不断地做科研，使自己的技术无法被同行业的竞争者所超越，才能取得超额利润。从这个意义上讲，范敏确实是"一根筋、一条路"，他的故事也告诉了我们，只有集中精力做好最重要的事，才能获得成功。

善隐者，最易抢占商机

商场如江湖，善隐的人往往最容易出奇制胜。所以，不要小看了那些曾经落魄的人，那可能是他们掩藏自己的一种手段；更不要轻视正在落魄的人，那可能是他在储备力量，等待着爆发的机会。马云就是这样的一个人。

刚出道的马云，也曾高调过。他创建第一家网站之前，做了大量的宣传，可是这其中的发展却并不顺利。因为太被人关注，让人们产生了过高的期望，可是等到落实到现实的时候，却没有了想象之中的精彩，这不禁会让人失望。

可是经历了这些之后，马云成长了，他懂得了高调之后的艰辛，同时也学会了低调。纵观马云后来的发展之路，我们不得不说，是低调和善隐让他获得了成功，是在低调之后储备的力量让他在瞬间达到了顶点。

2005 年 7 月的一天，马云神秘地对正在采访自己的一位记者说："两个礼拜前，我作出了这辈子最大的决定。"

"什么决定？"

"这是高度机密，我现在不能告诉你。阿里巴巴高层也只有几个人知道，但知道的也绝不会透露一点风声。不要心急，20 天后，什么都明白了。"

20 天后，马云公布消息前，谣言四起。有媒体报道，美国网络巨头雅虎并购阿里巴巴。这则"大鱼吃小鱼"的消息引起诸多质疑，如果事实果真如此，马云为何要如此神秘？几天后，阿里巴巴在中国大饭店举行隆重的记者招待会，当着几百位中外记者的面郑重宣布：阿里巴巴全面并购雅虎旗下的雅虎中国，阿里巴巴也将得到 10 亿美元的现金。消息一出，一片哗然。

自 1999 年创建阿里巴巴起，马云的大手笔不断，此次并购雅虎中国依旧高调震惊中外。所有人都想知道，谈判桌上的马云到底是用什么打动了雅虎当时的 CEO 杨致远，他的撒手锏又是什么？马云的撒手锏就是阿里巴巴公司 40％的经济效益和 35％的投票权，雅虎则出让雅虎中国和 10 亿元的现金。这场交易，马云是十足的胜利者，不仅壮大了自身实力还打开了知名度，但至于谈判的具体细节，马云却秘而不宣。有一次，记者问他在这起并购中运用了怎样的高招，马云淡然一笑，不予置评。如果他生来是江湖中人，必定如风清扬般潇洒飘逸，出招收招一气呵成，不留半点痕迹。

2005 年 9 月 10 号，阿里巴巴并购雅虎中国尘埃落定后的一个月，西湖论剑如期举行。到场的雅虎 CEO 杨致远无意间说出这样一句意味深长的话："百度一上市的时候我就跟同事说，我把价格定低了。"他把什么价格定低了？很显然，他后悔与马云做那笔交易了。

现在看来，马云始终把雅虎中国看成一枚棋子，怎样布局，心中早已谋划周全。他不允许雅虎在此次并购中控股，却在董事会四人中安插两人，自己仍任 CEO。他表面宣称谈判秉持双赢的态度，实质早已为己方留出足够的员工控股权。表面的谈笑风生，实质的大权在握。

而且，此时的淘宝网正面临美国易趣的强硬对抗，与后者相比，前者虽在市场占有率上具有优势，却是建立在淘宝免费，易趣收费的基础上的。为了提升淘宝竞争力，阿里巴巴从 2003 年到 2004 年共对其追加 4.5 亿资金，易趣也于 2005 年初追投 1 亿美元资金。淘宝只出不进，压力颇大。此次谈判，马云吃定了雅虎手里的现金，不出现金阿里巴巴也绝不交出自己的股份。其实，雅虎中国是马云早已看上的牌，只是时机未到，时机一到，必手到擒来。

从这场并购案中可以看出，马云的商场舞步从容淡定，他的于无声处乾坤挪转更是令人叹服。然而创业初期的马云，却远没有现在这般风光。

1995年4月，马云的草创雏形中国黄页诞生于一间租来的办公室，里面只有一台电脑。马云在付完房租和打理完各种费用后，手里的原始资金10万块钱已经所剩无几，当时的艰辛无以言表。为了打开公司销路，他拿着自己网站的材料到各家企业拜访，说出在当时还无法被人理解的因特网。通常的情况下，马云好不容易蹭进了一家企业的大门，在他滔滔不绝地说个没完的时候，对方先是看怪人一样盯他一会儿，然后极不耐烦地将他轰出门去。当他到北京后，更被人当作骗子。有一次，马云实在难以自已，就在北京的公交车上发泄着愤懑："再过几年，北京就不会那么对我，再过几年，你们都得知道我是干什么的，我在北京也不会那么落魄！"

高手，必定要经过种种磨炼，而马云这个他的"隔世弟子"要想修成真人，也在所难免的经受磨砺。多年的艰辛打拼让马云逐渐坚强、成熟、睿智。商场上，他足智多谋、手法犀利，几乎无人能出其右。

多年后的今天，当初落魄不堪的马云已成为闻名世界的著名企业家，他的创业经历和经典商战被一遍遍地诵读，而他则一如既往的谈笑风生。真正的高手往往不显山露水，隐匿于喧哗的背后，独自揣测着这繁杂的商业江湖。输赢本就难定，那些驰骋期间的各大高手，身怀怎么样的绝技无人能够知晓。唯有善隐者，才可能将乾坤暗中偷换，占得商海先机。

先吃亏，后收益

中国富豪黑马有很多匹，据说，他是最特立独行的一匹。因为他的致富模式与众不同：先吃亏，后收益。

2005年美国哈佛商学院的教科书里，收录了一则中国商人的经典案例，他在公司创建后做的第一单生意是一笔赔本买卖："赔5万不如赔8万。"而这个在当时被无数人耻笑的商业行为，日后却为他带来了800万的收益，这个人就是严介和，江苏太平洋有限公司老板。

每每说起第一笔生意，严介和总要回顾以前的经历："我其实不必下海。别人下海，我是跳海。下海的人是苦海无边，回头是岸；跳海的人是苦海无边，回头无岸。"

1986 年前，这个出生在大运河边的淮安人，一直在家乡中学教书，先是普通教师，再是教务处副主任。原本顺风顺水的一切，只因为一件事改变：超生。

"我早婚早育，1983 年有了第一个孩子。那时候妈妈就讲，权大权小是没完没了，钱多钱少总有烦恼，唯有天伦之乐，才能过好一生，这是最好的财富。妈妈的话一定要听，一定要给妈妈再生一个孙子。我是老九，排行最小，第一个孩子又是女孩，苏北人重男轻女没办法，我又是个孝子，所以也是很痛苦的。后来没办法，又生了一个孩子。生下第二个孩子后，我主动递交辞职报告。"

严介和喜欢一句话："出来混，总是要还的。"因为超生，他知道要承担责任，就递交了辞呈。从 1986 年到 1996 年的 10 年间，他先后在七家国企任职，哪家负债累累经营不下去了就去哪家。替企业还债的过程似乎也是为自己还债。他明白了一个道理：吃亏与还债都是一样的。现在吃亏，上天总会在日后的某个时候给予回报，而此时欠债，上天也总会在某个时候让你受到惩罚。

大概正是因为明白了这点，严介和才在创建江苏太平洋有限公司后接下了一笔赔钱也要做的买卖。但是，有些事情的玄机只有自己知道。严介和不傻，接下这单生意，他真的是为了赔钱吗？

1996 年，在往南京奔波了 11 次后，严介和终于拿到了一笔仅仅 29.4 万、工期 140 天的单子，工程内容是给南京高速公路修 3 个小涵洞。看着单子上的"29.4"这几个阿拉伯数字，严介和一时踌躇不定。他没想到，等了半天，等来的却是一笔赔本的买卖。

"我算了一下，把这三个涵洞修完要赔 5 万块钱，因为是经过五次转包的工程了，管理费累计上交 36%，没办法不赔钱。"

但出乎所有人意料的是，严介和接下了这笔单子。

"我跟他们说，干，既然赔了就赔到底，赔 5 万不如赔 8 万！"

最后的工程做得很好，原本需要 140 天完成的项目，70 多天就干完了。

结工那天是大年三十的晚上，严介和一人开着一辆手扶拖拉机，走了 100 多公里才回到家。他说："那时的身体是疲惫的，心情却是愉悦的。"

当时，没有人明白严介和真正的心思，也没有人明白他"心情愉悦"到底指什么，仅仅指提前优质优良地完成了项目？直到那次工程指挥部的领导让总承包商江苏省交通工程总公司老总把严介和请到南京吃顿便饭，人们才大概地明白了严介和的真正意图：他看上了这单生意背后强大的政府资源。吃小亏，是为了钓大鱼。

而这鱼果真被他钓上来了。在那次便饭上，工程部领导对严介和的工作非常满意，觥筹交错间，领导说还有大工程要交给他。严介和一听来了精神，满满的一杯酒一口下肚。领导哈哈大笑："爽快，爽快。"那条高速公路上的其他配套工程，就这样归入严介和的囊中，而所有工程做完，他竟赚了 800 万。

自此，严介和的名声便一传十十传百地传开，他"好吃亏"的秉性也渐渐人所共知。

吃亏便成了严介和经常说的话，只是，他会在吃亏后面加两个字：吃亏是富。

"亏吃多了，也会生出钱来。"

从 2003 年底开始，严介和开始频繁和多个地方政府接触。不久之后，就收购、接管了 30 多家亏损的国有大中型企业，旗下的企业已经有 100 多家，他因此获得了众多市政工程建设项目，一条通过收购亏损国企而获得政府建设工程的发财路，被严介和走了出来。其中运用的哲学依然是"将欲取之，必先予之"的吃亏在先原则。

严介和也一再强调："国企，我们只关注亏损的。"他强调人的眼光不要太浅，"要看到以后的发展机会，要和政府建立良好的关系。"一切都是为了长线经济。

现在，严介和已经凭借 100 多亿的个人资产登上中国富豪榜前几位，有人称他为富豪黑马，只有他知道自己的成色到底有多少。

有时，闲来无事，他会坐在自己的办公室里想想自己的从前。他觉得，在自己真正创业之前，似乎都是在先得到一些东西，然后又不得不在某些时候为其还债，比如超生，辞职，下海。直到他创业后，当他真正的吃亏在先，收获才源源不断的到来。于是，严介和总结了一套适合于自己的商业模式：先吃亏，后回报。而这一点，也真正成就了他中国富豪的地位。

无论从事哪一行，如果只想"取"而不想"予"，即使得到一时的便宜也可能是短暂的效益。所谓的放长线钓大鱼，是不在意眼前得失，立足于长远，谋求更深远的发展。先予后取需要胆量，需要承受极大的风险，而当你真正发现了风险背后的商机，就要大胆的迈出那一步，切莫迟疑。吃亏是富，只有做过的人，才知道这句话的妙义。

厚利多销："抢"富人的荷包

有的商人对薄利多销是不屑一顾的，他们会反问："为什么要为了获得薄利而多销？为什么不为了赢得厚利而多销呢？要知道，有钱人的荷包是鼓鼓的。"

薄利多销的经营法则被古今中外的商人所推崇，而且实践证明，这种经营法则科学而可行。但有些商人采用逆向思维，他们自有一种与众不同的招数，对薄利多销的买卖毫无兴趣，却对厚利多销的生意兴趣盎然。

其实，厚利多销策略也有其优势。在薄利多销中，卖三件商品所得的利润只等于卖出一件商品的利润；但在厚利多销中，出售一件商品，获得一件商品应得的利润，这样既节省了各种经营费用，还可保持市场的稳定性，并很快可以按市价卖出另外两件商品。而以低价一下卖了三件商品，市场已饱和了，你想多销也无人问津了，利润起码比高价出售者少了很多，并毁了市场后劲。

因此，聪明的商人在经营活动中，为了避免其他商人薄利多销的冲击，他们宁愿经营昂贵的消费品，如珠宝、钻石、金饰之类，不经营低价的商品，这其中就包括聚成资讯集团有限公司。

随着企业的成长壮大，以及人才的充实，聚成开始着手开发新的产品和服务。聚成注意到，虽然国内的中小型企业发展速度快，但因为人才限制而频频遭遇发展的瓶颈，这困扰着很多企业的发展，而最需要提高素质的就是企业家群体。聚成总裁陈永亮结合"国学热"，提议开发高端产品——华商书院。

2006年12月，聚成旗下的华商书院第一期商界领袖博学班顺利开学。12月20日《广州日报》报道："久未听闻的《论语·学而》的朗诵声一阵阵从孔府旁边传出，如一轮暖阳流淌在山东曲阜的寒冬。这就是50位来自全国各地的企业董事长、总经理，作为华商书院第一期商界领袖博学班的学员，在中山大学哲学系主任黎红雷教授的带领下共同研读《论语》，以求从华夏最深邃的智慧中找到企业管理、富强的理念和方法。"

华商书院只为企业董事长、总经理开放，每期只招收50人。课程包括：8大国学宝典品读——《易经》《论语》《道德经》《韩非子》《孙子兵法》《人物志》《禅宗智慧》《黄帝内经》；5位历史人物研究——宋太祖、唐太宗、曾国藩、胡雪岩、毛泽东；企业家素质管理系统——宏观经济学、企业战略规划、企业家公众演说训练、企业资本运营。授课讲师则是由国内各学术领域和实战派企业家组成的庞大阵容。而其另一个特色就是国学、帝王学的授课地点基本上都是选择在历史人物、事件的发源地、转折地等处举行。例如，学儒商思想就去曲阜，研读诸葛亮就到"大江东去浪淘尽"的赤壁遗址，研读毛泽东就去伟人故里韶山，学习道家思想智慧就去道教圣地青城山去游学，学习禅宗智慧就到佛门净土少林寺。

聚成在培训产品创新方面，又一次走在了国内培训行业的前列。

与星巴克一样，聚成华商书院很好地实践了差别化战略：它是中国唯一一个只为年营业额在3000万元以上的董事长、总经理开放的学院，学员们可在此建立高端人脉网；它是中国唯一一个全国游学的学院，读万卷书，行万里路，寓教于乐；它还有一项独特的增值服务：同学企业互访，并实地讨论企业问题，集思广益。

由于有这三大差异，华商书院的学费由开始时的十几万涨到二十余万，仍不愁招不到学员。

这种厚利多销营销策略，是以有钱人作为着眼点的。有钱人看重身份、讲究文化品位，对他们来说，花几十万元上一期培训是很值得的，既增长了文化知识，又显示出社会地位，满足了他的心理需求。正如名贵的珠宝、钻石、金饰等消费品，一掷千金，只有有钱人才买得起。既然是有钱人，他们付得起，又讲究身份，对价格就不会那么计较。相反，如果商品定价过低，反而会使他们产生怀疑。俗语说"价贱无好货"，这句话给有钱人的印象是最深的。聪明的商人们就是这样抓住有钱人的心理，开展厚利策略经营，即使经营非珠宝、非钻石的首饰商品，也是以高价厚利策略营销。

当然，厚利多销并不意味着你的价格越高，别人就越愿意买。高档消费者也并不是盲目消费的，必须给他一个充分的理由，否则想要让他痛快地掏出钱来并不是件容易的事情。这个理由就是质量有保证，让他们相信高价物有所值，这样，你的生意才会越来越兴隆，创造的财富才会越来越多。

从商之道，和为上

人在社会上闯荡，难免会树敌，在尔虞我诈的商场中，树敌更是在所难免。如何处理好与这些"敌人"的关系？红顶商人胡雪岩有这样一句话："多一个朋友多条路，多一个敌人多堵墙。"做生意讲究和气生财，因此，在合适的时候，我们大可以化敌为友，借助对方的力量共同致富。

我们先来看一下胡雪岩帮助王有龄化解宿怨、共同赚钱的例子。

王有龄是胡雪岩的老朋友，这一天他去拜见巡抚大人，巡抚大人却说有要事在身，不予接见。王有龄之前与巡抚关系一直较好，以前每次去巡抚都是马上召见，这次不知因何不予召见，故王有龄找胡雪岩共同分析原因。

胡雪岩与巡抚手下的何师爷是故交，于是向他打探缘由。

原来，巡抚黄大人听表亲周道台一面之词，说王有龄所治湖州府今年大丰收，获得不少银子，但孝敬巡抚大人的银子却不见涨，可见王有龄自以为翅膀硬了，不把大人放在眼里。巡抚听了，心中很是不快，所以就给了王有龄一点颜色看。

问题出在周道台身上，而这周道台与王有龄以前曾有过官场上的一些过节，一直怀恨在心，便在巡抚跟前经常参王有龄。

原因查明后，该如何处理，这让王有龄犯难了。要知道官场上十个说客不及一个戳客，有周道台这个灾星在巡抚身边，早晚会出事。

胡雪岩劝老友先莫焦躁，待他打探一下情况再从长计议。当夜，胡雪岩便花重金向何师爷打探了周道台的情况，希望能找到蛛丝马迹，不料真抓住了一些把柄。

原来，周道台财迷心窍，为了拿到十余万两银子的回扣，居然瞒着巡抚与浙江蕃司共同购船。且不说这蕃司与巡抚向来不合，仅越职僭权一罪就够他受的。

王有龄听后大喜，主张告诉巡抚，胡雪岩却认为万万不可，生意人人做，大路朝天，各走一边，如果断了别人的财路，那得罪的可不是周道台一人。

最后，他们商议恩威并济。

一则派人在周道台院中塞一封信，信中记载周道台的种种劣迹以及近期购船一事，由何师爷晓以利害，动以大义，最后出谋划策让其与蕃司划清界限，以免做了事发后的替罪羊，然后寻一巨商共同购买船只，回扣仍然拿，再上报巡抚，把所有的风险一并化了。

二则让何师爷向周道台点明王有龄、胡雪岩可以为他出资。周道台想想确实无路可走，于是次日凌晨便来到王有龄府上。王有龄虚席以待，听罢周道台的来意，王有龄沉思片刻，道："这件事兄弟我原不该插手，既然周兄有求，我也愿意协助。只是所获好处，分文不敢收。周兄若是答应，兄弟立即着手去办。"周道台一听，还以为自己听错了，赶紧声明自己是一片真心。

两人推辞半天，周道台无奈只得应允了。于是王有龄到巡抚衙门，对巡抚称自己的朋友胡雪岩愿借资给浙江购船,事情可托付周道台办。巡抚一听又有油水可捞,当即应允。

周道台见王有龄做事如此厚道大方,自觉惭愧,办完购船事宜后,亲自到王府负荆请罪,两人遂成莫逆之交。

胡雪岩一向认为生意场中,没有真正的朋友,但也并非到处都是敌人。既然是过独木桥,都很危险,纵然我把你挤下去,谁又能担保你不能湿淋淋地爬起来,又来挤对我呢?冤冤相报何时了?既然大家图的都是利,那么就在利上解决吧!

和气生财不仅是胡雪岩的致富法则,更是所有富人的致富宝典。从商之道,和为上;为人之道,和为贵;义利相生,和为上。人是群体动物,人与人之间能否和睦相处,对事业影响很大,善于处理人与人之间的关系,这成为富人们发财致富的一种技巧。

和气生财,要求我们与人谈判时,主动把自己的创意或建议变成对方的,把你的创意或建议变成钓饵,对方会自然而然地上钩。比如说,你想让对方接受你的意见,"你这样想过吗"的说法,要比"我是这样想的"更能打动对方,"试一试看看如何"的说法比"我们非这样做不可"更能获得对方赞同。这就让对方觉得你的意思就是他的本意,他的意见得到接纳,那么他也会比较容易采纳你的建议。

另外,委婉地说出你的意见,就不会伤害对方的面子。"面子"不单是东方人注重,西方人也很讲究,所以提意见要注意。如果毫不客气地向对方提出你的意见,出于面子,对方往往会本能地不予接纳。相反,你采用和顺婉转的方式提出,对方的面子堤围可能会自然开闸。如果你以冷静而温和的方式提出你的意见,然后说"我是这样想的,但可能有许多不当之处,不知你对这方面的意见怎样",这么一说,对方可能会完全接纳你的意思。

把"双赢牌"的蛋糕越做越大

两个钓鱼高手一起到鱼池垂钓,不多久功夫,皆有不少收获。旁边的看客十分羡慕,纷纷买竿一试。但看客们不谙此道,怎么钓也毫无成果。两位钓鱼高手性情各不相同。一位孤僻而不爱搭理别人,单享独钓之乐;另一位热心、豪放、爱交朋友。爱交朋友的这位高手对看客说:"这样吧!我来教你们钓鱼。如果你们学会了我传授的诀窍，每10尾就分给我一尾，不满10尾就不必给我。"看客自然乐意。教完这一群人，他又到另一群人中，以同样的条件传授钓鱼术。

直到傍晚时分，这位热心的钓鱼高手也没碰一下自己的钓竿，他把所有时间都用于指导，却收获了满满一篓鱼，还认识了一大群新朋友，备受尊崇。同来的朋友闷钓一整天，钓的鱼只有他的1/3，更没有享受到朋友亲和的乐趣。

这个故事给了我们这样的启示：当你帮助别人获得成功——钓到大鱼之后，自然在助人为乐之余而得到回馈。双赢是最美好的事情，有谁不愿意干呢？

双赢是现代经营者理性的明智选择，现代社会的发展已使人们意识到"你死我活"独占欲望的结果是一无所有，得到的只是比以前更坏的境遇。而双赢则可以改变这种境况：使双方从对抗到合作，从无序到有序，从短暂的存在到永久地矗立，这些都显示出双赢代表着一种奋进的精神，一种公正的理念和一种精明睿智。

双赢理念的目的是为了在人与人以及人与自然的关联中赢得更好的结果，它不是逃避现实，也不是拒绝竞争，而是以理智的态度求得共同的利益。因此，对人而言，双赢的态度是积极的，它的精神是奋进的，它拒绝消极回避、悲观无为的思想，而以积极追求的心态求得预想的目的。一些人认为：双赢的背后就是认输，是不求其上、只求其次的庸人表现。眼光远大的人则认为，双赢是基于对自身的环境的科学分析而做出的明智选择，是积极的判断和果敢的行为。

双赢作为一种理念，它体现了一种公正的价值判断，这种公正性不仅表现在对别人利益的尊重上，也表现在对自身利益的取舍上。这是因为，现代社会是一种共存共荣的社会，自己的生存和发展以牺牲他人的利益为代价的时代已不存在，取而代之的则是必须赢得他人的帮助和合作才能发展和壮大自己。在这个过程中，只有利益共享才能形成良好的合作，才能取得别人的帮助，使自己成功。这种利益共享的合作双赢理念正是公正精神的体现，它符合社会发展的规律。

双赢不仅表明它是一种现代理念，同时它也是现代智慧的结晶。没有对自身条件的分析，没有对周围环境以及未来发展趋势的分析，则不能形成双赢理念；有了这种理念，如果没有科学的方法、明智的行为、超常的胆略，也不能产生双赢的结果。

威尔逊与捷奇相识于1963年，当时威尔逊在捷奇叔叔的顾问公司里工作。1974年，威尔逊加入了马里奥特公司，第二年，他便雇用了捷奇。1982年捷奇转到巴斯公司任职。1984年，他非常机敏并艺术地处理了涉及巴斯公司用一块土地与迪斯密公司交换 25％股权的棘手问题。后来，他又干脆为迪斯密公司设计了一整套可行性计划，为此，他花去了整整 6 个月的时间！同年，威尔逊也进入了迪斯密公司，并担任最高财务主管。

他们为迪斯密公司工作，可以说是赚进了万贯财宝：捷奇得了 5000 万美元，威尔逊则得了 6500 万美元。1989 年，两人共同出资，再加银行的巨额贷款，买下了西北航空公司。

经过多年的经营，西北航空公司为二人带来了难以计数的好处。

显然，正是因为双赢的理念才使得二人互补互惠、互助成功的。

同样大的一块蛋糕，分的人越多，每个人分到口的就越少。由此，我们可能会去争抢食物。但是如果我们是在联手制作蛋糕，那么，蛋糕做得越大，我们就越不会为眼下分到的蛋糕大小而感到不平了。因为我们知道，蛋糕还在不断做大。而且，只要把蛋糕做大了，根本不用发愁能否分到蛋糕。

但有些商人总是喜欢相互拆台，根源正是这些人的抢占思想。他们的一个突出表现，就是必欲置对手于死地而后快。为了达到这个目的，不计代价，形成过度竞争，结果大家都没有好日子过，都受穷。

喜欢拆台的商人会认为你多我少，你死我活，因此就以杀伤对方来获得自己的成长。但是，过度竞争的结果就是大家都无法获得持续增长。在这种意义上讲，这些人的不合作思想，使之难以成为真正的富人。

有肯德基的地方，基本都有麦当劳。他们虽是竞争关系，但是，肯德基却没有发动个什么"战役"把麦当劳给消灭了，相反，他们在互相竞争中促进彼此的进步，共同培育了市场。可口可乐和百事可乐也是如此。他们互相视对方为主要竞争对手，但是却从来不搞恶性竞争，甚至连促销活动往往都有意错开。这就是双赢的最好证明。

所以，在商业发展中，要学会与人合作，懂得双赢。只有这样，我们才能做得更好，将自己的商业活动推向另一个高峰。

·第四章·

借势乘势，圆融通达

在发展的道路上，圆融的人不会单单凭借自己的力量，而是更善于借助别人的力量，让弱小的自己变得强大，让强大的自己变得更加强大，使自己的成功更持久。

善借他人智慧

即使是天才人物也不可能样样精通。因此，成大事者要善于借用别人的智慧，把它转化成自己的智慧。在借用别人智慧的过程中，得到灵感和启发，使自己得到提升。

当今世界，对于想取得成功的人来说，已经不仅仅需要个体的努力，而且需要知识的高度集结来作为成功的基石。因此，你越是善于从群体中求知，越是不断地开拓新的求知领域，你就越是有益于人与人之间的优势互补，你的智能结构就越完美，越富有应变能力，进而越能够应付变化繁复的社会发展和科学技术的发展。

唐太宗在总结了历代帝王得失教训后曾经对大臣们说："许多帝王总是按个人喜好做事，心情好的时候连毫无功绩的人也胡乱封赏，一旦有任何不顺心的事，马上大发雷霆，不分青红皂白地滥杀无辜。天下之所以大乱往往是因为这个原因。我日夜以此为警戒，如果各位有意见，不妨直率地提出来。"唐太宗正是由于广泛地听取和采纳臣子的谏言，才能不断地反省自我，扬长避短，从而巩固自己的政权，创立了太平盛世的繁荣局面。

这给我们以另一层深刻的启迪。当今人类要解决自然科学与技术科学乃至各个领域的某些重大问题，单靠个人单枪匹马已很难奏效，往往需要人才的协同作战和多学科的交汇。

现代人心目中的游戏乐园迪斯尼正是利用了多人的协作和努力，才变得更加吸引游客的驻足。

一个小女孩到了向往已久的迪斯尼乐园，还幸运地遇到了乐园的创办人沃尔特·迪斯尼。小女孩激动地问道："您真伟大！您创造了这么多可爱的动画朋友！"

沃尔特·迪斯尼微笑着回答："不，那些是别人创造出来的，不是我的功劳！"

小女孩又好奇地问："那些可爱朋友的有趣故事应该是您创作的吧？"

老人还是平静地笑着："也不是，是许多聪明的富有想象力的作者和制作员想出来的！"

小女孩认真地打量着自己心目中的大人物，不甘心地问："可是……可是您到底做了些什么呢？"

沃尔特·迪斯尼爽朗地笑了，抚摸着小女孩的头，说："我所做的就是不停地发现这些人，把他们召集在一起啊！"

那些真正做大生意、赚大钱的人大都是利用别人的智慧赢得财富的。借助别人的智慧来为自己办好事情，不需要什么事情都亲自去做。你只需要比别人知道得多一些，看到的问题多一些，然后安排人来解决这些问题。简而言之，不需要你亲自动手的就放手让别人去做。

"君子善假于物"，精明的人善于用人。也许你可以凭借自己的勤奋和聪明才智获得一定的财富，但是如果你能把自己和别人的想象力与智慧完美地结合起来，那不是更完美吗？

放弃可以借用的头脑和智慧，恰好证明自己没有头脑和智慧。

若论起专业知识和智商来，很多成功的企业主或者明智的生意人并不比他们的员工和下属聪明多少。但是他们最大的聪明在于善于利用自己团队成员的聪明和智慧。他们会激发团队中的每个人发挥出其他成员不能拥有的才能，并指导他们，避免让他们偏离工作目标，让他们理解团队的任务，并且引导他们把主要精力放在上面。这种管理之下的团队一定会像生活在迪斯尼乐园中一样，富有创造性，爆发出工作热情和干劲。

能够发现自己和别人的才能，并能为我所用的人，就等于找到了成功的力量。聪明的人善于从别人身上吸取智慧的营养补充自己。从别人那里借用智慧，比从别人那里获得金钱更为划算。读过《圣经》的人都知道，摩西算是世界上最早的教导者之一。他懂得一个道理：一个人只要得到其他人的帮助，就可以做成更多的事情。

当摩西带领以色列子孙前往上帝许诺给他们的领地时，他的岳父杰塞罗发现摩西的工作实在过量，如果他一直这样下去的话，人们很快就会吃苦头了。于是杰塞罗想办法帮助摩西解决了问题。他告诉摩西将这群人分成几组，每组1000人，然后再将每组分成10个小组，每组100人，再将100人分成2组，每组各50人。最后，再将50人分成5组，每组各10人。然后，杰塞罗又教导摩西，要他让每一组选出一位首领，而且这位首领必须负责解决本组成员所遇到的任何问题。摩西接受了建议，并吩咐那些负责1000人的首领，分别找到胜任的伙伴。

用心倾听每个人对你的计划的看法，是一种美德，它是一种虚怀若谷的表现。他们的意见，你不必每个都赞同，但有些看法和心得，一定是你不曾想过、考虑过的。广纳意见，将有助于你迈向成功之路。

万一你碰上向你浇冷水的人，就算你不打算与他们再有牵扯，还是不妨想想他们不赞同你的原因是否有道理？他们是否看到了你看不见的盲点？他们的理由和观点是否与你相同？他们是不是以偏见审视你的计划？问他们深入一点的问题，请他们解释反对你的原因，请他们给你一点建议，并中肯地接受。

台湾巨富陈永泰说得好："聪明人都是通过别人的力量，去达成自己的目标。"

一个人大部分的成就总是承蒙他人所赐；他人常在无形之中将希望、鼓励、辅助投入我们的生命中，从而激活了我们的精神世界，使我们的各种能力趋于锐利。

所以，一个人力量有多大，不在于他能举起多重的石头，而在于他能获得多少人的帮助。一幅名画中最伟大的东西，不在于画布上的色彩、影子或格式，而是在这一切背后的画家的人格中——那黏着在他的生命中，那为他们所传袭、所经历的一切的总和所构成的一种伟大的力量！

钢铁大王卡内基曾经亲自预先写好自己的墓志铭："长眠于此地的人懂得在他的事业过程中起用比他自己更优秀的人。"所以，个人的优秀并不是最大的优秀，善于借助他人智慧的人，懂得整合所有的优秀和智慧的人，才是最优秀的，才能在事业上更上一层楼。

顺势而治，借树开花

中国历史上有名的"红顶商人"胡雪岩，是一个很懂得顺势和借势的人。当年，他的好朋友王有龄接到了朝廷的谕令，上面写着：官军无粮，浙江漕米至今未到，今改漕运为海运，速速加紧运输。王有龄虽然在官位之上，可是很多事情都是胡雪岩在帮忙打理的，所以最终这件事情又落在了胡雪岩的头上。

清朝时期，京城用粮食经常是由苏杭等地区通过运河运送，简称"漕运"，参与粮食运送工作的民间人员形成的组织，叫作"漕帮"。现在，由于太平军破坏严重，导致了运粮期限被耽搁了。朝廷由"漕运"改为"海运"，实在是胡雪岩的意料之中。于是，他就想了一个办法，拿着银票直接去上海买米，之后从海上运送，岂不是更省事？但是前提是必须要获得漕帮的谅解，才不会被拆台。

之前，胡雪岩曾经帮助过"徐疯子"，而"徐疯子"又是漕帮小爷的救命恩人，这一来二去，也就跟漕帮有了一点关系。胡雪岩去了漕帮，拿出了小爷给过他的信物，见了当家的，说明了来意。当家的也是一个明理的人，可是漕帮眼下也有难处，如果改成了海运，这笔收入就又落空了，漕帮以后的日子就更难过了。

胡雪岩了解了情况以后，就跟当家的解释说，漕运改海运，只是一时之计，不是永远的改成海运了。他甚至说，漕帮的难处，恐怕就是资金上周转不开，他能够帮助漕帮解决在资金上的问题，只要漕帮答应在海运上不再为难官府。

当家的心里想，资金是漕帮眼下最大的难题，如果这个事情解决了，那漕帮以后就不用发愁了。而且该海运不过是一时，以后还会改回来，也就不愁丢了钱路，所以就答应了。

可是，胡雪岩虽然答应了漕帮的资金借贷问题，可是他的钱庄刚刚建立不久，门面虽然不小，可是内部是空的，他怎么可能有钱借给漕帮呢？其实，胡雪岩答应的借出的钱，不是他自己的，而是信和钱庄"大伙"张胖子的。

张胖子原是阜康的"大伙"，曾因为想骗老板的财产而被赶出了阜康。在这之前，与胡雪岩一直有着隔阂，但是胡雪岩亲自找他，说介绍给他一笔生意。张胖子一看，胡雪岩果然给自己面子，就答应了下来。于是，胡雪岩利用信和钱庄的钱，帮了漕帮，实现了官府的海运计划。

有时候，为了达成自己的目的，利用一下别人的关系也未尝不可。正如胡雪岩所说的："不管是谁的梯子，只要用上了，就能登高。"可是，在生活中，很多人都只希望凭借自己的能力往上爬，即使身边就有人能扶他一把，他也不愿意借助别人的力量。

这样的想法是错误的。我们都是社会性动物，不可能单靠自己的力量就能完成所有的事情，所以借助于别人的力量是很正常的。而且，身边就有人能将我们扶上位，我们为什么还要死撑着，等着自己爬上去呢？

所以，在无论是经商还是在个人的发展中，我们都要学会借助别人的力量，借树开花。

借树开花中的"树"一般指那些借来长势的东西，它应有一个高大的形状，不但可以使花有所依托，还可以使花枝招展，形成一定的气势。树上所开之花可以是真花，也可以是假花，可以实开，也可以虚开，也可以虚实结合。

吉姆斯·林的成功也是"借树开花"巧借外力的典范。

吉姆斯·林曾经是一个身无分文的人，可如今，他是华尔街有史以来发迹最快的传奇式人物，他旗下的LTV公司是美国最大的15家公司之一。

吉姆斯通过创业发家后，看上了比LTV大两倍的威尔逊公司，于是他来了个小鱼吃大鱼。他先将LTV分成三家独立的公司：LTV航空公司、LTV电业公司和LTV林·阿提克公司，三家公司分别上市，母公司持有每家公司75%～80%的股份。

吉姆斯经过分析，只需8000万美元，就可吞下这个庞大的企业。他当然不肯自己掏8000万美元去买，他用LTV公司的股票抵押，向银行贷了8000万美元，轻松吃掉了威尔逊公司。吉姆斯的目的是达到了，可背上8000万美元的债务总不是舒服的事情，但他又不肯自己掏腰包去还。

他又想出一个整个华尔街所有的聪明大脑都想不到的办法，不花一分钱就把8000万美元还了。他是这样做的：他先把8000万美元负债转到威尔逊公司账下（这是内部转账，很容易做到，也没有法律障碍），然后，他把威尔逊公司也一分为三：威尔逊肉类加工公司、威尔逊运输器材公司和威尔逊药材公司，每一家公司单独发行股票，母公司LTV持有这三个子公司大部分股权，其余的上市发行，发行所筹资金，差不多就把8000万美元解决了。

就在整个华尔街为吉姆斯的还钱高招目瞪口呆时，更精彩的事情发生了，威尔逊三家公司股价上涨，吉姆斯手中的威尔逊公司迅速增值，市值很快达到了他购买时的两倍。

可见，"借树开花"、借力打力可以弥补我们资源不足的缺憾，能使我们在竞争中反败为胜。在竞争对手强大、我方弱小的形势下，为了创造和等待战机，防止被对手吞并，便借别人的力量来虚张声势，示强于敌。这包含两种含义：一是借局布势，借别人现成的局面，布成有利于自己的新阵势，或者是利用别人的力量为自己服务，扩张自己的势力，扩大自己的影响。"布势"之所以要"借局"，主要是自己的力量暂时还比较弱小，无力独自形成所需要的强大声势。二是求之于势，就是要依靠有利的形势来取胜。

所以说，做任何事情都离不开客观环境，如果客观环境所提供的条件不利，我们便应因势利导，使其向有利的方面发展。这就叫"顺势而治"，即利用有利的形势，捕捉最佳的战机，以求一举成功。

靠山吃山，靠水吃水

《兵经百篇》中云："艰于力则借敌之力，难与诛则借敌之刃，乏于财则借敌之财，缺于物则借敌之物。"靠山吃山，靠水吃水，圆融经营，同样是人们走向成功的一把钥匙。

1978年，荣智健暂时把妻子儿女留在北京的父母家中，自己独自南下香港去闯事业。

荣智谦、荣智鑫均是荣德生长子、荣智健大伯荣伟仁的儿子。荣智谦生于1931年，荣智鑫生于1934年。

正是由于两位堂兄的盛情邀请，荣智健比较顺利地到了香港，开始了他的新事业。

一到香港时，他的堂兄荣智谦曾经问他："健弟，你在内地耽误那么多，要不要到国外去深造深造？"

荣智健思考了一会儿，回答说："我已经是30多岁的人了，学问本来就不好，英文又蹩脚，还去读什么书？干脆做生意好了。"

另一位堂兄荣智鑫在旁边听了，插话说："这样也好。健弟既然有意从商，那就和我们一块干好了。依我看，健弟也和四叔一样，有经商的天赋。我们几兄弟联合来干，肯定会干出一番大事业的。"

于是，荣智健接过他父亲的接力棒，开始了荣氏家族的再度创业，这对于荣智健来说，无疑又是人生的一个重大转折。

要与人合作，仅有智慧还远远不够，必须同时具备足够的经济实力，这一点荣智健比谁都明白。

做生意需要资金。资金从哪来？荣智健想到了父亲在香港留下的老底，即荣毅仁于中华人民共和国成立前在香港的一些资产，主要是一些纺织厂的股份，如九龙纱厂、南洋纱厂在荣毅仁名下的股份。因为有30多年没有动过股息和分红了，如今一算，居然有一大笔钱，以此来做投资，还是绰绰有余的。

1978 年，荣智谦、荣智鑫在新界大埔开办了爱卡电子厂，荣智健应两位堂兄之邀，带着父亲留下的那笔资本，友情加盟。电子厂主要生产电容器、电子手表和玩具。后来随着电脑业的发达，开始转向以生产电脑随机存取存储器（RAM）为主。起初合伙时，兄弟三人各占 1/3 股份。后来工厂赚了钱，荣智健把他分到的利润再投资进去，逐年增加，最后他的股份占到 60%。据估算，荣智健前前后后总共投资了 100 多万港元。

工厂开办时，董事长、总经理分别由荣智谦、荣智鑫担任，荣智健只是一个高级打工仔。随着荣智健股份的增多，他开始接替堂兄，出任总经理。销售渠道一定，爱卡的业务直线上升，产品供不应求，效益成倍提高。同时，不断加大投资，积极开发新产品，其中 2 微米 64K 的随机存取存储器，以性能良好、价格低廉而受到用户的广泛好评，市场占有率极高。

爱卡的成功，被国外好多同行看好，争相收购。因为荣智健占有爱卡 60% 的股份，所以出售该公司后，他个人得到 720 万美元，按照当时美元与港币的汇率折算，荣智健获得 5600 多万港元，是他当年 100 万港元投资的 56 倍之多，获利远远超过了股票收益。

对此，荣智健并不满足，认为不过是小试牛刀。

1982 年，荣智健与几位原来在 IBM 公司工作的高级工程师合作，在美国加州的圣荷西（Saniose）合资创办了加州自动设计公司，简称 CADI。这是全美第一家专门从事电脑辅助设计软件的公司。最初投资大约是 200 万美元，荣智健个人占有 60% 的股份。

由于 CADI 公司产品新颖，质量优良，加上管理有方，市场前景看好，盈利丰厚。创建不到一年，即被美国一家生产电脑设计硬件的 MentorGaphics 公司收购了 28% 的股份。1994 年合并上市，成为美国第一家上市的电脑辅助设计设备厂商。股票上市以后，股民踊跃认购，价格一路狂涨，翻了 40 多倍。

200 万元中的 60% 是 129 万元，增加了 40 倍，所得至少 4800 万美元，折合港元 374 亿。再加上他出售爱卡所得的 5000 多万港元，总共已超过 4 亿港元。这是一笔数目不小的资产。从 1978 年到 1984 年，在仅有的 6 年时间，荣智健从不到 100 万元起家，发展到拥有 4 亿巨资，不能不说是一个奇迹。荣智健赢得"商界天才"的名誉威震天下。

我们研究荣智健的成功之路不难发现：他一路上遇山靠山，遇水靠水，巧借外力，巧于经营，一步一步地走向成功。在越来越注重协作团结的今天，如何靠山，如何靠水，更需你的慧眼识别。

他山之石，可以攻玉

"他山之石，可以攻玉。"这句话出自《诗经·小雅·鹤鸣》。晚清时的黄兰阶可谓深谙此道，借着左宗棠的名号当幌子，让总督给他升了官，实在是棋高一着的妙点子。

晚清年间，左宗棠任军机大臣。当时，他的一个好友的儿子黄兰阶，在福建候补知县多年也没候到实缺。黄兰阶见别人都有大官写推荐信，想到父亲生前与左宗棠很要好，就跑到北京去找左宗棠。左宗棠见了故人之子，十分客气，但当黄兰阶提出想让他写推荐信给福建总督时，立刻就变了脸，几句话就将黄兰阶打发走了。

黄兰阶又气又恨，就闲踱到琉璃厂看书画散心。忽然，他见到一个小店老板学写左宗棠字体，十分逼真，心中一动，想出一条妙计。他让店主写柄扇子，落了款，得意扬扬地回了福州。

这天，是参见总督的日子，黄兰阶手摇纸扇，径直走到总督堂上。总督见了很奇怪，问："外面很热吗？都立秋了，老兄还拿扇子摇个不停。"

黄兰阶把扇子一晃："不瞒大帅说，外边天气并不太热，只是我这柄扇子是我此次进京，左宗棠大人亲送的，所以舍不得放手。"

总督吃了一惊，心想："我以为这姓黄的没有后台，所以候补几年也没任命他实缺，不想他却有这么个大后台。左宗棠天天跟皇上见面，他若恨我，只消在皇上面前说个一句半句，我可就吃不住了。"

总督要过黄兰阶的扇子仔细察看，确系左宗棠笔迹，一点不差。他将扇子还与黄兰阶，闷闷不乐地回到后堂，找到师爷商议此事，第二天就给黄兰阶挂牌任了知县。

黄兰阶不几年就升到了四品道台。总督一次进京，见了左宗棠，讨好地说："宗棠大人故友之子黄兰阶，如今在敝省当了道台。"

左宗棠笑道："是嘛！那次他来找我，我就对他说：'只要有本事，自有识货人。'老兄就很识人才嘛！"

黄兰阶能够官拜道台，是以左宗棠这个大贵人为背景，让总督这个小一点的贵人给他升了官，实在是棋高一着。

我们暂且撇开清政府官场的腐败和黄兰阶欺世盗名的卑劣做法不谈，单从借力的角度来看，黄兰阶正是看准了清政府官场的特点而想出了求官的对策。

在现实生活中，如果能活用"借石攻玉"法，善于利用他人的优势弥补自己的不足，就可以把别人的优势变成自己的优势，把别人的力量变成自己的力量，从而成就自己的事业。

犹太人之所以能在商界和科技界有众多的成功者，就是因为他们普遍都具有善于借助别人之智的本领。

洛维格第一次做的只是一艘船的生意。

他让人把一艘沉入海底的柴油机动船打捞出来。这艘船已经搁置很久，他用了 4 个月的时间将它维修好，并将船承包给别人，自己从中获利 50 美元。这使他很高兴，也很感激父亲能借钱给他，他明白了借贷对于一贫如洗的人的创业是多么重要。可是，在创业初期，他总是被债务所扰，屡屡有破产的危机。他始终也没有跳出平常的思维，达到一种新境界。就在洛维格即将进入而立之年时，突然来了灵感。他想买条一般规格的旧货轮，然后动手把它安装改造成赚钱较多的油轮，但他手里资金不够，为了达到这个目的，他找了几家纽约银行，希望他们能贷款给他，但是却一一遭到了拒绝，理由是他没有可做担保的东西。面对一次次的失望，洛维格并不气馁，而是有了一个不合常规的想法。洛维格有一艘旧油轮，这艘油轮仅仅只能航行，他将这艘油轮以低廉的价格包租给一家石油公司。然后他去找银行经理，告诉他们自己有一艘被石油公司包租的油轮，租金可每月由石油公司直接拨入银行来抵付贷款的本息。经过多番努力，纽约大通银行终于答应贷款给他。

洛维格尽管没有担保物，但是石油公司潜力很大，而且效益也很好，除非天灾人祸，否则石油公司的租金一定会按时入账。此外，洛维格的计划十分周密，石油公司的租金刚好可以抵偿他银行贷款的本息。这种奇异而超常的思维使洛维格敲开了财富的大门。

拿到银行的贷款后，洛维格就买下了他想要的货轮，然后动手将货轮加以改装，使之成为一条航运能力较强的油轮。他利用新油轮，采取同样的方式，把油轮包租出去，然后以包租金抵押，再到银行贷款，然后又去买船。就这样不断循环，像神话一样，他的船慢慢变多，而他每还清一笔贷款，便有一艘油轮归他所有。随着贷款的还清，那些包租的船全部划在了他的名下。

自己的力量是有限的，洛维格正是看到了这一点，才屡屡利用别人的力量来促成自己的发展。他山之石，可以攻玉。作为一名现代社会中的人，在拓展自己的人脉时，要做到取长补短广交友。不应过分计较对方身上的缺点，不应计较对方的身份、辈分、阅历等，而是应多看看别人的优点和专长，在需要时，把别人的优点和专长拿来为己所用，既弥补了自身能力的不足，又为自己事业的发展铺平了道路。

搭形造势，成就影响力

2000 年 12 月，牛群开始了他的一段执政生涯。有人说，他是演艺界第一个吃螃蟹的人；有人说，这是炒作；有人说，这是作秀……无论人们如何评说，事件的主人翁——牛群还是在 2000 年 12 月 29 日到全国第一养牛大县——蒙城县正式走"牛"上任了，并且主管"牛经济"和"牛文化"。

作为名人，牛群的影响力不可小视。牛群上任的当天总共有 70 多家媒体派记者云集蒙城县，对牛群的任职进行聚焦，聪明的记者们在透过各种不同的形式，向他们的听众、观众和读者介绍牛群上任情况的同时，也有意或无意地宣传了蒙城，使蒙城这个过去名不见经传的地方，一夜之间蜚声海内外，极大地提升了蒙城的知名度。据有关人士说，牛群到蒙城县当副县长后，互联网上检索到"蒙城"的条目从 2000 余条猛增到近 20000 条，蒙城迅速成为在全国最具知名度的县之一。

牛群使蒙城有了更大的知名度，蒙城与外界的合作也多了。世界上最大的种子集团之一——美国百绿集团的副总裁马酷，奔着牛群当副县长的事儿，决定向蒙城县无偿赠送可以种植 100 亩地的牧草种子；2 月 7 日，河北的巨葱专家袁振中赶到蒙城县，将自己用十余年汗水培育出的巨葱新品种捐给了蒙城县，同时，还与牛群商定了在蒙城县建立巨葱育种基地的协议；2001 年 2 月 23 日，牛群赶到滁州市对扬子集团进行考察，拉开了蒙城县冷冻机厂同扬子集团合作开发生产改装车、家用空调器的序幕……

利用名人打出品牌，作局作势，这在商业社会的今天，屡见不鲜，被多数企业所采用。安踏即是其中一例。

安踏聘请乒乓球国手孔令辉作安踏品牌的形象代言人，令安踏品牌知名度迅速提高，"我选择，我喜欢"一时成为最经典的广告语。"安踏广告"不但引起同行的美慕和仿效，也引起了国际广告学界的关注，有关安踏的研究成果已作为成功案例进入 MBA 课堂。

业内认为，安踏的成功，很大一部分都源自选择代言人的成功。

安踏集团总裁丁志忠在回答为何请孔令辉做代言时说："如何选择和发挥代言人的作用，是品牌操作中一项非常复杂的工作，打孔令辉这张牌可以说是安踏品牌经营中的一个成功范例。孔令辉是知名体育明星，当时我就问大家一个问题：现在是认识孔令辉的人多呢，还是认识'安踏'的人多？你'安踏'还没有什么名气嘛。而 1999 年的孔令辉，刚刚获得男子乒乓球的世界冠军，声名如日中天。和孔令辉签完两年的合约，在这世纪之交的日子里，举世瞩目的悉尼奥运会举行了。经过周密的策划，安踏打响了确立品牌经营后的第一仗。我们认准了奥运战略的巨大影响力，在赞助中国体育代表团的礼品鞋后，并制作了洋溢着爱国激情的品牌广告在央视黄金时间'密集轰炸'。伴随着中国体育健儿在悉尼的节节胜利，伴随着孔令辉取胜后激情难抑地亲吻胸前的国旗，一个国产品牌也在这令国人难忘的时刻里留在了人们的心里，由此安踏走上了全国名牌之路。"

利用名人，只是搭形造势的一种策略，综观现代广告界，借权力的力量来造势、树立品牌，也屡见不鲜。

搭形作势，巧在搭形，意在作势。只要你想，你就能找到你所想搭借的"形"，从而制造出你想要的"势"，为你的成功增添无限动力。

善借人气，拉拢人才

一个人的力量毕竟是有限的，所以单单凭借自己是很难成大气候的。只有结识很多优秀的人，并且能够将这些人归为己用，才能扩大自己的力量，为自己的成功多增加一份筹码。

很多领导者正是明白了这一点，所以才格外地珍惜人才，为求英才而不惜代价的事例也是很多。

在美国，资产雄厚的约翰逊，已拥有了一批如旅馆、实验机构、自动洗衣店、电影院等不同类型的企业，但仍然热衷于兼并其他企业。约翰逊决心跻身于杂志出版界，并计划发展一套在美国有影响的杂志丛刊，但问题是他自己对杂志业务一点也不熟悉，这就需要物色一个懂行的人才帮助他打理这项工作。但这种人才到什么地方才能找得到呢？找到这样的一个人才，自然是他跻身出版界的前提条件，也是摆在他面前的第一个难题。

不久，经朋友介绍，他认识了一位名叫罗宾逊的杂志发行人。

罗宾逊多年以来，一直在从事编辑、发行工作，其内容涉及某项日趋发展的领域，但所致力发行的这份杂志未能得到畅销。

尽管杂志销量不大，但罗宾逊的知识很全面，在专业出版界里，是公认的优秀人才，办这份杂志，他自己承担了大部分的工作，加上成本低廉，所以，他的日子还算过得比较宽裕。

这样，一些大的出版商曾多次找过罗宾逊，想把罗宾逊和他的杂志拉过去，但没有一位出版商都没有达到目的。

约翰逊了解到这些情况之后，认为罗宾逊确实是自己所需要的人才，他接连两次找上罗宾逊的家门，可惜的是，他也和别人一样吃了"闭门羹"。

但约翰逊是一个不达目的不善罢甘休的人。他打定了主意要不管花多大力气要获得罗宾逊的这份杂志，还要以罗宾逊为核心，办起一套更具影响的专业丛刊。尽管在罗宾逊面前碰了两次钉子，但他仔细分析认为是自己对罗宾逊的心路还不明确，对他缺乏必要的了解所至。他认为，一个实业家物色自己需要的人才，就要用超乎寻常的耐心去等待、去争取。

经过一段时间的认真观察，约翰逊发现罗宾逊是一个恃才傲物的人。罗宾逊最瞧不起那些大出版商，他说那些大出版商是制造低级杂物的"工厂"。

此外，约翰逊还了解到，罗宾逊还对独立经营者所具有的那种高度冒险的乐趣，已渐渐失去对他的吸引力。而且，罗宾逊不相信局外人，尤其是那些与他的创造性领域不相干的"生意人"，特别是那些毫无创造性目的的出版商。

约翰逊掌握了这些情况以后，第三次找到了罗宾逊谈话，一开始，约翰逊就坦率地承认，他对办杂志、出版业务不熟悉，但他需要一个行家里手主持开辟专业出版的新领域，并指出罗宾逊正是这样的一位杰出人才。

接着，约翰逊掏出一张3万美元的支票，说："自然，在股票和长期利益方面，我们还会赚到更多的钱。但是，我觉得，任何一项协议，就像我希望和你达成的这项协议，都应当有直接的，看得见的好处。"然后，约翰逊停顿了片刻，用期待的目光盯着罗宾逊。见罗宾逊还是没有反应，约翰逊又用强调的口气，向罗宾逊介绍了他的一些同事，特别是他的业务经理，指出这些人完全听从罗宾逊的调遣，并承诺罗宾逊所希望摆脱一切杂务。

听完这些，罗宾逊固执的脑子终于开始松动。于是，他们之间进一步商谈。

但他们的想法不同。罗宾逊坚持做一笔直接的、干净的现款结算交易，不接受带有附加条件的上级公司股票。但约翰强调长期保障。他指出，上级公司的股票正在增值，而且股票的利息与他们的利益紧密相关。另外，约翰逊还进一步指出，他需要罗宾逊所具备的充沛的创造力，所以不能让别的工作或别的任何事情削弱他的这种创造力。这不仅是为了他自己公司的需要，更是让罗宾逊充分发挥才华的需要。

罗宾逊最后终于同意了把自己的杂志转让给约翰逊，为期5年，在此期限内他自己为约翰逊服务。他得到的现款支付为4万美元，其余部分则为5年内不能转让的股票。

罗宾逊之所以会答应，是因为约翰逊满足了自己主要的条件，又将可以摆脱那些乏味的工作，另外可以全身心地投入他的创造工作，他有了足够的资金，他也摆脱了苦恼。

约翰逊也因此得到了另一种值钱的资产，一个难得的人才，而付出的代价还在他愿意付出的数额之内，这真是两全其美。

杭州万向节总厂厂长鲁冠球，从7人小厂起家，迅猛发展为集农、工、贸于一体，年盈利逾千万元的集团企业，并于1990年成为乡镇企业中独占鳌头的国家一级企业。鲁冠球也因此先后荣获"全国十佳农民企业家"、第二届"全国优秀企业家"称号，并荣获首届"中国经济改革人才金杯奖"。

日后，有记者问他取得成功的主要因素是什么，他回答说，是因为他懂得怎样选取人才。

鲁冠球在选才上不仅心"狠"，而且心"硬"。为了得到人才，他不惜花费重金，用他的话说就叫"舍财换才是效益最好的投资"。

1984年春天，国务委员张劲夫来厂视察，问鲁冠球有什么困难。当时困难确实不少，原料紧缺，资金不足，但他告诉张劲夫自己最缺的是人才，如果上级支持，他可以出钱"买几个大学生"进厂。张劲夫听后对他的长远目光表示赞同，说"这是个好主意"。

于是，鲁冠球抓住这个契机，向省里打了个正式报告。省委副书记陈发文亲自出面，从全省仅有的分配到乡镇企业的8个指标中，给万向节厂4名大学生。按照君子协定，鲁冠球支付了2.4万元培养费。

4名大学生来厂后，鲁冠球立即给行政科长打招呼，安排了两间房；每个大学生给配了一辆高档自行车；还把省广播电台奖给他的一台彩电搬到他们宿舍。

拳拳之心见之于行动。

大学生们果然不负众望，很快成为厂里的骨干。24 岁的南京航空学院毕业生周建群，进厂 3 年，就完成了 8 项技术革新，大大提高了生产效率。

通过以上两个事例，都表明了一个成功的创富者一定要善于借助于人才的力量，重视人才来促进的企业的发展，这也是善借人气的一方面。

借助于人才的力量，才能积累自己的人气，也能给自己增添更多的力量。有时候，一个领导的眼光虽然很准，但是具体的措施实施的时候，其中的技巧是他难以把握的，这个时候就需要别人来辅助。所以，有了其他人才的协助，才更容易接近成功。

借顾客的要求图发展

在商场上，顾客就是上帝，顾客的要求就代表着是顾客的需求，要想创造财富，就要充分借助于顾客的人气，明白他们需要什么，然后满足这些人的需要。罗尔斯－罗伊斯轿车就是这么发展起来的。

近一个世纪来，罗尔斯－罗伊斯轿车一直代表着英国的骄傲，它象征着成功、财富、权力与地位，它被视为英国的"国宝"。

出生于英国平民家庭的亨利·罗伊斯因为设计利物浦第一街道照明系统而小有名气。此后，凭借自己的电气、机械知识，他又制造出各方面都优于福特汽车的汽车，他的成功震动了具有贵族血统的驾驶员兼飞行员罗尔斯，富有的罗尔斯欣赏罗伊斯的才华，他们一个出资金，一个出技术，就这样，1906 年罗尔斯－罗伊斯汽车公司成立了。

1907 年，罗尔斯－罗伊斯公司制造出第一批汽车命名为"银色幽灵"。"幽灵"，顾名思义是没有声音，没有动静，取这样一个名字是形容这种车子的噪音之小，振动之微。

近一个世纪以来，罗尔斯－罗伊斯公司相继推出三种汽车品牌，即"银灵"、"银羽"和"银影"。"银灵"为黑蓝等深颜色，通常卖给国家元首、政府首脑和要员、王室成员以及英国有爵位的贵族人士。"银羽"则为中性颜色，一般卖给绅士名流。"银影"为白灰等浅色调，大多卖给公司集团和富豪。只有这些人才买得起外表雍容、性能超群、工艺精湛、价格昂贵的"轿车王"。

令人难以想象的是，生产如此"极品"的罗尔斯－罗伊斯公司的制造车间看起来竟像是一个非常原始的手工作坊。那里的工人用锤子、火铬铁和缝纫机等工具干活。对此，罗尔斯－罗伊斯公司的高级管理人解释说，罗尔斯－罗伊斯不大批量生产产品，月产只有 60 几辆。从 1906 年建厂到现在总共制造出的轿车只有 14 万多辆。在这种情况下，流水线式的生产方式除了增加成本。之外，并不能给公司带来什么好处。

更重要的是，在罗尔斯－罗伊斯，手工劳动保证了设计和生产的灵活性，公司可根据市场变化和顾客的要求不断改变设计，并随时投入生产。即使是今天，有许多零部件仍是经过手工制作的。

手工劳动是罗尔斯－罗伊斯保持个性化的主要方式。这里生产出的每一个部件都具有个性色彩，并刻上了工人们的名字。

手工生产最重要的问题是保证质量。近年来，在罗尔斯－罗伊斯轿车厂内的报告板上，出现了两个汉字"改善"。现在这一极具东方特色的"改善"概念已成为这个工厂经营管理者的口头禅。事实上，"改善"的管理方法跟亚洲人的管理方法非常相似。它强调个人的主动性和群体合作性。根据这个新管理方法，他们把工人划成 17 个独立核算的实体，每个实体都有自己的管理层，实体人员的经济利益与产品质量相互促进，相互制约。

在罗尔斯－罗伊斯轿车厂的车间里，到处可以看到公司创始人亨利·罗伊斯的名言。其中最引人注目的两条是："把最好的东西拿来，并在你手上把它变得更好。"另一条是："微小的事物可以创造完美，但完美从来就不是小事。"

在罗尔斯－罗伊斯轿车从整体到细节充分体现了罗伊斯崇尚完美的精神。罗尔斯－罗伊斯公司把每一部车辆的制作都当成一件精美的艺术品来对待，精心制作每一个零部件，以致连一枚螺丝钉也要反复修正。广告大师戴维·奥格威为其所做的广告通过 19 个方面详细记录了罗尔斯－罗伊斯轿车的与众不同之处，真实地使人们看到罗尔斯－罗伊斯的精益求精。

罗尔斯－罗伊斯轿车内的木制仪表板、餐桌等都是选用上等的桃木、橡木和红木制造而成的。其中有一种桃木是公司特地每年派人到美国选购的。它的代价是一整棵树，而这棵"遥远"的"进口"的树却只有一段是符合要求的。

罗尔斯－罗伊斯轿车的喷漆过程也极为严格。首先要在车体上涂上一层含锌材料用来防腐蚀，然后进行处理。上完漆后再加上密封剂和蜡，这样，车身可以长期保持鲜明的颜色，路面上溅起的硬物也很难损伤喷漆。在车子出厂之前，每块玻璃都要用擦光学镜头的浮石粉精心擦拭。

尤其值得一提的是那个在车前盖上方装着的美丽的小天使，它的选料极其考究，制作极其精良。

罗尔斯－罗伊斯的发动机要在专门的仪器上进行反复测试，完全合格后才能进入下一道工序，而不像有些厂家的发动机造好就直接上流水线。

通常，一辆罗尔斯－罗伊斯轿车的生产要用几个月的时间，其中最为严格的即路试，竟长达两个星期之久，每一辆车必须经过 5000 英里的测试，否则就不能交给顾主。

几十年来严格的技师管理、坚持将先进技术与传统工艺相结合的精益求精的制作技艺和追求完美的工作态度，使得罗尔斯－罗伊斯享有品质超群、经久耐用的美名。尽管罗尔斯－罗伊斯轿车价格不菲，但他卓越的品质却使众多富豪忘记了价钱。

罗尔斯－罗伊斯有这样一句有名的箴言："永远不要问我们现在有什么，而要问我们还能为顾客做些什么。"正是这样的信条，使罗尔斯－罗伊斯对顾客有求必应，总是尽最大努力在最大限度上满足客户的需要。

在罗尔斯－罗伊斯公司，有一个专门的部门负责满足客户在标准设计之外的特殊要求。他们总是想尽办法满足顾客的各种要求，无论是什么，他们都是有求必应。

借助顾客的要求，同时也借助顾客庞大的人气，使得罗尔斯－罗伊斯公司发展得如此的迅速，使他们的品牌永远留在了顾客的心中。

学会"狐假虎威"

一天，一只老虎饿了，四处搜寻东西吃。碰巧，它捉到一只狐狸，准备美餐一顿。可狐狸却对它说："你不能吃我。我是天帝派来的，他封我为百兽之王。你要是吃了我，那就是违抗天帝的旨意。"老虎听了狐狸的话半信半疑，可是肚子饿得咕咕叫，不知如何是好。狐狸看到老虎在犹豫，又说："你以为我的话是假的吗？那就让我在前面走，你在我后面跟着，看看百兽见到我后的样子，它们不逃才怪！"

老虎觉得有道理，就跟着狐狸一路走去。果然，众兽看见了，都吓得四处逃窜。老虎不知道所有的野兽是因为怕自己而逃走的，它还以为众兽真的是害怕狐狸呢！

　　这个故事告诫人们，要善于去伪存真，由表及里，步步深入，弄清真相，不然，就很容易被"狐假虎威"式的人物所蒙蔽。同样的道理也可以用在投资理财当中。

　　世界已经为你准备好了一切资源，关键看你会不会"借"过来，为己所用。

　　犹太人认为，一切都是可以靠借的，借资金，借技术，借人才。这些东西都可以拿来为自己所用。生意人应该尽量贷款，借助银行的资金为自己办事。如果不能借用别人的资金，做生意是极为困难的。

　　犹太人信奉这样一句话："没有能力买鞋子时，可以借别人的，这样比赤脚走得快。"记住千万不要让自己的现状阻碍发展，放胆去"借"，放胆去用，你会发现成功离你并没有那么遥远。

　　看看安德鲁是怎样把自身的 5000 美元成功地"借"成 5.7 亿美元的吧！

　　安德鲁很想发财，终于有一天，他发现了一个很好的赚钱机会——建高档次的旅店。因为他在一条相当繁华的街上只发现了一家饭店，而且其档次一般。

　　有了目标，安德鲁看准位置，请了有关方面的专家做预测和设计。最后得出结论，要在那里建安德鲁理想的旅店需要 30 万美元买土地，还要 100 万美元的建筑费用。而安德鲁当时倾其所有只有 5000 美元，距理想非常遥远。但是他没有因此放弃。

　　首先，他找了个朋友合伙，两个人一起凑到了 10 万美元。这个时候安德鲁去找了那块土地的拥有者老德米克先生。当然 10 万美元是不能够买那块地的，但是安德鲁通过和老德米克的商议，最终达成了这样一个协议：安德鲁只是租用他的土地 100 年，每年付租金 3 万美元。如果安德鲁有哪一年没有按期付款，老德米克就可以收回那块土地，包括上面所建造的旅店。

　　这样的协议对于老德米克来说是只有益处没有害处的，于是他欣然答应。

　　土地的问题解决了，但是安德鲁还是只有很少的资金。于是又找到老德米克，最终说服他用房子作抵押，从银行获得 30 万贷款。扣去第一次的租金 3 万，还有 27 万，然后加上自己的 10 万美元，那么有了 37 万美元。通过再次努力，安德鲁找到一个土地开发商共同开发，该开发商投资 20 万美元。安德鲁有了 57 万美元，于是决定开始动工建造旅店。

　　就在旅店建到一半的时候，57 万美元用完了。安德鲁再次陷入了困境。他又找到了老德米克，请求他帮忙。这时候的老德米克即使不想出手帮忙也不行了，就像安德鲁所说的那样："如果旅店一完工，你就可以拥有这个旅店，不过是租赁给我经营，我每年付给你的租金不少于 10 万美元。"老德米克认为安德鲁说的话非常有理，而且现实情况也不容许他现在退出。如果他不帮忙，不但安德鲁的钱收不回来，自己的钱也回不来了。就这样，在老德米克的再次帮助下，安德鲁脱离了困境。

不久，以安德鲁名字命名的"安德鲁旅店"建成，后来安德鲁的事业也逐步走向黄金阶段。

从安德鲁的发展过程中，很容易看出，安德鲁最初的成功大多是靠"借"来的。通过"借"，短短两年时间他从只有 5000 美元，到建起一座高档次旅店，随后短短 17 年的时间里赚了 5.7 亿美元。所以，所谓成功，并不是只顾实行自己的构想，而是巧妙地运用他人的智慧和金钱创造一番事业。当然，在借用别人"钱袋子"的时候，必须要有明确的指标，将赚回来的钱除去基本开支外，其余的都放在生产线上。社会上最普遍的筹集他人资金以发展事业的机构是银行和保险公司。如果有雄心在商场上干出一番成就，必须借用别人的资源。固守个人风格，只会困于"自己"的圈子，难以有令人震惊的成就。

因此，可以说，一个成功之人必然是一个善于借力的人，而善于借外力的人总是能成功借助别人的力量、金钱、智慧、名望甚至社会关系，用以扩充自己的大脑，延伸自己的手脚，提高赚钱能力。正所谓借他人之光照亮自己的"钱"程，只有懂得借力使力，我们才能获得更好的发展。

第五篇

谋略之道

第五編

·第一章·

处逸世亦方，处乱世亦圆

乱世之中，你争我斗，尔虞我诈，如果不懂得圆融，自然没办法生存；盛世之中，安逸的环境最容易抹杀勤俭的本性，也最容易让人忘记进取，此时，唯有坚守方正，才能居安思危，永保明智。

留一只冷眼观"盛世"

《易经》六十四卦，几乎都是盛极而衰、物极必反的道理。细思量之，确实是这样，古今中外，几多盛世如莲，绽放时炫人耳目，花开须落，落下后，只留残梦予人追忆。

我们还记得，苏秦描写的齐国俨然一个盛世景象："临淄甚富而实，其民无不吹竽鼓瑟，击筑弹琴，斗鸡走犬……"当一个国家经济安定，社会繁荣，国民收入增加之后，往往就流于浪费，生活方式多半都骄奢淫逸，道德堕落，并且容易产生优越感，看轻别人。这也正是孟子说齐宣王一统天下的想法只是"缘木求鱼"的道理所在。

国家富强，百姓安居乐业，本来是一件好事，但是天下事总是祸福相依，需要辩证地对待。正如魏徵在《谏太宗十思疏》中，提醒唐太宗要"居安思危，戒奢以俭"。只有富而不骄，不一味地沉浸于歌舞升平，好日子才会持久。历史已经给了我们很多的镜鉴，唐朝由盛转衰就是很好的一例。

经过贞观之治和武则天的励精图治以及唐玄宗李隆基当政的开元时期的精心治理，大唐已经达到全面兴盛。自李隆基登基始，到开元二十九年，恰好是 30 年。他第一年用的年号是先天，次年改为开元。古人以 30 年为一世，李隆基为皇一世，天下太平富足，国家稳定，经济繁荣，农业和手工业都有较大的发展，达到了大唐开国以来的顶峰。可凡事有兴盛必有衰亡，兴盛的巅峰也必是衰亡的开始。开元以后唐玄宗用人失当，任李林甫、杨国忠等为相，并且迷恋贵妃杨玉环，"后宫佳丽三千人，三千宠爱在一身"，"春宵苦短日高起，从此君王不早朝"。政治腐败，奸臣当道，终于酿成安史之乱。从此，大唐盛世的景象一去不返。

盛唐景象一直是中国人心向往之的治世之极，有多少人梦回唐朝，只想一睹那富甲天下、雄视四海、宽容和谐、英气勃勃的伟大盛世。盛唐也是外国人对古代中国的一贯记忆。但是在安史之乱的马蹄声中，一个盛世渐渐远去，留给人们的是凄凉的背影和无尽的思索。唐朝为何会由盛转衰，首先是由于国家第一人唐玄宗的腐败，他沉浸于女色，歌舞升平，用人不再唯贤，渐渐奢侈度日，从而丧失了治世的雄韬伟略。俗语说"上梁不正下梁歪"，一国之君已不思进取，歌舞升平，百姓的精神状态就可想而知了。

国君玩物丧国，天下人玩物丧天下，而普通人玩物则会丧志。因此，我们需要居安思危，不可一味地追求奢侈享受，挥霍浪费，不思进取。

东汉光武帝刘秀9岁丧父，叔父将他养大。他在叔父任职的萧县读书，完成启蒙教育，后到长安太学游学，专攻儒家经典。寄养的生活和所受的教育，使他形成了谨厚诚信、勤俭自励的性格。

游学长安后，刘秀回到南阳家乡，操持家业，从事农业生产。史称他"乐施爱人，勤于稼穑"。由于"长于民间，颇达情伪"，深知百姓稼穑的艰难和民情的好恶，所以他为政宽简，并大力减轻百姓负担。

刘秀做了皇帝后，每日都是清晨即起，早早上朝，议政讲经，很晚才退朝。处理政务，"兢兢如不及"。太子见他太辛苦了，便劝他注意休息，他却说："吾自乐此，不为疲也。"

身为一国之君的他生活俭朴，不事浮华。"身衣大练，色无重彩，耳不听郑卫之音，手不持珠玉之玩"。他屡次拒绝群臣"封禅泰山"的进谏，直到死前一年，才带领百官，登封泰山。针对秦始皇开始形成并愈演愈烈的"厚葬"之风，他还屡次下诏提倡薄葬。他自己也是这么躬行实践的。在为自己修造寿陵的时候，他对窦融说："今所制地不过二三顷，无为山陵、陵池，才令流水而已。"他在临终前，又下了一道遗诏说："朕无益百姓，皆如孝文皇帝制度，务从约者。"因而《后汉书·循吏传》称颂这个时期是"勤约之风，行于上下"。

刘秀当政的时期，就是中国历史上有名的"光武中兴"时期。因国君的仁厚和提倡节俭，不劳民伤财，使得国泰民安。

"历览前贤国与家，成由勤俭败由奢"，这是一个已经被多次证明了的规律，孟子也说"生于忧患，死于安乐"。虽然我们身处和平年代，但要时时保持清醒的头脑，要有居安思危的意识。在努力提高生活水平的同时，更要提高精神素养，不能一味追求奢侈享受，而是应该崇尚勤俭生活，适度消费。愿我们每个人铭记"一粥一饭，当思来之不易；半丝半缕，恒念物力维艰。宜未雨而绸缪，毋临渴而掘井"的古训，在日常生活中，"常将有日思无日，莫待无时思有时"。

大直若屈，忍辱负重

忍可以促使一个人的身心成熟，以便大展宏图。昔日韩信受"胯下之辱"的时候显示了巨大的忍耐力，尔后才官拜淮阴侯。司马迁虽受宫刑，但他却表现出了超人的忍耐力，经受了生理上与心理上的双重打击，终于完成了旷世之作《史记》。

老子曰："大直若屈，大智若拙，大辩若讷。"因此身处逆境之时，应通晓时事，沉着待机，这才是智者的做法。"伏久者飞必高，开先者谢独早。"只有长久潜伏修智，才能成就大事，才能一鸣惊人。如果不能控制住自己情感的冲动而鲁莽行事，就可能会进一步陷入苦痛与困难中，懂得了这个道理，也就通晓了忍的功效。杜牧之《题乌江亭》对此很有见解，"胜败兵家事不期，包羞忍耻是男儿，江东子弟多才俊，卷土重来未可知。"此诗是婉转地批评了项羽，这位大英雄如果当时知忍能忍。只要抱定这种信念，忍而后发，卷土重来未必不成。

《说苑·丛谈篇》写道："能够忍耻的安全，能够忍辱的可以生存。"其实忍辱不仅能平安，而且能成名。

忍辱负重的故事不仅中国有之，国外亦不少见。

1076 年，德意志神圣罗马帝国皇帝亨利与教皇格里高利争权夺利，斗争日益激烈，发展到了势不两立的地步。亨利想摆脱罗马教廷的控制，教皇则想把亨利所有的自主权都剥夺殆尽。

亨利首先发难，召集德国境内各教区的主教们开了一个宗教会议，宣布废除格里高利的教皇职位。格里高利针锋相对，在罗马拉特兰诺宫召开全基督教会的会议，宣布驱逐亨利出教，不仅要德国人反对亨利，也在其他国家掀起了反亨利浪潮。

一时间德国内外反亨利力量声势震天，特别是德国境内的大大小小封建主都兴兵造反，向亨利的王位发起挑战。

亨利面对危局，被迫妥协，1077年1月身穿破衣，骑着毛驴，冒着严寒，翻山越岭，千里迢迢前往罗马，向教皇忏悔请罪。

格里高利故意不予理睬，在亨利到达之前躲到了远离罗马的卡诺莎行宫。亨利没有办法，只好又前往卡诺莎拜见教皇。

教皇紧闭城堡大门，不让亨利进来。为了保住皇帝宝座，亨利忍辱跪在城堡门前求饶。当时大雪纷飞，天寒地冻，身为帝王之尊的亨利屈膝脱帽，一直在雪地上跪了三天三夜，教皇才开门相迎，饶恕了他。

亨利恢复教籍保住帝位返回德国后，集中精力整治内部，曾一度危及他王位的内部反抗势力逐一告灭。在阵脚稳固之后，他立即发兵进攻罗马，以报跪求之辱；在亨利的强兵面前，格里高利弃城逃跑，客死他乡。

中国有句俗语说："大丈夫能屈能伸。"说的便是忍辱负重。试想，假如当时韩信逞一时之勇而与对方打斗，哪还有后来的常胜将军呢？假如亨利放弃信念"破罐子破摔"，哪还有后日的至尊、荣耀呢？

所以，如果有大志向，就不要纠缠小事的过节。当忍的地方，就忍耐。如果什么事情都不想忍耐，什么亏都不能吃，这样的人势必会在一些小的过节中浪费很多的精力，他的生活中也会是非不断。只有适当的忍耐，才能养精蓄锐，给自己足够的时间和空间，去实现更大的梦想。

当然，在没有足够的实力的时候，更加需要忍耐。因为弱者的生存之道就是隐忍。

德天下者得天下

"得民心者得天下"，这个道理亡国之君们一般也应该知道。可是既然知道，为什么还要违背人心？对于这一问题，《大学》讲得比较透彻，那就是这些君王都是不修品德、过于重财利的人。说到底就是没有真正地以德治天下。

知道"得民心者得天下"还不够，必须以这种道理行事才行。怎么能得民心呢？那就是德天下，即以德治天下。以德治天下，是一个人成功的保障。举例来说，三国时刘备不善于谋略作战，但是，他具有优良的德行，能够以此感召部下为他卖命。他虽然缺乏贤才，却具备足够的德行，即使如此，他自己尚自谦无德，这正是他异于常人之处。谦虚自古是中国人的美德，而刘备正是具备了中国人的传统美德，所以他才会成功。

德治不一定就是跟刘备那样自谦，德也包括知人善用。比如与刘备比较起来，孙权在自谦方面给人的印象并不深刻。但是他在用人方面与刘备有相似之处。孙权成功的秘诀之一，在于他教育部下的独到方法。他指出："贵其所长，忘其所短。"即运用部下的时候，不要只看到他的短处，必须针对他的优点长处，使他有充分发挥的余地。

这里的"忘"不是普通的忘记，而是明知道人的短处，却不去指点他。因为任何人都喜欢被人称赞，讨厌别人吹毛求疵。称赞自己的长处，就会产生积极向上的动力，而挑自己的毛病，就会萎靡不振，丧失工作的积极性。因此，身为领导者，应该学习孙权不吝赞美人的长处，多发挥部下的长处，勿用人之短。能做到这点是需要胸襟和抱负的。

当然，道德没有统一的标准，德的前提就是尽量帮助别人，做有利于自己和他人的事，而不损人利己。这看似无"心机"可言，实是做人最长久的"心机"。这种无"心机"，直接地演化出来的就是诚实。一个人如果不够诚实，往往在政治上成为两面派，在社会上成为图利弃友的小人，这样的人是没有朋友的，有朋友也只是利用朋友来达到自己的目的，把朋友当作工具。交友如果不交心，一切都不会长久。诚实的人才是可以信任的人。自己诚实属于个人修养，能够把诚实的人拥为己用，才可以德治天下。这点孙权做得比较好。

三国时，孙策任用吕范主管东吴财政大权，孙策的弟弟孙权此时年少，总是偷偷地向吕范要钱，吕范则一定要请求孙策，从不独自答应孙权。因这事孙权对吕范很有意见。后来孙权任阳羡县令，建立了自己的小金库以备私用。孙策有时来查账，功曹周谷总是为孙权涂改账目，造假单据，使孙策没有理由责怪孙权。孙权这时很感谢周谷。

后来，孙权接替孙策统管东吴大事，因为吕范忠诚，特别受到孙权的信任，而周谷却因为善于欺骗和更改账目，而始终没有得到孙权的重用。

孙权在大事上能够这么样做，今天的我们看来，是很了不起的举动。关键时候分得清好赖。这大概也是三国鼎立，孙权能够分一杯羹的原因吧。

春秋时期郑国有个叫子产的，孔子曾经夸赞过他。为什么夸他呢，其实这事情跟一个叫然明的有关。

郑国大夫然明问子产说："我们把乡校取缔了吧，怎么样？"

子产说："为什么要取缔？人们清闲的时候可以来，议论我们到底做得好不好。他们如果喜欢，我们就继续推行，他们如果讨厌，我们就立刻改正。这不是挺好吗？为什么要取缔它呢？我只听说过我们应该尽力做好事以减少人民的怨恨，没听说过依权仗势来防止怨恨。大河宜疏不宜堵啊。堵上容易决堤，伤害的反而很多。我们不如开个小口导流，把有用的建议当作治病的良药。"

然明非常佩服他的见解说："我从现在起才知道您确实可以成大事。小人确实没有才能。真的很佩服您。"

这就是子产，允许人们说话，而不以武力制止，这难道不是德治吗？因此孔子曾说"以是观之，人谓子产不仁，吾不信也"，是为赞扬。

历史上的亡国之君，绝大多数都是不修道德、且过重财利的人。特别喜欢敛财，那相对应的群众拿的钱就很少，群众拿的钱少了，民不聊生，自然就会导致国家灭亡。如崇祯皇帝他自己留有大量的银子，在关键时刻却不愿意拿出来给那些最需要钱的军队。后来军队暴乱，他不吸取教训，却派人镇压杀戮。太守财了，哪儿还有什么德？于是最后被闯王夺了天下，自己准备的银子，成了闯王的战利品。

生活中我们虽然不用"德天下"，但是这份修养工夫却应该做。现在的你无法预料到将来的你会是什么样子的。你今天是个小职员，通过努力也许你明天就是领导。

当领导带领下属跟治国安邦一样的道理，也需要"以德服人"，你只有修养达到那个水准了，你的德治才会在细枝末节中体现出来。领导的人格魅力，对于一个团队的凝聚和向心，有着不可替代的作用。它会成为一个团队持久而强大的精神支柱。

节俭是德，奢侈是恶

晏子是春秋时期齐国著名的政治家，虽然他当宰相多年，但生活一直十分节俭。平常只穿一件有几个补丁的旧袍子，补丁的颜色与袍子的颜色极不协调，看上去十分刺眼。有人问他："您身为宰相，衣服这么破了，为什么不换一件新的呢？"晏子笑着回答说："衣服是为了挡风御寒的，何必穿得那么豪华呢？这件袍子虽然旧了一点，可穿在身上一点也不觉得冷，何必要扔掉它呢？那不是很可惜吗？"

晏子勤俭节约的精神，让人敬佩。

可是在奢靡之风渐盛的今天，节俭已不再被一些人视为美德。在一些富而骄、贵而奢的人眼里，家境清贫者节俭，被讥笑为"穷酸"；家境富有者节俭，被讥笑为"守财奴"；高居官位者节俭，被讥笑为"傻瓜"。"古人以俭为美德，今人乃以俭相诟病。嘻，异哉！"世风如此，实在是令人悲痛。

节俭是最不应当被遗弃的一种美德，而挥霍则是最不应有的一种行为。节约带给人的帮助可以说非常巨大。

有一个青年在某家企业做事，从进厂起就养成了良好的储蓄习惯，几年下来，已有几万元的存款，随着经济的发展，信息的交流越来越重要。这位青年看准市场，毅然辞去工作，租了两间房屋，购置了两台电脑，搞起了小型信息服务中心。两年下来，获利几十万元，公司也由当初的两个人发展到十几个人，自己还做了个小有名气的经理。这就是节俭的巨大作用，今天节省下来一块钱，明天又节省下来一块钱，几年下来，将是不小的一笔钱。这个青年通过养成节俭的习惯而获得成功，非常值得我们借鉴和学习。

蔡元培先生就曾说："家人皆节俭，则一家齐；国人皆节俭，则一国安。盖人人以节俭之故，而资产丰裕，则各安其堵，敬其业。自古国家以人民之节俭兴，而以其奢侈败者，何可胜数！"意思就是说：一家人都节俭，那么这个家一定会兴旺，一个国家的人都节俭，那么这个国家必然安定。每个人都节俭的话，那么社会就会非常富裕，大家都各安其分，各敬其业。那么国家肯定会发达，反之，大家都浪费挥霍，社会就会贫穷，国家也就会衰败而导致灭亡。

可见节俭是多么重要，我们的民族历来都是推崇节俭的民族。一个节俭的人，他不但使自己更加懂得珍惜劳动所得，而且也能给他人留下很好的印象。而一个奢侈挥霍的人，他不但使自己身陷浪费挥霍的泥塘，给别人留下的也将是不好的印象。

李强和何勇是某大学的应届毕业生，有一次两个人到一家公司应聘，一路过关斩将，进入了复试阶段。公司总经理交给李强一项任务，要他去指定的那家商场买一打铅笔。距离要去的商场只有一站路，总经理建议他乘公交车去。自己买车票，回来报账。

过了一会儿，总经理好像忘记了一件事，又吩咐何勇去那家商场买一瓶墨水。

他们两个都回来了，在总经理面前报账。李强除了买铅笔的钱，来回坐车的钱是 2 元。而何勇除了买墨水的钱，来回坐车的钱是 4 元。

原来，时值仲夏，天气酷热，李强坐的是普通公交车，所以票价是 1 元，而何勇坐的是空调公交车，上车就要 2 元。所以，何勇的车票钱和李强的车票钱不一样。

很自然，李强被公司录取了。总经理是这样对他们说的，具有成本意识，懂得为公司节约的人，将来才能为公司赚钱。

这个看似短小的故事告诉我们：一个节俭的人懂得珍惜所得的来之不易，自然也懂得珍惜他人的所得，能为他人节约。而这样的人才是最受欢迎的。勤俭节约是我们中华民族的传统美德，也是一个人道德高尚的具体表现。奢侈浪费的作风、大手大脚的习惯，在我们的身边可以说不乏其人，说穿了，奢侈的行为只不过是一种爱慕虚荣的愚昧之举罢了！这些挥霍的人，就好比《蚂蚁与蝗虫》这则寓言故事中的蝗虫。

在夏季的田野里，到处都是蝗虫吃剩的草叶，而此时的蝗虫却挥霍无度，从来都不知道节省并储藏冬天的食物，在蚂蚁为一粒米而不辞辛劳的时候，蝗虫却嘲笑蚂蚁的贫穷，结果等到冬天来了，蝗虫因为没有任何食物饿死在田野中而成了蚂蚁的食物。

所以，从现在开始，我们要做一个节俭的人，养成节俭的习惯，不做挥霍的蝗虫，而做一只节俭的蚂蚁，为我们自己的未来留下一笔财富，为我们自己的将来锻造一种良好的品性！

有人说我们现在的生活水平已经大大提高了，不用再节俭了。随着社会的发展和时代的进步，人们生活水平不断提高，消费观念也不断改变。似乎"食无求饱，居无求安"的传统观念已逐步退出历史舞台，而消费至上、享受第一的思想观念渐渐粉墨登场。但是我们更应该看到，汹涌而至的消费浪潮，使人们的视线都集中到只知享乐上，因此不劳而获的事情就不断地发生。人一旦着迷于这种生活方式，就会愈加贪婪，攀比、从众、追时髦、喜新厌旧等就会随之而来，谓之穷奢极欲，这就是一切罪恶的根源。而节俭可以让我们如出淤泥而不染的荷花，谓之俭以养德，让我们在物欲横流的社会，保持一颗纯净的心。所以，不管到什么时候，我们都不能放弃节俭的美德，而要坚守这一人格的法宝，将其一直发扬下去。

为富不可不仁，为贵不可不义

俗话说："多行不义必自毙。"人若倚仗自己的财势欺弱霸强，其结果必然走上毁灭之道。

战国时的晋国，其大权被智伯瑶、魏桓子、赵襄子和韩康子四位大夫掌握着。后来，四位大夫间发生了矛盾，势力最大的智伯瑶便依仗自己的势力胁迫其余三家将各自方圆 100 里的土地交给他。韩、魏两家自知财势逊于智家，无法与之抗衡，为了绝后患，不得不忍气吞声地交了出来，唯有赵襄子不愿屈服，便以维护祖先的基业为借口，拒绝了智伯瑶的无理要求。

智伯瑶为此恼羞成怒，于是联合起交出了土地的韩、魏两家共同发兵攻打赵家。赵家也不示弱，由赵襄子亲自率领自己的兵马坚守在晋阳城内与之抗衡。

晋阳城中有充足的粮草，百姓们十分痛恨智伯瑶恃强凌弱的卑劣行径，为了捍卫自己的领土，几乎是全城皆兵，支持赵襄子。

面对城外智、韩、魏三家的重重围攻，军民们同心协力抵抗，斗志高昂、众志成城，一直坚持了两年多。

晋阳城久攻不下，令智伯瑶头疼不已，凶残狡诈的他又想出另一个办法：命士兵们将晋河改道，让河水直冲晋阳城，准备水淹晋阳城。此计实施后，晋水淹没了大半个晋阳城，眼看晋城将毁于一旦，满心欢喜的智伯瑶以为这次一定能让赵襄子投降，攻下晋阳城，并将之据为己有。可惜的是，面对如此险境，晋阳城中的军民依然没有一人肯出城投降，使他的如意算盘落了空。

虽然城中军民们仍誓死抵抗，可晋阳城却已是危城一座，破城在即，危在旦夕了。

智伯瑶眼见不免得意忘形起来，肆无忌惮的他无意中便说出了在日后必要时，将用同样的方法消灭韩康子和魏桓子两家的话。

说者无心，听者有意。韩康子与魏桓子为此不寒而栗，思之再三，唇亡齿寒的道理终于使韩康子和魏桓子两家下定决心反戈一击。于是他们暗中与被围困在晋阳城中的赵襄子商量好，以其人之道，还治其人之身，将晋水反引入智家的营寨中，里应外合攻打智伯瑶的兵马。

最后，智伯瑶被杀，其所有的财产、土地及户口由赵、韩、魏三家平分了。形同虚设的晋国国君也被赵、韩、魏三家的后代废除，取而代之的则是赵、韩、魏三国。这也就是历史上有名的"三家分晋"。

智伯瑶在当时虽是势力最强大的一家，却因凶残霸道，最终走上自取灭亡的不归路。

"千古一帝"秦始皇，横扫六国，一统江山，天下财富皆归于他。为了满足自己的奢欲，他大兴土木，建造阿房宫，修造骊山墓，所耗民夫竟达 70 万人以上。据记载，阿房宫的前殿东西宽达 700 多米，南北差不多 115 米。殿门用磁石砌成，目的是防止来人带兵器行刺秦始皇。除此以外，秦始皇单在咸阳周围就建宫殿 270 多座，在关外的行宫竟有 400 多座，关内有 300 多座。

修建这样庞大的工程当然需要大量的劳力、物力、财力。据估算，当时服兵役的人数远远超过 200 万，占当时壮年男子人数的 1/3 以上。庞大的工程开支加上庞大的军费开支，造成了"男子力耕，不足粮饱，女子纺织，不足衣服，竭天下之资财以奉其政"的悲惨局面。民不聊生，百姓们过着"衣牛马之衣、食犬口之食"的痛苦生活。最终，他的万世皇帝梦只维持了短短 15 年。

古人说："富而好礼，孔子所诲；为富不仁，孟子所戒。盖仁足以长福而消祸，礼足以守成而防败。怙富而好凌人，子羽已窥于子哲；富而不骄者鲜，史鱼深警于公孙。庆封之富，非常实殃；晏子之富，如帛有幅。去其骄，绝其吝，惩其贫，窒其欲，庶几保九畴之福。"

这段话的大意是：富有而爱好礼义，这是孔子对人的教诲；因图致富便不能施行仁义，这是孟子对人的告诫。大凡行仁义的人完全可以保持幸福而消除灾祸，爱好礼义的人完全可以保持已有的成就而防止失败。自恃富有而喜欢欺侮别人，结局不会好，正如子羽已观察到子哲的结局；富有而不骄傲的人很少，史鱼曾对公孙提出深刻的警告。

庆封的富有不是上天赏赐，实为灾祸；晏子的富有如同布帛那样有一定的限度。舍弃骄傲，根除吝啬，控制怒气，节制情欲，这样才能保证享受人间的福分。

见小利，思大害

有权势或者富贵的人，应酬十分频繁，朋友、熟人之间请客送礼也如家常便饭。这中间除了友情之外，也免不了夹杂个人利害。所以在接受别人厚礼的时候，要三思而行，千万勿贪利而使自己陷于被动的处境之中。

从前，鲁国的宰相公仪休非常喜欢鱼，赏鱼、食鱼、钓鱼，爱鱼成癖。

一天，府外有一人要求见宰相。从打扮上看，像是一个渔人，手中拎着一个瓦罐，急步来到公仪休面前，伏身拜见。公仪休抬手命他免礼，看了看，不认识，便问他是谁。

那人赶忙回答："小人子男，家处城外河边，以打鱼为业糊口度日。"

公仪休又问："噢，那你找我所为何事，莫非有人欺你抢了你的鱼了？"

子男赶紧说："不不不，大人，小人并不曾受人欺侮，只因小人昨夜出去打鱼，见河水上金光一闪，小人以为定是碰到了金鱼，便撒网下去，却捕到一条黑色的小鱼，这鱼说也奇怪，身体黑如墨染，连鱼鳞也是黑色，几乎难以辨出。而且黑得透亮，仿佛一块黑纱罩住了灯笼，黑得泛光。鱼眼也大得出奇，直出眶外。小人素闻大人喜爱赏鱼，便冒昧前来，将鱼献于大人，还望大人笑纳。"

公仪休听完，心中好奇，公仪休的夫人也觉纳闷。那子男将手中拎的瓦罐打开，果然见里面有一条小黑鱼，在罐中来回游动，碰得罐壁乒乒作响。公仪休看着这鱼，忍不住用手轻轻敲击罐底，那鱼便更加欢快地游跳起来。

公仪休笑起来，口中连连说："有意思，有意思。的确很有趣。"

公仪休的夫人也觉别有情趣，那子男见状将瓦罐向前一递，道："大人既然喜欢，就请大人笑纳吧，小人告辞——"公仪休却急声说："慢着，这鱼你拿回去，本大人虽说喜欢，但这是辛苦得来之物，我岂能平白无故收下。你拿回去——"

子男一愣，赶紧跪下道："莫非是大人怪罪小人，嫌小人言过其实，这鱼不好吗？"

公仪休笑了，让子男起身，说："哈哈哈，你不必害怕，这鱼也确如你所说，我并无怪罪之意，只是这鱼我不能收。"

子男惶惑不解，拎着鱼，愣在那里，公仪休夫人在旁边插了一句话："既是大人喜欢，倒不如我们买下，大人以为如何？"

公仪休说好，当即命人取出钱来，付给子男，将鱼买下。子男不肯收钱，公仪休故意将脸一绷，子男只得谢恩离去。

又有好多人给公仪休送鱼，却都被公仪休婉言拒绝了。

公仪休身边的人很是纳闷，忍不住问："大人素来喜爱鱼，连做梦都为鱼担心，可为何别人送鱼大人却一概不收呢？"

公仪休一笑，道："正因为喜欢鱼，所以更不能接受别人的馈赠，我现在身居宰相之位，拿了人家的东西又要受人牵制，万一因此触犯刑律，必将难逃丢官之厄运，甚至会有性命之忧。我喜欢鱼现在还有钱去买，若因此失去官位，纵是爱鱼如命怕也不会有人送鱼，也更不会有钱去买。所以，虽然我拒绝了，却没有免官丢命之虞，又可以自由购买我喜欢的鱼。这不比那样更好吗？"

众人不禁暗暗敬佩。

公仪休身为鲁国宰相，喜欢鱼，却能保持清醒，头脑冷静，不肯轻易接受别人的馈赠，这实在很难得。

由此可见，有些事，表面看来能获得暂时的利益，但从长远来看，却"因小失大"，损失惨重，做事灵活的人绝不会被眼前的利益所迷惑。

预则立，不预则废

拿破仑·希尔说过，一个善于准备的人，是离成功最近的人；一个缺乏准备的人，一定是一个差错不断的人，纵然其有超然的能力、千载难逢的机会，也不能保证获得长久的成功。没有准备的行动会让一切陷入无序，最终面临失败的局面。

所以说"预则立，不预则废"，下文这个故事就是一个很好的证明。

在吸引了全世界眼球的拳坛世纪之战中，当时正如日中天的泰森根本没有把年近40的霍利菲尔德放在眼里，他自负地认为可以毫不费力地击败对手。同时，几乎所有的媒体也认为泰森将是最后的胜利者。美国博彩公司开出的是22赔1泰森胜的悬殊赔率，人们也都将大把的赌注压在了泰森身上。

在这种情况下，认为已经稳操胜券的泰森对赛前的准备工作——观看对手的录像，预测可能出现的情况及应对措施，保证自己充足的睡眠和科学的饮食方面都敷衍了事。

但是，比赛开始后，泰森惊讶地发现，自己竟然找不到对手的破绽，而对方的攻击却总是能突破自己的防线。于是，气急败坏的泰森作出了一个令全世界人都感到震惊的举动：一口咬掉了霍利菲尔德半只耳朵！

世纪大战的最后结局当然是：泰森成了一位可耻的输家，还被内华达州体育委员会罚款600万美元。

泰森正是输在准备不足上。当霍利菲尔德认真研究比赛录像，分析他的技术特点和漏洞时，泰森却将教练准备的资料扔在一边；当霍利菲尔德在比赛前拼命热身，提前进入搏击状态时，他却和朋友在一起狂欢。虽然泰森的实力确实比对手高出一筹，在年龄上也占尽了优势，但他最后却一败涂地。

可以说，霍利菲尔德的成功和泰森的失败皆因准备。

当然，在这种一战定胜负的比赛中，偶然性确实占了很大的比重。这个时候，比的并不是谁的实力最强，而是谁犯的错误最少。只有真正地重视准备，扎实地把准备工作都做到位，才能从根本上保证不犯或少犯错误。

被称为"上帝第二"的前葡萄牙波尔图足球队的主教练穆里尼奥说过一句很著名的话："当准备的习惯成为你身体的一部分时，它就会永远在那里，并帮助你取得令人惊讶的胜利。"英格兰国脚莱斯·费南德这样评价他："我从来没有遇到过像他这样的人，对工作、对胜利是如此的痴迷。"没错，准备使他成为"魔鬼"，也正是准备使他成为"上帝第二"，当然，也使他成了世界上薪水最高的足球教练。

记住，世界上没有多余的准备。

穆里尼奥曾担任葡萄牙球队波尔图的主教练，率领球队征战欧洲冠军联赛时，几乎没有人相信他们能杀入决赛，更别提夺取冠军了。但结果却使所有人都大跌眼镜，这个从队员到主教练都默默无闻的俱乐部，竟然得到了欧洲足球的最高荣誉。

确实，波尔图的队员和皇马、米兰等大牌球队的球星相比，无论从名气上还是实力上都相差悬殊。当时的穆里尼奥和卡佩罗、马加特、扎切罗尼等知名教练相比也不可同日而语。但穆里尼奥却有一个胜利的武器：对准备工作超乎寻常地重视。穆里尼奥几乎观看了所有对手最近的每一场比赛，可以说，所有对手的技术特点、战术风格、最近的状态等他都了如指掌，甚至对比赛当天的天气、场地草皮的状况，他都进行了详细的了解并制定了相应的对策。结果在决赛当天，他使用的队员、阵形、战术打法都直指对方的软肋，就像他夺冠后所说的那样："如果大家知道我们为了取得胜利而研究了多少场比赛，准备了多少资料，筹划了多少方案，你们就会认为这个冠军我们当之无愧。"

当时，有相当多的人认为穆里尼奥的成功只是运气好，再加上那些大牌球队在对无名球队时缺少重视和兴奋感，才让他捡到了一个冠军。其实，穆里尼奥的胜利是必然的，因为他的准备工作做得比任何人都充分，正是因为对准备超乎寻常的重视，才使他站到了欧洲足球之巅。

　　功成名就的穆里尼奥在夺冠的第二年来到了英超球队切尔西，这里汇集了很多世界级的大牌球员。当穆里尼奥和这些队员第一次见面的时候，他所做的第一件事是打开随身携带的笔记本电脑，开始如数家珍地介绍这些球员，从技术风格、进球数、身高体重，甚至详细到哪些进球是左脚进的、哪些是右脚进的，他都了如指掌。穆里尼奥的这一举动一下子就震住了这些球星。不过，这只是开始，他们更没有想到的是，主教练这种近乎完美的准备工作会使他们在后面的比赛中取得一个又一个胜利。

　　在穆里尼奥的带领下，切尔西队在国内联赛、杯赛、欧洲冠军联赛，取得了一连串的胜利。穆里尼奥出名了，但他在赢得别人尊重的同时，又被许多对手厌恶。喜欢他的人称他为"上帝第二"，讨厌他的人却称呼他"魔鬼"。

　　现在，不管是欣赏他还是厌恶他的人，都开始研究穆里尼奥，他们总结了很多条，比如善于用人、阵形选择合理、自信等。

　　遗憾的是，却很少有人能领会到穆里尼奥成功的真正原因——准备。这是为什么呢？原因就在于，准备太重要，但也太平常了，我们大家几乎每天都生活在准备之中，所以，反而对它的重要性视而不见。提起准备，也许有人会说："准备没有什么了不起。"但就是这不起眼的准备，却能造就神奇的成功，也能导致痛苦的失败。

　　所以，做任何事情都要提前做好充分的准备。只有你做好了准备，你才能够抓住突如其来的机遇，也只有做好了准备，才能防微杜渐，避免不必要的事端的发生。

·第二章·

人生的方圆博弈

　　人生无处不博弈，人生无处不方圆，所以博弈之中暗藏方圆，方圆之中也通博弈。只有将这两方面相结合，才能做到智慧交融，才能更好地指导人生。

选择博弈，做生活的智者

　　有三个人要被关进监狱三年，监狱长同意满足他们每人一个要求。美国人爱抽雪茄，要了三箱雪茄。法国人最浪漫，要一个美丽的女子相伴。而犹太人说，他要一部与外界沟通的电话。三年过后，第一个冲出来的是美国人，嘴里塞满了雪茄，大喊道："给我火，给我火！"原来他忘了要火。接着出来的是法国人。只见他手里抱着一个小孩子，美丽女子手里牵着一个小孩，肚子里还怀着第三个。最后出来的是犹太人，他紧紧握住监狱长的手说："这三年来我每天与外界联系，我的生意不但没有停顿，反而增长了200％。为了表示感谢，我送你一辆劳斯莱斯！"

　　这个故事告诉我们，决定命运的是选择，而非机会。什么样的选择决定什么样的生活，你今天的生活是由三年前所作出的选择决定的；而今天的抉择，却将不仅决定你三年后的，更会影响你最终离开人世时的样子。这就是人生博弈的法则。

　　那么，何谓选择？选择可以看作是一个判断和舍弃的过程，在多种可能性中找到最理想的一个，判断标准是效用（机会效益减掉机会成本）最大。

　　我们每个人的一天都会面临各种各样的选择，小至买衣服、吃东西，大至企业经营战略的设定、国家大政方针的制定，都有一个选择最佳策略的问题。

　　每个人都希望能够作出正确的选择——即使不是最好的，至少也是比较好的，那么有没有一些方法帮助我们呢？

明智的选择，需要清楚正确地计算成本和收益、评估风险，更重要的是明白自己到底想要什么。

我们可以通过以下 5 个步骤来作出相对正确的选择。

（1）列出我们所有可能的选择。

（2）尽可能列出每个选择的可见后果。

（3）尽量评估每种结果可能发生的机会。

（4）试想一下自己对每种结果的渴望或恐惧程度。

（5）把所有的因素结合到一起作出合理的选择。

人生是一个不断选择的过程，而作选择，首先要明确自己的目标，然后计算成本和收益，看这个事情值不值得做，最后才是策略选择。

为了进一步说明这个道理，我们来看下面"霍布斯的选择与毛驴的选择"。

经济学中有一个名词——"霍布斯的选择"，据说这个词来自中世纪美国一位叫霍布斯的马场老板。他在卖马时承诺："买或是租我的马，只要给一个低廉的价格，可以随意选。"但他又附加了一个条件："只允许挑选能牵出圈门的那匹马。"

其实这是一个圈套。

他在马圈上只留一个小门，大马、肥马、好马根本就出不去，出去的都是些小马、瘦马、懒马。显然，他的附加条件实际上就等于告诉顾客好马不能挑选。大家挑来挑去，自以为完成了满意的选择，其实选择的结果可想而知。

"霍布斯的选择"给我们的启示在于：有时我们自以为作出了抉择，但事实它是在没有选择下的一种人为选择。

"霍布斯的选择"在生活中非常普遍，譬如在管理领域。一个企业家在挑选部门经理时，往往只局限于在自己的圈子里挑选人才，选来选去，再怎么公平、公正和自由，也只是在小范围内进行挑选。

所以，要想打破这种"霍布斯的选择"，就要当个好"伯乐"，跳出马圈的圈子，到大草原去选"马"，到全世界去选"马"，打开思维空间，扩大资源的配置半径。一般来讲，配置资源的半径越大，企业就越处于优势；反之，配置资源的半径越小，企业就往往越处于劣势。只有放宽眼界，打开思维，放眼世界，才能选到世界级的"千里马"。

与"霍布斯的选择"相对的是选择太多。选择越多越好似乎已成为人们的共识，但事实果真如此吗？我们可以先来看一下由美国哥伦比亚大学、斯坦福大学共同进行的实验。

在实验中,科学家随机抽取两组人,让第一组测试者在 6 种巧克力中选择自己想买的,第二组测试者则在 30 种巧克力中选择。结果,第二组中的满意度远远低于第一组,更多人感到所选的巧克力不大好吃,对自己的选择有点后悔。

由此看来,没有选择确实不好,但是选择太多,要从诸多选择中找到最优选择也并非易事。正因为选择不容易,才会有在两堆稻草之间饿死的毛驴。

在一头毛驴的前面有两堆草,对于这头毛驴来说,这一左一右两堆草一模一样。这头毛驴尽管饿得要命,但它无法挪动它的腿,因为一模一样的这两堆草使它无所适从,它没有理由选择其中的一堆而放弃另外一堆。这头毛驴最后在这两堆草面前活活饿死了。

在实际生活中,面对多种选择时由于我们不可能掌握充分的信息,对这些策略下的后果不能确定,我们认为它们都一样,所以我们难以选择。

但是,我们无论选择其中哪个策略,都要好于不做选择,如果驴子所面对的这两堆草中的一堆离它距离近,或者分量多,它自然应当选择这一堆;但当这两堆草都一样的时候,它无论选择其中哪一堆,都会比其结果为饿死的不做任何选择要强。

纳什均衡,利益共享

两个旅行者 A 和 B 结伴去旅游。长途旅行让他们都很劳累,中午时,A 和 B 准备吃午餐。A 带了 3 块饼,B 带了 5 块饼。这时,有一个路人 C 路过,C 饿了,A 和 B 邀请他一起吃饭,C 接受了邀请。A、B 和 C 将 8 块饼全部吃完。吃完饭后,C 为了感谢 A、B 给了他们 8 个金币。

A 和 B 为这 8 个金币的分配争执起来。B 说:"我带了 5 块饼,理应我得 5 个金币,你得 3 个金币。"A 不同意:"既然我们在一起吃这 8 块饼,理应平分这 8 个金币。"A 坚持认为每人各 4 块金币。为此,A 找到公正的 D。

D 说:"B 给你 3 个金币,因为你们是朋友,你应该接受它。如果你要公正的话,那么我告诉你,公正的分法是,你应当得到 1 个金币,而你的朋友 B 应当得到 7 个金币。"

A 不理解。

D 说:"是这样的。你们 3 人吃了 8 块饼,其中,你带了 3 块饼,B 带了 5 块,一共是 8 块饼。你吃了其中的 1/3，即 8/3 块，C 吃了你带的饼中的 3－8/3＝1/3；你的朋友 B 也吃了 8/3，C 吃了他带的饼中的 5－8/3＝7/3。这样，C 所吃的 8/3 块饼中，有你的 1/3 块，有 B 的 8/3 块。这样分法符合纳什均衡的原则，按这样来分，你只能得 1 个金币。"经 D 这样一说，A 也不再嚷着多分了。最后，A 与 B 达成协议，A 只要了 3 个金币。

经过博弈，双方的选择符合纳什均衡，因为 A 再多要 1 个金币，B 就不平衡了，而 B 再多要 1 个金币，A 也不平衡了。所以 A 得 3 个金币、B 得 5 个金币是双方的最佳选择。

这个最佳选择就是 A 与 B 之间博弈的纳什均衡。因为这个选择导致了一个不会令人后悔的结果，无论对方怎么做，双方对于自己的策略都很满意。在这个纳什均衡中，A 不一定满意 B 的所得，但是 A 的策略是应付 B 的策略的最优策略（否则，他便只能得到 1 个金币）。

这就是纳什均衡，现在人们运用这一理论来分析商业竞争和贸易谈判等各种现象，取得了突出的成就。

经常光顾麦当劳或肯德基的快乐一族们不难发现这样一种现象，麦当劳与肯德基这两家店一般在同一条街上选址，或相隔不到 100 米的对面或同街相邻门面。大多超市的布局也同样存在这样的现象，如在北京的北三环两侧不到 15 公里的道路两侧，已经驻扎了国美、苏宁、大中三大连锁家电的 8 家门店。从一般角度考虑，集结在一起就存在着竞争，而许多商家偏偏喜欢聚合经营，在一个商圈中争夺市场。

这样选址会不会造成资源的巨大浪费？会不会造成各超市或商家利润的下降呢？

对此，我们可以用纳什均衡予以解释。

假定市场上有甲、乙两个超市，他们向消费者提供的是相同的商品和服务，两者具有优势互补关系；假定甲、乙两个超市的行为目标都是为了在理性的基础上谋求各自的利益最大化；假定甲、乙两个超市的经营成本是一致的并且没有发生"共谋"；假如甲乙都选择分散经营，他们各自经营所获得的利润各为 3 个单位。如果甲选择与其他超市聚合经营，乙选择分散经营，他们各自经营所获得的利润分别为 5 个单位和 1 个单位，总效用还是 6 个单位。

由此可见，选择聚合经营是甲、乙的占有策略，它可以在两者之间形成一个稳定的博弈结果，即纳什均衡。这是因为聚合经营能够聚集"人气"，形成"马太效应"，从而能够吸引更多的消费者前来购买，进而使企业获得更多的利益。分散经营使企业无法获得与其他企业的资源共享优势，从而市场风险明显增大，所以获利能力下降。同理，若甲选择分散经营，乙选择聚合经营，他们各自经营所获得的利润分别为1个单位和5个单位。而甲、乙两家超市都选择聚合经营时，由于两家企业具有优势互补，所以，两者的利润都会增加。

聚合选址不可避免地存在着竞争，竞争的结果是企业要生存和发展就必须提升自己的竞争力，连锁企业有个性，才有竞争力。在超市经营上要有特色，方显个性，这就要明确市场定位、深入研究消费者的需求，从产品、服务、促销等多方面进行改善，树立起区别于其他门店类型和品牌的形象。如果聚合的每一个连锁超市都能够做到这一点，就可以发挥互补优势，形成"磁铁"效果，这样不仅能够维持现有的消费群，而且能够吸引新的消费者。

另外，商业的聚集会产生"规模效应"，一方面，体现所谓的"一站式"消费，丰富的商品种类满足了消费者降低购物成本的需求，而且同业大量聚集实现了区域最小差异化，为聚集地消费者实现比较购物建立了良好基础；另一方面，经营商为适应激烈的市场竞争环境，谋求相对竞争优势，会不断进行自身调整，在通过竞争提升自己的同时让普通消费者受益。

正因为上面的几个原因，像麦当劳、肯德基似的聚合选址能使商家充分发挥自己的优势，从而将自己的利益最大化，选择聚合经营也就是商家当之无愧的占优策略。在这种博弈中，每一方在选择策略时都没有"共谋"，他们只是选择对自己最有利的策略，而不考虑其他人的利益，也正是这种追求自身利益最大化的本能促成双方最终的纳什均衡。

正和博弈：你赢我也赢

正和博弈是一种追求你赢我也赢的博弈。正和博弈的思维不仅是经济上的一种智慧，而且可以运用到生活中的方方面面，用来解决很多看似无法调和的矛盾和你死我活的僵局。那些看似零和或者负和的问题，如果转换一下视角，从更广阔的角度来看，也不是没有解决办法，而且往往也并不一定要牺牲某一方的利益。

在小溪的旁边有三丛花草，并且每丛花草中都居住着一群蜜蜂。一天，小伙子看着这些花草，总觉得没有多大的用处，于是，便决定把它们除掉。

当小伙子动手除第一丛花草的时候，住在里面的蜜蜂苦苦地哀求小伙子说："善良的主人，看在我们每天为您的农田传播花粉的份上，求求您放过我们的家吧。"小伙子看看这些无用的花草，摇了摇头说："没有你们，别的蜜蜂也会传播花粉的。"很快，小伙子就毁掉了第一群蜜蜂的小家。

没过几天，小伙子又来砍第二丛花草，这个时候冲出来一大群蜜蜂，对小伙子嗡嗡大叫道："残暴的地主，你要敢毁坏我们的家园，我们绝对不会善罢甘休的！"小伙子的脸上被蜜蜂蜇了好几下，他一怒之下，一把火把整丛花草烧得干干净净。

当小伙子把目标锁定在第三丛花草的时候，蜂窝里的蜂王飞了出来，它对小伙子柔声说道："睿智的投资者啊，请您看看这丛花草给您带来的利益吧！您看看我们的蜂窝，每年我们都能生产出很多的蜂蜜，还有最有营养价值的蜂王浆，这可都能给您带来很多经济效益啊，如果您把这些花草给除了，您将什么也得不到，您想想吧！"小伙子听了蜂王的介绍，忍不住吞了一口口水，于是，他心甘情愿地放下了斧头，与蜂王合作，做起了经营蜂蜜的生意。

在这场人与蜂的博弈中，面对小伙子，三群蜜蜂作出了三种选择：恳求、对抗、与其合作，而也只有第三群蜜蜂达到了最终的目的。

上面的例子告诉我们，如果博弈的结果是"零和"或"负和"，那么，对方得益就意味着自己受损或双方都受损，这样做的结果也只能是两败俱伤。因此，为了生存，我们必须学会与对方共赢，在生活中实现更多的正和博弈。

曾有一对夫妻，妻子是个瘸子，丈夫是聋哑人，在外人看来他们很不幸，但他们却生活得很幸福。譬如他们要去镇上买一些日用品，由于丈夫不会说话，当然不好交际，所以，去镇上买东西的时候，这个聋哑丈夫一定会骑着三轮车，让妻子坐上，到了要买东西的地方，妻子便坐在三轮车上谈价钱购货物。更可贵的是，他们从来没有因为某件事情而发生过争吵，为什么呢？这倒不是因为他们有多大本领，而是因为他们能互相弥补彼此之间的缺陷：妻子走路不方便，丈夫却有强健的身体；丈夫不会说话，妻子却有很好的口才。由于他们能取长补短，所以他们在一起仍生活得十分美满。

这种在交际中能互利互惠的情况，便是正和博弈。在发生矛盾和冲突时，如果人们能从对方的利益出发，能从良好的愿望出发，便能使人际交往达到互利互惠的正和博弈状态。就是说，在人际交往中，要达到利益最大化，就不能以自己的意志作为和别人交往的准则，而应该在取长补短、相互谅解中达成统一，达到双赢的效果。

同样有这样一对夫妇，他们一生都没激烈地争论过，更不用说吵架了，在生活中他们更是默契、和谐。他们有一个共同的习惯，就是每天都要煮鸡蛋吃。不过，奇怪的是妻子在煮鸡蛋时，每次都是自己先吃了蛋白，而把蛋黄留给丈夫；而丈夫每次煮鸡蛋时，便吃了蛋黄，把蛋白留给妻子。这似乎成了习惯，直到丈夫去世前，说自己想吃鸡蛋时，妻子便煮好了鸡蛋，首先剥掉了蛋白，将蛋黄给了丈夫，丈夫说，他想吃一次蛋白。妻子说，你不是喜欢吃蛋黄吗？丈夫摇摇头说，其实他并不喜欢吃蛋黄，只是看妻子爱吃蛋白，所以才每次都吃蛋黄的。这时，妻子也告诉了丈夫，其实，她本来爱吃的是蛋黄，只是因为见丈夫每次都愿意吃蛋黄，所以她每次才吃蛋白的。

这个故事的确很美丽，读后让人为夫妻间的相敬如宾而动容。其实，在交际中，如果遇到与交际对象发生冲突的时候，互相之间若能为对方着想，采取一种双方合作的态度，那么，就一定能避免交际中的对抗性博弈发生。

所以，为了短期胜利，建立共同利益，为了长远成功，建立良好关系，也就是拥有博弈中的双赢思维，拥有平等、互惠的思想，采取合作的态度，这样才能使人际关系呈现"正和"状态，并向着健康的方向发展，从而收到良好的交际效果。

掌握实现目标的主动权

多个目标中，如何确定哪个是最主要的目标，哪个是次要的，哪个是无关紧要的，这是一个十分复杂的问题。但只要确定了最主要的目标，就要相应调整自己，让自己投入最主要的精力和时间去实现这个目标。

不过，这是一种理想的状态。实际上，并不是所有人都能不受任何影响，一直都坚持着为了自己的主要目标去奋斗。有的时候，因为种种原因，最主要的目标无法实现了，这个时候，就面临一重新选择的问题：到底是要坚持下去，用超乎常人的毅力和信念去继续追求原有的主要目标，还是先退让一步，重新去考虑在遇到困难的时候应该如何安排自己的这些目标，选择一个可以实现的目标成为最新的主要目标。

自己来做出选择，这也是一个博弈问题，就像一个人喜欢吃鸡蛋，也喜欢吃牛肉，但是在这两种食物不能同时吃的条件限制下，他就要决定哪一顿饭吃鸡蛋，哪一顿饭吃牛肉。这种选择看起来十分简单，实际上却比较难操作。许多人在自己的主要目标无法实现的时候，都选择了沉沦、颓废甚至自杀，这就是一个无法重新做出选择的悲剧。对他们来说，失去了人生的主要目标，就如同丧家之犬一样，再也没有继续奋斗的勇气了。

是否那些不能实现人生主要目标的人，真的就无处容身甚至无法求生了呢？就算是丧家之犬，他们能否摆脱困境，重新规划自己的人生？究竟应该如何做出选择，在保存自我和与恶人斗争的两个目标中如何顺利达成。海瑞的经历，就是一个最为形象的写照。

海瑞当知县的时期，正是嘉靖的宠臣严嵩当权时期，严嵩权倾天下，孝子贤孙满地都是，海瑞的顶头上司浙江总督胡宗宪，是严嵩的同党，仗着他有后台，到处敲诈勒索，谁敢不顺他心，就该谁倒霉。有一次，胡宗宪的儿子带了一大批随从经过淳安，住在县里的官驿里。在淳安县，海瑞立下一条规矩，不管大官贵戚，一律按普通客人招待。胡公子平时养尊处优惯了，看到驿吏送上来的饭菜，认为是有意怠慢他，气得掀了饭桌子，喝令随从把驿吏捆绑起来，倒吊在梁上。驿里的差役赶快报告海瑞。海瑞知道胡公子招摇过境，本来已经感到厌烦，现在竟吊打起驿吏来，就觉得非管不可了。海瑞听完差役的报告，装作镇静地说："总督是个清廉的大臣。他早有吩咐，要各县招待过往官吏，不得铺张浪费。现在来的那个花花公子，排场阔绰，态度骄横，不会是胡大人的公子。一定是什么地方的坏人冒充公子，到本县来招摇撞骗的。"说着，他立刻带了一大批差役赶到驿馆，把胡宗宪的儿子和他的随从统统抓了起来，带回县衙审讯。一开始，那个胡公子仗着父亲的官势，暴跳如雷，但海瑞一口咬定他是假冒公子，还说要把他重办，他才泄了气。海瑞又从他的行装里，搜出几千两银子，统统没收充公，还把他狠狠地教训一顿，撵出县境。等胡公子回到杭州向他父亲哭诉的时候，海瑞的报告也已经送到巡抚衙门，说有人冒充公子，非法吊打驿吏。胡宗宪明知道他儿子吃了大亏，但是海瑞信里没牵连到他，如果把这件事声张出去，反而失了自己的体面，就只好打落门牙往肚子里咽了。

在这件审讯上司"假公子"的事件中，海瑞掌握了博弈的主动权，由于"胡公子"把事情闹得太大，已经伤了知县太爷的面子，到了非处理不可的地步。因此，在海瑞是处理还是睁只眼闭只眼的选择中，海知县只能是处理。好在他机智地把握了一个前提，就是一口咬定，上司是好人，所谓"龙生龙，凤生凤，老鼠的儿子会打洞"，此人招摇撞骗，绝非上司公子。这实际上也是设计了一个两难选择让上司往火坑里跳：承认他是自己的儿子，损伤自己的威严；不承认他是自己的儿子，伤害了儿子的利益。好在这位胡总督是一位丢车保帅的高手，两相权衡，反正海瑞已经该打的打了，该没收的没收了，儿子的利益已经受到损害，也就假戏真做，把真公子当假少爷给处理了。可以说，海青天把握了官场上文人"豹死留皮，人死留名"，即贪污归贪污，表面文章还得做的心理，在与上司的这场博弈中，选择了点到为止，双方都能接受的均衡点，因此，取得了斗争的胜利。

在封建社会，天下治乱，只在皇帝一念之间。只要皇帝振作起来，按圣人之言去处理每一件事，那么天下很快就会变成传说中的大同盛世，百姓很快就会安居乐业，皇帝也自然成为尧舜那样的伟大帝王。而事实证明，不论任何社会，如果把希望寄托在一两个明君或一两个清官身上，这个社会是不正常的。在这种社会做清官肯定是失败的，因为他的博弈对象是封建制度，是他根本上无法改变的博弈规则，所以他成了输家。

海瑞一生与上级博弈，与皇帝博弈，最后提出的重典治吏，这无异于将自己放在了与全体同僚博弈的对立面。表面上看，同僚为之侧目，连皇帝也让他三分，对他无可奈何；但事实上，所谓"过犹不及"，他正直得过头了，反而树立了太多的敌人。

他被同僚群起而攻之，大部分时间他都处于无事可做的地步。皇帝都把他当作一面旗帜，当作一块遮挡吏治腐败、国事无法收拾的遮羞布。他的政治理想在那个体制不健全的社会只能寄希望于皇帝，正如他在给嘉靖上书的最后一段话所言："天下的治与不治，只在圣人之道德有没有得到贯彻。"

酒吧博弈，拒绝盲从

丰子恺先生有这样一段文字："有一回，我画了一个人牵了两只羊，画了两根绳子。有一位先生教我：'绳子只要画一根。牵了一只羊，后面的都会跟来。'我恍然自己阅历太少。后来留心观察，果然如此。赶鸭子的人把数百只鸭子放在河里，不用绳子系住，鸭群自能互相追随，聚在一块。上岸的时候，赶鸭的人只要赶上一二只，其余的都会跟上岸。"

联系现代社会的各种现象，我们就会发现，很多人都有盲从的心理。

比如，有些人每天都在追随着无数的东西：别人考研，他们也考研；别人出国，他们也出国；别人学电脑，他们也学电脑；别人学英语，他们也学英语；别人喝可乐，他们也喝可乐……人们不加思考地追随着别人，浪费自己的经历、时间和生命，他们不顾自己的实际情况而盲目跟随别人，自愿地成为酒吧博弈中的"多数者"，内心里却不清楚这种处境对他们自身的发展是很不利的。如果他们能明白这一点，就可以借助酒吧博弈的智慧，为自己找到一条不寻常的成功之路。

其实，"不寻常"有的时候确实是成功的一个诀窍。中国古代有一则故事，正说明了这个道理：

公元645年，也就是唐贞观十九年，唐太宗李世民由洛阳出发，亲征高丽。高丽派大将高延寿和高惠真率军15万前来迎战。唐太宗设计将他们诱至安市城东南八里，双方展开一场生死决战。

为了鼓舞士气并综观全局，李世民选了一处高坡观战。当时战场上风云突变，阴云四起，雷电交加。双方刚一接阵，唐军中就有一员小将，穿着一件耀眼的白袍，手中握戟，腰中挎弓，大吼一声杀入敌阵。敌将惊慌失色，正要分兵迎战，但是阵形已被那员小将冲乱，士卒四散奔逃。唐军随在那员小将的后面掩杀过去，高丽军顿时溃不成军。唐军大获全胜。

战斗结束以后，李世民派人到军中询问："刚刚冲在最前面的那个穿白衣的将军是谁？"有人回答："是薛仁贵。"

于是李世民专门召见了薛仁贵，称赞他一身是胆，并且赐马两匹，绢40匹，加封他为右领军郎将，负责守卫长安太极宫北面正门玄武门。从此以后，薛仁贵几次率军南征北战，并且立下了"三箭定天山"的功劳，被封为右威卫大将军，平阳郡公，兼任安东都护。

薛仁贵的初衷或许只是为了让自己的士兵易于辨认，但是在客观上却起到了引起注意并受到器重的效果。他所采取的策略，在博弈论中被称为"少数派策略"。

在社会上，那些成功的机会以及可以助我们成功的资源都是有限的，只有一部分少数者才能拥有，因此，在这种多人博弈中，如果你盲目从众，无异于踩上了一颗地雷，自取灭亡。只有绕开从众的误区，走与众不同的路，才能找到一条生路。在生活中，我们也可以发现，往往是那些与众不同的少数者，能够顺风顺水地改变命运。所以，在生活中，我们要学会利用长尾智慧，做一个少数者，

近两年来，央视的《百家讲坛》火了起来，易中天、于丹这些炙手可热的专家也都成为家喻户晓的明星。正在这个时候，有一位女导游，也登上了《百家讲坛》，她就是在清东陵工作了15年的赵英健，是全国模范导游，也差不多是清东

陵的专家了，她开讲的是充满神秘色彩的"慈禧陵寝之谜"。赵英健这位专家来自民间，既不是学者，也不是教授，但她的讲解同样受到了观众的欢迎。

在这位女导游和《百家讲坛》的策划人身上，体现出了一种典型的"长尾智慧"。

风靡全球的长尾理论是由美国人克里斯·安德森提出的。长尾理论认为，由于成本和效率的因素，过去人们只能关注重要的人或重要的事，如果用正态分布曲线来描绘这些人或事，人们只能关注曲线的"头部"，而将处于曲线"尾部"、需要更多的精力和成本才能关注到的大多数人或事忽略。例如，某著名网站是世界上最大的网络广告商，它没有一个大客户，收入完全来自被其他广告商忽略的中小企业。安德森认为，网络时代是关注"长尾"、发挥"长尾"效益的时代。

简单说，所谓长尾理论是指，当商品存储流通展示的场地和渠道足够宽广，商品生产成本急剧下降，以至于个人数可以进行生产，并且商品的销售成本急剧降低时，几乎以前类似需求极低的产品，只要有人卖，就会有人买，我们只要抓住了这个长尾，便可以将自己的成功最大化。

从长尾理论里面，我们也可以看到酒吧博弈的影子，也即在大多数人都忽略那个长尾的时候，我们做个少数者，把它拾起来，我们就会取胜。

《百家讲坛》的例子也是如此，当多数人把关注的目光投向学者、教授、作家的时候，找到一位资深的导游来讲解历史，也确实让很多观众眼前一亮。

阿里巴巴是一个成功的"长尾"公司。它从不被其他商家关注的中小企业、小商小贩的那群占80%的办不起网站的长尾入手，将网下的集市贸易搬到了网上，用较低的门槛即一年2300元的会员费吸引小商小贩上网开展网上贸易，这些处于长尾的小商小贩通过阿里巴巴寻找到了更多的贸易机会与财富，长尾聚集在一起也成就了阿里巴巴。

在网络经济时代，很多人仅仅关注那些重要的商品和事物，而对那个长长的尾巴即不受人重视的事物视而不见。殊不知，交易成本和维持成本的降低使这个尾巴的价值越来越高，而且这条长长的尾巴是可以有效开发的；这些不那么热销的东西积少成多，会产生非常高的价值，也会占据很高的市场份额。交易的费用不断降低，使"做买卖"的门槛不断降低，于是，供给会呈现越来越明显的多样性，只要你稍微花点时间，任何个性化的需求都可能找到供给。所以，如果我们能够把这个长长的尾巴捡起来，无疑就成了酒吧博弈中的那些与众不同的少数者，当然也就能够在博弈中取胜。

概率论：每个人的运气都是独立的

概率论里有一个非常重要的概念——事件的独立性。

很多情况下，人们因为前面已经有了大量的未中奖人群而去买彩票或参与累计回报的游戏，殊不知，每个人的"运气"都独立于他人的"运气"，并不因为前人没有中奖你就多了中奖的机会。比如前面 10 个人抛硬币，没有一个人抛出了正面，现在轮到了你，难道你抛出正面的可能性就大于其余的人吗？

抛硬币出现正反的决定性因素是硬币的质地和你的手劲，每个人抛的那一次，都"独立"于其余的人。

澳大利亚的一些赌场，老虎机旁放着跑车，电子公告牌上显示着已经有多少人投币，车还没有送出，只要连得三个大奖，就能赢得跑车。但老虎机设置的得奖概率并无变化，每人是否幸运和别人毫无关系，就像你明天带不带雨伞和美国总统明天早餐吃不吃鸡蛋毫不相干一样。因此，赌客前一次投币的结果也不会影响后一次投币的结果。但这样明显毫无关联的事情，却被某些人看成是必然。我们看下面这个例子：

招娣是个小女孩的名字，她的父母有严重的重男轻女观念，一门心思要生一个男孩。为了这个目的，招娣跟随父母已经在外面东躲西藏了多年，他们成了名副其实的超生游击队。现在，加上招娣虽然已经是姐妹五个了，但是，她的父母还想再要一个孩子，还在猜测下一个孩子是男还是女。

父："我希望我们下一个孩子不是女孩。"

母："孩子他爹你放心吧，在连着生了五个女儿之后，下一个肯定该是儿子了。"

其实，生男生女与上一胎是没有关系的，这是最基本的常识，招娣父母也必然知道，但之所以有这种误区，只是人们急切盼望的一种表达罢了。明明没有联系的事情，人们非要把它们联系在一起，是因为人们急切渴望的心情和对自己极度不自信所致。

每一个人的运气都是独立的，每一个人的成功也受各种因素的影响，在社会中每一个人都是个体，每一个个体独立做事的时候，只与你自己有关。有的人赚了大钱，如果他是靠自己的眼光和自己的积累赚取的，那么他的事业就会长久；但如果他是靠关系和投机所得，那么他就会经历更惨痛的失败。比如，史玉柱在最初靠软件挣了钱之后，开始做房地产，结果欠下大量债款。后来史玉柱吸取前次经验，锻炼自己的判断能力，看准市场，负债上马脑白金，终又崛起，接着又做网游，使财富倍增。史玉柱的沉浮，与别人没有关系，他的成功是独立的，失败也是独立的，如果他像那对想生男孩的父母那样，由于急切的心情而强行把不相关的事物联系在一起，那么也就不会再有今天的史玉柱了。

独立的运气，不受别人的掌控，却能够自我调控。只要你掌握了博弈的方法，你就能增大自己的成功概率。

李开复博士早年曾在苹果电脑公司任职。有一次，他与公司CEO史考利得到美国当时最红的早间电视节目"早安美国"的邀请，演示苹果公司新发明的语音识别系统。

在上节目的前一天晚上，史考利问李开复："开复，你对演示成功的把握有多大？"那时，李开复负责开发的语音识别系统刚刚搭建，碰到故障的可能性不小，因此李开复回答说："大概90％吧。"

史考利说："你能将这个概率提高到99％吗？"

李开复马上回答说："行！"

第二天，节目如期开演，一切都很成功，甚至公司的股票都因此涨了两美元。节目结束后，史考利对李开复说："辛苦你了，你昨天一定改程序改到很晚吧？"结果李开复说："其实，今天的系统和昨天的没有任何差别，你高估了我的编程和测试效率。"

史考利很惊讶："你不是答应我说成功率可以提高到99％吗？你该不是冒着这么大的风险上节目吧？"李开复说："没错，成功率保证在99％以上——因为我带了两台电脑，而且把它们连接起来，如果一台出了问题，我们可以马上切换到另外一台。根据概率原理，一台电脑失败的可能性是10％，两台独立的机器都失败的可能性就是10％×10％＝1％，成功率自然是99％了！"

赌博不可取，但由赌博发展出的概率理论却可以供我们决策时使用，因为概率是一种科学工具，我们完全可以把它应用到生活中来。那么怎样让它指导我们自己的生活呢？怎么样才可以增大自己成功的概率呢？这就要求我们在平时的生活中，要做多种准备，尽量降低失败的风险。多给自己一些机会，多尝试一些不同的方法，如此一来，成功的概率自然会增加。

斗鸡博弈：不"冒尖"也是一种勇

斗鸡场上，每只斗鸡都想出人头地，每只斗鸡都有自己的"野心"，但是这种"野心"切忌太过外露。你的"志向"和"企图"，即使是正当的，一经表现，总会有人感觉受到威胁。他们可能会利用手中的权力或影响力，对你进行打击，使你过去的一切努力都化为泡影。

在一个群体或团体中，人人都希望自己首先"迈出众人的行列"，成为脱颖而出的佼佼者。但社会竞争又暗藏着一个悖理的法则，这就是"枪打出头鸟"，或"出头的椽子先烂"。如果一个羽翼未丰的人积存的能量尚不够，是万不可轻易暴露内心、过早卷入残酷的社会竞争的。在这种时候，最需要保持低调，只有首先学会当"孙子"，日后才能理直气壮地成为资深的"爷爷"。

其实，在斗鸡博弈中，不"冒尖"也是一种勇。你所要做的是在暗中修炼自己，在暗中等待机会，然后在不动声色中掌握主动。在这种情况下，别人不易察觉你的真实意图，而你却早已对对方了然于胸。就好像一场赌局，千万不要被人看穿你的底牌。

在现实生活中，如果做不到不动声色，你的观点、主张、决策便很容易被对方掌握，那么，玩弄你于股掌之上就是很简单的事。

只有当你将自己深深隐藏起来，使对方无法了解你的时候，才能够达到迷惑对方的目的。这自然需要一定的技巧，从很多城府极深的政治家身上我们能够看到这一点。不过，不动声色也要掌握一定的度，把握不好则会过犹不及。

曾有一位记者去拜访一位政治家，目的是获得有关他的一些丑闻资料。然而，还来不及寒暄，这位政治家就对想质问的记者制止说："时间还长得很，我们可以慢慢谈。"记者对政治家这种从容不迫的态度大感意外。

不多时，仆人将咖啡端上桌来，这位政治家端起咖啡喝了一口，立即大嚷道："哦！好烫！"

咖啡杯随之滚落在地。等仆人收拾好后，政治家又把香烟倒着插入嘴中，从过滤嘴处点火。

这时记者赶忙提醒："先生，你将香烟拿倒了。"政治家听到这话之后，慌忙将香烟拿正，不料却将烟灰缸碰翻在地。

平时趾高气扬的政治家出了一连串洋相，使记者大感意外，不知不觉中，原来的那种挑战情绪消失了，甚至对对方怀有一种亲近感。

因为一些小小的失误，而让对方看到了自己的另一面，也将亲切温和的形象移植到了对方的心里，这就是那位政治家的高明之处，也是我们应该学习的地方。在为人处世中，锋芒是强者额上的角，一不小心就会伤人伤己。要使别人对你放松警惕，对你怀有亲近之感，就要很巧妙地、不露痕迹地在他人面前暴露某些无关痛痒的缺点，出点小洋相，表明自己并不是一个高高在上、十全十美的人物。

英格丽·褒曼在获得了两届奥斯卡最佳女主角奖后，又因在《东方快车谋杀案》中的精湛演技获得最佳女配角奖。然而，在她领奖时，她一再称赞与她角逐最佳女配角奖的弗仑汀娜·克蒂斯，认为真正获奖的应该是这位落选者，并由衷地说："原谅我，弗仑汀娜，我事先并没有打算获奖。"

褒曼作为获奖者，没有喋喋不休地叙述自己的成就与辉煌，而是对自己的对手推崇备至，极力维护对手落选的面子。无论谁是这位对手，都会十分感激褒曼，会认定她是倾心的朋友。一个人能在获得荣誉的时刻，如此谨守守拙之道，必然会为自己铺就更广阔的成功之路。

在这种"斗鸡"博弈中，我们不仅要学会示弱，还必须善于选择示弱的内容。地位高的人在地位低的人的面前不妨展示自己的学历，表明自己实在是个平凡的人。成功者在别人面前多说自己失败的经历、现实的烦恼，给人以"成功不易""成功者并非万事大吉"的感觉。对眼下经济状况不如自己的人，可以适当诉说自己的苦衷，诸如健康欠佳、子女学业不妙以及工作中诸多困难，让对方感到"他家也有一本难念的经"。某些专业上有一技之长的人，最好说明自己对其他领域一窍不通，袒露自己日常生活中如何闹过笑话等。至于那些完全因客观条件或偶然机遇侥幸获得名利的人，更应该直言不讳地承认自己是"瞎猫碰上死老鼠"。

示弱可以是个别接触时推心置腹的交谈、幽默的自嘲，也可以是在大庭广众之下，有意以己之短，衬人之长。

示弱有时还要表现在行动上。自己在事业上已处于有利地位，获得了一定的成功，在小的方面，即使完全有条件和别人竞争，也要尽量回避退让。也就是说，平时小名小利应看淡些，因为你的成功已经成了某些人嫉妒的目标，不可以再为一点微名小利引火烧身，应当分出一部分名利给那些暂时处于弱势中的人。

古人云："鹰立如睡，虎行似病。"真正拥有示弱智慧的人懂得只有聪明不露，才华不逞，才有任重道远的力量。《庄子》中也曾提出"意怠"哲学，"意怠"是一种很会鼓动翅膀的鸟，别的方面毫无出众之处。别的鸟飞，它也跟着飞；傍晚归巢，它也跟着归巢。队伍前进时它从不争先，后退时也从不落后。吃东西时不抢食、不脱队，因此很少受到威胁。表面看来，这种生存方式仿佛是保守迂腐的，而在布满陷阱与危险的生活中，这才是最安全、最实用的生存哲学。

第三章

应运为方，变运为圆

接受那些不能改变的事实，并且把这些视为自然，这是为人之方；能够认清前程，确定什么是能够通过自己的努力改变的，并且能够储蓄自己的能量，为了改变命运而抗争的，视为做人之圆。人生之中，时而需要被动地接受，时而需要主动的改变，所以面对生活，我们也需方圆并存。

坚守方正，不拒绝命运的雕琢

方正的人，尽管命运之中也会被安排了各种各样的苦难，可是他们会挺直了腰杆，不拒绝任何的挫折和磨难；方正的人，即使面对巨大的压力和苦难，也不会想要放弃承受来自命运的雕琢。因为他们知道，命运之中，喜乐是掺半的，只有先吃掉痛苦，才能得到甘甜；只有经过了雕琢的生命，才会欣欣向荣。

方正，是一种坚守，是在苦难面前不放弃。所以，坚守信念的人，不会被困难吓倒，也不会因为一时的挫折就放弃了自己最初的志向。反而，他们会因为现在的苦难而兴奋，因为一块初出深山的顽石，只有经过玉匠仔细的雕琢打磨之后，才能成为无价的美玉。一个人同样是这样。若不去除身上那些斑斑点点的碎屑，又怎么能够使自己的生命升华呢？

如果我们是一块不甘平庸的石头，那么就必须忍受折磨、痛苦，去经受挫折、困难和失败等生活磨难的雕琢，去掉生命中那些劣质、腐朽的东西，只留下精华，生命才会更加完美。

如果我们不堪忍受折磨，怕被敲打，不剔除那些碎屑，天长日久，那些劣质的东西就会不断侵蚀我们美好的部分，最终将精华淹没，甚至损耗我们生命力。

我们知道，鹰是世间寿命最长的鸟类。它一生的年龄可达 70 岁。在 40 岁时，它如果要继续活下去必须经历一次痛苦的重生。

当鹰活到 40 岁时，它的爪子开始老化，不能有效地抓住猎物。它的喙开始变得又长又弯，几乎触到胸膛。它的翅膀也开始变得沉重，因为它的羽毛长得又浓又厚，飞翔都显得有些吃力。

这时它只有两种选择：等死，或开始一次痛苦的重生——150 天漫长的操练。它必须很卖力地飞到山顶，在悬崖上筑巢，停留在那里，不能飞翔。

鹰首先用它的喙击打岩石，直到喙完全脱落。然后静静地等待新的喙长出来。它会用新长出的喙把指甲一根一根地拔出来。当新的指甲长出来后，就再把羽毛一根一根地拔掉。5 个月以后，新的羽毛长出来了，鹰经历了一次再生。

如果 40 岁的鹰选择逃避，那么等待它的就是生命的枯萎。它唯有选择经历苦痛的雕琢，生命才得以再生。重生与成功的道路上注定会荆棘密布。

生命，总是在各种各样的折磨的雕琢中茁壮成长的。世上没有不弯的路，人间没有不谢的花。折磨原本就是生命旅途中一道不可或缺的风景。

事实就是这样，没有经过风雨折磨的禾苗永远不能结出饱满的果实，没有经过折磨的雄鹰永远不能高飞，没有经过折磨的士兵永远不会当上元帅，没有经过折磨的员工也永远不能提高业务能力……这就是自然界告诉我们的一个很简单的道理，一切事物如果想要变得更强，必须历经折磨的雕琢。

因此，坚守方正的人相信：只有历经雕琢，才能够更快、更好地成长。生活，永远只能在雕琢中得到升华。所以，即使是再苦再累，坚守方正的人都不会有任何的怨言，他们坚守自己的人生道路，当挫折和苦难来临的时候，他们笑脸相迎，尽情地享受人生的风雨，并期待着风雨过后，生命开出更加鲜艳的花朵。

学会接受无法改变的事情

很多时候，我们都喜欢设想，假如自己出生在国外多好，假如自己长得漂亮一点身材再高一些，假如当初报了另一所大学，假如他不出现在错误的时间等等，如果这些设想都能够成立，那么这个世界一定会变得非常完美，至少是我们认为的圆满。

遗憾的是，人生不过是一张单程车票，所有走过的、经历过的都成为不可更改的事实和历史。所有欢欣的，所有悲伤的，无论你愿意接受还是不愿意接受，都成为生活的真相，且成为不可更改的历史。

有个成语叫"木已成舟"，听到这个词，就会觉得人生有很多无奈。在我们的生活中，不是经常面临着许多"木已成舟"的事实吗？比如，我们没有出生在经济发达的美国，高考的时候遭遇了变革，毕业后不再分配而是自主择业……有人哀叹生不逢时，有人抱怨命运不公。既然有些事情是我们不能把握和控制的，再多的抱怨也无济于事，我们就只能接受，再想办法去改善。就像我们打扑克，分到你手上的可能是一手好牌也可能是一手烂牌，但无论如何，我们都要想办法发挥出最高的水平，争取赢下这一局牌。

曾经有这样一则小故事，名叫《放手》：

有一个樵夫到山上砍柴，由于不慎而跌下山崖，在即将被摔得粉碎的情况下，情急之中他拉住了半山腰上一根横出的树干，幸好这根树干比较结实，樵夫并没有掉下山崖，而是被吊在半空中，命暂时是保住了。但是新的问题又来了：悬崖光秃秃的，并没有可以抓手的地方，况且还很高，人根本就爬不上去，而下面就是崖谷，跳下去似乎也不是那么合适。

无奈的樵夫只好在那里等待救援，可谁又知道他被吊在半空了呢？正在不知如何是好的时候，恰巧有一老僧路过，他给了樵夫一个指点，说："放手！"

既然不能上，那么唯一活命的途径已经被证实是不可能的了。如果总这么吊着也肯定只能等死，那唯一的办法就只有往下跳了——虽然不一定活，但也不一定死，说不定还可以顺着山势来缓和一点掉下去的冲力。或者在掉下去的半途中能够有另一棵树挡你一下，那么就可以再减掉一次冲力，生还的机会还是很大。也许还可以抓到石头，也许没有，也许可能真的会死，但还有一个很大的可能，就是也许不会死。

现代社会的生活很多就犹如这个可怜的樵夫所遇到的情况一样，进也不是，退也不是，争取也不是，放弃也不是。犹如鸡肋，食之无味，弃之可惜。这个时候与其夹在中间难受，倒不如放弃支撑的精力，痛痛快快地放手，将全部精力付诸一搏。

在现代社会中，竞争日益激烈，这种情况很可能随时都会发生。那么这个时候，我们又该如何去应对呢？一种办法就是接受已经发生的，不可改变的现实，并从这个现实出发，再作另行考虑。而不是在那里想着怎样才能改变这种现实，或者是心有不甘而想着要如何才能回到过去。这样做既不能如你所愿真的回到过去，又会浪费你宝贵的时间，与其这样，还不如接受这个失败的现实，积蓄力量，等待时机，东山再起。

不要抱怨上天的不公，也不要抱怨命运的坎坷，很多有所成就的人，比如肌肉萎缩的霍金，比如失明的海伦·凯勒，比如身高先天不足的邓亚萍，他们之所以能取得卓越的成绩，并不是因为上天多么青睐他们，而是因为他们勇于接受无法改变的事情。

遭遇寒冬，很多的人会设想暖春来慰藉自己，这本无可厚非，但若是沉溺其中，这些假设就会成为我们心灵的枷锁，让我们学会逃避，不敢面对事实真相。我们要学会敢于接受真相，不和过去的任何事情较劲，才有精力去"改造"自己不尽如人意的命运。

鲁迅说过，真的猛士，敢于直面惨淡的人生，敢于正视淋漓的鲜血。那么，就让我们做这样一个真正的猛士和勇者，直面不如意的现状，并想方设法去改造它。

耐得住寂寞，苦尽甘来

2007 年，火爆各大电视银屏的电视剧《士兵突击》有下面几个关于主角许三多的情节：

结束了新兵连的训练，许三多被分到了红三连五班看守驻训场，指导员对他说"这是一个光荣而艰巨的任务"，而李梦说"光荣在于平淡，艰巨在于漫长"。许三多并不明白李梦话中的含义，但是他做到了。

在三连五班，在 1200 多华里的大草原上，在你干什么都没人知道的那些时间和那个地点，他修了一条路，一条能使直升机在上空盘旋的路。

钢七连改编后，只剩下许三多独自看守营房，一个人面对着空荡荡的大楼和没有被褥的床铺。但他一如既往地跑步出操，一丝不苟地打扫卫生，一样嘹亮地唱着餐前一支歌，那样的半年，让所有人为之侧目。

袁朗的再次出现无疑是许三多人生中的又一个重要转折。对曾经"活捉"过自己的许三多，袁朗有着自己的见解："不好不坏、不高不低的一个兵，一个安分的兵，不太焦虑、耐得住寂寞的兵！有很多人天天都在焦虑，怕没得到，怕寂寞！我喜欢不焦虑的人！"于是许三多在袁朗的亲自游说下参加了"老 A"的选拔赛，并最终成为"老 A"的一员。

当他离开七〇二团时，团长亲手把他的步战车模型送给许三多，并且说："你成了我最尊敬的那种兵，这样一个兵的价值甚至超过一个连长。"

许三多耐受寂寞的能力是他跨越各种障碍和逆境的性格优势，由此我们可以看出：成功需要耐得住寂寞！成功者付出了多少，别人是想象不到的。

《商君列传》中有云："论至德者不和于俗，成大功者不谋于众。"意思是，至高无上之道德者，是不与世俗争辩的；而成就大业者，往往是不与老百姓和谋的。这话乍听起来似乎有悖于历史唯物主义，但细细想来，也不无道理。"头悬梁，锥刺股"也好，"孟母三迁""凿壁偷光"也好，大都说的是，成就大业者在其创业初期，都是能耐得住寂寞的，古今中外，概莫能外。门捷列夫的化学元素周期表的诞生，居里夫人的镭元素的发现，陈景润在哥德巴赫猜想中摘取的桂冠等，都是他们在寂寞、单调中扎扎实实做学问、在反反复复的冷静思索和数次实践中获得的成就。

每个人一生中的际遇肯定不会相同，然而只要你耐得住寂寞，不断充实、完善自己，当际遇向你招手时，你就能很好地把握，获得成功。有"马班邮路上的忠诚信使"称号的王顺友就是这样一个甘于寂寞、耐得住寂寞的人。

王顺友，四川省凉山彝族自治州木里藏族自治县邮政局投递员，全国劳模，2007年"全国道德模范"的获得者。他一直从事着一个人、一匹马、一条路的艰苦而平凡的乡邮工作。邮路往返里程360公里，月投递两班，一个班期为14天，22年来，他送邮行程达26万多公里，相当于走了21个二万五千里长征，相当于围绕地球转了6圈！

王顺友担负的马班邮路，山高路险，气候恶劣，一天要经过几个气候带。他经常露宿荒山岩洞、乱石丛林，经历了被野兽袭击、意外受伤乃至肠子被骡马踢破等艰难困苦。他常年奔波在漫漫邮路上，一年中有330天左右的时间在大山中度过，无法照顾多病的妻子和年幼的儿女，却没有向组织提出过任何要求。

为了排遣邮路上的寂寞和孤独，娱乐身心，他自编自唱山歌，其间不乏精品。为了能把信件及时送到群众手中，他宁愿在风雨中多走山路，改道绕行以方便沿途群众。他从未延误过一个班期，准确率达到100%。他还热心为农民群众传递科技信息、致富信息，购买优良种子。为了给群众捎去生产生活用品，王顺友甘愿绕路、贴钱、吃苦，受到群众的交口称赞。

20余年来，王顺友没有延误过一个班期，没有丢失过一个邮件，没有丢失过一份报刊，投递准确率达到100%，为中国邮政的普遍服务作出了最好的诠释。

王顺友是成功的，因为他耐得住了寂寞，战胜了自己。耐得住寂寞，是所有成就事业者共同遵循的一个原则。它以踏实、厚重、沉思的姿态作为特征，以一种严谨、严肃、严峻的表象，追求着一种人生的目标。当这种目标价值得以实现时，仍不喜形于色，而是以更寂寞的人生态度去探求实现另一奋斗目标的途径。而浮躁的人生是与之相悖的，它历来不甘寂寞和一味追赶时髦为特征，有着一种强烈的功利主义驱使。浮躁的向往，浮躁的追逐，只能产出浮躁的果实。这果实的表面或许是绚丽多彩的，却并不具有实用价值和交换价值。

耐得住寂寞是一种难得的品质，不是与生俱来，也不是一成不变，它需要长期的艰苦磨炼和凝重的自我修养、完善。耐得住寂寞是一种有价值、有意义的积累，而耐不住寂寞是对宝贵人生的挥霍。

一个人的生活中总会有这样、那样的挫折，会有这样、那样的机遇，然而只要你有一颗耐得住寂寞的心，用心去对待、去守望，成功就一定会属于你。

真正顽强的生命不会屈从于命运

1940 年 6 月 23 日，在美国一个贫困的铁路工人家庭，一位黑人妇女生下了她一生中的第二十个孩子，这是个女孩，取名威尔玛·鲁道夫。众多的孩子让这个贫困的家庭更加捉襟见肘，连怀孕的母亲也常常饿肚子，孕妇营养不良使得威尔玛早产，这就注定了威尔玛的先天性发育不良。

4 岁那年，威尔玛不幸同时患上了双侧肺炎和猩红热。在那个年代，肺炎和猩红热都是致命的疾病。母亲每天抱着小威尔玛到处求医，医生们都摇头说难治，她以为这个孩子保不住了。然而，这个瘦小的孩子居然挺了过来。威尔玛勉强捡回来一条命，她的左腿却因此残疾了，因为猩红热引发了小儿麻痹症。从此，幼小的威尔玛不得不靠拐杖来行走。看到邻居家的孩子追逐奔跑时，威尔玛的心中蒙上了一团阴影，她沮丧极了。

在她生命中那段灰暗的日子里，经历了太多苦难的母亲却不断地鼓励她，希望她相信自己并能超越自己。虽然有一大堆孩子，母亲还是把许多心血倾注在这个不幸的小女儿身上。母亲的鼓励给了威尔玛希望的阳光，威尔玛曾经对母亲说："我的心中有个梦，不知道能不能实现。"母亲问威尔玛的梦想是什么。威尔玛坚定地说："我想比邻居家的孩子跑得还快！"

母亲虽然一直不断地鼓励她，可此时还是忍不住哭了，她知道孩子的这个梦想将永远难以实现，除非奇迹出现。

在威尔玛 5 岁那年，一天，母亲听说城里有位善良的医生免费为穷人家的孩子治病。母亲便把女儿抱进手推车，推着她走了 3 天，来到城里的那家医院。母亲满怀希望地恳求医生帮助自己的孩子。医生仔细地为威尔玛做了检查,然后进到里屋。医生出来的时候拿了一副拐杖。母亲对医生说:"我们已经有拐杖了。我希望她能靠自己的腿走路,不是借助拐杖。"医生说:"你的孩子患的是严重的小儿麻痹症,只有借助拐杖才能行走。"

坚强的母亲没有放弃希望,她从朋友那里打听到一种治疗小儿麻痹症的简易方法,那就是泡热水和按摩。母亲每天坚持为威尔玛按摩,并让家里的人一有空就为威尔玛按摩。母亲还不断地打听治疗小儿麻痹症的偏方,买来各种各样的草药为威尔玛涂抹。

奇迹终于出现了!威尔玛9岁那年的一天,她扔掉拐杖站了起来。母亲一把抱住自己的孩子,泪如雨下。4年的辛苦和期盼终于有了回报!

11岁之前,威尔玛还是不能正常行走,她每天穿着一双特制的钉鞋练习走路。开始时,她在母亲和兄弟姐妹的帮助下一小步一小步地行走,渐渐地能穿着钉鞋独自行走了。11岁那年的夏天,威尔玛看见几个哥哥在院子里打篮球,她一时看得入了迷,看得自己心里也痒痒的,就脱下笨重的钉鞋,赤脚去和哥哥们玩篮球。一个哥哥大叫起来:"威尔玛会走路了!"那天威尔玛可开心了,赤脚在院子里走个不停,仿佛要把几年里没有走过的路全补回来似的。

全家人都集中在院子里看威尔玛赤脚走路,他们觉得威尔玛走路比世界上其他任何节目都好看。

13岁那年,威尔玛决定参加中学举办的短跑比赛。学校的老师和同学都知道她曾经得过小儿麻痹症,直到此时腿脚还不是很利索,便都好心地劝她放弃比赛。威尔玛决意要参加比赛,老师只好通知她母亲,希望母亲能好好劝劝她。然而,母亲却说:"她的腿已经好了。让她参加吧,我相信她能超越自己。"事实证明母亲的话是正确的。

比赛那天,母亲也到学校为威尔玛加油。威尔玛靠着惊人的毅力一举夺得100米和200米短跑的冠军,震惊了校园,老师和同学们也对她刮目相看。从此,威尔玛爱上了短跑运动,想办法参加一切短跑比赛,并总能获得不错的名次。同学们不知道威尔玛曾经不太灵便的腿为什么一下子变得那么神奇,只有母亲知道女儿成功背后的艰辛。坚强而倔强的女儿为了实现比邻居家的孩子跑得还快的梦想,每天早上坚持练习短跑,直练到小腿发胀、酸痛也不放弃。

在1956年奥运会上,16岁的威尔玛参加了4×100米的短跑接力赛,并和队友一起获得了铜牌。1960年,威尔玛在美国田径锦标赛上以22秒9的成绩创造了 200 米的世界纪录。在当年举行的罗马奥运会上，威尔玛迎来了她体育生涯中辉煌的巅峰。她参加了 100 米、200 米和 4×100 米接力比赛，每场必胜，接连获得了 3 块奥运金牌。

其实，在这个世界上没有谁的命运是注定的，当不幸来临时，我们不要只等着命运的宣判，而是要学会与命运抗衡，才能为自己争取到更多的幸福。那些真正顽强的生命总是不肯屈服于命运，而是用自己的努力来战胜它。

人生并非由上帝定局，你也能改写

常常会听到这样的抱怨：我很想做什么事情，可是我的家境不好；如果我出生在显赫的家庭，我一定不会像现在这样生活了……面对生活的不如意，我们总是抱怨环境，抱怨命运，可是我们忘记了，真正决定我们生活的，并不是命运，而是我们自己。

虽然我们无法选择自己的出身、父母和家庭，也就是说无法选择决定我们前半生命运的平台。但是，我们绝对有办法选择自己后半生的路、生活环境或者生活方式。命运不是一成不变的，所以即使我们曾经承受了过多的苦痛，现在也可能正在经受着生活的折磨，但是只要你敢于向命运挑战，敢于寻找命运的突破口，你就一定能改写自己的命运。

在《中国教师报》上曾经登载了这样一篇文章：

他出生在马里兰州，他的祖先来自澳大利亚。他父母是个老实巴交的农民。在家里，他排行老三。

因为家境不好的缘故，父母很早就打算让他弃学，但遭到了两个姐姐的强烈反对。在他的记忆中，那次两个姐姐和父亲吵得很厉害，大姐甚至一度提出让自己来资助弟弟读书，这一方案最终没有得到父亲的首肯。

虽然吃得都是咸菜干饭，但是他的身体却在猛速增长。六岁时，他的身高已经达到四英尺三英寸，这让他感到很烦恼。但是细心的姐姐发现了这一变化，认为他将是罕见的游泳天才。于是她想方设法地弄了一些游泳方面的杂志给他看，并利用一切闲暇给他灌输相关知识。在姐姐的影响下，他对游泳变得近乎痴迷起来。

然而当他把要立志做一名游泳队员的想法告诉父亲时，却遭到父亲强烈的反对。原因是他的两个姐姐已经是游泳队员了，巨大的开销早就让这个贫困家庭感受到前所未有的压力，在经济低迷的一段时间里，父亲不得不靠卖血来维持家用。父亲冷笑着说："你这个傻瓜，你知道白痴是怎么出来的吗？就是像你这样想出来的，游泳？你以为人人都是天才，别做梦了。"

然而他并不甘心做一个碌碌无为的人。在姐姐的指导下，他总能轻松学会别的少年所不能掌握的技巧，他11岁那年，姐姐把他推荐给鲍曼教练。

鲍曼在观看他在水池里杰出的表现后，迫不及待地赶到他的家里，对他的父母说："你的儿子天赋极佳，他的潜力是无限的，让他跟我吧。"同样的话语，父亲也听过很多次了。因为这一年，父亲成了一名警察，母亲也当了老师。因为经济条件的改善，父亲也没再阻止教练的请求。

经过坚持不懈的努力，他终于将自己的理想一一变成了现实。2001年，他打破了200米蝶泳世界纪录，成为最年轻的世界纪录保持者，并赢得了"神童"的美誉。2003年，他接连5次打破世界纪录，当之无愧地被评为年度世界最佳男子游泳运动员。2007年，在墨尔本世锦赛上，他更是独揽七金，被人称为世界泳坛上的"一哥"。

2008年8月，在北京奥运会的首次比赛中，他轻松获得男子四百米混合泳的冠军，并再次打破这个比赛的世界纪录。

是的。他就是被人称为游泳运动历史上最伟大的全能运动员，美国游泳队男头号明星的"金童"菲尔普斯。2008年，他带着一家人开始了环球旅行。而最后一站就是长城。想起当年的往事，他感慨万千。他站在城墙上对父亲说："亲爱的爸爸，还记得小时候你经常嘲笑我不要痴人说梦，但你的儿子很争气，不但成为世界冠军，也实现了当时立下环球旅行的誓言。"父亲紧紧地拥抱着他，热泪盈眶。

2008年，菲尔普斯用传奇的8项新纪录告诉了我们：许多时候，上天安排的厄运并非故事的结局，以你的信念作笔，你完全可以改写！

我们无法抹杀菲尔普斯在北京奥运会上呈现在我们面前的精彩，但是我们同样不能忘记，在之后的残奥会上，那些为了梦想而努力拼搏的身影。对于残奥会的健儿来说，他们没有受到命运的宠爱，上帝在书写他们的人生的时候，就注定了是一种残缺，但是他们通过自己的努力，通过超乎常人的付出，呈现在我们面前的，同样是一种震撼人心的精彩。

与他们相比，我们所面临的那一点儿困难又能算什么呢？生活中，我们遇到的无非就是工作压力、求职压力、生活压力。也许我们对生活有美好的构想，但是现实总是粉碎了我们的愿望。这个时候，与其选择悲观失望，莫不如鼓起勇气，向生活挑战，向命运挑战。当我们展露出勇往直前的姿态的时候，那些曾经阻隔我们向美好生活迈进的困难与挫折，就会在我们面前丢盔卸甲，变得不堪一击了。

圆融待人，每个人都可能使你转运

人总是从陌生到相识，现在你遇到的某个陌生人，也可能成为你日后的贵人。如果你有这样的理念，圆融和善地对待每一个人，你永远都不会缺少助你起飞的贵人。

在一个暴风雨的晚上，一对老夫妇来到一家旅馆，要求订房。

"很抱歉！"柜台里一位年轻的服务生说，"我们这里已经没有空房间了。"

老先生愁眉微锁，嘀咕道："我们是从外地来的旅游者，人生地不熟。在这样的雨天，真不知道怎么办才好！"

服务生知道，现在是旅游旺季，附近的旅馆全部客满，要订到客房，十分不易。想到老夫妇不得不在这样的大雨天出去找一个安身之所，服务生心里感到很难过。

年轻的服务生不忍心让两位老人重新回到雨中去。他说："如果你们不嫌弃的话，可以住在我的房间里。"

"但是……这太打扰你了！"

"我要在这里工作到明天早晨，请放心，你们不会给我造成任何不便。真的，一点也不会！"服务生边说，边将酒店的值日表指给老人看，证明自己确需加班，以打消他们的顾虑。

老夫妇欣然应允，在服务生的房间里住了一晚上。第二天早上，他们想照价给服务生付房费。服务生婉言谢绝："我昨晚已经赚到了加班费，请不必客气！"

老先生感叹道："你这样的职员是任何老板都梦寐以求的。我将来也许会为你建一座旅馆。"

服务生笑了笑，他以为这只是一个玩笑。

过了几年，服务生忽然收到一封老先生的来信，邀请他到曼哈顿见面，并附上了往返机票。到了曼哈顿，老先生将他带到一幢豪华的建筑物前面，说："这就是我专门为你建造的饭店。你对它满意吗？"

许多年过去了，这家饭店发展成为今日美国著名的渥道夫·爱斯特莉亚饭店。这个年轻的服务生就是该饭店的第一任总经理乔治·伯特。

乔治·伯特喜遇贵人，不是偶然的幸运，得益于他助人为乐的一贯作风。按中国的传统说法，叫作"好人有好报"。

虽然在生活中不会有很多像乔治·伯特这么幸运的人，但以一颗诚挚的心去对待每一个人，乐于助人，相信你总会碰到你的幸运之神。

但是，在日常生活中，我们却很难友善地对待任何人。我们总是把一些人分成有用的人，把另一些人视为无关的人。对无关的人，我们就很难友善对待，从而不知不觉地失去了机会。

有一位女士，住在纽约富人区的一座豪华别墅里。她几乎拥有任何人梦寐以求的一切：美貌、财富、地位、名望，以及温馨的婚姻。但她同时也有一个任何人都难以接受的遗憾：她的女儿患了一种致命的病，全美国最高明的医生都束手无策。她只能眼睁睁地看着死神一点一点地夺走她女儿的生命。

有一天，女士看到一则报道：一位瑞士名医要来美国讲学。此人对她女儿患的那种病颇有研究，虽然未必能手到病除，却使这位伤心的母亲心中重新升起了希望。

她不停地打电话、写信、托人，恳求名医帮帮她的女儿，但没有任何回应。这也难怪，对一个家庭来说，孩子的生死是头等大事，而对一位名医来说，有比这更重要的事。全世界有那么多需要救助的人，他怎么可能为某个人随意更改自己的工作计划？女士深知这一点，她的心情变得越来越焦虑沮丧。

一个大雨倾盆的下午，女士坐在床前，一面安抚在痛苦中呻吟的女儿，一面暗自哀叹自己的不幸。她宁愿在美貌、财富、地位、名望中失去一两样东西，也不愿失去心爱的女儿。

这时，有人敲门。她极不情愿地打开门，看见一个又矮又胖、衣服湿透、样子很狼狈的男人。他说："对不起！我好像迷路了。您能允许我借用一下您的电话吗？我想让我的司机来接我。"

女士冷冷地说："很抱歉！我女儿正在生病，她不希望有人打扰。"然后，她关上了门。

第二天，她在报上看到了一则有关那位名医的报道，上面还附有一幅名医的照片。她赫然发现，原来他就是昨天那个在雨中迷了路的矮胖男人。她居然将一个绝好的机会关在门外！名医虽然很忙，如果走进了她的家，看到了她可怜的女儿，情况也许就大不一样了。可她怎么知道这竟是命运之神送给她的一个机会呢？她不禁后悔莫及。

你每天遇到的人中，必有一些人有能力改变你的命运，而且他们每天都在改变其他人的命运。只要其中一位对你另眼相看，你的一切便和现在大不相同了！但是，他有必要帮助你吗？你被他欣赏吗？假如你始终秉持一份好意圆融待人，转运的机会就大多了。

经营自己的强项，你就能转运

众所周知，伽利略在开始的时候是被送去学医的，但是当他被迫学习解剖学和生理学的时候，他渐渐感觉到自己支撑不下去了。在医学的领域里，他似乎注定了是一个弱者。但是，当他开始沉浸在科学的氛围之中时，他的运气似乎有了转变，他越来越自信，最终在科学的领域里闯出了自己的天地。

歌德是世界文学巨匠，可是他年轻时的志向却是当个著名的画家。可是，天生没有绘画天赋的歌德，注定要因为他的错误选择而承受生活的折磨，他甚至觉得，自己的运气真是糟透了，从此以后什么都做不好了。可是，当他开始写作的时候，他的运气变好了，越来越多的成就感包围着他，让他越来越有前进的动力……

开始的时候，我们总是没有办法找到自己的优势，不了解自己的强项，所以我们没有办法发挥出最大的优势。在屡次遭挫的情况下，我们就以为自己"糟透了""运气太差了"……其实，大可不必这么沮丧，只要你能找到自己的强项，并将他发挥到极致，那么再差的运气也会远离，你就能给自己转运。

许多人能够成功，不是因为他没有缺点，而是因为他把自己的长处充分发挥了出来。在竞争激烈的现代社会，每个人都在努力提升自己的竞争力，而时间就是金钱，与其我们花费大量的时间弥补自己的不足，改善自己的缺点，不如集中力量发挥长处，当我们将长处发挥到极致时，别人大多会忽略我们的缺点和不足。在《伊索寓言》里有这样一则故事：

一天，一只蚊子飞到一只狮子跟前，挑衅地对狮子说："你为什么如此狂妄自大，自认为是兽中之王，所有的动物甚至连人类都怕你呢？我尽管是一只小小的蚊子，但我不怕你！"

"你不怕我？"狮子哈哈大笑起来。

　　"是的。"蚊子重复了一遍，"再说，你引以为骄傲的力量是什么呢？你只知道用爪子抓，用牙齿咬。而我则比你厉害得多。要是你不服，我们不妨来比试一下！"

　　狮子冷笑一声，猛地甩起尾巴，但却没能击中蚊子。蚊子在狮子耳边嗡嗡地吵个不停："我们来比一比吧，看我如何赢你！"

　　狮子忍无可忍，便同意道："好吧，既然你要自讨苦吃，就让我们来比个高低吧！"

　　这时，只见蚊子扑向狮子，在它那一点儿毛也没有的鼻子上咬了几口。狮子感到一阵刺痛，气得伸出舌头来抓蚊子，可蚊子却避开了，一转眼，又飞回来叮狮子的鼻子。

　　狮子用舌头舔着他那又痛又痒的鼻子，拼命用尾巴抽打，好像疯子似的乱蹦乱跳，然而，却始终没碰到蚊子的一根汗毛，它依然一个劲儿地咬着狮子。

　　蚊子飞到一旁，得意扬扬地嗡嗡叫，嘲笑狮子说："你瞧见了吧？你的力量在我面前简直不值一提！"

　　事实上，蚊子之所以战胜狮子比不是因为它很厉害，而是它懂得如何利用自己的长处，攻击狮子脸上那鼻子周围没有毛的地方。2200多年前，数学家阿基米德对国王说："给我一个支点，我就能撬动地球。"对于人生而言，支点是什么？就是要找到自己的最重要的才能，充分发挥自己的长处，这样才能将自己人生的成功撬起来。

　　一个人的个性早在进入社会前就已经决定。所以，一个人会有什么样的表现，就如同一个人擅长什么或者不擅长什么一样，都是天生的。这一点虽然可以调整，但是无法改变。因此，如果一个人去做他擅长的事情，他就会有所收获。

　　把时间花到自己的长处上，更容易让自己获得成功。古今中外，许多成功人士都是将自己的长处发挥到了极致。

　　只有路选对了，人才能走得更远。可是很多人还没有找到自己的方向时，就已经开始否定自己了，觉得自己就是一个不可救药的弱者，或者是一个运气特别不好的"倒霉蛋"，这样的思想是不对的。很少有人能够在不亲身经历之前就能够给予自己最好的选择。

　　有时候，我们可能喜欢画画，可是画画并不一定适合你，所以兴趣与爱好并不能决定自己的职业。可是人们总是习惯于以这两样作为择业的标准，觉得只有自己喜欢的，才能做到最好。可是如果喜欢的并不适合自己，那么你就应该努力去寻找自己合适的，而不应该在自怨自艾里忍受生活的折磨。这就好像谈恋爱一样，你喜欢的人未必是最终和你走在一起的，一生守候在你身边的，只有你的丈夫，可通常我们并不能在第一时间就遇到他。

所以，不要在一方面没有发挥出自己的优势的时候，就说自己运气不好这样的丧气话，而应该多给自己一些机会，多做一些不同的尝试，你才能最终找到自己的强项，并且将它发挥到极致。

当你在自己的位置上发挥出最大优势的时候，相信你心里自我否定的"霉运"就离开了，取而代之的是好运和乐观面对生活的自信。

·第四章·

识人要方，驭人要圆

一个人应该有敏锐的观察力与良好的判断力才能穿透对方的表面现象，认识到这个人的本质；一个人应该有强硬的管理能力和一颗温柔的心，才能通过双重的效果起到驭人的作用。所以，识人要知深浅，用人也要能够通晓方圆。

管理是授权与控制的艺术

要防小孩抢夺食物，不得不用专制手段，因此墨索里尼统治意大利、希特勒统治德意志，与秦始皇统治秦相像，而且都收到了同样的效果。

领导者所面临的各种事务总是十分纷繁复杂、千头万绪，任何领导者，即使精力、智力超群，也不可能独揽一切，因此必须把一些事情交给下属执行。不会授权或不愿授权的领导者，将给自己积聚愈来愈多的工作决策事务，使自己在日常琐碎的工作细节中越陷越深，甚至成为碌碌无为的"事务主义"者。到此地步，有些事已一拖再拖，另一些事可能根本无暇顾及，而许多需要领导者处理的大事却搁置在一边。另外，下级的积极性也受到压抑，工作失去了兴趣和主动性。

作为领导者，贵在学会科学地授权。授权，其实就是指上级在下达任务时，允许下属自己决定行动方案，并能进行创造性工作。合理授权，使领导者重在管理，而非从事具体事务；重在战略，而非战术；重在统帅，而非用兵。授权有利于领导者议大事、抓大事，居高临下，把握全局。合理地授权，能够使每个人感到受重视、信任，进而使他们有责任心，人人都能发挥所长。

当然，身为领导者，最为根本的权柄还是必须掌握在自己手中。授人以权柄，是为了使其发挥所长，为自己所管辖的区域内尽量多地做事，其前提仍然是为我所用。一旦授权过多，属下滥用职权，无所顾忌，则可能出现南辕北辙现象。说到底，管理学的智慧，就是保持授权和控制的微妙平衡。

周威烈王二十三年（前403年），已经瓜分了晋国的韩、赵、魏3家得到了周天子的册命，正式成为了韩、赵、魏3个新兴的国家。在魏国，促成这一历史性转变的国君是魏文侯。魏文侯在位期间，通过各种改革，魏国的经济得以迅速发展，国力逐渐强大，成为战国初期一个异常强盛的国家。而在这个改革图强的过程中，尊贤任能对魏国的繁荣起了重大作用。

魏文侯非常尊敬贤能。他对当时魏国的贤人段干木就礼遇到了无以复加的地步，被人们广为传诵。但魏文侯尊贤并不是做做样子，而是实实在在按才任用。他任人的最大特点是用其所长，充分授权，用而不疑。吴起是当时著名的军事家，但人们对他的为人颇有微词。他曾在鲁国任将军，齐国攻打鲁国，鲁国打算任命他为抗击齐国的主帅。但由于吴起的妻子是齐国人，鲁国很是猜疑，议而不决。为求功名心切的吴起竟然就杀了妻子，以此表明自己和齐国没有任何关系。于是鲁国才任命他为大将，带兵攻打齐国，"大破之"。尽管取得了战争的胜利，但杀自己的妻子毕竟太过残忍，因此也给他招来了一大堆闲话。吴起最后受不了鲁君的猜疑，就投奔到了魏国。

文侯问大臣李克说，吴起是怎样的人？李克大约也听信了关于吴起的闲言碎语，说他"贪而好色"，但也并不因此而抹杀他的军事才能，说他用兵比得上司马穰苴。于是，魏文侯以吴起为大将，统领全国军队，自己不再过问。后来吴起用事实纠正了对他的一些不公正看法。他不仅带兵伐秦之时连拔五城，在带兵上也颇为得人心，常常和底层军官同甘共苦，因此"尽能得士心"。于是魏文侯任命他为西河守的重要位置，全力对抗秦、韩两强国。

乐羊也是魏国一位能干的大将。魏文侯打算发兵征伐中山国。有人向他推荐乐羊，说他文武双全，一定能攻下中山国。可是，又有人说乐羊的儿子乐舒如今正在中山国做大官，担心乐羊因此不肯下手。而魏文侯经过调查，了解到乐羊曾经拒绝了儿子奉中山国国君之命发出的邀请，还劝儿子不要追随荒淫无道的中山国王，于是，魏文侯决定重用乐羊，并派他出兵攻打中山国。不料，乐羊攻伐中山国，攻了两年多居然未下其都城，引得朝中官员议论纷起。有的说乐羊哪里会破国毁子呢？有的甚至说乐羊与中山国暗中一定有勾结，不然以乐羊的本领哪里会连一个小小的中山国也久攻不下呢？可魏文侯认为，既然已经托付于乐羊，就应该让其自由发挥，作为主帅，他一定有自己的想法，因此对乐羊的信任始终不动摇。不久之后，乐羊果然置自己的儿子的请求于不顾，攻破了中山国。原来，乐羊久围而不攻，为的只是孤立无道的中山国国君，不忍城中百姓遭难。当乐羊胜利回国之时，魏文侯拉出一箩筐诽谤他的书给他看。乐羊被魏文侯信己不疑的诚心所感动不已，自此更加忠诚。

正因为魏文侯尊贤任能、用人不疑，使他在当时获得了很高的声望，一大批人才都涌向魏国。在这些政治、军事人才的帮助下，魏国开创了其历史上最为辉煌的时代。

汉武帝也同样唯才是用，人尽其用，在他为帝时，任用了韩安国、主父偃、朱买臣、卫青、霍去病、李广、桑弘羊、公孙弘、董仲舒、张骞、苏武、司马迁、司马相如等，这些人中的任何一位，都堪称绝无仅有。所以《汉书》中说："汉之得人，于兹为盛。"

不过，知道怎么识人和用人，仅仅是汉武帝一方面的人才政策，他还知道需要牢牢地把他们控制住，以免他们冒犯自己的权威。从他对待丞相的方法上就能看出来。汉初的丞相，都是开国功臣，当初和皇帝同甘苦共患难，忠心耿耿。开国后，当上丞相，位高权重，总摄朝政，大权独揽。皇帝对丞相的意见特别重视。丞相推荐的官员，可以直接任命到九卿、郡守的级别，而对于朝中群臣有过失的，丞相则可以先斩后奏。丞相的人事任免权，处理朝政大事的权力，甚至都超过了皇权。

汉武帝刘彻雄心勃勃，丞相有如此高的权力，对他来说当然不可容忍，于是采取种种措施，削弱丞相的权力，加以控制。武帝在位 54 年，换了 13 位丞相，除公孙弘、田千秋等 4 人外，卫绾、许昌、薛泽等都被"免相"；李蔡、庄青翟和赵周畏罪自杀；窦婴、公孙贺和刘屈牦则被诛杀。比如，卫绾精通儒学和文学。他在汉武帝 7 岁时就负责教授太子文化知识，后来成为汉武帝的第一任丞相，由于卫绾年龄大了，因此力不从心，执政甚宽。在景帝生病期间，使一些无辜的人冤死在狱中，汉武帝很不满意，卫绾便借病辞官，汉武帝马上批准他还乡，卫绾这样就算是被客气地免掉了相位。窦婴接替相位两年就遭到了罢免。他推崇儒术，因此贬低当权者窦太后尊崇的黄老之术，窦太后大怒，罢免窦婴丞相职位。后来，窦婴又被诬告，汉武帝终于将其斩首示众。许昌是窦太后任命的丞相，事事听从窦太后的命令。窦太后去世后，汉武帝因其"治丧不力"，将其罢官。丞相李蔡爱养狗，在汉景帝陵园前大道旁的空地上盖了个狗圈，被别的大臣弹劾亵渎先帝，侵占陵园，因此犯下重罪。李蔡不愿被大理寺收审查办，无奈自杀。丞相翟青，是因为跟酷吏张汤被害一案有关而自杀。张汤一向以酷刑暴虐闻名，傲慢无礼，对地位很高的"三长史"大耍淫威，又把文帝墓园失盗之事归罪丞相翟青，遭到四人痛恨，被举报出不法之事而自杀，张汤自杀后，汉武帝又感到后悔，就下令追查举报来源，结果诛杀了"三长史"：朱买臣、王朝、边通，丞相翟青也受牵连自杀。至于丞相公孙贺和刘屈牦都是因"巫蛊"之事受牵连而被斩杀，下场可怜。这些丞相被笼罩在汉武帝的强权光辉之下，尽管所犯错误都很小，有的甚至没有犯错误，但始终让皇帝感到自己受到了威胁。对于汉武帝来说，他需要严密地控制臣下。当然，汉武帝并没有像明太祖朱元璋一样废除丞相之位，只有一种人最合他的心意，比如，公孙弘七十多岁被任为丞相，他事事顺从皇帝的心意，从不决策任何政事，只用诗书礼乐来歌颂汉王朝统治，深受汉武帝喜爱。只有这样的丞相才能得到汉武帝的宠爱和信任。

对于领导们来说，授权，首先要用人不疑，信任是充分授权的基础。魏文侯充分授权于臣下，可以说是冒了一定风险的。他之所以敢于授权，可能是因为对他的臣下十分信任，相信他们能够不负所望；但是也有可能是在用自己的信任来激励部属。能够得到君主这样的信任，作为臣属怎能不"鞠躬尽瘁"、尽心尽力？反过来说，如果魏文侯授权并不如此充分，那么恐怕做臣下的努力也要大打折扣了，事情说不定就不会这么完满了。汉武帝任用人才也不拘一格，他使用凭真本事的人为官，特别是起用有开拓性的人才，但是他在授权之余，还不忘对他们加以控制，使之能够在自己的掌控之中，而不至于威胁到自己的地位和权威。对他来说，授权要授得彻底，控制也不能松懈。正是因为授权和控制相得益彰，他不但巩固了自己的权力，而且使他统治的时期成为我国历史上一个辉煌时代。

方是铁血管理，圆是温情抚慰

俗话说：没有规矩不成方圆。也就是说，做事情要有一定的规范和准则来约束，否则就会方寸大乱。在管理方面，这句话同样适用。

人是感情动物，所以在接受了领导的好处和善心的时候，会为之感动，可是也因为是感情动物，所以人们会有情绪化，会闹脾气，会因为心情的影响而出现怠慢工作、对工作不负责任等态度，这个时候，就需要有规章制度来约束了。

会用人的领导者，早就看出了这一点，所以他们会以方正为约束力，采取强硬的、铁血的管理态度，让对手和下属看到属于他的威严，但同时，他也会圆融地体贴下属和其他身边的人，关心他们所需要的，给予恰当的温情抚慰。在这方面，郭台铭就做得很好。

1974 年，这个祖籍山西的台湾青年创办了"鸿海工业有限公司"。可是面对这样的成功，郭台铭似乎有着太多的感触，他曾说过，鸿海的成功，有着难以言说的酸甜苦辣，只有自己才能体会。当初，鸿海并不十分壮大的时候，为了获得电脑巨头康柏公司的订单，郭台铭放下董事长的身份，一个人奔赴美国。与康柏进行商谈，希望获得他们的青睐，却连吃闭门羹。绝不善罢甘休的郭台铭索性在康柏旁边建了一个成型机厂。只要它有新创意，郭台铭的工厂当天就能设计出模型。郭台铭就这么"磨"着康柏，没有办法，康柏最后只得和他合作，一干就是十多年。

这件 20 多年前的事磨砺了郭台铭的意志，体现了他最初的狠劲，也为他日后商界枭雄的形象奠定了最初的基础。

在郭台铭的经商理念里，"快"和"狠"是两个重要的内容，哪怕是别人的订单也要"虎口夺食"，这就是有些商人记恨郭台铭的原因。在他得到康柏订单的那个故事里，康柏最开始不给他订单，一是因为郭的企业实力尚小，另一重要原因是康柏当时更青睐于和一家韩国公司合作。韩国企业并没把郭台铭放在眼里，自觉实力雄厚，订单已是囊中之物，便有些拖延。谁知郭台铭硬是通过自己的软磨硬泡和过硬的技术抢得了订单，让韩国公司追悔莫及。

枭雄之名自此传遍江湖。但郭台铭却并不认账："我没有抢别人的订单反而给他们介绍了很多订单。"人们完全能够想象郭台铭说这句话时眼里的那股杀气和咄咄逼人。

不管郭台铭承认与否，枭雄的帽子已经牢牢扣在他的头上。他强硬、专横，对对手寸步不让，但不奸诈、诡辩，他只是难以被驯服，所以才成为商海乱世中的英雄，成为最难啃的骨头。

因为如此，他擅长打硬仗。他可以在离交货日期还有一天，一万件产品没有生产的紧急关头帅全体干部亲临现场，与所有人一起挥汗如雨，担当"救火队员"。也可以对任何一个高管突然发问："你尿黄不黄？"答案如果是"不黄"，就甩下一句"那说明你还不够努力"的强硬话语。

对对手强硬，对员工强硬，对自己更是强硬。郭台铭每天至少工作 15 个小时，下了飞机可以连续开 10 个小时的工作会议，他不累，就不许身边的人累。"我 50 多岁了都没喊累，你凭什么累？"一句话，就堵住了所有人的嘴。

在郭台铭的属下中，有的人把看看作暴君，因为他的独裁和专制。有的人却对他忠心不二："跟着郭总有打天下的感觉。"据说，郭台铭最崇拜的历史人物是成吉思汗，这个曾经统一蒙古草原，率领千万铁骑横扫欧亚大陆的领袖给了他强大的精神支撑。所以他彪悍、坚定、富有野心，把工厂建到了世界多个大洲。但商场的磨砺并非只给他无情、犀利的一面。

许多年前，当他还是个创业青年的时候，他本想以自己的质朴和真挚的情感感动客商，换取订单，但他错了。商场无情，眼泪换不来黄金。

许多年后，当他功成名就，成为台湾数一数二的富豪的时候，他的面前又出现了如几十年前的自己一样的年轻人。郭台铭就故意板起面孔，用自己的苛刻和犀利的商业手法教育他们，心底却泛起脉脉柔情。

当无情泛滥，有情最是难能可贵。所以他可以一边对懒惰的员工破口大骂，一边拿出一亿两亿的酬劳犒慰优秀职员。甚至，他可以在吃饭的时候慢慢放下碗筷，等着周围的属下吃完后再大口大口地继续吃，为的只是不给身边的人压力。

是魔鬼还是天使，外人总不能辨其真面目。

郭台铭曾经说："不了解我的人觉得我霸气，其实我这个人很温柔。"此话大概不假。

2007年7月4日，郭台铭三弟郭台成不幸于北京逝世，享年47岁。原本晴朗的天空也仿佛多了一丝阴霾。

"郭台成是我背着长大的，我常背着他去打弹珠，弹珠输光了，他还会帮我摸几颗回来，让我翻本……"手足情深，只言片语便可体会。想到这些，就不难体会郭台铭为什么能花一年中30%的时间奔赴北京探望弟弟，花百亿台币为其求医寻药，甚至为了给弟弟"冲喜"把女儿的婚期也提前了。

那一年，郭台铭极其憔悴，他用尽了全部力量挽救弟弟，但一切都是枉然。

三弟逝世那天，郭台铭泪如雨下，悲伤至极。身边的人说，从没见过郭总这样。此时，全然不见那个在商场上纵横驰骋、肆意而为的行业霸主，看到的只是一个悲痛的兄长和担当家庭重任的男人。

人们渐渐明白，这不是一个无情的男人。他生命里不仅有坚定、冷酷的商业铁血精神，更有古道热肠的热血情怀。只是刀光剑影的商场之上，怎容得半点柔情和儿女情长。他只得将原本的温柔遮盖，将自己的强悍显露在外。任别人给他怎样不好的名声，也两耳不闻，只和自己的部下坚毅前行。

真正的强者和成功者，聚拢人心，绝不仅靠强力手腕和严酷的管理手段，人情十足的慰藉更能引起共鸣。商业之中，"情"字本是最难获得的东西，也是最可贵的财富，谁抓住了他，谁就可能获得了一半的成功。另一半即是与先进管理的融合。在强硬中透着温情，有松有弛，才是管理企业的至高境界。

识人知深浅，用人要方圆

用人的前提是识人。如果对一个人一点都不了解，不知道他的品格本性，也不知道他的长处和短处在哪里，那么将不能很好地给他安排位置，并让他发挥出自己的长处。所以，领导在决定用人的时候，首先要对这个人有一个初步的认识。

有人说，识人是一件困难的事情，因为任何人都不可能把自己的心拿出来给你看。可是，作为一个领导，经常跟人打交道，一定会积累很多的阅人经验。看人，不一定非要把他看透，而是能够做到初步的了解，知道这个人在品行上没有什么大的问题，他的能力有哪些，优势在哪里，这些就能帮助一个领导作出基本的用人的判断。当然，如果能做到深度识人，那就更好了。可是一般情况下，深度识人需要耗费更多的时间，领导者可能等到对一个人彻底了解的时候再给他安排岗位，所以只能在工作中逐渐了解这个人的秉性，再做具体的调整。

识人分深浅，那么用人就有更多的讲究了。首先，用人要讲究方正，要有自己的一套标准，并且要根据这个标准作出具体的安排。可是，在坚守方正的标准的同时，领导者也会懂得圆融，因为他们知道，不是所有的人都是符合常规的标准的，在众多人才当中，一定会有特殊情况需要特殊处理。所以，用方正的态度制定用人的标准，用圆融的方法发掘特殊人才，是每个领导都会应用的管理手段。

所谓选才用人的标准，就是衡量被选者是否属于合格人才的标尺或准则。其具体内容简而言之，就是德才兼备。符合现代化社会德才兼备的合格人才，起码要具备以下三个标准。

1. 年轻化

年轻化主要是指挑选出的人才应当年富力强，精力充沛，能够担任繁重的工作。另外，年轻人精力充沛，工作热情高、富于创新精神。在经济全球化的现代社会，更能担负起开创新局面的繁重任务。

2. 知识化

知识化就是要求挑选出的人才必须掌握一定的现代科学文化知识。在经济全球化的浪潮中，能否掌握和运用现代科学文化知识，是企业生存和发展的一个关键。

领导者在挑选人才时，应把学历和学习成绩同工作经历、工作成绩一样作为重要依据，因为一个人的学历和学习成绩是一个人是否具有知识和知识多少的表现之一。

3. 专业化

专业化就是要求企业的各成员都至少具有本行业一定的专业知识和工作能力。充分发挥专业人才的作用，领导者是为了合理使用配备有专业知识的下属成员。只有工作热情，没有专业知识，工作抓不住关键，就做不出应有的成绩。不懂业务，在那里瞎忙，更会给公司造成损失。因此，为了顺利实现企业的管理目标，一方面应该选拔一批专业技术人才充实到管理组织层面；另一方面应该鼓励和组织各下属成员努力学习专业技术，使其尽快成为组织的生产技术骨干。

领导者在考察识别人才的原则，也可称之为知人识人的原则，它是领导者考察识别人才的基本准则。在考察识别人才的过程中，这种原则对领导者的行动起着指导的作用。知人识人原则的基本内容有以下几点。

1. 察言观行，以行为主

在挑选识别人才时，既要察其言，也要观其行，但主要应该观其行。一个人的道德品质和智慧才能，总是要通过一定的方式表现出来。归纳起来，不外乎两大类：一类是言语，一类是行为。而在这两大类中，最重要的又是行为。有的人善于花言巧语，能说会道，表面看上去聪明过人，但观其行，发现其或者两面三刀，或者无所作为。一旦使用这种人，对企业破坏极大。相反，有的人不善言辞，但工作勤勤恳恳，且善于动脑筋，长于创造发明，工作有成绩，事业有成就，这种人是真正的实干家，在挑选时，一定不能漏选。

2. 考察历史与现实相结合，以现实为主

为了正确、全面地识别人才，领导者在挑选人才时，有必要对挑选对象的全部工作情况和表现，包括过去的和现在的工作情况和表现做一个全面而又深入的考察。一个人过去的即历史上的工作情况和表现，是其德才在过去的表现。然而，人又是发展的，过去好不等于现在好，过去不行也不等于现在不行。因此，领导者不仅要考察人才的过去，更要特别注意考察最近的工作情况和现实表现。在考察人才时，对历史的考察主要是起参照作用，而决定一个人是否为人才的关键因素是人的现实表现。因此，这一原则就是要求中层执行者用全面的、发展的眼光去考察、识别人才。

（1）实事求是，忌走极端

领导者对于考察对象的长处和短处，一定要实事求是，切忌走极端。用形而上学的方法是不可能发现人才的，真的人才也会瑕瑜互见的。

（2）以考察长处为主

领导者在考察人才的长处与短处时，对短处必须给予充分的认识，但同时必须以考察长处为主。如果只注意人才的缺点和错误，甚至对优点和成绩视而不见，那就永远挑选不了人才。

3. 个别考察与组织成员评议相结合，以组织成员评议为主

（1）个别考察

个别考察，即对人才进行一一的考察，对每个成员写出组织鉴定或决定是否能入选。

（2）通过企业成员对人才进行评价。

可以通过在企业中，进行民意测验的方式进行。但是，在具体操作中，应该两条途径并用，并以企业成员评议为主。

4. 长处、短处均看，但以长处为主

"金无足赤，人无完人。"领导者如果认为既然是人才，就不应该有缺点；或者说既然某人有缺点，就不可能成为人才，这都是错误的。在考察识别人才时，对其优点要认识够，对其缺点要认识透。只有这样才能全面、公正地认识人才。

当然，有一些特殊的人才，他们往往不拘泥于小节，也可能因为个性的关系不能跟人搞好关系，这样的情况下，领导者就要酌情处理，看你是更侧重于人才的个人力量还是跟其他人的协作关系。

人人皆可为我所用

孟子说："夫人幼而学之，壮而欲行之。王曰：'姑舍女所学而从我。'则何如？今有璞玉于此，虽万镒，必使玉人雕琢之。至于治国家，则曰：'姑舍女所学而从我。'则何异于教玉人雕琢玉哉？"意思是，一个人从小就学一样东西，长大之后，想施展所学，你却要他放弃自己所学，而按照你的方法去做，结果会怎么样？再假定有一块上等玉石，即使价值万两黄金，也一定需要琢玉的工人依他的学识技术，把它雕琢好才可以。你现在寻找治国之才，却叫他放弃平生所学，唯你是从，岂不是等于让琢玉的人放弃他所学的技术，而按你的方法来琢玉一

样？这如何行得通？

孟子的说法其实就是用人不可学非所用，用非所长，而是要知人善任，唯才所宜。拿破仑说过，最难的不是选拔人才，而在于选拔后怎样使用人才，使他们的才能发挥到极致。因为发现人才，识别人才，选拔、推荐人才，都是为了善用人才。韩信用兵，多多益善；刘邦择将，三人而已，这就是领导用人的奥妙所在。"伯乐"与"千里马"的关系，可谓人人皆知，但不见得人人都能用。管理学大师德鲁克说过："人的长处，才是一种真正的机会。"大凡高明的领导者无不深明此意：要以人的长处运用为机会，善于识察人的长处，并能用得恰到好处，这样就能不失时机地赢得事业的成功。这也正是中国管理者们从古至今一直在学习汲取并不断实践的用人之道。

唐代陆贽说过："若录长补短，则天下无不用之人；责短舍长，则天下无不弃之士。"唐代韩愈在《送张道士序》中也说："大匠无弃材，寻尺各有施。"用人也是如此。俗话说："人无弃才。"关键在于知人善任。只有知人善任，才能人尽其才。知人善任是领导艺术，也是决定事情成败的关键所在。

《贞观政要》记载着唐太宗李世民的用人之术。李世民说："明主之任人，如巧匠之制木。直者以为辕，曲者以为轮，长者以为栋梁，短者以为拱角，无曲直长短，各有所施。名主之任人也由是也。智者取其谋，愚者取其力，勇者取其威，怯者取其慎，无智愚勇怯兼而用之，故良将无弃才，明主无弃士。"李世民不仅是这样说的，而且也是这样做的。

在一次宴会上，唐太宗对王珪说："你善于鉴别人才，尤其善于评论。你不妨从房玄龄等人开始，评论一下他们的优缺点，同时和他们互相比较一下，你在哪些方面更优秀。"

王珪回答说："孜孜不倦地办公，一心为国操劳，凡所知道的事没有不尽心尽力地去做，在这方面我比不上房玄龄；常常留心于向皇上直言进谏，认为皇上的能力、德行比不上尧舜，这方面我比不上魏徵；文武全才，既可以在外带兵打仗做将军，又可以进入朝廷担任宰相，在这方面，我比不上李靖；向皇上报告国家公务，详细明了，宣布皇上的命令或者转达下属官员的汇报，能坚持做到公平公正，在这方面我不如温彦博；处理繁重的事务，解决难题，办事井井有条，这方面我也比不上戴胄；至于批评贪官污吏，表扬清正廉洁，疾恶如仇，这方面比起其他几位来说，我也有一技之长。"唐太宗非常赞同他的话，而大臣们也认为王珪完全道出了他们的心声，连连点头称是。

从王珪的评论可以看出唐太宗的团队中，每个人各有所长，但更重要的是唐太宗能将这些人依其专长运用到最适当的职位上，使其能够发挥自己所长，进而让整个国家繁荣强盛。

所以，团队中，必定要每个人发挥出自己的长处，让其在最佳的位置上发挥出最大的作用。因为有许多人担任要职出类拔萃，但是要他改做实际工作，去执行一个任务，则未必能够完成。有的人，学问好，有见地，能提出许多有益的意见、建议，但让他去实际从事行政工作，却发现无法胜任。有的人，实际工作做得很好，将他提拔到高一级的地位，反而让他无所适从。所以，作为领导，知人善任是一门学问；对于每一个人来说，对自己的认识也是一门重要的学问，要明确自己的优势与劣势。其实，懂得用人的领导，不需要看这个人有多么耀眼，也不需要这个人干出多少丰功伟绩，只要在自己的岗位上能够发挥出自己的价值，将自己本身的作用发挥到极致。

苦无伯乐，乃千里马之大不幸。而遇一不能善用人才的领导，却是人才之大不幸。因为，你也只能在泥沙遮不住珍珠光彩的信念中埋没一生，在"天生我才必有用"的自嘲中抗争一生。对领导者来说，善于用人，则家和业兴国盛；埋没人才，则首先压抑了人才的发挥，也不利于自己事业的发展。

知人知面也知心

知人知面不知心，自古识人难。

虽然难，还是要去体味，毕竟识人是与人交往的基础。只有在对一个人的性格品质有所了解的情况下，才能决定与其相处的模式以及关系的远近。所谓道不同不相为谋，或谋之有道；而道相同者则引为知己，这些都需要从识人开始。

在一个阳光明媚的清晨，柏拉图和老师苏格拉底一起在一片幽静的树林里散步。

柏拉图对老师说："×××这人很不好！"苏格拉底问："为什么这么说？"柏拉图说："他经常挑剔您的学说，并且不喜欢您的鼻子。"苏格拉底笑了笑，缓缓地说："可我倒觉得他这人很不错。"柏拉图很迷惑地问："您怎么会这样认为呢？"

苏格拉底说："他对他的母亲很孝顺，照顾得非常周到；他对他的老师十分尊敬，从来没有对老师有不恭敬的行为；他对朋友很真诚，常常当面指出别人的缺点，帮忙改正；他对孩子很友善，经常和孩子们在一起做游戏；他对穷人非常富有同情心，我曾经亲眼看见他搜出身上最后一个铜板，放进了乞丐的帽子里……"

"但是，他对您却不那么尊敬！"柏拉图说。

"孩子，问题就在这里，"苏格拉底拍着柏拉图的肩头，慈爱地说，"一个人如果站在自己的立场上来看待别人，常常会把人看错。所以，我看人，从来不看他对我如何，而看他对待别人如何。"

苏格拉底的话非常有道理，要想客观地认识一个人，不能总是站在自己的立场上，因为这会把自己的利益放在其中考虑，很有可能失之偏颇。

识人不同于相人。识人是经由观察一个人的行为与言论以鉴识其品德与才能，而相人则是观察一个人的相貌与体征以判定其一生的吉凶祸福。两者小同而大异。

清朝名臣曾国藩指派李鸿章训练淮军时，李鸿章举荐了三个人，希望曾国藩能授以官职。当李鸿章带着三人来见曾国藩的时候，他刚好饭后出外散步，李鸿章命三人在室外等候，自己则进入室内。

曾国藩散步回来，李鸿章请曾国藩传见三人。曾国藩摆摆头，说不用再召见了，并对李说："站在右边的是个忠厚可靠的人，可委派后勤补给工作；站在中间的是个阳奉阴违之人，只能给他无足轻重的工作；站在左边的人是个上上之才，应予重用。"

李鸿章惊问道："您是如何看出来的？"

曾国藩笑答："刚才我散步回来，走过三人身旁时，右边那人垂首不敢仰视，可见他恭谨厚重，故可委派补给工作；中间那人表面上毕恭毕敬，但我一走过，他立刻左顾右盼，可见他不够本分，故不可用；左边那人始终挺直站立，双目正视，不亢不卑，乃大将之才。"

而曾国藩说的这位"大将之才"就是后来担任台湾巡抚的刘铭传。

曾国藩这种经由观察一个人的行为举止，以鉴识其品德与才能的方法就是识人，而非相人。"听其言而观其行"，这是孔子告诉我们的简易有效的识人方法。

南怀瑾先生说，人之所以成功，自有他的气度，有优良的品质。而看人的气度是好是坏，也如同鉴定东西的品质是好是坏，从外形上即可看出一样，从人的言谈举止之间，即可看出此人之气质如何，只是需要一双慧眼和一点心思。

确实如此，鉴识人，见其气度，即使是从言谈举止有了认识，也是不够的，还必须要更深入地了解他的个性。正如我国东汉史学家荀悦在《申鉴》中所说的那样，"人之性，有山峙渊者，患在不通。"一个稳如山岳、太持重的人，做起事来往往不能通达权宜。"严刚贬绝者，患在伤士。"处世太严谨刚烈、除恶务尽的人，往往会因小的漏失而毁了人才。"广大阔荡者，患在无检。"过分宽大的人，遇事又往往不知检点，流于怠惰简慢，马马虎虎。"和顺恭慎者，患在少断。"对人客客气气，内心又特别小心谨慎的人，在紧急状况下，在关键时候，则没有当机立断的魄力。"端悫清洁者，患在狭隘。"做人方方正正、丝毫不苟取的人，又有拘拘缩缩、施展不开的缺点。"辩通有辞者，患在多言。"有口才的人，则常犯话多的毛病，言多必失。"安舒沉重者，患在后世。"安于现实的人，一定不会乱来，但他往往是跟不上时代的落伍者。"好古守经者，患在不变。"尊重传统、守礼守常的，又往往会食古不化，死守着古老的教条，于是就难有进步。"勇毅果敢者，患在险害。"所谓有冲劲、有干劲的人，在相反的一面，又容易造成危险的祸害。

人无完人，识人要识其本质，还要注意其优点和缺点，既可"见贤思齐，见不贤而内自省也"，又可从容地与之交往，一举两得。

识人在先，善用在后

《史记》上说："张良对别人讲兵法，那些人都不能领会，只有刘邦能很好地对待他，张良感叹地说：沛公大概是天意昭示可以传授的人啊。"可见这门学问，不但高明的老师难遇，而且就算是遇着了，自己也难以领悟。苏东坡说："项羽虽然百战百胜，但轻易地使用他的锐气。刘邦能忍耐，养精蓄锐来等待项羽的锐气衰败下来，这正是张良教他这样做的。"

人们都说"人尽其用"，但是，不会识人，又谈何用人？因此，在用人时一定要做到全面了解，识人是用人的第一步。古语有云：千里马常有，而伯乐不常有。因为各种原因，那些真正有才能的人，往往隐没在人群之中，得不到重用；即便用了，却往往没有用到合适的地方，或者大材小用。这就是不识人的结果。

春秋时期，卞和前后两次献和氏璧给楚王，但是皆被认为是以假欺君，先后被砍去双脚。人才就和和氏璧一样，之所以不被重视和重用，多半不是因为没有才华，只是用才者常常被诸多表面现象所迷惑，进而不识。在识人时，不能以个人的好恶来决定其高低，因为人的兴趣、爱好、观点各有差异，以一己之见来判断某人是否为贤才，一定会失之偏颇。

三国时期，刘备在未得诸葛亮之前，在识人标准上存在很大的问题。他往往只以个人的喜好作为识人标准，凭个人的印象和臆测来选识人才，其虽有关羽、张飞、赵云等世不二出的武将，但是文臣仅有孙乾、糜竺之辈。他也常叹自己思贤若渴，身边无人才，以至于流落天下。第一次见到"水镜先生"司马徽时，他竟无端埋怨说："我刘备也曾只身探求深谷中的贤士，但是却没有见到什么真正的人才。司马徽批驳了刘备的观点，他说："孔子曰'十室之邑，必有忠信'，怎么能说无人才呢？"继而又向他指出，他当时所处的荆襄一带就有奇才，应该去求访。刘备恍然大悟，这才有了后来的多次邀约诸葛亮出山相助。

刘备后期最为器重的人才，除了"卧龙"诸葛亮之外，就是道号"凤雏"的庞统。庞统早年便与诸葛亮齐名于荆州。时人评价他们的经典言语是："卧龙凤雏，得一而可安天下。"由此可见，庞统也怀有经天纬地之才。然而在诸葛亮成为刘备的军师之时，庞统仍然怀才不遇。吴国都督周瑜帮助刘备攻取荆州时，庞统仅为掌管区区一郡人事的功曹。周瑜去世后，庞统送葬到吴地。吴人多闻其名，因此，当他要西返荆州时，众多知名人士齐会昌门，为他送行，在聚会上，庞统一针见血地品评当时人物，他说："陆绩可以算是驽马，有逸足之力；顾劭可以算是驽牛，能负重致远。"接着，他又对全琮说："你好施慕名，虽智力不多，也不失为一时之选。"顾劭去见庞统，并问他："您有善于知人之名，你说说，我和您相比，怎么样？"庞统说："讲到陶冶世俗，甄别人物，我自然比不上您，但是，如果论帝王之秘策，揽倚伏之要最，我可就比您强一点了。"

刘备占据荆州之后，庞统来投，但是刘备见他其貌不扬，并未重用，仅仅以从事守耒阳令任之。庞统在任不理县务，治绩不佳，被免官。刘备更加认为他名不副实。但吴将鲁肃写信给刘备，推荐庞统，说庞统之才不只百里，如果让他做治中、别驾等官职，才能稍微施展他的才能。诸葛亮也向刘备极力推荐庞统。于是，刘备再次召见庞统，并和他纵论上下古今，这一次深为折服，于是对他大为器重，并任命他为治中从事。此后，刘备倚重庞统的程度仅次于诸葛亮。

庞统正是实现隆中战略不可或缺的重要人才，他的加盟，为刘备集团提供了进一步飞跃的契机。在当时的情况下，进占益州和巩固荆州是同等重要的大事。要同时完成这两件大事，必须要有诸葛亮一流的人才协助刘备才行。综观刘备早期的谋臣团，糜竺、孙乾、简雍、伊籍等人，都是人才，但运筹帷幄，决胜千里实非其所长。而庞统不但学识渊博，善于鉴别人物，而且有运筹帷幄的本领，正适合协助刘备进占益州。实际上，在入川过程中，庞统也用出色的表现证明了自己的能力：他不但协助刘备作出了几次意义重大的正确决策，而且以其独有的聪明才智，使刘备摆脱了信义宽仁等观念的束缚，为日后平定西川奠定了坚实的基础。

正像韩信评价刘邦"不善将兵，但善将将"那样，身为一个领导者，最为重要的就是识别并运用人才。刘备用人的一个显著特点是，一旦他认为是个人才，就必定能够人尽其用，而且用人不疑。但是，他却缺少识人之明，因此就连庞统这样不可多得的人才，他也差一点错失。

因人而异，量才适用

对一个人来说，性情于人也许是天生的。但作为领导者却能够"巧夺天工"地运用他，使之能够既显其能，又避其短。下列的方法就是这方面用人的经验。

（1）性格刚强却粗心的人，不能深入细致的探求道理，因此他在论述大道理时，就显得广博高远，但在分辨细微的道理时就失之于粗略疏忽。此种人可委托其做大事；性格倔强的人，不能屈服退让，谈论法规与职责时，他能约束自己并做到公正，但说到变通，他就显得乖张顽固，与他人格格不入。此种人可委托其立法制；性格坚定又有点韧劲的人，喜欢实事求是，因此他能把细微的道理揭示得明白透彻，但涉及大道理时，他的论述就过于直露单薄。此种人可让他具体办点事。

（2）能言善辩的人，辞令丰富、反应敏锐，在推究人事情况时，见地精妙而深刻，但一涉及根本问题，他就说不周全、容易遗漏。此种人可让其做谋略之事；随波逐流的人不善于深思，当他安排关系的亲疏远近时，能做到有豁达博大的情怀，但是当归纳事物的要点时，他的观点就疏于散漫，说不清楚问题的关键所在。这种人就让他做小部门主管；见解浅薄的人，不能提出深刻的问题，当听别人论辩时，由于思考的深度有限，他很容易满足，但是要他去核实精微的道理，他却反复犹豫，没有把握。这种人不可大用；宽宏大量的人思维不敏捷，谈论仁义道德时，他的知识广博，谈吐文雅，仪态悠闲，但要他去紧跟形势，他就会因为行动迟缓而跟不上。这种人可用他去带动下属的行为举止；温柔和顺的人缺乏强盛的气势，他去体会和研究道理就会非常顺利通畅，但要他去分析疑难问题，就会拖泥带水，一点也不干净利索。这种人可委托他执行上级意图办事。

（3）喜欢标新立异的人潇洒超脱，喜欢追求新奇的东西，在制定锦囊妙计时，他卓越出众的能力就显露出来了，但要他清静无为，却会发现他办事不合常理又容易遗漏。这种人可从事企业开创性工作。

（4）性格正直的人缺点在于好斥责别人而不留情面；性格刚强的人缺点在于过分严厉；性格温和的人缺点在于过分软弱；性格耿直的人缺点在于拘谨。这四种人的性格特点都要主动加以克服。所以可将他们安排在一起，借以取长补短。

（5）个性突出，缺点、弱点明显的能人，一是用长。长处显示出来了，弱点便被克制，也容易得到克服。二是做好思想和情感沟通的工作。一年里谈几次话，肯定成绩，指出问题，沟通感情，使他们感到领导的关心和理解，自己也会兢兢业业。三是放开一点，采取忍的办法。不要老是盯住他，而是给他留有一定的余地，帮助也只是在大事上、在关键性的问题上。否则，束缚住手脚就很难有所作为。

（6）对表现比较好的人，一是用他的长处，使他用自己的实绩显示自我。二是用人才互补结构弥补他的短处，保证他的长处得以发挥；表现一般的人，给其在他人面前表现自己的机会，求得别人的信任和自己的心理平衡。也要注意鼓励他们用自己的行动证明自己的能力；表现较差的人，可以给他们略超过自己能力的任务，使他们得到成功体验，建立起可以不比人差的信心，同时注意肯定他们的长处，一点点启动起来。

（7）有能力、有经验、有头脑的人，可以采取以目标管理为主的方式。在目标、任务确定的情况下，尽量让他们自己选择措施、方法和手段，自己控制自己的行为过程。还可适当扩大他们的自主权，给他们回旋的余地和发展的空间。能力较弱、经验较少、点子不多的人，可以采取以过程管理为主的方式。用规程、制度、纪律等控制他们的行为过程；或用传帮带的方式，使他们逐渐积累经验，提高能力。

（8）有特殊才能的人，一定要尽可能给他们最好的条件和待遇，特殊人才，特殊待遇，这是大家应该遵守的原则。他们之中有的人并不是安分者，可能有这样那样的毛病和问题，以致很不好管理。对此大家不只是要容忍，而且应该做好周围人们的工作，以便使他们能够集中精力发挥长处和优势。在特殊的情况下，还应该放宽对他们的纪律约束和制度管理，甚至采取明里掩盖、暗中支持的办法；有很强能力的人，可采取多调几个岗位、单位的办法，既能够让他们发挥多方面的、更大的作用，又可以调动他们乐于贡献、多出成绩的积极性；年轻又有能力的人，则应该给几个轻便的台阶，让他们尽快地负起更大的责任。如果有可能，可以为他们创造条件，让他们去创办新的事业。

（9）被压住了的能人，一个办法是把他们调出去，给他们显示自己本领的机会，也给他们从另外的角度审视自己的空间。等有了成绩，被公众认可，在必要时就可以调回来加以任用。另一个办法是把压他们的人调开，让能人上来。这都要根据具体情况决定；尚未被认可的能人，一是采取逐渐渗透的办法，让人们逐渐认识他们的长处和成果。二是给机会显示其才能，以成绩让人们信服。

（10）跟自己亲近的能人，一是调离自己的身边，让其显示自己的才干。好处是，因为和自己的关系好，到底是不是能人还可以再看；真正有能力，别人也会服气。二是采取外冷内热的办法严格要求，使他们不依靠领导，而是依靠自己，不断地求得发展。

搭配用人，疏而不漏

搭配用人，指领导在使用人才时，应重视人才的合理搭配。使组织内各种专业、知识、智能、气质、年龄的人员，组成一个充满生机的整体优化的人才群体结构，相互切磋、相互启发、优势互补、互相激励，产生一种较强的"亲和力"。这样做，不仅能充分发挥每一个人的个体作用，而且可使群体作用功能达到 $1+1>2$ 的状态，并在整体上取得最佳的客观功能。

搭配用人的好处很多，可是也是有一定的技巧和方法的，因为如果使用不当，也可能会形成负面的效果，以下是搭配用人需要注意的问题：

1. 要防止"核心低能"

核心常常能够决定一个群体的整体功能。"兵熊熊一个，将熊熊一窝。"拿破仑一语道破了"核心"的主导作用："狮子领导的绵羊部队，能够打败绵羊领导的狮子部队。"

2. 要防止"方向相悖"

对于一个人才群体来说，要有群体存在的根据和"结构目标方向"。如果"相悖"、不一致，就会相互扯皮、相互拆台、相互掣肘，结果肯定会降低整体效能，导致 $1+1+1<3$ 的效果。

3. 要防止"同性相斥"

正确的方法应是实现"异质相补"。10 个只懂物理学的物理学家，只不过具备物理才能；而由数学家、物理学家、化学家、文学家、经济学家、工程技术学家等组成的 10 个人才的群体，就会产生更大的功能。除了知识、才能要互补外，还有年龄、气质、个性等方面也要求互补。

4. 要防止"同层相抵"

如若某层要求的成员过剩，会因层次比例失调而降低整体功能。往往产生"大材小用""降格使用"的后果。如某一个单位，只有高级工程师或工程师，而缺乏助理工程师和技术员。那么这些高级工程师和工程师就会花费时间和精力来忙于本来应由助理工程师和技术员担当的工作，这就是高级、中级、初级知识水平的人才不配套所造成的人才浪费。

大家总是认为："不论任何事，最好要有两三个好朋友互相商讨才好""最好有知心朋友一起工作""没有好朋友一道工作实在不好"，也就是说在大家看来，有了困难只要找朋友帮忙，准能解决。因为，有了好朋友，彼此就可以互相帮助和鼓励，做起事来自然干劲十足，这就是搭配用人的作用。

下面就让我们来介绍一下领导搭配用人的方法：

1. 男女搭配

俗话说："男女搭配，干活不累。"这种情形并不是恋爱似的情感，或者寻觅结婚对象，而是在同一办公室中工作，如果掺杂异性在内，彼此情感在不知不觉中就会融合许多。大多数人都认为办公室内若有异性存在，就可缓解紧张，调节情绪。像这种男女混合编制，不但能提高工作效率，也可成为人际关系的润滑剂，对矛盾产生缓冲作用。

但男女混合编制也不尽然十全十美。在众多男性中只掺杂一位女性，或者在许多女性中只有一位男性，这也许比全无异性要好，但那位唯一的异性，因缺少同性交流的对象容易忧郁寡欢，日久可能会崩溃，或者有异性化的趋势。

领导在工作上不可能有男女混合编制时，应经常举办娱乐活动或男女友谊团体活动，增加男女交流的机会，同样可以取得"干活不累"的效果。

2. 优化年龄结构

（1）优化年龄结构。

企业必须有一个梯形的年龄结构，应由"老马识途"的老年，"中流砥柱"的中年和"奋发有为"的青年这三部分人组成一个具有合理比例、充满希望的混合体，只有这样才能发挥其各自的最佳效能。

（2）要善于使用年轻人。

领导应当加入年轻人的圈子，融入其思想、行动之中，积极管理、善于使用年轻人。

领导应当懂得尊重年轻人。一方面，年轻人一般都带来了新的知识和思想，有的虽然当前用不上，但也不能弃而不用。中层执行者要动脑筋来分析年轻人的特长，将其放在适当的工作岗位，充分发挥其才能。另一方面，年轻人天生具有不承认权威的倾向，如果中层执行者不主动去接触，则上下难以沟通，以致产生隔阂。

领导应尽量多听取年轻人的意见、观点，不能随便加以排斥。对年轻人提出的意见、建议，认真分析挑选有用的、合理地加以采纳，并给予适当的奖励。

（3）善用老下属。

大多数企业均选用年轻下属工作，却不考虑老、中年下属也有其优点。有些中层执行者甚至刻意忽视这类下属，刁难他们，让其自动辞职，这实在是目光过于短浅。

在一个行业里工作多年的下属，必须对该行业有很多见解，就像一本活的字典，有着丰富的宝藏。但由于年纪大了，或者在同一地方工作长了，因为没有新鲜感，冲劲和斗志也因此而减退了，表现固然平稳，故工作起来就难以高效。中层执行者借助一些机会或场合，当众称赞这些下属，另一方面，也要私下向其提出组织的要求，鼓励中老年下属更上一层楼。

中年老下属的经验，是年轻下属所没有的。凭着丰富的工作经验，可避免走弯路和犯不必要的错误，从而省时省力。因此除了在言语上的称赞和鼓励外，更应留意提供施展其才华的机会，使其最大限度地发挥他们的经验和知识。

3. 优化"素质结构"

由于个人的生活环境存在差异，自然形成了性格、素质的独特性。有的办事迅速、行动敏捷；有的沉着冷静，勤于思考；有的感情内向，做事精细，耐力持久等。而"班子人员"如是同一性格、素质的人，不仅不利于工作，甚至会摩擦不断，难以相处。其结果必然会削弱群体的战斗力，出现 $1+1<2$ 的结构。所以"班子成员"要有一个协调的素质结构。工作起来就比较和谐，效率自然会很高。尤其中层执行者一定要具备"帅才"的气质，特别善于决策和组织，其他副手要具有"将才"气质，有很强的"执行型"而独当一面，才能形成最佳搭档。

驾驭人才，有张有弛

一个领导者，首先要了解自己的下属，知道他们是什么样的人，要用什么样的方法才能让他们发挥出最大的自我价值。

在这一点上，我们不妨引用一下纽约中央铁路局的前总经理克劳利的方法。

在克劳利没当总经理之前，曾在某段铁路任段长，有一次差点就出了大事故。有两个工程师，他们都在铁路上服务了很长时间，但就是这样的两个人犯下了大错：由于他们的疏忽，几乎使两列火车迎头撞上。这么严重的事是完全无可推诿的，上司命克劳利解雇这两名员工。但是克劳利却持反对意见。

"像这样的情况，应当给予相当的考虑，"他反对说，"确实，他们的这种行为是不可宽恕的，是理应受到严厉惩罚的。你可以对他们进行严厉的处罚和教训，但是不可剥夺他们的位置，夺去他们唯一可以为生的职业。总的看来，这些年，他们不知创造了多少好成绩，为铁路事业的发展立下了多少汗马功劳。仅仅由于他们这次的疏忽，就要全盘否定他们以前的功绩，这样未免太不公平。你可以惩治他们，但是不可以开除他们。如果你一定要开除他们的话，那么，就连我也开除吧。"

结果克劳利取得了胜利，两名工程师被留了下来，一直都在那里，后来他们都成了忠诚而效率极高的员工。

很多人都觉得，只要拿出态度，对下属严格，就一定能让他们对自己信服。其实未必是这样的。有的人性格比较叛逆，如果管得太严了，反而会产生相反的效果；有的人缺乏自觉性，如果不严加管理，就可能因为粗心大意而闯下大祸。所以，管理者要看自己的下属是怎样的人，然后再拿出相应的管理策略。

曾国藩的手下，可算是能人辈出。可是，这些能人聚在一起，惹出的麻烦事更是难处理。

在围剿太平军的过程中，曾国藩手下的军队是由他自己的湘军、李鸿章的淮军和一部分绿营兵组成的。淮军中有一个将领，叫作刘铭传，作战十分英勇，他率领的"吉字营"也屡屡立下了战功。但是由于他的部队配备精良，也常常引发别的将领的嫉妒。

一次，清军将领陈国瑞就趁着刘铭传离营地时候，带了百十个绿营兵，冲进了"吉字营",不仅杀死了二三十淮勇,还抢走了三百多条新式洋枪。陈国瑞还趁机溜进了刘铭传的屋子里,偷偷拿走了他的长枪和古铜盘。

刘铭传回来以后,疯了一样地带领五百淮勇,去找陈国瑞报仇。他们打死了四五十绿营兵,夺回来被抢去的武器,但是那个古铜盘一直都没能找到。

这件事很快就传到了曾国藩的耳朵里。他听说是自己人打自己人,顿时气不打一处来。可是,刘铭传和陈国瑞都是难得的将才,特别是太平天国运动还没有平息,如果这个时候处理不好此事,无疑会影响整个战事。

想那陈国瑞,最初曾经参加太平军与清廷作对来着,后来投降了清军,成为蒙古王爷手下的一员大将。蒙古王爷死后,他跟了曾国藩。曾国藩哪里会不知道,陈国瑞是个烈性子,即使是蒙古王爷,也要敬他三分的。可是,这件事情毕竟是他不对在先,如果不给与严处,那么以后将不能服众。

曾国藩想了想,把陈国瑞叫来,先给了他一个下马威:"你以前是太平军的人,杀害了我大清多少将士,这笔账似乎还没算清楚吧?"陈国瑞什么都不怕,就怕别人提他这段不光彩的过去,所以一句话也没敢说。曾国藩见起了效果,就温和下来说:"我知道你作战勇敢,是一个很难得的人才。"陈国瑞见曾国藩脸色缓和了下来,就放松了许多。曾国藩在闲谈之中,与陈国瑞达成了三条协议,让他以后不许欺压百姓,不许再在营中发生械斗了。陈国瑞马上就答应了。

可是,对待陈国瑞这样的人,只有宽容是不行的。他跟曾国藩达成的协议,回到营里就马上忘了。曾国藩一见,马上奏请皇上撤了陈国瑞的官职,给了他很严厉的制裁,终于陈国瑞不敢再放肆了。

刘铭传也在这件事情上受到了教训,他原以为曾国藩会拿他开刀,必定会严惩他,可是曾国藩只骂了几句,就没再说什么。他自然感觉到曾国藩对他的宽容,十分感激曾国藩。从此,再也不敢惹事了。

身为领导,曾国藩深深明白,如果不能很好地管理手下,放任他们的行为,那么迟早有一天会闯出大祸的。但是,并不是所有犯错的人都适合严惩,有时候过重的惩罚往往会刺激一个人的自尊心,激发他的反叛心理,反而会起到相反的效果。但是,一味地宽容也是不可取的。

凡成大事的人,都会善于利用有张有弛的管理办法,就如同放风筝一样,觉得拉得太紧,就要学会放松,如果太松了,又要往回收线。只有张弛有度,才能把握全局,人心归附,成就大事。

用人不疑，疑人不用

两千多年前齐国管仲说过："不知贤者，害霸；知贤者不用，害霸；用而不任，害霸；任而复以小人参之，害霸。"他把用人之道，概括为四个字，即：知、用、任、信。这对今天仍有指导意义。关于用人的总原则，我国从来就是把知人善任连在一起的。不知人，谈不上善任；不善任，知人也就没意义了。善任就是为工作安排最适当的人，或为人安排最适当的工作，从而产生最高的效能。为什么要善任呢？

这是领导者的工作性质所决定的，领导者必须借用别人的能力来完成自己的目标。因为领导者不是万能的，与人类博大的知识、经验、能力的汇集总和相比，任何伟大的天才都不及格。领导者个人的力量总是有限的，单枪匹马是完不成伟大事业的，必须依靠集体的智慧和力量。还因为任何组织的工作都不是单一的，尤其现代社会，分工很细，不同的工作需要不同的人才。下面这个故事，说的就是这个道理。

就在 1982 年时，已在操作系统领域取得绝对领导地位的比尔·盖茨，决定推进软件领域，他想在这个领域分得一杯羹，甚至想去掌勺。但当时微软还不属于集开发、营销能力一体化的公司，在市场营销和服务方面，近乎一无所知。

整个办公室，只有两个对软件略知一二的女人，除了回答"这个改进版还在研制""我们一定替你转告"之类的问题，就是把留言簿推到客户面前："对不起，请你把它写在这儿，我们向老板汇报。"别的什么也不能干。办公室的桌子上，用户关于软件的质量、相关的技术服务之类的问题的建议，写满了厚厚的几本留言簿，堆在那儿，根本无人理会，上面已经积满了灰尘。

微软公司要进入零售市场，必须解决销售部门这一薄弱环节，这就必须要找一个有丰富市场营销经验，又具有电脑软、硬方面的知识的人才，如果找不到这样一个人来担任微软公司的这一职位，比尔·盖茨进军应用软件领域、分汤端锅的战略计划，就只能是个肥皂泡。微软要想在操作系统和应用系统充当老大，就更是痴人说梦。为此，总裁谢利和比尔·盖茨费尽苦心寻找合适的人选。

1984 年初，猎头公司送来了几个人的材料，其中一个叫杰瑞·拉滕伯的人，引起了谢利的注意。

杰瑞·拉滕伯，最初在 M&M 公司任职，后来又到阿塔里电脑公司从事销售，现在在科瓦拉技术公司工作，任该公司的销售督导，具有丰富的零售营销技巧、上乘的管理能力和实际经验，正是微软想找的那种人。

谢利当即告诉了比尔·盖茨。两人略讨论，当即拍板：聘请杰瑞·拉滕伯为负责零售部门的副总裁。随后，谢利亲自前往，经过一番游说，拉滕伯同意到微软工作。1984 年 5 月，杰瑞·拉滕伯正式上任。

当杰瑞·拉腾伯受命接掌销售部门、走进这个办公室时，竟然倒抽了一口凉气："天哪，怎么会是这样！"

拉腾伯万万没有想到，在美国小有名气的微软公司，在用户服务方面竟如此糟糕。作为一个正规的公司，都会把用户服务看得高于一切，把用户当上帝看待，有的甚至把它看作公司的生命线。正式的公司如果没有一个强有力的服务部门，想要在零售市场站稳脚跟，甚至大展宏图，几乎是不可能的。

这个时候，微软已经开发出"多元计划""微软词"等应用软件，由"奥德赛"易名为"超凡"的开发计划也正在实施中。比尔·盖茨准备用"超凡"在应用软件领域和莲花公司一决雌雄，扭转微软的不利局势。现在，他正迫切需要有一个强有力的零售和服务部门。

"微软的应用软件产品正在不断开发出来，但是，在微软知道零售市场到底是怎么回事的人确实太少。微软曾经试着采用过几种不同的方式进行销售，但格局有限，范围又太小，所以效果不佳。微软缺少一支真正的销售和服务队伍。"

杰瑞·拉滕伯到微软几天后，凭他的经验和知识为微软为脉，立即就发出了病因。"对于一个大公司而言，没有一支强有力的服务队伍，给用户提供全面、周到的服务，那简直是难以想象的。"拉滕伯直言不讳地对盖茨说。

"你来负责。"一向习惯于采用刁难方式向他人学习的比尔·盖茨，面对着侃侃而谈的拉滕伯，鼓励地说。尽管他对营销实在是知道得太少了，可是他这种相信下属的态度，让拉滕伯为之感动。而后，他用心地整顿微软的零售和服务队伍，为微软的零售事业作出了最大的贡献。

比尔·盖茨当机立断，用人不疑，那种干脆利落的气魄和胆略，既显示了他的帅才风度，也使微软公司走上了正规化的道路。可见，用人不疑，疑人不用的管理态度，更加有利于企业和事业的发展。

在用人问题上我国历来就有"疑人不用，用人不疑"的古训。

今天，用人不疑的原则，对于领导者从事企业建设，意义更为重大。领导者如果不信任人，就不会真正做到放心、放手、放权。而人和人之间是"心有灵犀

"一点通"的。他知道你不信任他，他也就不敢或不愿认真努力工作了。到头来，既害了事业，又害了自己。

方圆驭人的五大绝招

我们做一切事，以及国家制定法令制度，定要把路线看清楚，又要把引力、离力二者支配均衡才不致发生窒碍。如果我们详细考察世人的行事和现行的法令制度，从力学规律去看，许多地方都不符合，难怪纷纷扰扰、大乱不止了。

对待下属的态度经常代表了一个领导者领导水平的高低，一个精明的上司，必定能够非常轻松地驾驭部属。方圆驭人有五大绝招，领导者如能加以使用，定能成功：一是"攻心为上，积极调动下属热情"。领导应该能够以一切可能的手段，让下属的积极性达到最佳状态。二是"必要时糊涂"。位于高位之人，不能过于苛刻，在必要时要学会睁一只眼，闭一只眼，这样才不会失去人缘。三是"宁为鸡首，不为牛后"。作为一个领导者，必须有独立的自主权和充分施展的空间，因此，与其做一个徒有虚名的领导，还不如做一个有决策能力的领头人。四是"杀鸡儆猴，树立威严"。领导者必须要树立自己的不可动摇的威严，否则，必要时无法约束下属。五是"软硬兼施"。领导者要灵活运用方圆之道。

汉代的朱博本是武将，后来调任左冯翊地方官。当地有个名叫尚方禁的官差，在年轻时曾经强奸了一位良家妇女，结果被人砍伤了面颊。如此丧失天良的恶棍，本应重重惩治，结果他不惜重金，贿赂了官府管理刑名的功曹，竟没有被革职查办，居然还被调升为守尉。

朱博上任以后，有人向他告发了此事。朱博听了大怒，当时就找了个借口召见尚方禁。尚方禁见新任长官突然召见，心中害怕，但也只好硬着头皮来见。朱博果然在尚方禁的脸上看到刀疤。但他不动声色，将左右退开，假装十分关心，问尚方禁脸上的伤痕是怎么回事。

尚方禁见自己已经瞒不住了，十分恐惧，连连给朱博叩头认罪。朱博严厉地逼问实情。尚方禁就如实地讲述了事情的经过，这和朱博所听到的大致相同。朱博还是严厉地逼视着尚方禁，吓得他连头也不敢抬，磕头如捣蒜，还一个劲地哀求。见他十分畏惧，朱博突然大笑，并说道："人谁无过，过而能改，善莫大焉。本官想给你立功的机会，希望你能将功赎罪。"

尚方禁开始被朱博的笑声吓得浑身发抖。但听着听着，知道对方并不打算治自己的罪，终于缓过气来。等朱博刚说完，他又是"扑通"一下跪倒在地，表示对朱博一定忠心尽力。于是，朱博又用好言安慰了一番，命令尚方禁不得向任何人泄露今天的谈话情况，要他有机会就记录一些其他官员言论，及时向朱博报告。这样尚方禁就俨然成了朱博的亲信、耳目了。而自从被朱博宽释任用之后，尚方禁对朱博的大恩大德时刻铭记在心，所以，干起事来特别卖命，不久，就破获了许多起盗窃、强奸等犯罪活动，工作十分见成效，使地方治安情况大为改观。朱博遂提升他为连守县县令。

又过了一段时期，朱博突然传令召见那个当年受了尚方禁贿赂的功曹，对他进行了严厉训斥，并拿出纸和笔，要那位功曹把自己受贿的事通通写下来，不能有丝毫隐瞒。那位功曹早已吓得筛糠一般，只好提起了笔，老老实实地写下了自己的斑斑劣迹。朱博早已从尚方禁那里知道了这位功曹贪污受贿、为奸为贼的事，看了功曹所写材料之后，觉得大致不差，就对他说："你先回去好好反省反省，听候裁决。从今后，一定要改过自新，不许再胡作非为！"说完，就拔出刀来。功曹见朱博拔刀，以为是要杀自己，吓得两腿一软，大喊"饶命"。只见朱博将刀晃了一下，抓起那位功曹写下的罪状材料，将其裁成纸屑，扔到地上。朱博接着说："你出去吧，还是继续当功曹。"那位功曹如获大赦，一步一拜地退了出去。自此以后，这位功曹终日如履薄冰、战战兢兢，工作起来尽心尽责，不敢有丝毫懈怠。

蜀后主建兴六年（228年），诸葛亮为实现统一大业，北伐曹魏。他亲率10万大军，突袭魏军据守的祁山，并任命他平生最为信任和器重的部下、参军马谡为前锋，镇守战略要地街亭（今甘肃秦安县东北）。临行前，诸葛亮再三嘱咐马谡务必小心，并具体指示他"靠山近水安营扎寨，谨慎小心"。但马谡到达街亭后，却骄傲轻敌，不顾部将王平的劝阻，自作主张地将大军部署在远离水源的街亭山上。曹睿派骁勇善战、曾多次与蜀军交锋的张郃领兵抗击。张郃进军街亭，立即切断水源，掐断粮道，将马谡部围困于山上，然后纵火烧山。蜀军饥渴难忍，军心涣散，不战自乱。魏军乘势进攻，蜀军大败。街亭失守之后，战局骤变，诸葛亮不得不退回汉中。

为了严肃军纪，诸葛亮下令将马谡革职入狱，斩首示众。临刑前，马谡上书诸葛亮，说"丞相待我亲如子，我待丞相敬如父"，但自己"违背节度，招致兵败，军令难容"，自己"罪有应得，死而无怨"云云。诸葛亮看罢，百感交集。要斩掉曾为自己十分器重赏识的将领，心若刀绞；但若违背军法，免他一死，又将失去众人之心，无法实现统一天下的宏愿。最后，他收其子为义子，然后挥泪将之斩首，全军将士无不为之震惊。之后，诸葛亮将劝阻马谡的王平破格提拔为讨寇将军，又以用人不当为由，请求自贬三等，一品丞相贬为三品右将军。这样一来，蜀军将军无不对诸葛亮赏罚分明且富有人情味的做法深为钦佩，诸葛亮在军中的威信也空前提高。

朱博利用巧妙的手段，不但制伏了臣下，还树立了自己的威信，这是典型的利用把柄控制下属的事例，用此手段对下有恩，对上有功，何乐而不为？"挥泪斩马谡"则是诸葛亮运用智慧管理团队中经典的一例。马谡是蜀国后期最为重要的人才之一，且蜀国正是用人之际；诸葛亮和马谡的关系十分亲密，再加上马谡兄弟为蜀汉立下的功劳，诸葛亮完全可以"开个后门"，让其戴罪立功也未尝不可。然而，诸葛亮还是狠下心肠，杀了马谡。这是因为，诸葛亮深知，如果他不这么做，军法的威严就无法建立起来了，而这对治军打仗来说才是最重要的。不过，尽管马谡非杀不可，但是面子功夫还是要做足的。于是，诸葛亮用挥泪、收马谡之遗孤的行为向蜀军将士证明自己其心本善，杀马谡只是迫不得已。从用人的角度来说，马谡必须要杀，这些看似多余的举动也是必不可少的。只有方圆有道，恩威并举，才能最有效地管理好自己的团队。